中 外 物 理 学 精 品 书 系

本 书 出 版 得 到 " 国 家 出 版 基 金 " 资 助

U0246790

国家出版基金项目
NATIONAL PUBLICATION FOUNDATION

中外物理学精品书系

经典系列·18

热力学

（第二版）

王竹溪 著

北京大学出版社
PEKING UNIVERSITY PRESS

图书在版编目(CIP)数据

热力学(第 2 版)/王竹溪著. —北京:北京大学出版社,2014.12
(中外物理学精品书系)
ISBN 978-7-301-25146-1

Ⅰ.①热… Ⅱ.①王… Ⅲ.①热力学 Ⅳ.①O414.1

中国版本图书馆 CIP 数据核字(2014)第 272377 号

书　　　名:热力学(第二版)
著作责任者:王竹溪　著
责 任 编 辑:周月梅
标 准 书 号:ISBN 978-7-301-25146-1/O・1029
出　版　者:北京大学出版社
地　　　址:北京市海淀区成府路 205 号　100871
网　　　址:http://www.pup.cn
新 浪 微 博:@北京大学出版社
电 子 信 箱:zpup@pup.cn
电　　　话:邮购部 62752015　发行部 62750672　编辑部 62765014　出版部 62754962
印　刷　者:北京虎彩文化传播有限公司
经　销　者:新华书店
　　　　　　730 毫米×980 毫米　16 开本　21.5 印张　400 千字
　　　　　　2014 年 12 月第 1 版　2024 年 11 月第 6 次印刷
定　　　价:56.00 元

序　言

　　物理学是研究物质、能量以及它们之间相互作用的科学。她不仅是化学、生命、材料、信息、能源和环境等相关学科的基础,同时还是许多新兴学科和交叉学科的前沿。在科技发展日新月异和国际竞争日趋激烈的今天,物理学不仅囿于基础科学和技术应用研究的范畴,而且在社会发展与人类进步的历史进程中发挥着越来越关键的作用。

　　我们欣喜地看到,改革开放三十多年来,随着中国政治、经济、教育、文化等领域各项事业的持续稳定发展,我国物理学取得了跨越式的进步,做出了很多为世界瞩目的研究成果。今日的中国物理正在经历一个历史上少有的黄金时代。

　　在我国物理学科快速发展的背景下,近年来物理学相关书籍也呈现百花齐放的良好态势,在知识传承、学术交流、人才培养等方面发挥着无可替代的作用。从另一方面看,尽管国内各出版社相继推出了一些质量很高的物理教材和图书,但系统总结物理学各门类知识和发展,深入浅出地介绍其与现代科学技术之间的渊源,并针对不同层次的读者提供有价值的教材和研究参考,仍是我国科学传播与出版界面临的一个极富挑战性的课题。

　　为有力推动我国物理学研究、加快相关学科的建设与发展,特别是展现近年来中国物理学者的研究水平和成果,北京大学出版社在国家出版基金的支持下推出了"中外物理学精品书系",试图对以上难题进行大胆的尝试和探索。该书系编委会集结了数十位来自内地和香港顶尖高校及科研院所的知名专家学者。他们都是目前该领域十分活跃的专家,确保了整套丛书的权威性和前瞻性。

　　这套书系内容丰富,涵盖面广,可读性强,其中既有对我国传统物理学发展的梳理和总结,也有对正在蓬勃发展的物理学前沿的全面展示;既引进和介绍了世界物理学研究的发展动态,也面向国际主流领域传播中国物理的优秀专著。可以说,"中外物理学精品书系"力图完整呈现近现代世界和中国物理科学发展的全貌,是一部目前国内为数不多的兼具学术价值和阅读乐趣的经典物理丛书。

"中外物理学精品书系"另一个突出特点是,在把西方物理的精华要义"请进来"的同时,也将我国近现代物理的优秀成果"送出去"。物理学科在世界范围内的重要性不言而喻,引进和翻译世界物理的经典著作和前沿动态,可以满足当前国内物理教学和科研工作的迫切需求。另一方面,改革开放几十年来,我国的物理学研究取得了长足发展,一大批具有较高学术价值的著作相继问世。这套丛书首次将一些中国物理学者的优秀论著以英文版的形式直接推向国际相关研究的主流领域,使世界对中国物理学的过去和现状有更多的深入了解,不仅充分展示出中国物理学研究和积累的"硬实力",也向世界主动传播我国科技文化领域不断创新的"软实力",对全面提升中国科学、教育和文化领域的国际形象起到重要的促进作用。

值得一提的是,"中外物理学精品书系"还对中国近现代物理学科的经典著作进行了全面收录。20 世纪以来,中国物理界诞生了很多经典作品,但当时大都分散出版,如今很多代表性的作品已经淹没在浩瀚的图书海洋中,读者们对这些论著也都是"只闻其声,未见其真"。该书系的编者们在这方面下了很大工夫,对中国物理学科不同时期、不同分支的经典著作进行了系统的整理和收录。这项工作具有非常重要的学术意义和社会价值,不仅可以很好地保护和传承我国物理学的经典文献,充分发挥其应有的传世育人的作用,更能使广大物理学人和青年学子切身体会我国物理学研究的发展脉络和优良传统,真正领悟到老一辈科学家严谨求实、追求卓越、博大精深的治学之美。

温家宝总理在 2006 年中国科学技术大会上指出,"加强基础研究是提升国家创新能力、积累智力资本的重要途径,是我国跻身世界科技强国的必要条件"。中国的发展在于创新,而基础研究正是一切创新的根本和源泉。我相信,这套"中外物理学精品书系"的出版,不仅可以使所有热爱和研究物理学的人们从中获取思维的启迪、智力的挑战和阅读的乐趣,也将进一步推动其他相关基础科学更好更快地发展,为我国今后的科技创新和社会进步做出应有的贡献。

"中外物理学精品书系"编委会　主任

中国科学院院士,北京大学教授

王恩哥

2010 年 5 月于燕园

内　容　简　介

　　本书第一版于 1955 年发行,是为大学物理专业精心编写的教材.编写时作者参考了苏联的教学大纲和有关教材,同时也利用了吉布斯和普朗克的经典著作.

　　书中详细介绍了热力学的基本概念和基本定律,还涉及化学热力学、多元素的热力学平衡理论、液体理论和重力场及弹性固体的热力学理论等比较专门的问题,其中许多内容是作者本人的科研成果和教学实践的结晶.章后附有精选的相当数量的习题,有助于教学.本书适用于综合性大学物理专业本科生、研究生,也是有关教学、科研人员很好的参考书.

第 二 版 序

在第二版中增加了一章,即第十章(原第十章改为第十一章),该章介绍不可逆过程热力学。不可逆过程热力学虽然还只有初步的理论,但是近年来有重要的应用,值得作一简单的介绍。第二版对一些基本概念的表述都作了修改与补充。如第 1 节中热平衡概念,第 9 节中热力学第一定律的表述,第 23 节中非平衡态的熵,第 35 节中熵与化学成分的关系,第 56 节中能氏定理的证明等,都有重要的修改与补充。在改版以前承许多朋友提出了很多宝贵意见,特别是张宗燧教授所提的许多意见对我的帮助最大,谨此表示深切的谢意。

王竹溪

1957 年 2 月 25 日

第 一 版 序

本书是为大学物理专业编写的教本。在编写中曾经参考了苏联的教学大纲和教材,同时也利用了吉布斯的和普朗克的经典著作。除了苏联的教学大纲所包含的内容以外,本书还涉及了一些较专门的问题,讨论这些较专门的问题各节都用星号(＊)标明。有三整章(第六、七、九章)所讨论的全是属于教学大纲之外的较专门的问题。加入这些带星号的章节,是为了给教师一些参考材料,同时也为了读者在学习热力学之后在应用去解决实际问题时能得到进一步的理论知识。就是在没有标明星号的各节中,也还有比较专门的问题,超出了教学大纲的范围,还需要教师向学生交代清楚。

本书内容牵涉很广,著者学识有限,难免有许多错误和不妥当之处。著者诚恳地要求使用本书的教师和读者给以指正,以便在有再版机会时改正。

王竹溪

序于北京大学

1955 年 1 月 10 日

《热力学》第二版重印前言

本书作者王竹溪先生是著名的理论物理学家、教育家,1933年毕业于清华大学物理系,1935年毕业于清华大学研究院,1938年获英国剑桥大学博士学位,曾先后任西南联合大学教授、清华大学教授兼物理学系主任、北京大学物理学系教授、理论物理教研室主任、北京大学副校长、中国科学院原子能研究所研究员、金属物理研究室主任等职。1955年当选中国科学院院士(当时称中国科学院学部委员)。曾被选为中国物理学会副理事长、中国计量测试学会副理事长。曾任国务院学位委员会学科评议组物理学评议组召集人、教育部理科物理学教材编审委员会主任委员、《中国科学》副主编、《物理学报》主编、中国物理学会名词委员会主任。

王竹溪学术知识渊博、造诣深厚、治学严谨。在理论物理学的各个领域,特别是在热力学、统计物理学和数学物理等方面具有很深的造诣。1937年起先后在湍流尾流理论、吸附统计理论、超点阵的有序-无序转变、热力学平衡与稳定性、多元溶液、热力学绝对温标、热力学第三定律、生物物理问题、物质内部有辐射的热传导问题以及基本物理常数等广泛领域开展研究,发表学术论文。王竹溪撰写的主要著作有《热力学》《统计物理学导论》《简明十位对数表》《新部首大字典》等,以及与郭敦仁合著的《特殊函数概论》。其中《热力学》《统计物理学导论》均为中国在该方面的首次自编教材著作;《新部首大字典》是一部收51100余字,多于《康熙字典》和《中华大字典》,兼收繁体字和简化字的大字典;《特殊函数概论》是理论物理教学和科学研究的重要参考书。王竹溪从事教学工作40余年,培养了大批物理学工作者,为发展中国科学与教育事业作出了卓越贡献;他的学生遍及国内外。

《热力学》一书是王竹溪的精心之作。是上一世纪40年代初期,王竹溪在西南联合大学讲授热力学课程时的教案,经过多年的科学研究和教学实践不断补充、改写和完善,形成讲义,最后编写成本书由人民教育出版社于1955年出版第一版,1960年出版第二版。本书的取材和写法与其他热力学书很不同,有四个突出的特点:第一,具有高度的科学性、系统性和完整性,对热力学的主要内容进行系统的、科学的、严谨的、完整的阐述。第二,深入讲解物理,并使理论的数学表述紧密联系物理内容。对重要的物理概念和规律,往往介绍几种不同的讲述方法,这一点在热力学第二定律的表述中特别突出。第三,介绍了一些作者本人的研究成果,如多元系的热力学平衡与稳定性等。第四,书中精选了相当数量的有助于理解热力学精髓的习题,适合深入教学的需要。总之,本书是一本具有很高学术水平的学术专著,也是一本大学物理系本科生、研究生和教师很好的参考书。本书在 1987 年被评为高等学校国家级优秀教材特等奖。

现在将《热力学》第二版以简体字重新排印,并编排了以汉语拼音为序的名词索引,由北京大学出版社重新出版,以飨读者。

北京大学物理学院

高崇寿

2004 年 12 月 5 日

目　　录

绪　　论

热学这一门科学建立在人类利用热现象的基础上.人们为了有效地利用热现象就要求掌握热现象的规律,并追求热现象的本质.由于在有史以前人类已经发明了火,我们可以想象到,追求热与冷现象的本质的企图可能是人类最初对自然界法则的追求之一.

大约在纪元前 300 年间,当战国时,驺衍创为五行学说,可惜他的书现在已经见不到了.五行学说大致是:天地之间有五种气,水、火、木、金、土,名为五行,是万事万物的根本.这个学说的一部分内容是把五行配到一年的春夏秋冬四时,由五行的五种不同的性质引出四时不同的事物.这一部分内容在《吕氏春秋》(纪元前 239 年)上记载下来了.五行这一名词首先见于《尚书·洪范》篇.

中国古时候又有一种学说,认为天地万物是阴阳二气化成的,而火是阳气的一种表现.《淮南子·天文训》(纪元前 164 年)有下面一段话,可以说明:"天地之袭精为阴阳,阴阳之专精为四时,四时之精散为万物.积阳之热气久者生火,火气之精者为日;积阴之寒气久者为水,水气之精者为月."这段话里的袭字是合的意义.

在西方希腊,古时候关于热的本质有两个互相对立的学说.一个说火是一种元素,与土、水、气共是自然界的四种独立的元素,自然界一切物质都是这四种所组成的.这个学说是由赫拉克利特(Heraclitus)在大约纪元前 500 年提出的.另一个学说认为热是物质的一种运动的表现形态,这是根据摩擦生热的现象而提出的.这两种对立的学说长期停留在空论阶段,一直到 19 世纪的中叶,科学的理论才最后建立起来.

在 18 世纪以前,人们对于热只有一些大致的粗略的观念,自然不可能建立正确的科学理论.自从 1714 年法伦海特(Daniel Fahrenheit, 1686—1736)改良了水银温度计并定了华氏温标以后,热学才走上实验科学的道路.随着实验的进展,一种简单的可以解释实验结果的热的学说就应运而生了.这个学说叫做热质说,它的主要内容是:**热是一种流质,名叫热质,可透入一切物体之中,不生不灭;一个物体是热还是冷,就看它所含热质是多还是少.**这个学说在实质上就是希腊火元素学说的进一步的发展.这个学说的最大缺点是不能解释摩擦生热现象,因而终于被科学界所抛弃.

与热质说相对立的学说是,热是一种运动的表现形式.培根(Francis Bacon, 1561—1626)强调理论必须根据实验事实,他根据摩擦生热现象而相信热是一种运动. 罗蒙诺索夫(Ломоносов，1711—1765)在"论热与冷的原因"(1744—1747)这篇论文里断言热是分子运动的表现，以后他又提出了运动守恒的概念. 最初用直接实验结果来驳斥热质说的是伦福德(Count Rumford，原名 Benjamin Thompson，1753—1814)，他在 1798 年发表了一篇论文，说明制造枪炮所切下的碎屑温度很高，而且在继续不断的工作之下这些高温的碎屑继续不断地产生. 因此他得到结论，热既然能继续不断地产生，就非是一种运动不可. 再过一年(1799)戴维(Humphry Davy，1778—1829)做了另外一个实验来支持热是运动的学说. 他把两块冰互相摩擦，使完全熔化. 这个实验无法用热质说解释，因为冰的熔解热显然是摩擦所供给的，而不是什么热质. 他们两人的工作在当时并未在物理学界引起很大的影响，主要的原因是他们没有找到热量与功之间的数量关系.

最初提出热量与功相当的说法，并且定出热的功当量的是一个德国医生迈耶(Julius Robert Mayer，1814—1878)，他在 1842 年发表了一篇论文，提出能量守恒的理论，认为热是能量的一种形式，可以与机械能互相转化. 他从空气的定压比热与定体比热之差，算出热的功当量. 但当时热功当量还缺乏直接的实验数据，因此迈耶的理论还没有被物理学界所普遍接受. 至于用实验的方法求热功当量，同时也就是用实验来证明热是一种能量，可与机械能和电能互相转化，换句话说，就是用实验来证明能量守恒定律，主要是焦耳(James Prescott Joule，1818—1889)的功绩. 从 1840 年起他用电的热效应，1842 年以后用各种不同的机械生热法，来求热功当量. 他做这一类的实验，前后有二十多年，用的方法是多种多样的，所得的结果都是一致的. 到 1850 年，他的实验结果已经使科学界公认能量守恒为自然界的规律，从此以后，热质说在物理学中就没有任何地位了.

能量守恒定律就是**热力学第一定律**. 这个定律的建立，对于永动机的造不成作了一个科学的最后判决. 同时，这个定律在物理学各部门中广泛的应用，推进了整个物理科学的发展.

紧接着热力学第一定律的建立，开尔文(Lord Kelvin，原名 William Thomson，1824—1907)在 1848 年根据卡诺(Sadi Carnot，1796—1832)在 1824 年所发表的有名定理，制定绝对温标，克劳修斯(Rudolf Clausius，1822—1888)在 1850 年根据同一定理，建立热力学第二定律. 依照第二定律，从一个热源取出热来完全变为有用的功而不产生其他效果，是不可能的.

以上所说的两个定律组成一个系统完整的热力学. 到 1912 年能斯特(Walther Nernst，1864—1941)又补充了一个关于低温现象的定律，可以叫做热力学第三定律. 这个定律说：绝对温度的零点是不可能达到的.

热力学是热学理论的一方面，它是根据实验结果综合整理而成的有系统的理论. 这种理论叫做宏观理论，它所根据的是我们所能直接观察的宏观现象. 在这种理论中只承认热是一种能量,而不追问热到底是一种什么样的运动表现.因此,这种理论还是不够深刻的.

热学理论的另一方面是热的分子学说.这种理论叫做微观理论,因为它是根据于我们不能直接观察到的分子运动的假设,而分子的世界是所谓微观世界.微观世界中分子运动所表现出来的宏观现象是一种统计平均的结果,因此,在热的分子学说中我们必须用统计方法,所以就把热的分子学说叫做统计物理学.统计物理学是在 1857 年以后发展起来的.

19 世纪末年,唯心的唯能论者反对热的分子学说,他们满足于热力学的宏观理论,认为分子学说不是根据直接观察到的事实因而是靠不住的.实际上,有许多现象指示出分子学说的正确性,而到 1908 年皮兰关于布朗运动的实验给热的分子学说供给了无可辩驳的事实,终于把唯能论者彻底打败.由于分子学说的发展,使人们对于物质的性质有了进一步的更深刻的认识,建立了一个丰富的原子物理学领域,因而使整个物理学在 20 世纪得到高度的发展.

热学的实验技术分为两大类:一是计温术,一是量热术.计温术是热学实验技术的基本,一切热学实验都离不开温度的测量.膨胀系数和压缩系数等类的性质由计温术即可测定.量热术在初期只有混合法一种,热量是根据水的温度改变而定的.从 19 世纪末叶起,在电量热法大量应用之后,量热术的精确度大大提高了.过去所用为量热的单位卡现在已经不需要了,现在可以直接用电能的单位焦耳来测定热量.

在 16 世纪和 17 世纪之交,伽利略根据空气受热而膨胀的道理,制造了第一个验温器,给温度以定性的指示.最早的温度计是费第南第二(Grossherzog Ferdinand Ⅱ)在 1660 年所制造的,所用的材料是酒精装在玻璃管内.但是直到 1714 年法伦海特选定了华氏温标以后,温度的测量才有一个共同的标准,不同地点所量的温度才能有方便的比较方法.华氏温标最初以氯化铵与冰混合物的温度为 0°,而以人的体温为 100°;以后改为以冰水混合的温度(冰点)为 32°,而以水沸腾的温度(汽点)为 212°,为了一方面使标准定得更准确,另一方面求其与最初所定的标准尽可能符合.在 1742 年摄氏(Anders Celsius,1701—1744)选择另一标准,以冰点为 100° 而以汽点为 0°,这不幸与以较热的程度为较高温度的习惯不合.摄氏的助手斯托墨(Strömer)把温标反过来,以 0° 为冰点而以 100° 为汽点.这就是现在所通用的摄氏温标,是现在物理测量的标准温标.

第一章 温 度

1. 热学中所讨论的物体的性质

热学的目的在研究物体的热冷状态的性质. 由于这样一个目的,在热学中描写物体的性质有特殊的方法. 本节的目的,就在说明热学中的描写方法,以作为研究物体的热的性质的基础.

为了研究一个物体的性质,首先必须认识它所处的状态. 在热学中所讨论的一种重要的特殊情形是**平衡态**,这是这样一种状态,**在没有外界影响的条件之下,物体的各部分在长时间内不发生任何变化.** 换句话说,如果没有外来的影响,这个物体将长期维持着它的平衡态. 现在所说的平衡态与力学中所讨论的平衡态有所不同. 力学中的平衡态只是单纯静止的问题;在热学中的平衡态不但要静止,而且要所有能观察到的性质都不随时间改变. 究竟有哪些性质来标志热学中的平衡态,这正是我们要研究的问题. 为了与单纯静止的力学平衡区别开来,我们把热学中的平衡叫做**热动平衡.** 为什么在这个名词上除了热字外还加上一个动字呢? 这是因为从分子运动方面来看,这种平衡是动的平衡. 这一点在本节的末尾还要讨论.

实验证明,当没有外界影响时,一个物体在足够长的时间内必将趋近于平衡态. 假如有两个物体原来都已经各自达到了平衡态,如果把它们摆在一起,让它们互相影响,那么它们将要改变它们的状态,最后变到一个共同的平衡态. 然后,如果把这两个物体分开,而又把它们重新放在一起,假若没有外界影响,它们将不起新的变化而维持它们原有的共同平衡态. 普遍说来,不管有多少物体互相接触互相影响,只要时间够长,也没有外界影响,它们最后必定达到一个共同的平衡态.

我们现在来讨论如何描写一个物体的平衡态. 为明确起见,首先讨论一个固定质量的气体装在一个封闭的容器里面. 因为气体的密度很小,我们可以忽略重力的影响,那么,在平衡态时气体的密度和压强都将是均匀的,也就是说,密度和压强在容器里面到处都是一样的. 现在让我们把气体变热些. 一个很简单的实验就可证明,气体的体积由于封闭在容器内而未有显著的改变,但是压强却增加了. 由此可见,要描写这个气体的性质,至少要两个量,一个是体积,一个是压强,这两样东西是可以独立地改变的. 这两个描写气体性质的物理量属于两种不同的类型,体积是几何变数,压强是力学变数.

以上所说的描写气体的平衡态所用的两个变数,体积和压强,也同样适用于液体和固体.但是在溶体和固体的问题上,除了这两个变数外,还需要加上一些其他的变数才能描写完全;在液体的问题上还需要加上表面张力,在固体的问题上还需要加上各种胁强和胁变.所加的这些变数仍然还属于几何变数和力学变数这两种类型,不过独立变数的总数就不止两个了.在普遍的情形下,一个物体可能是气体、液体、固体的混合体,那么对于这个物体的完全描写需要对于它的每一个气体、液体、固体部分都有完全描写.

除了上述几何变数和力学变数两种物理量外,还需要一种化学变数来描写物体的化学性质.例如两个气体,都是氮气和氧气的混合物,虽然它们的体积和压强可以完全相同,但若它们所含氮气和氧气的比例各不相同时仍然是不同的气体,也必须加以区别.最常用的描写化学性质的变数是这个物体的化学成分,这就是这个物体所含各种化学组分的数量.每个组分的数量可以用它的质量来表示,也可以用它的克分子数来表示.

在有电磁现象出现的时候,以上三类变数的描写仍然是不完全的.为要把电磁现象包括在描写之中,我们必须加上一类新的变数——电磁变数,例如电场强度,磁场强度等.有了这一类型的变数以后,描写就完全了.总结起来,在热学上对于一个物体的平衡态需要用四类变数去描写才能完全,这四类是:几何变数,力学变数,电磁变数,化学变数.这四类变数都不是热学上所特有的变数,它们的测量属于力学、电磁学和化学的范围,它们与一个物体的热冷程度并没有什么直接的关系.在下一节中我们将讨论热学上所特有的一种新的物理量——温度,而且我们要说明温度是我们现在所说的四类变数的函数.虽然这四类变数不是热学上所特有的,但是利用这四类变数描写一个物体的平衡态的方法是热力学上特有的方法,因此,用这四类变数描写的物体,有时称为**热力学体系**.

当一个物体的各部分是完全一律的时候,它叫做**均匀系**,又叫做**单相系**.当这个物体的各部分之间有些差别的时候,它叫做**非均匀系**,又叫做**复相系**.我们最先所讨论的气体是一个均匀系或单相系.一个复相系可以分为若干个均匀的部分,每一个均匀的部分在热力学上叫做一个**相**.描写一个复相系的平衡态的变数,是描写其中各个相的变数的总和.例如,一个气体和一个液体所组成的复相系,在不考虑电磁现象和化学性质时,需要五个变数来描写它的平衡态,这五个变数是:气体的体积和压强,液体的体积和压强,液体的表面张力.但是这些变数不是完全独立的,因为它们之间必须满足一些关系,才能使整个复相系达到平衡.这些变数之间的关系,叫做平衡条件,这将在 26 节讨论,现在只简单地谈谈.

平衡条件共有四种:(一)热平衡条件,(二)力学平衡条件,(三)相变平衡条件,(四)化学平衡条件.先说后三种.为简单明确起见,假设复相系是两个均匀系组成的. 力学平衡条件是这两个均匀系在相互力的作用下达到静止的条件. 在这两个均匀系没有容器壁隔开而相互直接接触的情形下, 必须两个均匀系的压强相等, 才能达到力学平衡. 但是若是两个均匀系有容器壁隔开, 则器壁可以承受两个均匀系的压强差, 这时候两个均匀系的压强可以有任意不同的值而仍然有力学平衡. 所以这时候力学平衡条件不起作用.

相变平衡条件是在两个均匀系可以相互转变时达到平衡的条件. 例如水与水蒸气这两个均匀系相互接触时, 水可以蒸发为水蒸气, 水蒸气可以凝结为水, 当水蒸气的气压达到饱和时, 这种相互蒸发与凝结的过程才停止. 但是假如这两个均匀系有器壁隔开时, 就不能相互转变, 因而也就不需要相变平衡条件.

化学平衡条件是化学反应达到平衡时所要满足的条件. 假若两个均匀系有器壁隔开, 则两者相互之间的化学反应不能发生, 因而也就不需要两者之间的化学平衡条件. 不过这时候每个均匀系内部化学反应还可能进行, 化学平衡条件也必须满足才能达到平衡. 这时候, 均匀系的化学变数就不能独立地改变, 而只能是其他几类变数的函数. 所以当一个均匀系的物质固定时, 它的平衡态只需要三类变数来描写, 这三类变数即几何变数, 力学变数, 电磁变数; 至于化学变数则不是独立变数, 而是这三类变数的函数.

热平衡条件是在上述三种平衡条件全不起作用时两个均匀系达到平衡时所要满足的条件. 为了要显示这种平衡条件, 我们把两个均匀系用器壁隔开, 然后看两者达到平衡时是否要有某种条件. 经验指出, 在一般情形下, 两个均匀系通过器壁而相互接触达到平衡, 它们的状态之间必有关系, 它们各自处在任意的状态是不能达到平衡的. 这种平衡是热学里所特有的, 所以叫做**热平衡**. 热平衡是热动平衡的核心; 而且由于常常考虑有器壁隔开的情形, 这时候热动平衡就是热平衡.

假如隔开两个均匀系的器壁是用特殊材料如石棉等构成的, 那么这两个均匀系就不能达到热平衡, 而它们各自的状态可以完全独立地改变, 没有相互的影响. 这样一种器壁叫做**绝热壁**. 不是绝热壁的器壁叫做透热壁. 热平衡是在器壁是透热的情形下实现的.

以上所说的描写方法是关于平衡态的. 假如一个物体不在平衡态, 它的各部分在运动之中、变化之中, 要描写它就复杂多了. 一个在运动中的物体, 它的各部分的性质各不相同, 我们必须先把它分成很多的小块, 对于每个小块给以上述四类变数的描写, 每个变数都可能随时间而改变. 除此之外, 还须知道每一小块的速度和运动方程. 这类不平衡的问题, 现在还没有普遍的热力学理论.

上面所说的在热学上描写物体的性质的变数都是可以直接观测的. 这种描写叫做**宏观描写**. 在热的分子学说中, 对物体的性质用一个完全不同的方法来描写, 这种描写叫做**微观描写**. 微观描写所用的变数是非常之多的, 它包含每一个分子的坐标和动量. 在标准温度和压强下, 每一立方厘米气体含有 2.7×10^{19} 个分子, 每个分子至少有三个坐标, 三个动量, 一立方厘米气体的微观变数至少有 1.6×10^{20} 个, 可见变数之多. 这样多的微观变数如何与少数宏观变数连起来呢? 这就是热的分子学说所要解决的问题. 在统计物理学中要讲到如何用统计方法得到宏观变数, 这些宏观变数都是相应的微观变数的函数的统计平均值. 在平衡态时, 这些统计平均值不随时间改变. 在微观描写中平衡态的概念, 与在宏观描写中平衡态的概念不同. 一方面, 宏观变数只是一些统计平均值, 必然有涨落现象, 在适当的条件下可以观察到涨落现象. 另一方面, 在平衡态时每个分子都在不停地运动着, 只是运动的某一些统计平均量不随时间改变, 这样一种平衡是动态平衡. 这是热学中热动平衡区别于力学平衡的又一个重要之点.

2. 温　　度

在热学里的第一个问题是如何给热冷程度一个科学的测量. 我们给热冷程度一个数值表示, 叫做**温度**, 测量温度的仪器叫做**温度计**. 我们在选择温度的数值表示法的时候, 让较热的状态有较高的温度. 不同的物体在各种不同情形下的温度所以能够互相比较, 是根据 1 节里所说的一件事实, 即两个物体接触以后在足够长的时间内必将达到一个平衡态. 当两个物体已达到热平衡以后, 我们的直觉认为这两个物体一定是同样的热冷, 因之温度相等. 由此可以得到一个重要的结论: **两个互为热平衡的物体, 其温度相等**. 这结论给予温度一个定性的**定义**, 这个定义把一个物体的温度联系到另一物体, 这第二个物体可以选为标准而用为温度计. 当然, 这样一个温度定义是定性的, 还是不完全的, 一个完全的定义应当还要包含有温度的数值表示法.

从平衡态的现象可以知道无论多少个物体互相接触都能达到平衡, 而且假定某甲物体分别与某乙和某丙达到平衡, 那么如果让乙与丙接触, 它们一定是互为平衡而不发生新的变化. 这样一个事实, 使我们能够比较两个物体的温度而无需让它们接触, 只要我们用另外一个物体分别与它们接触就行了. 这个另外的物体可以当作是温度计. 这就是使用温度计来测量温度的原理. 这个原理指出温度的最基本的性质是, **一切互为热平衡的物体有相同的温度**.

科学上的温度定义与人们对热冷的感觉会有很大的差别, 这在人体接触到性质相差很大的物体时特别显示出来. 例如一块木头和一块铁放在房间里互相接触, 温度计指示这两者的温度是相等的, 但人体感觉铁要冷些. 原因是人体比铁和木都热些, 由于铁传热较快, 所以令人感到冷.

两个物体互为热平衡时其温度相等的事实提供了一个达到热平衡的条件. 这

样一个条件必然使描写这两个物体的平衡态的变数之间有一个关系,这可用下面的一个简单例子说明.假如有两个气体装在两个容器内,两气体原来的热冷程度不同.当两个容器接触以后,这两个气体的状态必然发生变化,最后到达一个共同的平衡态.这说明两个物体的任意两个状态是不能达到平衡的,也就是说,描写两个物体的变数在互相平衡时不能有任意的数值,因此它们之间必然有一个数学关系.这个关系应当是两个物体的温度相等这一事实的数学表达式.这在温度的数值确定以后就可看出来了.

我们现在讨论如何确定温度的数值.根据用温度计测量温度的原理,我们必须选定一个物体作为温度计,而对于这一物体的热冷状态给一个数值的表示法.由于在不同的热冷状态描写这个物体的变数的数值不同,所定温度的数值必与这些变数中的一个或几个发生关系.通常总是选择一种随热冷程度有显著变化的物理量作为温度的标志,最常用的是根据热膨胀现象,用体积作为温度的标志.温度的数值表示法叫做**温标**,近代常用的温标是**摄氏温标**,规定冰点是 0℃,汽点是 100℃.任何一个温度 x 称为 x 度,而以 x℃表示.为了使所定的温标有高度精确性,我们还必须给冰点和汽点一些附加条件.这些条件是:冰点是纯冰与纯水在一个标准大气压①下达到平衡的温度,而纯水中有空气溶解在内达到饱和.汽点是纯水与水蒸气在蒸气压等于一个标准大气压时达到平衡的温度.一个标准大气压等于 1013250 达因/(厘米)².

规定了冰点和汽点的数值之后,其他温度的数值由作为温度标志的物理量的线性函数来确定.由于所选作为温度计用的物质(名为测温物质)的性质不同,所选作为温度标志的物理量的不同,所定的温标除在冰点和汽点相同外,在其他温度往往有微小的差别.为了避免这些差异,提高温度测量的精确度,就选用**理想气体温标**(简称**气体温标**)作为标准,一切其他温度计必须用它校正才能得到可靠的温度.

什么是气体温标呢?先说气体温度计.气体温度计有两种:一是定压气体温度计,一是定容气体温度计.定压气体温度计的压强保持不变,而用气体体积的改变作为温度的标志,这样所定的温标用符号 t_p 表示.根据上面所说的线性函数法则,得到 t_p 与气体体积的关系为

$$\frac{t_p}{100} = \frac{V - V_0}{V_1 - V_0}, \tag{1}$$

其中 V 为气体在温度 t_p 时的体积,V_0 为冰点时的体积,V_1 为汽点时的体积.定容气体温度计的体积保持不变②,而用气体的压强作为温度的标志,这样所定的温标

---

① 1 标准大气压(1 atm)＝101 325 帕斯卡(Pa).——重排注
② 实际上气体的体积并非完全固定,在应用温度计时,必须对因容器的膨胀而产生的气体体积改变加以改正.

用符号 t_v 表示. 根据线性函数法则, 得到 t_v 与气体压强的关系为

$$\frac{t_v}{100} = \frac{p - p_0}{p_1 - p_0}, \tag{2}$$

其中 p 为气体在温度 t_v 时的压强, p_0 为冰点时的压强, p_1 为汽点时的压强. 实验证明, 各种不同气体的 t_p 和 t_v 都差不多相等, 只有微小的差别, 而且这些微小的差别在压强极低时逐渐消失. 因此, 在压强趋于零的极限情形下, t_p 和 t_v 都趋近于一个共同的极限温标 t, 这个极限温标叫做理想气体温标, 简称为气体温标. 上述结果可用公式表示:

$$t = \lim_{p_0 \to 0} t_p = \lim_{p_0 \to 0} t_v, \tag{3}$$

其中 p_0 为冰点时气体的压强.

在热力学理论上所用的标准温标是**绝对热力学温标**, 简称**绝对温标**, 用符号 T 表示. T 与 t 的关系是

$$T = t + T_0, \tag{4}$$

其中 T_0 是一个常数, 是冰点的绝对温度, 它的数值等于 $T_0 = 273.15$. 关系式(4)如何建立, 以后再讨论.

用任意一种测温物质, 根据任意一种定温度数值的规律所定的一种温标称为**经验温标**. 我们用一个符号 ϑ 表示任意一种经验温标所定的温度. ϑ 可以是 t_p, 可以是 t_v, 可以是 t, 可以是 T, 也可以是任何一种温度计所指示的温度.

3. 物 态 方 程

在前一节中我们引进了一个新的物理量——温度. 我们可以把温度 ϑ 作为描写一个物体的平衡态的变数. 根据前一节的讨论, 温度的改变必然引起其他物理量的改变, 因此, 作为描写一个物体的平衡态的变数, 温度一定是其他变数的函数. 例如一个气体, 可以用两个独立变数, 体积 V 和压强 p, 来描写它的平衡态, 温度 ϑ 是 V 和 p 的函数. 这个函数关系可以表为

$$\vartheta = f(p, V) \tag{1}$$

或

$$F(p, V, \vartheta) = 0. \tag{2}$$

这两个方程是同一个关系的两个不同的写法. 这个关系叫做这个物体的**物态方程**.

前一节中的两个公式(1)和(2)都可认为是物态方程的例子, 但是它们是不完全的物态方程. 就前一节的公式(1)说, 在压强不变时它表示温度随体积改变的关系, 这个关系就是本节物态方程(1)在 $\vartheta = t_p$ 和 p 为常数时的特殊情形. 当 p 改变时, 前节的公式(1)中的常数 V_0 和 V_1 也要随着改变, 只有在由实验测得 V_0 和 V_1 随 p 改变的关系以后, 才能得到完全的物态方程. 最早研究在温度不变的情形下 p

随 V 改变的关系的是玻意尔(Boyle)，他在 1662 年发现，p 和 V 的乘积在温度不变时是一个常数：

$$pV = C. \tag{3}$$

这个常数 C 在不同温度时有不同的数值，所以 C 是一个温度的函数 $F(\vartheta)$．(3)式可写为

$$pV = F(\vartheta). \tag{3'}$$

这个函数 $F(\vartheta)$ 的形式决定于温标的选择．由于 ϑ 还没有指定是什么温标，我们可以令它等于 C，得

$$pV = \vartheta. \tag{3''}$$

在这个式子里，ϑ 已经是一个确定的温标了．下面讨论这种温标 ϑ 与 t_p 的关系．公式(3)所表示的气体的性质称为玻意尔定律，有时也叫做玻意尔-马略特定律，因为马略特(Mariotte)在 1679 年也独立地发现了这个定律．

现在根据玻意尔定律寻求 ϑ 与 t_p 的关系．设 ϑ 在冰点的数值为 ϑ_0，在汽点的数值为 ϑ_1，设定压气体温度计的压强为 p_0，则由(3'')得

$$p_0 V_0 = \vartheta_0, \quad p_0 V_1 = \vartheta_1, \quad p_0 V = \vartheta. \tag{4}$$

代入 t_p 的定义中：

$$\frac{t_p}{100} = \frac{V - V_0}{V_1 - V_0} = \frac{p_0(V - V_0)}{p_0(V_1 - V_0)},$$

消去 V，得

$$\frac{t_p}{100} = \frac{\vartheta - \vartheta_0}{\vartheta_1 - \vartheta_0}. \tag{5}$$

这个式子确定 ϑ 与 t_p 的关系．为了书写的便利，引进一个常数 a 来代替常数 ϑ_1，a 由下式决定：

$$\vartheta_1 - \vartheta_0 = 100\vartheta_0 a. \tag{6}$$

代入(5)式得

$$\vartheta = \vartheta_0(1 + at_p), \tag{7}$$

再代入(3'')式得

$$pV = \vartheta_0(1 + at_p). \tag{8}$$

公式(8)是气体的物态方程，其中所含的温度 t_p 是用这个气体的定压温度计所测定的．实验证明，用不同的定压气体温度计所测定的温度都是一样的，所以在(8)式中的 t_p 可以认为是任何一个定压气体温度计所测定的．

现在再对于定容气体温度计的温标 t_v 作同样的计算．假定用的测温气体与定压温度计所用的一样，而体积固定在 V_0，则与(4)式相当的是

$$p_0 V_0 = \vartheta_0, \quad p_1 V_0 = \vartheta_1, \quad p V_0 = \vartheta. \tag{4'}$$

由于所讨论的气体是同样的，所以上式(4')中的 $\vartheta_0, \vartheta_1, \vartheta$ 都与(4)式中的一样．把(4')代入 t_v 的定义中：

$$\frac{t_v}{100} = \frac{p - p_0}{p_1 - p_0},$$

得
$$\frac{t_v}{100} = \frac{\vartheta - \vartheta_0}{\vartheta_1 - \vartheta_0}.$$ (9)

与(5)式比较得
$$t_v = t_p.$$ (10)

此式说明:一个气体的定压温度计所测定的温度,与同一气体的定容温度计所测定的温度相同,这是玻意尔定律所引导的结论.既然不同的定压气体温度计所测定的温度都相同,那么不同的定容气体温度计所测定的温度一定也都相同,而且也与定压温度计所测定的相同.既然如此,我们就可不必区别 t_p 与 t_v,而用一个符号 t 代表它们共同的数值,并简称 t 为气体温标.用了 t 以后,气体的物态方程(8)改为

$$pV = \vartheta_0(1 + at).$$ (11)

从上式(11)看出,当压强不变时,体积随温度作线性的增加;又当体积不变时,压强随温度作线性的增加.这个性质叫做盖吕萨克定律(Gay-Lussac,1802),又叫做查理定律(Charles,1787),因为这是他们两人先后用水银温度计所测得的结果[①].在现在,我们不能认为(11)式代表他们两人的实验结果,因为(11)式是根据气体温标的定义和玻意尔定律而推导出来的.我们只能认为,盖吕萨克和查理的实验证明水银温度计所测的温度与气体温度计所测的相同.当然,这个实验结果只是近似的.

以上的结果是根据玻意尔定律推出来的.在实验的精确程度提高以后,发现玻意尔定律并不完全正确.事实上,各种气体的性质都或多或少地与玻意尔定律有所差别,各种气体温度计的 t_p 和 t_v 也不完全相同,不过压强越低,这些差异就越小.实验指明,在气体的压强趋近于零的极限情形下,玻意尔定律是完全正确的.完全遵守玻意尔定律的气体称为**理想气体**.实际气体的性质接近于理想气体,而在压强趋于零的极限下完全变为理想气体.公式(11)是理想气体的物态方程,可以近似地代表实际气体的物态方程.公式(11)中的 t 是理想气体温标,等于 t_p 和 t_v 在压强趋于零时的共同极限值:

$$t = \lim_{p_0 \to 0} t_p = \lim_{p_0 \to 0} t_v.$$

卡末林·昂尼斯(Kamerlingh Onnes)在 1901 年根据上面所说的极限性质,提出下列级数形式作为一个实际气体的物态方程:

$$pV = A + Bp + Cp^2 + Dp^3 + \cdots,$$ (12)

其中 A,B,C,D 等都是温度的函数,分别名为第一、第二、第三、第四**维里系数**.当压强趋于零时,(12)式趋于 $pV = A$,这就是玻意尔定律(3).这些维里系数都可由实验测定[②].在以大气压作为压强单位,以在标准气压及冰点下的体积作为体积单位时,A 的数值接近于 1,B 约 10^{-3},C 约 10^{-6},D 约 10^{-9}.由此可见,(12)式中的各

---

① 参阅 Partington,*An Advanced Treatise on Physical Chemistry*,v.1(1949),p.593.

② 维里系数的实验数值见 *Handbuch der Experimentalphysik*,Ⅷ/2(1929),pp.138—179.

项以前面的较为重要,因此在实际应用上往往只要前两项或前三项就够了.在 6 节中将说明如何从实际测得的 t_p 或 t_v 求出气体温标 t.

现在回到理想气体.引进绝对温标 T:

$$T = t + \frac{1}{a}, \tag{13}$$

代入(11),得

$$pV = RT, \tag{14}$$

其中 $R = \vartheta_0 a$ 叫做**气体常数**.以后在 17 节中将证明,现在所引进的绝对温标 T 与热力学第二定律所定的绝对热力学温标相同.绝对温度用 K 表示,例如冰点的绝对温度为 273.15 K.令冰点的绝对温度为 T_0,则由(13)式令 $t = 0$,得

$$T_0 = \frac{1}{a}. \tag{15}$$

实验证明 a 的数值与气体的性质无关,就是说,各种气体的 a 值都是一样的.有这种性质的常数名为**普适常数**.以后在 17 节中将证明,a 是普适常数这一实验结果与另一实验结果——焦耳定律——联系起来.

以上对气体的物态方程作了详细的讨论.液体或固体的物态方程也可归入(1)或(2)这样普遍的形式,但是函数 f 或 F 的具体表达式不能用简单的形式写出来.公式(1)或(2)只能代表一个由两个独立变数所描写的均匀系.一个比较复杂的均匀系需要较多的变数来描写它的平衡态,因而它的物态方程要包含较多的变数.设 $x_1, x_2, \cdots, x_n$ 为描写这个均匀系的独立变数,这些变数包括四种类型,就是几何变数、力学变数、电磁变数、化学变数.这个均匀系的物态方程是

$$\vartheta = f(x_1, x_2, \cdots, x_n). \tag{16}$$

这是(1)式的推广.在 38 节和 40 节中我们可以见到包括化学变数的物态方程的例子[见 38 节(1)式及 40 节(1)、(2)、(3)式].

假如另有一个均匀系,描写它的平衡态的独立变数是 $y_1, y_2, \cdots, y_m$,它的物态方程是

$$\vartheta = g(y_1, y_2, \cdots, y_m). \tag{17}$$

这个均匀系与前面所说的均匀系达到平衡的条件是它们的温度相等.令(16)与(17)相等,得

$$f(x_1, x_2, \cdots, x_n) = g(y_1, y_2, \cdots, y_m). \tag{18}$$

这个式子指出,当这两个均匀系相接触而达到平衡时,描写它们的平衡态的变数有一个数学关系.这个关系是喀拉氏(Carathéodory)第一人由平衡的普遍性质而证明的(见 4 节).

必须指出,只有均匀系才有物态方程.一个非均匀系可以分为若干个均匀部分,每一个均匀部分都有物态方程,但对于整个非均匀系说,并无一个单一的总的物态方程.任何一个均匀系的物态方程都是由实验测定的,热力学理论不能导出某

一物体的物态方程的特殊形式,而是对任何物体的物态方程都是普遍适用的.用统计物理的方法能够导出一些物体的物态方程,但是由于在统计物理的理论中对于物质的分子结构引进了一些简化的假设,这些假设与真实情形多少有一些差异,所以理论的结果与实际不是完全一致的.

现在解释几个与物态方程有关的名词.

膨胀系数(α)的定义是

$$\alpha = \frac{1}{V}\left(\frac{\partial V}{\partial \vartheta}\right)_p, \tag{19}$$

其中 V 表体积,ϑ 表温度,括号外面的 p 表示在求偏微商时把 V 作为 ϑ 和 p 的函数而使 p 不变.在热力学中,变数常常变换,必须有一种方法把独立变数表示出来.(19)式中所用的表示法是热力学中常用的.膨胀系数应该叫做**体胀系数**,不过在习惯上都称膨胀系数.在讨论固体的膨胀时还要考虑**线胀系数**.由(11)式,令 $\vartheta = t$,可求得理想气体的膨胀系数为

$$\alpha = \frac{a}{1+at}. \tag{20}$$

在冰点时,$t=0$,(20)化为 $\alpha = a$.故 a 等于理想气体在冰点时的膨胀系数.a 是普适常数的事实说明,一切气体在冰点时的膨胀系数都相等.

压强系数(β)的定义是

$$\beta = \frac{1}{p}\left(\frac{\partial p}{\partial \vartheta}\right)_V. \tag{21}$$

由(11)式,令 $\vartheta = t$,可求得理想气体的压强系数为

$$\beta = \frac{a}{1+at}. \tag{22}$$

与(20)式比较,得知理想气体的压强系数与膨胀系数相等.

压缩系数(κ)的定义是

$$\kappa = -\frac{1}{V}\left(\frac{\partial V}{\partial p}\right)_\vartheta. \tag{23}$$

压缩系数是**等温压缩系数**的简称,是**体积弹性模量**的倒数.一个理想气体的压缩系数,根据(11)式,等于 $1/p$.

以上三个系数之间有一关系:

$$\alpha = \kappa\beta p. \tag{24}$$

这可由下列微分学公式证明:

$$\left(\frac{\partial V}{\partial \vartheta}\right)_p = -\left(\frac{\partial V}{\partial p}\right)_\vartheta\left(\frac{\partial p}{\partial \vartheta}\right)_V. \tag{25}$$

关于液体和固体的物态方程的知识,需要依靠上面所说的三个系数的实验结果.

现在解释几个在热力学上所常用的单位. 长度的单位是厘米(cm), 体积的单位是立方厘米(cm³). 此外还有一个体积的单位升, 等于一千克纯水在 4℃时所占体积. 精确的实验证明

$$1 升 = 1000.028 \pm 0.002 (厘米)^3.$$

压强是作用在单位面积上的力, 它的单位是每平方厘米一个达因, 可写为"达因/(厘米)²"(dyn/cm²), 这个单位叫做微巴. 一兆个微巴名为巴[1].

$$1 巴 = 10^6 微巴 = 10^6 达因/(厘米)^2.$$

在物理学上常用**"厘米汞"**(cm Hg)作为压强的单位; 用这个单位时必须把直接观测的汞柱高加以改正, 使其相当于标准重力加速度 980.665 厘米/秒² 及 0℃时水银的密度 13.5951 克/(厘米)³. 由此得[2]

$$1 厘米汞 = 13.5951 \times 980.665 达因/(厘米)^2$$
$$= 13332.24 达因/(厘米)^2.$$

在物理学上常用的另一压强单位是标准大气压(atm), 简称大气压, 它的数值是

$$1 大气压 = 76 厘米汞 = 1013250 达因/(厘米)^2$$
$$= 1.01325 巴.$$

有时用"千克/(厘米)²"作为压强的单位:

$$1 千克/(厘米)^2 = 980665 达因/(厘米)^2 = 0.980665 巴$$
$$= 73.5559 厘米汞.$$

*4. 喀拉氏温度定理

喀拉氏[3]根据物体达到平衡态的经验, 证明每一个均匀系都有一个温度函数, 而这个函数就是这个均匀系的物态方程, 如上节的公式(1)或(16)所表示的那样. 他的结果可用下列定理表达:

定理. 对于每一均匀系, 其平衡态由变数 $x_1, \cdots, x_n$ 描写, 必有一态的函数 $\vartheta = f(x_1, \cdots, x_n)$ 存在, 名为这均匀系的温度, 具有的特性是: 任何其他与这个均匀系互为热平衡的均匀系都有各自的温度函数, 在平衡时这些温度的数值相等.

这个定理的证明, 根据 2 节所说的经验事实: 假设某甲物体分别与某乙和某丙达到热平衡, 那么乙与丙要是接触的话, 它们一定已到互为热平衡的状态.

---

[1] 1 巴(bar) = 1×10^5 帕斯卡(Pa). 1 达因(dyn) = 1×10^{-5} 牛顿(N). ——重排注

[2] 水银在 0℃时的密度为 13.59504 ± 0.00006 克/(厘米)³, 因此应得 1 厘米汞 = 13332.18 ± 0.06 微巴. 但是为了要使一个标准大气压等于 76 厘米汞, 所以用 13.5951 克/(厘米)³ 作为水银的标准密度, 以保持一个大气压为 1013250 微巴.

[3] 见 C. Carathéodory, *Math. Ann.* **67**(1909), p.355. 参阅 M. Born, *Phys. Zeit.* **22**(1921), pp.218, 249, 282.

两个物体互为热平衡的物理现象应当有一个数学表达式,这就是描写两个物体的变数有一个函数关系.为要说明这一点,先假设所讨论的两个物体每个都是只有两个独立变数的流体,并假设描写的变数(压强和体积)各为 p,V 及 p',V'.假如这两个物体隔离很远,这四个变数就可互相独立地改变.当它们接触以后,它们的热冷程度一定要变成一样,因此它们的态变数必须适应这个改变而发生关系.所以在达到平衡以后必有类似于下面的关系存在:

$$F(p,V;p',V')=0. \tag{1}$$

很容易从经验了解到,当这两个物体保持平衡时,仍然可有三个独立变数,例如 V,V',和 p,因此只能有一个关系[①].在普遍的情形下,如果物体甲的态变数是 $x_1,\cdots,x_n$,物体乙的态变数是 $y_1,\cdots,y_m$,则甲与乙的平衡条件将是

$$F(x_1,\cdots,x_n;y_1,\cdots,y_m)=0. \tag{2}$$

假设物体丙的态变数是 $z_1,\cdots,z_k$,那么甲与丙的平衡条件,乙与丙的平衡条件将分别为

$$G(x_1,\cdots,x_n;z_1,\cdots,z_k)=0, \tag{3}$$
$$H(y_1,\cdots,y_m;z_1,\cdots,z_k)=0. \tag{4}$$

上面所说的物理事实,即如果甲与乙和丙分别为平衡时,则乙与丙一定平衡,在数学上可以表达如下:只要(2)和(3)两个方程成立时,则方程(4)一定成立,不论 $x_1,\cdots,x_n$ 的数值如何.由此可得出结论,(4)可由(2)和(3)中消去 $x_1,\cdots,x_n$ 而得到.

首先我们注意到,在 $1,\cdots,n$ 数字中一定有某一数字 i 使 $\partial F/\partial x_i\neq0,\partial G/\partial x_i\neq0$ 同时成立.假如不然,则 F 中包含的 x_i 将不在 G 中出现,这样就不可能从 F 和 G 中消去 x_i.如果在 $1,\cdots,n$ 中不存在一个 i 时,那么从 F 和 G 中消去变数 $x_1,\cdots,x_n$ 就根本不可能.在这种情形下,乙和丙的平衡就不能与甲和乙及甲和丙的平衡发生关系了.这是与经验不合的,所以,在适当选择符号 i 时,我们可以令

$$\frac{\partial F}{\partial x_1}\neq0, \qquad \frac{\partial G}{\partial x_1}\neq0.$$

当这两个条件成立时,我们可从(2)及(3)解出 x_1 得

$$x_1=F_1(y_1,\cdots,y_m;x_2,\cdots,x_n),$$
$$x_1=G_1(z_1,\cdots,z_k;x_2,\cdots,x_n).$$

消去 x_1,得

$$F_1(y_1,\cdots,y_m;x_2,\cdots,x_n)=G_1(z_1,\cdots,z_k;x_2,\cdots,x_n). \tag{5}$$

---

① 假如我们所讨论的是两个气体,装在一个圆管内,中有一固定的刚壁隔开,两端各有一个活塞.这两个气体的体积可以通过活塞的移动而任意改变,同时其中一个气体的压强可用加热或冷却的办法来任意改变.

这个结果应当与(4)相当,必须不包含 $x_2, \cdots, x_n$. 这只有在 F_1 和 G_1 是下列形式时才有可能:

$$F_1 = a(x_2, \cdots, x_n) g(y_1, \cdots, y_m) + b(x_2, \cdots, x_n),$$
$$G_1 = a(x_2, \cdots, x_n) h(z_1, \cdots, z_k) + b(x_2, \cdots, x_n).$$

令
$$f(x_1, \cdots, x_n) = \frac{x_1 - b(x_2, \cdots, x_n)}{a(x_2, \cdots, x_n)},$$

则(2),(3),(4)可化为下列形式:

$$f(x_1, \cdots, x_n) = g(y_1, \cdots, y_m) = h(z_1, \cdots, z_k). \tag{6}$$

令(6)式的每一项都等于 ϑ 即得到定理的证明.

最后,我们必须注意到 ϑ 并未完全确定,因为(6)式可用下列式子代替:

$$\Theta(\vartheta) = \Theta(f(x_1, \cdots, x_n)) = \Theta(g(y_1, \cdots, y_m))$$
$$= \Theta(h(z_1, \cdots, z_k)), \tag{7}$$

其中 Θ 为一任意函数. 这个在数学上函数 ϑ 的不确定在物理上表现为可以任意选择温标. 但是,显然在温标一经选定以后,函数 ϑ 就完全确定了.

*5. 各种温度计

制造温度计根据一个原理:温度随其他物理量的改变而改变. 根据这个原理,我们可选定任意一种物理量作为温度的指标. 最通常用为温度指标的是体积,早期的温度计全是利用体积的膨胀来指示温度. 以后其他物理量也用来作为温度的指标,下面将作一概括的叙述.

(甲) 液体温度计

这是用液体作测温物质而以体积膨胀标志温度的温度计. 这类温度计的最普通的形式是一个玻璃毛细管下带一个泡,中装液体. 当温度增加时,液体在毛细管中上升. 毛细管壁上有均匀的刻度以指示温度. 最常用的液体是水银.

液体温度计的优点是可以马上从毛细管壁上的刻度看出温度的数值,使用起来很方便. 但是也有很多缺点,不适于作精确的测量之用. 主要的缺点有:(一) 温度能测量的范围较小,限制在液体的凝固点与沸点之间. 虽然用水银较用其他液体时所测量的温度范围大些(水银的凝固点为 $-38.87℃$,沸点为 $356.58℃$),然而也不够大.(二) 玻璃毛细管的孔径不易均匀.(三) 玻璃的热滞现象,即玻璃膨胀以后不易恢复原状.(四) 液体的膨胀率在不同温度时不同. 由于以上几个缺点,液体温度计不能选作标准,也不能作为精密温度计而使用. 在物理学上,标准温度由气体温度计来确定,而精密测量则利用电阻温度计.

（乙）气体温度计

一个气体温度计的主要部分是一个玻璃泡或是金属泡,中装气体,有一个细管连到一个水银气压计.气体温度计有定压和定容两种(见 2 节).气体温度计的缺点是仪器比较复杂,使用起来不如液体温度计那样简便.但是它的优点很多,所有液体温度计的四个缺点它都没有.这些优点是:(一)温度的范围很大,许多气体的液化点是非常低的,在液化点以上的温度全可用气体温度计测量(参阅表一).(二)气体的膨胀系数较大,约 10^{-3};但液体的膨胀系数较小,约 10^{-5},比固体的膨胀系数(约 10^{-6})大得不多.因此,装气体的玻璃或金属的膨胀如果不均匀或是有热滞现象时,对于气体膨胀精确度的影响就比对液体的小得多,可以忽略不计.(三)各种不同的气体所做的温度计,不论是定压的还是定容的,所指示的温度都几乎完全一样,只有在精确度极高时才看出有细微差别.由于上述各种优点,气体温度计就被选为标准温度计,而加以适当改正以后所得到的气体温标,就成为物理学上的标准温标了.

表一 气体在一个大气压下的液化点

气 体	摄 氏 温 度/℃	绝 对 温 度/K
氦气(He)	−268.94	4.21
氢气(H_2)	−252.780	20.37
氖气(Ne)	−246.087	27.06
氮气(N_2)	−195.808	77.34
氩气(A)	−185.66	87.49
氧气(O_2)	−182.970	90.18

（丙）电阻温度计

纯铂电阻温度计是一种最准确最可靠的仪器.它的原理是以电阻随温度而改变的现象作为温度的指示,电阻用惠斯通电桥法测量.在冰点(0℃)与锑点(即锑的熔点 630.5℃)之间,纯铂的电阻与温度 t 的关系可用下式表示:

$$R_t = R_0(1 + At + Bt^2), \tag{1}$$

其中 R_0, A, B 为常数,它们的数值由在三个固定温度的电阻来确定.这三个固定温度是:(一)冰点 0℃,(二)汽点 100℃,(三)硫点 444.600℃(即硫磺在一个大气压下的沸点).纯铂电阻温度计所量的温度本身准确度在千分之一度以内,而(1)式中的 t 与气体温标相差很少,一般不超过一度的百分之二.由于这种温度计在应用上的方便和可靠,在国际上认为(1)式所定的为在冰点与锑点之间的**国际标准温度**[①],在实用上可当作与气体温标相等.

在低温度的范围之内,在冰点与氧点(即氧气在一个大气压下的液化点 $-182.970℃$)之间,纯铂电阻温度计也可作精确测量之用,但纯铂的电阻与温度 t 的关系不能用(1)表示,而必须改为下式:

$$R_t = R_0[1 + At + Bt^2 + C(t - 100)t^3], \tag{2}$$

其中四个常数 R_0, A, B, C 由四个温度下电阻的数值来确定.这四个温度是:(一)冰点,(二)汽点,(三)硫点,(四)氧点.用(2)式所定的温度是在氧点与冰点之间的**国际标准温度**,它的准确度较(1)式所定的略差.

在高温锑点之上,或是在低温氧点之下,也还可以用电阻温度计.但在这些低温与高温范围之内,电阻温度计的准确度较差,因此不选作标准.

(丁) 温差电偶

温差电偶是一种常用的可靠的温度计.一个温差电偶是用两个不同的金属线连接起来的,温差电偶的电动势随两种金属的两个接头的温度差而改变,电动势用电势计法测量.假如固定一个接头的温度为冰点,另一接头的温度就可由温差电动势来确定,如果温度与电动势的关系已经预先测定了的话.作为温度计用的最准确而可靠的温差电偶是铂电偶,其中一个金属是纯铂,一个金属是铂中含有百分之十重量的铑,而把一个接头的温度维持在冰点.当一个接头在冰点,另一接头在温度 t,铂电偶的电动势 E 与 t 的关系在锑点与金点(即金的熔点 $1063.0℃$)之间可表为

$$E = a + bt + ct^2, \tag{3}$$

其中三个常数 a, b, c 由三个温度的电动势来定.这三个温度是:(一)锑点,锑点的温度数值由纯铂电阻温度计测定,须近于 $630.5℃$,(二)银点(即银的熔点)$960.8℃$,(三)金点 $1063.0℃$.这样所定的温度是锑点与金点之间的**国际标准温度**.实际温差电动势的数值约每度 11 微伏,而金点的电动势约 10.3 毫伏.

用他种金属所制的温差电偶也可用来量温度,用起来很方便,但是准确度和可靠性都不如铂电偶.各种温差电偶的应用范围也很广,甚至一直到较氧点更低的温度都可用,但准确度不及铂电阻温度计.

(戊) 高温计

高温计有两种,一种是辐射高温计,一种是光测高温计,这两种所测的温度都是绝对温度.这两种所测量的不是高温物体本身的温度,而是测量高温物体所辐射

---

① 见 H. F. Stimson, *J. Research*, *Bur*, *Stand*. **42**(1949), pp. 209—217.

的热量,再应用辐射公式推算出高温物体的温度.当物体的温度高于金点时,高温计所测得的温度在目前是唯一的标准温度.测量辐射热量的方法是测量一个物体在吸收辐射热之后的温度改变,而这个温度改变用温差电偶测量.

辐射公式有两种,一种用于辐射高温计,一种用于光测高温计.用于辐射高温计的是斯特藩定律(Stefan):

$$\mathcal{R} = \sigma T^4, \tag{4}$$

其中 $\mathcal{R}$ 为辐射通量密度,T 为绝对温度,σ 为斯特藩常数,数值为(见 20 节)

$$\sigma = 5.6686 \times 10^{-5} \text{ 尔格}^{①} \cdot (\text{厘米})^{-2} \cdot \text{度}^{-4} \cdot \text{秒}^{-1}.$$

用于光测高温计的是普朗克(Planck)公式:

$$u_\lambda \mathrm{d}\lambda = \frac{c_1}{\lambda^5} \frac{\mathrm{d}\lambda}{\mathrm{e}^{c_2/\lambda T} - 1}, \tag{5}$$

其中 $u_\lambda \mathrm{d}\lambda$ 为在波长间隔$(\lambda, \lambda + \mathrm{d}\lambda)$之内的辐射能密度,$c_1$ 及 c_2 为两个辐射常数,

$$c_1 = 4.9919 \times 10^{-15} \text{ 尔格} \cdot \text{厘米}, \quad c_2 = 1.4388 \text{ 厘米} \cdot \text{度}.$$

光测高温计所量的辐射能量是在一个小的波长范围之内的,这样所定的温度往往与波长有关,因此叫做**色温度**.

高温计的一个特点,是不直接与所要观测的物体接触,所以可以用来量星体的温度.这样所量出的太阳表面温度约 6000℃.

高温计所用的辐射公式(4)和(5)是黑体辐射公式,但实际物体并非黑体,所以量得的温度往往较实际略低.因此,这样量得的温度叫做**黑体温度**.

(己)蒸气压温度计

蒸气压温度计是一种测低温的仪器,它的原理是根据这个事实,即一个化学纯的物体的饱和蒸气压与它的沸点有一定的关系.假如这个关系已先知,就可用量气压的方法来定温度.在温度很低的时候,例如在 $-259℃$ 到 $-190℃$ 之间,可用氮气及氢气的蒸气压温度计,假定它们的饱和蒸气压已经先测出了.测定蒸气压所根据的标准温标仍然需要用气体温度计来确定,不过气体温度计须在气压较低的情形下才能使用.

(庚)磁温度计

磁温度计的原理是根据顺磁体的磁化率与温度的关系(居里定律):

$$\chi = \frac{C}{T}, \tag{6}$$

其中 χ 是磁化率,C 是常数.这种温度计在低温时特别有用,是 1 K 以下唯一的温度

---

① 1 尔格(erg) $= 1 \times 10^{-7}$ 焦耳(J). —— 重排注

计. 但是由于居里定律(6)不是绝对正确的,所以量得的绝对温度 T 也不十分可靠. 根据居里定律所定的温标名为**磁温标**,以后在 19 节中将讨论如何由磁温标化为热力学绝对温标.

*6. 气体温度计的改正

一个气体温度计的读数换为气体温标时必须作下面几个改正:(一)对于容器膨胀的改正. 作这一项改正时,可假定容器的体积与温度作线性的增加: $V = V_0(1+a_1 t)$,其中 a_1 为容器的膨胀系数,数值由实验测定,大约在 10^{-6} 到 10^{-5} 之间. (二)对容器各部温度不均匀的改正. (三)对与玻意尔定律差异的改正.

我们假设前面两个改正已经作过了,现在专讨论最后一个改正.

一切真实气体的性质都多少与玻意尔定律有些差别. 在 3 节中提到昂尼斯所提出的物态方程,即

$$pV = A + Bp + Cp^2 + Dp^3 + \cdots. \tag{1}$$

这个物态方程在 1922 年以后为霍耳本(Holborn)和奥托(Otto)等所广泛应用. 昂尼斯本人所用的却是下列形式:

$$pV = A + \frac{B'}{V} + \frac{C'}{V^2} + \frac{D'}{V^3} + \cdots, \tag{2}$$

其中 A, B', C', D' 是温度的函数,它们也和 A, B, C, D 一样,名为维里系数. 这两组维里系数的关系是

$$B' = AB, \quad C' = A^2C + AB^2, \quad D' = A^3D + 3A^2BC + AB^3. \tag{3}$$

用 p 为独立变数时,(1)式较为方便;用 V 为独立变数时,(2)式较为方便.

现在应用(1)式求 t_p 的改正,也就是求 t_p 与气体温标 t 的关系. 根据定义(见 2 节,方程(1))

$$\frac{t_p}{100} = \frac{V - V_0}{V_1 - V_0} = \frac{p_0 V - p_0 V_0}{p_0 V_1 - p_0 V_0}. \tag{4}$$

由(1)得
$$\left.\begin{aligned}
p_0 V_0 &= A_0 + B_0 p_0 + C_0 p_0^2 + \cdots, \\
p_0 V_1 &= A_1 + B_1 p_0 + C_1 p_0^2 + \cdots, \\
p_0 V &= A + B p_0 + C p_0^2 + \cdots.
\end{aligned}\right\} \tag{5}$$

经验证明,在求温度计的改正时,只需前两个维里系数就够了. 略去第三维里系数 C 及其以后的各项,代入(4)式,得

$$\frac{t_p}{100} = \frac{(A - A_0) + (B - B_0)p_0}{(A_1 - A_0) + (B_1 - B_0)p_0}. \tag{4'}$$

根据气体温标 t 的定义(见 2 节,方程(3)),当 p_0 趋于零,t_p 即趋于 t. 在(5)式中令 $p_0 \rightarrow 0$ 得

$$\frac{t}{100} = \frac{A - A_0}{A_1 - A_0}.$$

设引进一常数 a，由下式规定：

$$A_1 - A_0 = 100 A_0 a, \tag{6}$$

代入上式，则得 t 与 A 的关系为

$$A = A_0(1 + at). \tag{7}$$

把(6)及(7)代入(4')式，消去 A 及 A_1，经过简化，得

$$t - t_p = \left\{ (B_1 - B_0)\frac{t_p}{100} - (B - B_0) \right\} \frac{p_0}{A_0 a}. \tag{8}$$

这就是所求的温度 t_p 的改正公式，由这个公式，可从测得的 t_p 算出气体温标 t。

同样的计算，应用物态方程(2)，可求得 t_v 的公式及 t_v 的改正各为

$$\frac{t_v}{100} = \frac{(A - A_0) + (B' - B_0')/V_0}{(A_1 - A_0) + (B_1' - B_0')/V_0}, \tag{9}$$

$$t - t_v = \left\{ (B_1' - B_0')\frac{t_v}{100} - (B' - B_0') \right\} \frac{1}{A_0 a V_0}. \tag{10}$$

应用物态方程(1)也可得到 t_v 的改正，不过结果比(10)要复杂些。

粗略看来，似乎由(7)式就可定气体温标 t，不必用(8)式或(10)式。仔细考虑，其实不然，因为(8)式或(10)式给出 t 的微小改正值，比(7)式所给的 t 值本身要精确些。

现在讨论应用物态方程去定冰点的绝对温度的数值。根据 3 节的(15)式，冰点的绝对温度等于 a 的倒数：

$$T_0 = 1/a. \tag{11}$$

在 3 节中曾提到，当压强趋于零时，物态方程趋于 $pV = A$。所以应当有 $A = \vartheta$。这说明本节中通过公式(6)所引进的常数 a，与 3 节中的(6)式所引进的 a 一样。粗略看来，似乎由 a 的定义(6)式即可确定它的数值。实际上，由(6)式所定的 a 的数值不够准确，其理由与不用(7)式来定 t 差不多。现在定 a 的最准确的方法，是求在冰点的平均膨胀系数及平均压强系数在压强趋于零时的极限值，其理论如下。

设 $\bar\alpha$ 为冰点到汽点的平均膨胀系数，$\bar\beta$ 为冰点到汽点的平均压强系数，它们的定义是：

$$\bar\alpha = \frac{V_1 - V_0}{100 V_0}, \quad \bar\beta = \frac{p_1 - p_0}{100 p_0}. \tag{12}$$

把(5)式中的 V_0 和 V_1 代入 $\bar\alpha$ 的定义，得

$$\bar\alpha = \frac{(A_1 - A_0) + (B_1 - B_0)p_0}{100(A_0 + B_0 p_0)}.$$

应用(6)式消去 A_1，经过简化，得

$$a = \bar{\alpha} + \left(B_0 \bar{\alpha} - \frac{B_1 - B_0}{100} \right) \frac{p_0}{A_0}. \tag{13}$$

这个式子指出,当 $p_0 \to 0$ 时,$\bar{\alpha} \to a$,同时也指出如何由直接测量得的 $\bar{\alpha}$ 去计算 a.

同样,由平均压强系数 $\bar{\beta}$,应用物态方程(2),得

$$a = \bar{\beta} + \left(B_0' \bar{\beta} - \frac{B_1' - B_0'}{100} \right) \frac{1}{A_0 V_0}. \tag{14}$$

根据 $\bar{\alpha}$ 及 $\bar{\beta}$ 的实验数据,经过用公式计算后,求得[①]

$$a = 0.0036608,$$
$$T_0 = 273.165 \pm 0.015.$$

在本书中将采用 $T_0 = 273.15$.

*7. 一种新的定标准温度法

早在 1848 年绝对温标的创造者开尔文就曾指出,只须选定某一固定点的绝对温度的数值,绝对温标就完全确定了. 关于这一点将来在 15 节中可以明显地看出来. 在目前,我们也可以从气体温标来理解这一点. 根据理想气体的物态方程,引用绝对温标得(见 3 节,方程(14)):

$$pV = RT. \tag{1}$$

从这个方程可以看出,只须把某一固定点的绝对温度的数值选定,即可求得常数 R,(因为 p 和 V 都是可以直接测量的),然后任何其他温度的绝对温度都可由(1)式确定了. 随着科学的进展,绝对温标的重要性日益增加,现在已经有一个趋势要在精确的温度测量中用绝对温标代替摄氏温标. 在 1939 年乔克(Giauque)提议以冰点的绝对温度为选择对象. 到 1948 年温度量度的国际委员会建议选定水的三相点的绝对温度,但没有选定. 选水的三相点为标准比选冰点要好些,好处有二,一是在实验装置中三相点可长期维持在万分之一度内不变,二是三相点不牵涉到外界条件如大气压等. 在 1954 年温度量度的国际委员会选水的三相点的绝对温度 (T_3) 为

$$T_3 = 273.16 \text{ K.}$$

相应的冰点的绝对温度近似地等于 273.15 K. 在选定三相点的绝对温度以后,其他温度都需要用气体温度计来确定,这就需要把气体温标的定义作适当的改变,同时对电阻温度计和温差电偶的规定也必须作适当的修改[②].

先讨论如何由气体温度计的读数得到绝对温度. 考虑一个定压温度计,先引进

① 参阅 J. A. Beattie, "The thermodynamic temperature of the ice point," *Temperature* (Reinhold, New York, 1941), pp. 74—88.

② 见王竹溪,物理学报,11(1955),第 125 页.

一个定压绝对温标 T_p,其定义为

$$T_p = T_3 V/V_3,\qquad(2)$$

其中 V_3 为气体在水的三相点时的体积. 设 p_0 为气体的压强,则由 6 节的物态方程(1)得

$$p_0 V = A + Bp_0 + Cp_0^2 + \cdots,$$
$$p_0 V_3 = A_3 + B_3 p_0 + C_3 p_0^2 + \cdots,$$

其中 A_3, B_3, C_3 是维里系数在三相点时的数值. 把上面的 V 和 V_3 代入(2),得

$$T_3(A + Bp_0 + Cp_0^2 + \cdots) = T_p(A_3 + B_3 p_0 + C_3 p_0^2 + \cdots).\qquad(3)$$

当 $p_0 \to 0$ 时,物态方程变为(1),同时 $T_p \to T$. 在(3)中令 $p_0 \to 0$,得

$$A/A_3 = T/T_3.\qquad(4)$$

由(3)及(4)中消去 A,得

$$A_3(T - T_p) = (T_p B_3 - T_3 B) p_0 + (T_p C_3 - T_3 C) p_0^2 + \cdots.\qquad(5)$$

这就是由观测的 T_p 而计算绝对温度 T 的公式.

同样的计算,应用 6 节的物态方程(2),可求得定容气体温度计的绝对温标 T_v(定义为 $T_v = T_3 p/p_3$)的改正公式如下:

$$A_3(T - T_v) = (T_v B_3' - T_3 B') V_0^{-1} + (T_v C_3' - T_3 C') V_0^{-2} + \cdots,\qquad(6)$$

其中 V_0 是气体的体积.

其次讨论电阻温度计. 在三相点与锑点之间,纯铂电阻温度计的电阻 R 用二次式:

$$R = a + bT + cT^2,\qquad(7)$$

其中三个系数 a, b, c 由三点的电阻来定. 这三点是:(一)三相点 $T_3 = 273.16$,(二)汽点 $T_1 = 373.16$,(三)硫点 $T_S = 717.75$.

在三相点与氧点之间,纯铂电阻温度计的电阻 R 可用下式:

$$R = a + bT + cT^2 + d(T - T_1)(T - T_3)^3,\qquad(8)$$

其中 a, b, c 三常数与(7)式中的相同,第四个常数 d 由氧点($T_{Ox} = 90.18\ \mathrm{K}$)来定.(8)式中的 T_1 指汽点的绝对温度.

最后讨论用温差电偶定锑点与金点之间的标准温度. 当铂电偶的一个接头在冰点(不必在三相点),另一接头在温度 T,它的温差电动势 E 与 T 的关系在锑点与金点之间可表为

$$E = a + bT + cT^2,\qquad(9)$$

其中三个常数 a, b, c 由三个温度的电动势来定. 这三个温度是:(一)锑点,锑点的温度数值由纯铂电阻温度计测定,须近于 $T_{Sb} = 903.7\ \mathrm{K}$,(二)银点 $T_{Ag} = 1234.0\ \mathrm{K}$,(三)金点 $T_{Au} = 1336.2\ \mathrm{K}$.

以上讨论了在选择绝对温标为标准以后所引起的一系列问题,即关于最基本

的标准点选择为水的三相点,关于气体温度计的改正,以及关于电阻温度计和温差电偶的规定.总结起来,选择绝对温标为标准有下面一些优点:(一)在科学上有统一的标准温标,实用的温标与热力学第二定律在理论上所规定的温标一致.(二)在规定实用的国际标准温标时,在各个温度范围有统一的温标,以避免像现在所定的在金点以下为摄氏温标、在金点以上为绝对温标那种不合理的情形.(三)可以把求某一点的绝对温度这一问题,包含在气体温度计的改正问题之中,不必像过去求冰点的绝对温度费如许多的事.气体温度计的改正和求某一点的绝对温度,在过去是两件独立的事情,现在统一起来了.(四)温度测量的精确度大为提高.由于绝对温标的零点已经在理论上完全确定了,所以只要选定某一固定点的绝对温度,就可把绝对温标完全确定.这一点有很重要的实际意义.因为我们可以选择在实际测量中最精确的温度作为标准,那么,任何一点的温度的精准度,就只与本身的精确度有关,不会牵涉到其他点的温度.但是在过去就不是这样.在过去,由于选定了汽点与冰点之间的温度差为 100,就使得冰点的绝对温度的精确度受汽点的牵制而不能提高.费了多少年来许多实验的精力还只能达到 $T_0=273.16\pm0.02$.但是,我们却可以测量冰点到万分之一度.由此可见,在采用绝对温标为标准并且选定水的三相点的绝对温度以后,温度测量的精确度将会大大提高.

第一章习题

1. 英国工程压强单位为"磅/吋²",有时也用"吋汞".

已知   1 磅$=453.59245$ 克,   1 吋$=2.54$ 厘米,

求证   1 磅/吋$^2=2.036022$ 吋汞$=68947.6$ 达因/(厘米)^2.

1 大气压$=14.69595$ 磅/吋$^2=29.92126$ 吋汞.

2. 设三函数 f,g,h 都是二独立变数 x,y 的函数,证

(1) $\left(\dfrac{\partial f}{\partial g}\right)_h=1\bigg/\left(\dfrac{\partial g}{\partial f}\right)_h$;

(2) $\left(\dfrac{\partial f}{\partial g}\right)_x=\dfrac{\partial f}{\partial y}\bigg/\dfrac{\partial g}{\partial y}$;

(3) $\left(\dfrac{\partial y}{\partial x}\right)_f=-\dfrac{\partial f}{\partial x}\bigg/\dfrac{\partial f}{\partial y}$;

(4) $\left(\dfrac{\partial f}{\partial g}\right)_h\left(\dfrac{\partial g}{\partial h}\right)_f\left(\dfrac{\partial h}{\partial f}\right)_g=-1$;

(5) $\left(\dfrac{\partial f}{\partial x}\right)_g=\dfrac{\partial f}{\partial x}+\dfrac{\partial f}{\partial y}\left(\dfrac{\partial y}{\partial x}\right)_g$.

3. 设四函数 f,g,h,k 都是二独立变数 x,y 的函数,并以符号 $\dfrac{\partial(f,g)}{\partial(x,y)}$ 代表行列式:

$$\frac{\partial(f,g)}{\partial(x,y)}=\begin{vmatrix}\dfrac{\partial f}{\partial x} & \dfrac{\partial f}{\partial y}\\[2mm] \dfrac{\partial g}{\partial x} & \dfrac{\partial g}{\partial y}\end{vmatrix}=\frac{\partial f}{\partial x}\frac{\partial g}{\partial y}-\frac{\partial f}{\partial y}\frac{\partial g}{\partial x},$$

证

(1) $\dfrac{\partial(f,g)}{\partial(h,k)}=\dfrac{\partial(f,g)}{\partial(x,y)}\bigg/\dfrac{\partial(h,k)}{\partial(x,y)}$;   (2) $\dfrac{\partial(f,g)}{\partial(x,y)}=1\bigg/\dfrac{\partial(x,y)}{\partial(f,g)}$;

(3) $\left(\dfrac{\partial f}{\partial g}\right)_h=\dfrac{\partial(f,h)}{\partial(g,h)}$;   (4) $\left(\dfrac{\partial f}{\partial g}\right)_h=\dfrac{\partial(f,h)}{\partial(x,y)}\bigg/\dfrac{\partial(g,h)}{\partial(x,y)}$;

(5) $\left(\dfrac{\partial f}{\partial x}\right)_g=\dfrac{\partial(f,g)}{\partial(x,y)}\bigg/\dfrac{\partial g}{\partial y}$.

4. 设六函数 f,g,h,u,v,w 都是三个独立变数 x,y,z 的函数,证

(1) $\dfrac{\partial(f,g,h)}{\partial(u,v,w)}=\dfrac{\partial(f,g,h)}{\partial(x,y,z)}\bigg/\dfrac{\partial(u,v,w)}{\partial(x,y,z)}$;

(2) $\left(\dfrac{\partial f}{\partial x}\right)_{g,h}=\dfrac{\partial(f,g,h)}{\partial(x,y,z)}\bigg/\dfrac{\partial(g,h)}{\partial(y,z)}$;

(3) $\left(\dfrac{\partial f}{\partial g}\right)_{x,h}=\dfrac{\partial(f,h)}{\partial(y,z)}\bigg/\dfrac{\partial(g,h)}{\partial(y,z)}$.

5. 设 $f_1,f_2,\cdots,f_n;u_1,u_2,\cdots,u_n$ 是独立变数 $x_1,x_2,\cdots,x_n$ 的函数,证

(1) $\dfrac{\partial(f_1,\cdots,f_n)}{\partial(u_1,\cdots,u_n)}=\dfrac{\partial(f_1,\cdots,f_n)}{\partial(x_1,\cdots,x_n)}\bigg/\dfrac{\partial(u_1,\cdots,u_n)}{\partial(x_1,\cdots,x_n)}$;

(2) $\left(\dfrac{\partial f_1}{\partial x_1}\right)_{f_2,\cdots,f_n}=\dfrac{\partial(f_1,\cdots,f_n)}{\partial(x_1,\cdots,x_n)}\bigg/\dfrac{\partial(f_2,\cdots,f_n)}{\partial(x_2,\cdots,x_n)}$;

(3) $\left(\dfrac{\partial f_1}{\partial u_1}\right)_{u_2,\cdots,u_n}=\dfrac{\partial(f_1,u_2,\cdots,u_n)}{\partial(x_1,x_2,\cdots,x_n)}\bigg/\dfrac{\partial(u_1,\cdots,u_n)}{\partial(x_1,\cdots,x_n)}$.

6. 证明理想气体的膨胀系数、压强系数及压缩系数各为 $\alpha=\beta=1/T,\kappa=1/p$.

7. 证明任何一个有二独立变数 ϑ,p 的物体,其物态方程可由实验观测的膨胀系数 α 及压缩系数 κ 根据下列积分求得:

$$\ln V=\int(\alpha\,\mathrm{d}\vartheta-\kappa\,\mathrm{d}p).$$

应用这个公式到理想气体,把积分求出,选 T 为温标,并假设 $\alpha=1/T,\kappa=1/p$.

8. 假如某一测温物质的定压温度计的温标等于定容温度计的温标,证明这一物质的物态方程为 $\vartheta=a(p+a)(V+b)+c$,其中 ϑ 为这一物质的定压温度计和定容温度计所测的共同的温度,a,a,b,c 都是常数. $\left[\text{提示:先证明}\dfrac{\partial^2\vartheta}{\partial p^2}=0,\quad\dfrac{\partial^2\vartheta}{\partial V^2}=0.\right]$

9. 设描写三个物体的平衡态的变数各为 $(p,V),(p',V'),(p'',V'')$,并假设它们的平衡条件可写为

$$p'=F(p,V,V'),\quad p''=G(p,V,V'').$$

根据可由此二函数 F 及 G 消去 p,V 的条件,证明 F 必须为下列形式:$F\equiv F_1(f(p,V),V')$,其中 $f(p,V)=C$ 为某一个一级常微分方程的解. 由以上结果证明这三个物体互为平衡的条件可写为

$$f(p,V)=g(p',V')=h(p'',V'').$$

10. 设某一物质在恒压下的物态方程由实验定为下列形式:

$$V=V_0(1+at+bt^2).$$

若用此物质为定压温度计,求它所定的温标 ϑ 与 t 的关系(假设冰点为 $\vartheta=0$,汽点为 $\vartheta=100$,而且在这两点之间采用线性法则).

11. 证明一个铂电阻温度计的温度在 0℃ 到 630.5℃ 之间可表为下列卡仑德(Callendar)形式:

$$t = \frac{1}{\alpha}\left(\frac{R}{R_0} - 1\right) + \delta\left(\frac{t}{100} - 1\right)\frac{t}{100},$$

其中 R 为在温度 t 时的电阻, R_0 为在冰点时的电阻, α 及 δ 为常数, 由在汽点时的电阻 R_1 及在硫点时的电阻 R_s 所确定. 求两常数 α, δ 与 5 节(1)式中的两常数 A, B 的关系. 已知 $R_1/R_0 = 1.3913, R_s/R_0 = 2.6502$, 求常数 α, δ, A, B 的数值.

12. 证明一个铂电阻温度计的温度在 $-182.97℃$ 到 0℃ 之间可表为下列卡仑德-范杜森(Callendar-Van Dusen)形式:

$$t = \frac{1}{\alpha}\left(\frac{R}{R_0} - 1\right) + \delta\left(\frac{t}{100} - 1\right)\frac{t}{100} + \beta\left(\frac{t}{100} - 1\right)\left(\frac{t}{100}\right)^3,$$

其中 R 为在温度 t 时的电阻, R_0 为在冰点时的电阻, α, δ 及 β 为常数, 由在汽点时的电阻 R_1, 在硫点时的电阻 R_s, 及在氧点时的电阻 R_{Ox} 所确定(注意在定 α 及 δ 时必须令 $\beta = 0$). 求三常数 α, δ, β 与 5 节(2)式中的三常数 A, B, C 的关系. 已知 $R_1/R_0 = 1.3913, R_s/R_0 = 2.6502, R_{Ox}/R_0 = 0.2462$, 求常数 $\alpha, \delta, \beta, A, B, C$ 的数值.

13. 证明在选绝对温标为标准之后, 铂电阻温度计的电阻在冰点与锑点之间和冰点与氧点之间可分别表为下列形式:

$$R = R_3 + \alpha R_3(T - T_3) + c(T - T_3)(T - T_1),$$
$$R = R_3 + \alpha R_3(T - T_3) + c(T - T_3)(T - T_1) + d(T - T_1)(T - T_3)^3.$$

说明这种形式类似于习题 11 和 12 所说的卡仑德-范杜森的形式, 并求 α 与 R_1 的关系:

$$\alpha = \frac{R_1 - R_3}{(T_1 - T_3)R_3}.$$

与 7 节公式(7)和(8)比较, 求 a, b 与 α 的关系. 假设 R_3 近似于 R_0, 利用习题 12 的数据, 证明

$$R = b[T - 29.98 - 1.364 \times 10^{-4} T^2 - 1 \times 10^{-9}(T - T_1)(T - T_3)^3].$$

14. 证明 6 节的(3)式及下列公式(E 为第五维里系数):

$$E' = A^4 E + 4A^3 BD + 2A^3 C^2 + 6A^2 B^2 C + AB^4.$$

15. 证明　　$B = \dfrac{B'}{A}, \quad C = \dfrac{C'}{A^2} - \dfrac{B'^2}{A^3}, \quad D = \dfrac{D'}{A^3} - \dfrac{3C'B'}{A^4} + \dfrac{2B'^3}{A^5},$

$$E = \frac{E'}{A^4} - \frac{4D'B'}{A^5} - \frac{2C'^2}{A^5} + \frac{10C'B'^2}{A^6} - \frac{5B'^4}{A^7}.$$

16. 设非理想气体的物态方程表为下列两种形式:

$$pV = \sum_{n=0}^{\infty} \lambda_n p^n \quad 及 \quad pV = \sum_{n=0}^{\infty} \mu_n V^{-n},$$

求证

$$\mu_n = n! \sum_{(\alpha)} \prod_{l=0}^{\infty} \frac{\lambda_l^{\alpha_l}}{\alpha_l!},$$

其中 $\displaystyle\sum_{(\alpha)}$ 为对满足下列两条件的整数 α_l 的数值求和($\alpha_l \geqslant 0$):

$$\sum_{l=0}^{\infty} l\alpha_l = n, \quad \sum_{l=0}^{\infty} \alpha_l = n + 1.$$

[提示:利用拉格朗日展开定理.]

17. 霍耳本和奥托在表达非理想气体的物态方程时用"米汞"为压强单位,并以在压强等于 1 米汞及温度为 0℃时之体积为体积单位.设用星号表示在此种单位下的维里系数,则物态方程为

$$p^* V^* = A^* + B^* p^* + C^* p^{*2} + \cdots.$$

假设不用星号表示的所用单位为:压强以标准大气压为单位,体积以在大气压及 0℃时的体积为单位.令有星号及无星号的两种压强及体积的关系为 $p^* = ap, V^* = bV$.求有星号及无星号的两种维里系数的关系.利用所求得的公式把下列有星号的维里系数换算为无星号的维里系数 (见 Holborn & Otto, *Zeit. f. Phys.* **33**(1925),1—11;**38**(1926),359—367):

(1) 氦气(He)

t	A^*	$B^* \times 10^4$	$C^* \times 10^7$
400	2.46244	5.9451	0
300	2.09665	6.1600	0
200	1.73091	6.4933	0
100	1.36518	6.6804	0
50	1.18223	6.8887	0
0	0.99930	6.9543	0
-50	0.81642	7.0000	1.63
-100	0.63352	6.9900	2.85
-150	0.45062	6.7000	4.49
-183	0.32992	6.2286	7.35

(2) 氢气(H₂)

t	A^*	$B^* \times 10^4$	$C^* \times 10^6$
200	1.73066	9.2168	0
100	1.36506	9.1400	0
50	1.18212	8.9000	0
0	0.99918	8.2094	0.375
-50	0.81631	7.1000	0.857
-100	0.63344	5.3700	1.551
-150	0.45057	1.7300	3.469
-183	0.32988	-3.2500	6.600

18. 推广 6 节的公式(8)和(10),使求得的 t_p 和 t_v 的改正公式中包含第三维里系数 C 或 C' 及以后的各项,把结果分别用 p_0 及 V_0^{-1} 的级数表示.

19. 用 17 题的数据及 6 节的公式(8)求 t_p 的改正值.假如改用 18 题的公式,结果如何?

20. 用物态方程的 p 级数表达式为基础,求 t_v 的改正公式,并由此求 t_v 与 t_p 的关系.

21. 用上题及 19 题的结果求 t_v 的改正值.

22. 用 6 节的(3)式由 17 题的数据求维里系数 B' 及 C'.

23. 用上题的结果并应用 6 节的公式(10)求 t_v 的改正值.假如改用 18 题的公式,结果如何? 比较本题及 21 题的结果.

第二章 热力学第一定律

8. 功

讨论热力学第一定律时必须引进能量. 在引进能量之先,我们准备对功的计算作较详细的讨论. 普遍说来,功的数值是力与位移的乘积. 在热力学上计算功的问题,主要出现在两类过程中,一类是**稳恒过程**,一类是**准静态过程**.

什么是过程呢? 过程是状态随时间的改变. 什么是稳恒过程呢? 那是这样一种过程,标志过程的主要物理量不随时间改变. 这个解说还是不够明确,但是我们不企图给稳恒过程一个严格的定义,而只是举例来说明. 稳恒过程的一个例子是以均匀角速度搅动,另一个例子是通过稳定电流. 这类过程,特别是通过稳定电流,是实验中所常用的. 在这类过程中,外界所作的功很容易从维持过程的来源所供给的能量算出. 在以匀角速转动的过程中,外界所作的功可以从转动的角度和维持匀角速以克服阻力的力矩两者的乘积求得. 在通过稳定电流的过程中,每秒所作的功可由电流及电势差的乘积求得.

准静态过程是热力学理论上最重要的过程. 这是这样一种过程,在过程进行之中的每一步,物体都处在平衡态. 这是一种理想的过程,在实际上是不可能做到的,因为一个过程必定引起状态的改变,而状态的改变一定破坏平衡. 虽然如此,我们假想一个进行得非常慢的过程,当进行的速度趋近于零时,这个过程就趋于准静态过程. 这种极限情形在实际上虽然不能完全达到,但是可以无限趋近. 所以理想的准静态过程可以认为是实际过程的近似代表. 假如没有摩擦阻力,在准静态过程中外界对物体的作用力,可以用描写物体的平衡态的变数的函数表达出来. 例如,当一个气体作无摩擦的准静态膨胀时,为了要维持气体在平衡态,外界的压强必须等于气体的压强,因而是一个描写气体的平衡态的变数. 同样,当一个气体作无摩擦的准静态压缩时,外界的压强也必然等于气体的压强. 由这个例子可以看出,当无摩擦的准静态过程在与原向相反的方向进行时,物体及外界在过程中每一步的状态都是原来向正向进行时状态的重演. 一个过程,每一步都可在相反的方向进行而不在外界引起其他变化的,叫做**可逆过程**. 因此,在没有摩擦阻力的情形下,准静态过程是可逆过程. 在有摩擦阻力的情形下,虽然过程进行得无限慢,使每一步都在平衡态,但是外界的作用力不能用物体的变数表达,而且过程也不是可逆的. 例如当气体作无限慢的膨胀时,气体的压强应等于外界的压强加上阻力,而当压缩时,外界的压强应等于气体的压强加上阻力.这样,显然外界的作用力不能用物体的变数表达,而在逆过程中外界的压强与在正过程中不同.这种复杂的情形以后将不再讨论.我们讨论准静态过程的目的,是要把在过程中外界所作的功用描写物体的平衡态的变数表达,所以今后凡提到准静态过程,都是指理想的、无摩擦阻力的、无限慢的、可逆过程.

现在讨论准静态过程的功.先讨论一个流体(气体或液体)在一竖立的圆筒里面,圆筒上有一活塞可上下移动.今假定流体的压强为 p,活塞的面积为 A,则当活塞以准静态过程向下移动距离 $\mathrm{d}x$ 时,作用于流体的力是 pA,故活塞对流体所作的功是 $W=pA\mathrm{d}x$.今流体的体积减少了 $A\mathrm{d}x$,即 $\mathrm{d}V=-A\mathrm{d}x$,故功的式子化为

$$W = -p\mathrm{d}V. \tag{1}$$

这是外界对流体在无限小的准静态膨胀或压缩中所作的微功.在一个有限大的准静态过程中,当流体的体积由 V_1 变为 V_2 时,外界对流体所作的功是(1)式的积分,即

$$W = -\int_{V_1}^{V_2} p\mathrm{d}V. \tag{2}$$

上面两个公式中的 W 是外界对物体所作的功,同时物体对外界作的功是这个的负值,即 $-W$,因为在过程进行中,物体对外界的反作用正好与外界的作用力相等而相反.

一个在实际上进行的过程可以叫做一个**非静态过程**.在一个非静态过程中,外界对物体所作的功仍然等于作用力与位移的乘积.但是由于在过程进行中,物体的各部分都在变化,作用于物体的各部分的力也会有一些变化,情形可能很复杂,所以公式(1)和(2)一般不能应用.不过在特殊情形下,虽然是非静态过程,公式(1)和(2)也可应用.在实际应用上最重要的特殊情形是外界的压强维持固定不变的情形,在这种情形下,(1)和(2)都可以应用,只须了解 p 为外界的定压.既然 p 是固定不变的,这个过程叫做**等压过程**,而(2)式的积分可求得为

$$W = -p(V_2 - V_1) = -p\Delta V, \tag{3}$$

其中 $\Delta V = V_2 - V_1$ 是在过程中体积的改变.另外一个重要的特殊情形是**等体积过程**,在这个过程中尽管物体内部作剧烈的变化,但是物体对外界没有相对的位移因而没有作功,即 $W=0$.应当指出,在等压过程情形下,虽然在过程进行之中,物体内部的压强并不保持固定,而只是外界的压强固定,但是当物体是由一个平衡态出发而最后达到另一平衡态时,初态和终态的压强必等于外界的压强,所以在应用公式(3)到平衡态的改变时,p 仍然是描写物体的平衡态的变数.

从某一定的初态出发到某一定的终态所作的功随过程的性质而不同,所以仅仅规定初态和终态不能确定功的数值.举一个例来说明这一点.设物体的初态为

(p_1,V_1)，终态为(p_2,V_2)，并且为明确起见，假设$p_2>p_1$，$V_2>V_1$．我们假想物体经过两个不同的过程由初态到终态．第一个过程是先等压膨胀到一个居间态(p_1,V_2)，然后经过一个等体积过程使压强增加而到达终态．在这个过程中外界对物体所作的功用符号W_a表示，显然$W_a=-p_1(V_2-V_1)$．第二个过程是先维持体积不变而增加压强到一个居间态(p_2,V_1)，然后等压膨胀到终态．用符号W_b表示在这个过程中外界对物体所作的功，显然$W_b=-p_2(V_2-V_1)$．由于p_1和p_2不相等，W_a和W_b也不相等．这样一个简单的例子说明功的数值与过程的性质有关．

功与过程的性质有关这一特点也可从功的图示法看出．图1上一点P_1代表物体的初态(p_1,V_1)，一点P_2代表物体的终态(p_2,V_2)，连接P_1和P_2的曲线代表一个准静态过程．图的横坐标代表体积，纵坐标代表压强，图上任何一点代表物体的一个平衡态，图上任何一个曲线代表一个准静态过程．显然，一个非静态过程不能用图上的曲线代表，因为非静态过程须经过非平衡态，而非平衡态不能用图上的点表示．对于一个准静态过程说，由公式(2)的积分可以看出，曲线P_1P_2下面的面积等于$-W$，即等于在这一过程中外界对这个物体所作的功的负值，也就是等于这个物体在这个过程中对外界所作的功．很显然，连接P_1与P_2两点的曲线可以有无穷个不同的形状，相当于无穷个不同的准静态过程．同样显然，各个不同曲线下面的面积将随曲线的形状而改变数值，因此各个不同的过程就有各自不同的功值．

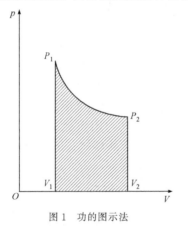

图1　功的图示法

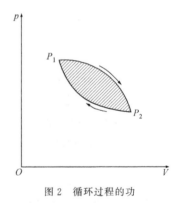

图2　循环过程的功

今假设这个物体经过一个过程由初态P_1到终态P_2，然后又经过另一过程由P_2回到P_1（见图2）；这两个过程合起来成为一个循环过程，在循环过程终了时，物体回复原状．在图上，一个准静态循环过程用一个闭合曲线表示．如果过程进行方向如箭头所示，那么闭合曲线所包的面积就等于物体对外界所作的净功．如果过程进行方向与箭头所示的相反，那么闭合曲线所包的面积就等于外界对物体所作的净功．

瓦特(Watt)在1763年首先利用机械本身的动作,来指示机筒中蒸汽的体积和压强.一小机筒与进蒸汽的机筒相连,在小机筒中有一活塞推压弹簧而运动,并带有一指针,通过对弹簧的压缩而指示蒸汽的压强.当指针在一纸上画线的同时,纸张在与指针垂直的方向运动,这运动的大小正与进蒸汽的机筒中的活塞运动相同,因此与蒸汽的体积成正比.这样画成的图名为瓦特器示压容图.由于实际动作不是准静态的.这个图中闭合曲线所包的面积并不完全等于蒸汽对外界所作的净功.

以上讨论了一个由两个独立变数描写的物体的功的计算.现在讨论更复杂的情形.假如所讨论的物体是由两个像上面所讨论的简单的物体所组成的物体系,其中两个物体的压强和体积分别为 p, V 及 p', V',那么在体积作微变 dV, dV' 时,外界对这个物体系所作的微功显然是

$$W = -pdV - p'dV'. \tag{4}$$

这个公式可推广到包含任何数目物体的系.

在有磁场的情形下,当磁感应强度 $\boldsymbol{B}$ 增加 $d\boldsymbol{B}$ 时,磁场 $\boldsymbol{H}$ 所作的微功是(见弗里斯、季莫列娃:普通物理学,第二卷,第二分册,梁宝洪译,§215,454页)

$$W = \frac{V}{4\pi}\boldsymbol{H} \cdot d\boldsymbol{B}, \tag{5}$$

其中 V 是体积.假如 $\boldsymbol{H}$ 和 $\boldsymbol{B}$ 到处不一样,(5)式应改为对体积的积分:

$$W = \frac{1}{4\pi}\int(\boldsymbol{H} \cdot d\boldsymbol{B})dV. \tag{6}$$

这里所用的单位是属于高斯制的,即磁场强度用奥斯特,磁感应强度用高斯,功的单位是尔格.引进磁化强度 $\boldsymbol{M}$,由下式规定:

$$\boldsymbol{B} = \boldsymbol{H} + 4\pi\boldsymbol{M}, \tag{7}$$

则(5)式的微功化为

$$W = \frac{V}{4\pi}\boldsymbol{H} \cdot d\boldsymbol{H} + V\boldsymbol{H} \cdot d\boldsymbol{M} = Vd\left(\frac{H^2}{8\pi}\right) + V\boldsymbol{H} \cdot d\boldsymbol{M}, \tag{8}$$

其中第一项为真空中磁场能的改变,第二项为磁化功,在第一项中 H 为 $\boldsymbol{H}$ 的数值,$H^2/8\pi$ 为单位体积真空中的磁能.

同样,在有电场的情形下,当电位移 $\boldsymbol{D}$ 增加 $d\boldsymbol{D}$ 时,电场 $\boldsymbol{E}$ 所作的微功是

$$W = \frac{V}{4\pi}\boldsymbol{E} \cdot d\boldsymbol{D}, \tag{9}$$

其中 $\boldsymbol{E}$ 和 $\boldsymbol{D}$ 都用静电单位,属于高斯制.引进电极化强度 $\boldsymbol{P}$,由下式规定:

$$\boldsymbol{D} = \boldsymbol{E} + 4\pi\boldsymbol{P}, \tag{10}$$

则(9)式的微功化为

$$W = \frac{V}{4\pi}\boldsymbol{E} \cdot d\boldsymbol{E} + V\boldsymbol{E} \cdot d\boldsymbol{P} = Vd\left(\frac{E^2}{8\pi}\right) + V\boldsymbol{E} \cdot d\boldsymbol{P}, \tag{11}$$

其中第一项为真空中电场能的改变,第二项为电极化功,在第一项中 E 为 $\boldsymbol{E}$ 的数

值, $E^2/8\pi$ 为单位体积真空中的电能.

　　对于一个各向同性的物体, H 与 M 是同方向的矢量, E 与 P 也是同方向的矢量, 它们之间有下列关系

$$M = \chi_m H, \quad P = \chi_e E, \tag{12}$$

其中 χ_m 为磁化率, χ_e 为电极化率. 在这种情形下, 磁化功 W_m(即(8)式中的第二项)和电极化功 W_e(即(11)式中的第二项)简化为

$$W_m = VH\,dM = VH\,d(\chi_m H), \tag{13}$$

$$W_e = VE\,dP = VE\,d(\chi_e E). \tag{14}$$

当 H 或 E 很小时, χ_m 或 χ_e 可认为是与 H 或 E 无关的系数, 式(13)和(14)可化为

$$W_m = V\chi_m H\,dH = \frac{1}{2}V\chi_m\,d(H^2), \tag{15}$$

$$W_e = V\chi_e E\,dE = \frac{1}{2}V\chi_e\,d(E^2). \tag{16}$$

　　假如这个物体不是各向同性的, 而是一个各向异性的晶体, 则 χ_m 或 χ_e 不是一个标量而是一个张量. 今以 χ_e 为例, P 与 E 的关系为

$$P_i = \sum_{j=1}^{3}\chi_{ij}E_j \quad (i = 1,2,3), \tag{17}$$

其中 χ_{ij} 为电极化率张量, P_i 与 E_i 分别为 P 和 E 在三个坐标方向的投影. 在这个情形下, 假设 χ_{ij} 为常数, (11)式的第二项化为

$$W_e = V\sum_{i,j}\chi_{ij}E_i\,dE_j. \tag{18}$$

　　此外还可举两个功的式子, 一是弹性固体, 一是表面张力. 在弹性固体的情形下, 微功的式子是(见 64 节(15)式)

$$W = V_0\sum_{i,j}p_{ij}\,d\varepsilon_{ij}, \tag{19}$$

其中 p_{ij} 为胁强张量, ε_{ij} 为胁变张量, V_0 是原始体积.

　　在有表面张力的情形下, 微功的式子是

$$W = \sigma dA, \tag{20}$$

其中 σ 是表面张力, A 是面积.

　　综合以上所举的各种微功的形式, 我们可以看出, 在准静态过程中, 微功的式子可以普遍地表成下列形式

$$W = Y_1 dy_1 + Y_2 dy_2 + \cdots + Y_r dy_r, \tag{21}$$

其中 $y_1, y_2, \cdots, y_r$ 可以认为是"广义坐标"; $dy_1, \cdots, dy_r$ 是"广义位移"; $Y_1, \cdots, Y_r$ 是"广义力".

　　最后关于符号说几句. 我们用 W 代表外界对物体所作的功, 而物体对外界所作的功是 $-W$. 微功与有限过程的功都用同一符号 W, 判别微功与有限功在实际上

是很容易的,例如一看(21)式的右方有微分就知道是微功,一看(2)式的积分或(3)式的有限量就知道是有限过程的功,但是对公式(6)却须特别说明才清楚.公式(6)仍然代表微功,因为只对 dV 求积分,不对 d$\boldsymbol{B}$ 求积分.

9. 热力学第一定律

热力学第一定律就是能量守恒定律,这个定律的完全建立是在迈耶和焦耳发表了他们的工作以后.迈耶在 1842 年提出了机械能与热量互相转化的原理,并且由空气的定压比热与定体比热之差算出热功当量,即机械功与热量互相转化的数值关系(计算所用的公式见 12 节).焦耳从 1840 年起用各种实验来证明机械能和电能与热量之间的转化关系,直接由实验求得热功当量的数值.他所做的各种实验中,最主要的一个是用一重量向下落所减少的机械能去转动许多叶片,使这些叶片搅动水而升高水的温度.焦耳的工作给能量守恒定律以无可动摇的实验基础,因而使得能量守恒与转化定律这样一个普遍的自然界规律为科学界所公认.能量守恒与转化定律是:**自然界一切物质都具有能量,能量有各种不同的形式,能够从一种形式转化为另一种形式,在转化中能量的数量不变.**

恩格斯在《自然辩证法》中指出,自然科学家所发现的能量守恒定律是笛卡儿所提出的运动守恒原理在物理现象的表现.他又说,近代自然科学必须从哲学中采取运动守恒原理.但是物质的运动不仅仅是简单的机械运动,而且还是热和光,电磁场,化学的化合与分解,生命,并且最后是意识.

罗蒙诺索夫在 1744 年论断热是分子运动的表现,以后在 1748 年他又提出运动守恒原理.只是当时对于各种不同的运动形式的转化还不清楚,关于运动如何量度也还不明确,所以直到一百年以后,能量守恒定律才建立起来.

热力学第一定律的建立正好在资本主义发展时代,那时候人们在生产斗争中幻想制造"永动机".所谓永动机是一种假想的机器,能不断地自动作功,而不需任何动力或燃料或他种供给品.在这个幻想指导之下,曾经有许多人提出了多种多样的所谓永动机的设计,但是所有这些设计在实践中都失败了.在 1775 年巴黎科学院宣布了不接受关于永动机的发明,这说明当时在科学界已经认识到制造永动机的企图是徒劳无功的了.但是关于这件事的最后的科学判决,只有到能量守恒定律建立以后才有可能.为了与人类在生产斗争中长期所积累的经验直接联系,热力学第一定律又表述为:

永动机是不可能造成的.

根据能量守恒定律,作功必须由能量转化而来,不能无中生有地创造能量,那么很显然,所谓永动机是一定造不成的.反过来,由永动机的造不成也可导出能量守恒定律．因为，既然作功必须有供给品，那么就可令作功的数值等于供给的能量，而认为作功是由这个能量所转化的，这样就得到了能量守恒定律．这个对供给的能量所下的定义与力学中动能的意义比较（一个物体的动能的增加等于力对物体所作的功），可以看出两者是类似的．所以我们在对供给的能量下定义时，并没有引进一个新的物理量，不过仅仅是把已有的能量概念加以推广而已．

在能量守恒定律还没有被发现的时候，早就已经有许多科学家认为永动机一类的东西在机械运动方面是不可能有的．斯特文（Stevin）在 1586 年证明静力学中的斜面定律，伽利略证明动力学中的惯性定律，都是假设机械的永动是不可能的．卡诺（Carnot）在证明关于热机的效率定理时也假设了永动机的不可能（见 15 节）．

要深刻地理解能量守恒定律，必须认识各种形式的能量．在力学里我们认识了机械能，在电磁学里我们认识了电磁能．在热力学里我们将认识一种新的形式的能量，叫做内能．只有认识了各种形式的能量以后，我们才认识能量守恒定律的具体内容．为说明内能，我们将假设物体处在平衡态．在焦耳的实验中，通过各种不同的**绝热过程**，例如机械搅动，撞击，通过稳定电流等，来升高水的温度，也就是说，改变水的平衡态．这是机械能或电磁能转化为内能的过程．这些过程之所以是绝热过程，按照通常的说法，是在过程中物体不从外界吸收热量，也不放出热量．然而目前热量的概念还没有精确的说明，在绝热过程的定义中就不应当使用热量的概念．根据 1 节关于热平衡和绝热壁的讨论，可以给绝热过程如下的定义：

一个过程，其中物体的状态的改变完全是由于机械的或电的直接作用的结果，叫做绝热过程．

作为机械的直接作用的例子，是用匀角速转动水中叶片，在克服摩擦阻力中维持匀角速的力作了功．另外一个例子，是机械力与物体表面接触，使物体压缩或膨胀而作功．作为电的直接作用的例子，是让稳定电流通过放在物体内部的导体．假如拿一个热的物体，如火炉一类的东西，到我们所讨论的物体的附近，或是让电流通过放在物体外面的导体，这就不是直接作用于物体的．这时候物体的状态如果没有变化，那就是绝热的；如果发生了变化，那就不是绝热的了．

现在说清楚了绝热过程，再回到焦耳的实验．他的各种实验的结果是，水的温度升高一度所需要的功对一切绝热过程都是相等的．我们把他的结果总结为下面的普遍规律：

当一个物体系由某一初态经各种不同的绝热过程到某一终态时，所有这些绝热过程中外界对物体系所作的功都相等．

这里所说的态指平衡态．这是热力学第一定律在平衡态的特殊情形下的形式．从这个规律我们看到，绝热过程中外界对物体所作的功只与初态和终态有关，而与中间经过什么态没有关系．因此这个功值必等于一个态函数（即描写平衡态的变数的函数）在终态和初态之差. 于是得到下面的能定理.

能定理——任何一个物体或物体系在平衡态有一个态函数 U，叫做它的内能；当这个物体系从第一态经过一个绝热过程到第二态后，它的内能的增加等于在过程中外界对它所作的功（W_a）：

$$U_2 - U_1 = W_a. \tag{1}$$

这个数学式子是内能的定义. 在引进内能以后，我们就得到了能量守恒定律的一种特殊情形，这就是机械能或电磁能与内能的相互转化，由（1）式表达. 下面讨论如何把公式（1）推广到非绝热过程.

一个物体可经过一个绝热过程从第一态到第二态，也可经过一个非绝热过程从第一态到第二态. 例如，一个固定体积的水可以通过焦耳实验用机械搅动或是用稳定电流通过一个放在水中的导体使水的温度升高，也可以用从外界加热的办法使温度升高. 在第一种过程中，外界对水作了一定数量的机械功或电功，这是绝热过程. 在第二种过程中，外界对水没有作功，而水温的升高被认为是从外界吸收热量的结果. 这个例子说明水的内能的增加可以通过两种不同性质的过程来实现. 在第二种过程中，我们把内能的增加作为所吸收的热量的量度. 在一个普遍的过程中，一方面外界对物体作一定的功，一方面物体从外界吸收一定的热量，这两者的和等于物体的内能的增加，用公式表达如下：

$$U_2 - U_1 = W + Q, \tag{2}$$

其中 W 为外界对物体所作的功，Q 为物体从外界所吸收的热量. 由于（2）式左方的内能已经由（1）式通过绝热过程完全确定，所以（2）式在实际上是热量的定义和量度；而为了要明显地把这一点表达出来，可以把（2）式写成下面的形式：

$$Q = U_2 - U_1 - W. \tag{2'}$$

这个式子给热量 Q 的定义，同时说明如何由内能和功计算热量的数值.

以上所叙述的内能的引进与热量的定义，是首先由喀拉氏在 1909 年所提出的[①]. 在此以前，热力学第一定律的数学表述都采取（2）式的形式，其中把功与热量同时引进. 喀拉氏指出，在引进内能时，不需要热量这一概念，只要通过绝热过程就可完全把内能确定了，这样就可完全摆脱热质说一类错误学说的影响，而把热力学建筑在力学的概念之上. 喀拉氏同时指出，既然在用绝热过程来定内能的时候还没有引进热量这一概念，而是在内能确定之后通过（2'）式才引进热量的，那么在逻辑上绝热过程的定义中就不应当包含热量. 因此，他就给绝热过程下了一个定义，其中不使用热量，像我们前面所说的.

在第 1 节讨论热平衡时曾经讲到绝热壁. 显然，在绝热壁里面的物体所进行的

[①] C. Carathéodory, *Math. Ann.* **67**(1909)，p. 355.

过程是绝热过程.绝热壁是一个理想的东西,实际上不能有完全的绝热壁,只能有
透热较差的器壁.杜瓦瓶是一个较好的绝热器,此外有一些物质,如石棉等,是较好
的绝热材料.由于在实际上不能有完全的绝热壁,所以完全的绝热过程是一种理想
的过程,在实际上只能接近而不能完全实现.但是在考虑了过程中物体与外界所交
换的热量并作适当的改正以后[①],就把这个过程化为理想的绝热过程了.因此,虽
然绝热过程是一种理想的过程,它仍然有实际的意义,而且在事实上也还是一类的
实际过程的近似代表.至于绝热过程在理论上的重要性,在概念的简化上和在热力
学第一定律的数学表述上(指公式(1)),都可以很明显地看出来.

　　现在回到方程(2).这个方程的左方是态函数,右方的两项每一项都不是态函
数,但两者之和是态函数.一个态函数的特点是它的数值完全由态确定,而与过程
的性质无关.在上节中讨论了功与过程有关这一性质.这就说明了(2)式右方的 W
不是态函数.既然功与过程的性质有关,内能与过程的性质无关,由(2′)可以看出
热量一定与过程的性质有关,所以 Q 也不是态函数.

　　必须指出,在应用(1)或(2)时,只需要初态和终态是平衡态,至于在过程中所
经过的各态并不需要是平衡态.另外一个重要点,是(1)式只确定了两态的内能之
差,并没有把某一态的内能完全确定.所以内能函数中还包含有一个任意的相加常
数,这个常数可以认为是某一标准态的内能,它的数值可以为了实用的便利而任意
选择.

　　假如两态相差无限小,内能方程(2)变为

$$dU = Q + W, \tag{3}$$

其中 Q 及 W 都是无限小的量,dU 是内能函数 U 的微分.由于函数 U 所包含的独
立变数不止一个,dU 将是这些独立变数的微分的线性组合,在数学上称 dU 为一
完整微分,或恰当微分.独立变数的微分的任何一个线性组合不一定都是完整微
分,只有当这个线性组合等于一个函数的微分时才是完整微分.由于有限大的 Q 和
W 都不是态函态,所以无限小的 Q 和 W 都不是完整微分,因此,我们不把它们写
成 dQ 及 dW,虽然有些人这样写.现在用同样的符号 Q 和 W 同时代表有限大同无
限小的数量,在实际上不会引起混乱,这一点,已经在上一节的末尾讨论功的符号
时说明了.

　　在有作用于物体内部的远距离力的情形之下 ,外界所作的功可分为两部分,
一部分是远距离力所作的功,另一部分是其他的功,前者等于物体在外力场下的势
能的减少(见 61 节及 64 节).

---

　　① 改正的方法是利用(2)式而令 $Q=U_2-U_3$,这样就把(2)式变为 $U_3-U_1=W$ 而与(1)式的形式一样
了.这等于把这个过程用两个过程来替代,一个是绝热过程由 U_1 到 U_2,一个是纯粹加热而无外功的过程由
U_3 到 U_2.

上述能定理(1)或(2)可推广应用于一个包含许多部分的物体系,其每一部分本身都在平衡态,但各部之间并未达到平衡,因之总的物体系也未达到平衡;但是各部之间的影响必须非常之小,使各部分本身的平衡可以维持.由于总的功是各部相加的,很显然,总的内能必是各部分内能之和.因此,一个没有完全达到平衡态的物体系也有它的内能,等于各部分的内能之和.设各部分的内能为 $U', U'', \cdots$,则总内能为

$$U = U' + U'' + \cdots. \tag{4}$$

对于一个各部分都不在平衡态的物体系,(1)或(2)不能应用.在这种情形下,必须把物体分为很多部分,每一部分都有内能 U 和动能 K,(3)式推广为

$$dU + dK = Q + W, \tag{5}$$

其中 Q 为这一部分所吸收的热量,W 为对这一小部分所作的功,而动能 K 等于

$$K = \frac{1}{2} M v^2, \tag{6}$$

M 为这一部分的质量,v 为它的速度.方程(5)是宏观过程中能量守恒定律的普遍表达式.

严格说来,热力学第一定律只牵涉到内能与其他形式能量相互转化的过程,因此它比普遍能量守恒定律的范围窄些.但是热力学第一定律是能量守恒定律的核心,因为是在内能的转化发现以后,能量守恒定律才建立起来的.

在热的分子学说——统计物理学——中,内能是分子无规运动的机械能的统计平均值.在分子学说中热不是一个独立的现象,而是分子运动的一种表现形态.因此,在分子学说中普遍的能量守恒定律简化为机械能及电磁能守恒定律.机械能守恒可以从分子的作用力是保守力的假设根据经典力学原理而证明,这样一个观点,首先由亥姆霍兹[①]在 1847 年全面地讨论过,他的理论含有狭隘的机械的性质.

10. 热　　量

在前节中已经对热量下了定义.当一个物体由一个平衡态到另一个平衡态,它在过程中从周围所吸收的热量 Q 等于它的内能增加值减去在过程中外界对它所作的功 W:

$$Q = U_2 - U_1 - W. \tag{1}$$

假设有两个物体,原来的温度不相等,放在一起而趋向平衡,并假设在达到平衡态的过程中两个物体的体积都不改变,同时也不受外界任何影响.在这个情形下,两个物体互相不作功,只有热量的交换.实验指出,在热量的交换过程中,温度原来高

[①]　Hermann von Helmholtz, *Über die Erhaltung der Kraft*, 1847.

些的现在降低了,原来低些的升高了,最后到达平衡态时两者的温度变为相等.这说明在热量的交换过程中,温度高的物体放出了热量,为温度低的物体所吸收.这个事实简单说来是:**热量由高温度传往低温度**.有人根据这个事实来给温度下定义,这是不正确的,因为温度的概念是先引进的,热量的概念是后引进的.

　　上面所说的热量由高温度传往低温度的事实,是混合量热法的基础.在能量守恒定律还没有建立以前,人们根据错误的热质说理论而引进热量,把热量当作一种没有重量的物质,能存在于一切物体之中,具有从高温度流往低温度的性质,好像水由高处流往低处一样.在这个思想指导之下,就制定了一个热量单位,名为**卡路里**,简称**卡**①,等于一克纯水在温度升高一度时所吸收的热量.任何一个物体在温度升高一度时所吸收的热量叫做这个物体的**热容量**,这是与物体的质量成正比的.一克物体的热容量叫做这个物质的**比热**,这是只与物体的本性有关,而与它的数量无关的.

　　精确的实验证明,各种物质的比热都是随温度而变的,因此在规定热量的单位时还应当规定一个标准温度.现在所用的标准卡是 15°卡,这是一克纯水在一个大气压下温度从 14.5℃升到 15.5℃所需要的热量.这里说的一个大气压条件是必要的,因为实验证明,一个物体温度升高一度所需要的热量与过程的性质有关.在压强固定时温度升高一度所需要的热比在体积固定时为多.除定压和定体积两种过程外,还有很多别种过程,不过这两种是我们要常常讨论的.在这两种过程中的比热分别叫做**定压比热**与**定体比热**,用符号 c_p 与 c_v 表示.这两种比热的数值在固体与液体相差很小,在气体相差很大.在实验装置中使压强固定是比较容易的,所以通常测量的比热都是定压比热.

　　近代测量比热的精密方法是电量热法,这是根据 1840 年焦耳所发现的电的热效应而发展起来的.当以电势差 E 令电流 I 通过一电阻 R 时,每秒钟所产生的热量与 RI^2 成正比,这就是每秒所作的功,也可表为 EI.如果 E 的单位是伏特,I 的单位是安培,R 的单位是欧姆,则 $RI^2 = EI$ 的单位是瓦特.瓦特是功率的单位.一瓦特·秒叫做焦耳,是功的单位,等于 10^7 尔格.近代精确的量热实验直接用焦耳作为热量的单位.

　　在能量守恒定律建立以后,明确了热量是能量的一种形式,它只在物体之间变换能量的过程中出现;至于物体内部包含热量的说法是不正确的,而由内能替代.过去认为是量热的实验应了解为测定物体的内能的实验,而热量的单位卡变为一个能量的单位.卡与焦耳或尔格的关系名为**热功当量**,可由用电量热法或机械法测量水的比热而确定.最初用实验来测定热功当量的是焦耳,他的结果是一磅水温度

---

　　①　1 卡(cal)=4.184 焦耳(J).——重排注

升高华氏一度在曼彻斯特(北纬 53.27 度)地点需要 772 呎磅功[1]，这相当于一卡等于 4.157 焦耳. 以后又有更精确的实验测定热功当量，其中比较重要的是下列几个人做的[2]：(甲) 机械法：罗兰德(Rowland，1880)，莱比和赫克斯(Laby & Hercus，1927)；(乙) 电量热法：卡仑德和班斯(Callendar & Barnes，1899)，耶格和斯坦维(Jaeger & Steinwehr，1921)，俄斯本、斯丁孙和吉宁斯(Osborne，Stimson & Ginnings，1939). 以上许多人的实验以最后的为最精确，结果是

$$1 \text{ 卡} = 4.1858 \times 10^7 \text{ 尔格.}$$

这个结果的准确度约万分之一. 在近代电量热法大量应用之后，旧日的热量单位卡已经不需要了，因此热功当量的数值也失去了重要性.

11. 热容量及比热

热容量及比热的概念已经在上节中引进了，本节讨论热容量与内能的关系. 对于任何一个温标 ϑ 说，一个物体的热容量 C 的定义是

$$C = \lim_{\Delta\vartheta \to 0} \frac{Q}{\Delta\vartheta}, \tag{1}$$

其中 Q 是物体在温度升高 $\Delta\vartheta$ 时所吸收的热量. 我们知道 Q 的数值是与过程的性质有关的，所以热容量也与过程的性质有关. 最重要的过程是等体积过程与等压过程，与此相应的热容量是定体热容量与定压热容量.

当体积不变时，外界所作的功为零，则

$$Q = U_2 - U_1 = \Delta U,$$

其中 ΔU 是在温度升高 $\Delta\vartheta$ 时物体的内能增加值. 代入(1)式得定体热容量 C_v：

$$C_v = \lim_{\Delta\vartheta \to 0} \frac{\Delta U}{\Delta\vartheta} = \left(\frac{\partial U}{\partial\vartheta}\right)_V. \tag{2}$$

当压强不变时，外界所作的功是 $W = -p\Delta V$，则

$$Q = U_2 - U_1 - W = \Delta U + p\Delta V. \tag{3}$$

代入(1)式得定压热容量 C_p：

$$C_p = \lim_{\Delta\vartheta \to 0} \frac{\Delta U + p\Delta V}{\Delta\vartheta} = \left(\frac{\partial U}{\partial\vartheta}\right)_p + p\left(\frac{\partial V}{\partial\vartheta}\right)_p. \tag{4}$$

今若引入一新函数 H： $\qquad H = U + pV,$ \hfill (5)

则(4)式简化为 $\qquad C_p = \left(\frac{\partial H}{\partial\vartheta}\right)_p,$ \hfill (6)

---

[1]　见第二章习题 1 的说明.——重排注

[2]　参阅 *Handbuch der Experimentalphysik* VIII/1 (1929)，pp. 30—32；T. H. Lady, *Proc. Phys. Soc. London* **38**(1926)，p. 169；Laby and Hercus, *Phil. Trans.* **227**(1927)，p. 63；Osborne, Stimson and Ginnings. *J. Research. Bur. Stand.* **23**(1939)，p. 197.

同时(3)式变为　　　　　　　　　　$Q = \Delta H.$　　　　　　　　　　　　　　　(7)

由(5)式所引进的一个新的物理量 H 显然是一个态函数,由于它在实用上的重要,给它一个专名叫焓. 它的重要的特性可由(7)式表达为:**在等压过程中物体从外界所吸收的热量等于物体的焓增加值.**

用微分学公式求得

$$\left(\frac{\partial U}{\partial \vartheta}\right)_p = \left(\frac{\partial U}{\partial \vartheta}\right)_V + \left(\frac{\partial U}{\partial V}\right)_\vartheta \left(\frac{\partial V}{\partial \vartheta}\right)_p. \tag{8}$$

代入(4)式并用(2)式,得

$$C_p - C_v = \left[\left(\frac{\partial U}{\partial V}\right)_\vartheta + p\right]\left(\frac{\partial V}{\partial \vartheta}\right)_p. \tag{9}$$

这个方程表达两个热容量之差与内能和物态方程的关系.

由(9)式可求出

$$\left(\frac{\partial U}{\partial V}\right)_\vartheta = (C_p - C_v)\left(\frac{\partial \vartheta}{\partial V}\right)_p - p. \tag{10}$$

这个方程与(2)合起来构成内能 U 的全微分方程. 在下列微分学公式中:

$$dU = \left(\frac{\partial U}{\partial \vartheta}\right)_V d\vartheta + \left(\frac{\partial U}{\partial V}\right)_\vartheta dV, \tag{11}$$

代入(2)及(10),得 U 的全微分方程如下:

$$dU = C_v d\vartheta + \left[(C_p - C_v)\left(\frac{\partial \vartheta}{\partial V}\right)_p - p\right]dV. \tag{12}$$

假如有关于 C_p, C_v 及物态方程的充足的实验数据,代入(12)式,求积分,即可得到内能:

$$U = U_0 + \int_{(\vartheta_0, V_0)}^{(\vartheta, V)} \left\{ C_v d\vartheta + \left[(C_p - C_v)\left(\frac{\partial \vartheta}{\partial V}\right)_p - p\right]dV \right\}, \tag{12'}$$

其中 U_0 是一个任意积分常数,它是在 ϑ_0, V_0 态的内能数值.

在(12)式和(12′)式中独立变数是 ϑ 和 V. 我们现在换独立变数为 p 和 V,把 ϑ 表为 p 和 V 的函数,得

$$d\vartheta = \left(\frac{\partial \vartheta}{\partial p}\right)_V dp + \left(\frac{\partial \vartheta}{\partial V}\right)_p dV. \tag{13}$$

代入(12)式,化简为[①]

$$dU = C_v \left(\frac{\partial \vartheta}{\partial p}\right)_V dp + \left[C_p \left(\frac{\partial \vartheta}{\partial V}\right)_p - p\right]dV. \tag{14}$$

假如有一个函数 z 是两个独立变数 x 和 y 的函数,假如完整微分 dz 是:

---

① 公式(14)可直接证明如下:

$$\left(\frac{\partial U}{\partial p}\right)_V = \left(\frac{\partial U}{\partial \vartheta}\right)_V \left(\frac{\partial \vartheta}{\partial p}\right)_V = C_v \left(\frac{\partial \vartheta}{\partial p}\right)_V,$$

$$\left(\frac{\partial U}{\partial V}\right)_p = \left(\frac{\partial U}{\partial \vartheta}\right)_p \left(\frac{\partial \vartheta}{\partial V}\right)_p = C_p \left(\frac{\partial \vartheta}{\partial V}\right)_p - p.$$

$$\mathrm{d}z = M(x,y)\mathrm{d}x + N(x,y)\mathrm{d}y, \tag{15}$$

则有
$$\frac{\partial z}{\partial x} = M, \qquad \frac{\partial z}{\partial y} = N.$$

由此得
$$\frac{\partial M}{\partial y} = \frac{\partial^2 z}{\partial y \partial x}, \qquad \frac{\partial N}{\partial x} = \frac{\partial^2 z}{\partial x \partial y},$$

故
$$\frac{\partial M}{\partial y} = \frac{\partial N}{\partial x}. \tag{16}$$

这是(15)式右方是完整微分的条件.

应用完整微分条件到(14)式的右方,得

$$\frac{\partial}{\partial V}\left(C_v \frac{\partial \vartheta}{\partial p}\right) = \frac{\partial}{\partial p}\left(C_p \frac{\partial \vartheta}{\partial V} - p\right),$$

即
$$(C_p - C_v) \frac{\partial^2 \vartheta}{\partial p \partial V} + \frac{\partial C_p}{\partial p}\frac{\partial \vartheta}{\partial V} - \frac{\partial C_v}{\partial V}\frac{\partial \vartheta}{\partial p} = 1. \tag{17}$$

这个方程里所有各函数和变数都是可以直接测得的物理量,实际测量的结果是否能适合这个方程是热力学第一定律的一个考验.但是,由于 C_v 很难直接测量,这个方程从来未曾被认真地用实验数据验证过.下面讲一个间接测量 C_v 的方法.

对于气体,一个间接测量 C_v 的方法是利用绝热膨胀或绝热压缩来测 C_p 与 C_v 的比值.用符号 s 表示准静态绝热过程,令 κ_s 表示绝热压缩系数:

$$\kappa_s = -\frac{1}{V}\left(\frac{\partial V}{\partial p}\right)_s. \tag{18}$$

在准静态过程中微功是 $W = -p\mathrm{d}V$,故准静态绝热过程应满足下列微分方程(因为 $Q=0$):

$$\mathrm{d}U + p\mathrm{d}V = 0. \tag{19}$$

把(14)中的 $\mathrm{d}U$ 代入上面的微分方程,得

$$C_v\left(\frac{\partial \vartheta}{\partial p}\right)_V \mathrm{d}p + C_p\left(\frac{\partial \vartheta}{\partial V}\right)_p \mathrm{d}V = 0. \tag{20}$$

由此方程解出的 $\mathrm{d}p/\mathrm{d}V$ 就是 $(\partial p/\partial V)_s$,所以

$$\left(\frac{\partial p}{\partial V}\right)_s = -\frac{C_p}{C_v}\left(\frac{\partial \vartheta}{\partial V}\right)_p \bigg/ \left(\frac{\partial \vartheta}{\partial p}\right)_V = \frac{c_p}{c_v}\left(\frac{\partial p}{\partial V}\right)_\vartheta, \tag{21}$$

其中 c_p 是定压比热,c_v 是定体比热,各等于 C_p 与 C_v 被质量除.令 c_p 与 c_v 的比值为 γ,上式可写为

$$\gamma = c_p/c_v = \kappa/\kappa_s. \tag{22}$$

从这个式子看出,假若等温压缩系数 κ 和绝热压缩系数 κ_s 都已经测得了,则两个比热的比值也就定了.

最早应用绝热膨胀去测 γ 的是克列门和德索姆(Clément & Désormes)在1819年所做的实验.他们把气体压缩在一个容器里,然后开一口让气体拥出,随即

把口关上,最后等到容器里的气体回复原来温度时量它的压强.下面说明 γ 如何由实验结果定出.

首先,我们考虑在准静态绝热过程中气体的压强与体积的关系.为简单起见,用理想气体来近似地代表实际气体,则物态方程为(见 3 节(3′)式)

$$pV = F(\vartheta). \tag{23}$$

由(23)可求出 $F'(\vartheta)(\partial\vartheta/\partial p)_V$ 及 $F'(\vartheta)(\partial\vartheta/\partial V)_p$,代入(20)并用 $F'(\vartheta)$ 乘,

得

$$C_v V \mathrm{d}p + C_p p \mathrm{d}V = 0,$$

即

$$\frac{\mathrm{d}p}{p} + \gamma\frac{\mathrm{d}V}{V} = 0. \tag{24}$$

这就是理想气体的准静态绝热过程的微分方程.在实际问题中各种气体的 γ 可以近似地认为是常数.在 γ 是常数的情形下,(24)的积分是

$$pV^\gamma = C, \tag{25}$$

其中 C 是积分常数.这个方程显示在准静态绝热过程中理想气体的压强与体积的关系.

现在应用(25)式到上述的实验.令 p_1 与 p_2 为初压与终压,p 为外界压强,也就是开口时气体所达到的压强.设 V 为容器的体积,则气体的最后体积与中间开口时体积都是 V;但最初体积 V_1 比 V 小,因为最初在容器里的气体有一部分在开口时离开了,这一部分最初的体积是 $V-V_1$.在实验的第一段,从开口到闭口,时间很短,与外界交换热量很少,可以认为是绝热过程.假如我们假设这一段过程是准静态的,并且假设在闭口时气体的压强已经等于外界的压强,则可应用(25)式得[①]

$$p_1 V_1^\gamma = p V^\gamma.$$

在实验的第二段,气体在体积不变的条件下从外界吸收热量直到回复到最初温度为止.因为最后的温度与最初的相同,可应用(23)得

$$p_1 V_1 = p_2 V.$$

从以上两方程中消去 V 及 V_1,得

$$(p_1/p_2)^\gamma = p_1/p,$$

由此求得

$$\gamma = \frac{\ln p_1 - \ln p}{\ln p_1 - \ln p_2}. \tag{26}$$

应用这个公式就可从测得的 p_1,p_2,p 求出两个比热的比值 γ.

另外一个定 γ 的方法是测声速,这个方法的精确度比较高.声速 a 的公式是(牛顿的公式)

$$a = \sqrt{\frac{\mathrm{d}p}{\mathrm{d}\rho}}, \tag{27}$$

---

① 实际上气体的运动很剧烈,不能认为是准静态的,因此(25)式不能正确地代表实际情况,但由此而引起的误差不容易估计.

其中 p 是压强，ρ 是媒质的密度.在声波传播时压缩与膨胀过程的振幅很小而运动很快，可以认为是绝热过程.这一点是拉普拉斯(Laplace)所首先指出的.根据这个看法，(27)式中的 $\mathrm{d}p/\mathrm{d}\rho$ 必须了解为 $(\partial p/\partial \rho)_s$，故用(21)式得

$$a^2 = \left(\frac{\partial p}{\partial \rho}\right)_s = -v^2\left(\frac{\partial p}{\partial v}\right)_s = -\gamma v^2\left(\frac{\partial p}{\partial v}\right)_\vartheta, \tag{28}$$

其中 $v = 1/\rho$ 是媒质的体积度(即单位质量的体积).应用到理想气体，由(23)得

$$\left(\frac{\partial p}{\partial v}\right)_\vartheta = -\frac{p}{v},$$

故(28)化为
$$a^2 = \gamma pv = \gamma p/\rho. \tag{29}$$

这就是由声速定 γ 的公式.这样求得的 γ 比较可靠，但也不是绝对地可靠，因为绝热与准静态两个条件都有问题.

　　在气体中实际进行的过程，是介于等温过程与绝热过程之间的，前者需要热量传得无限快，后者需要传得无限慢.在实用上，可近似地把在气体中进行的过程用下列公式表达：

$$pV^n = C, \tag{30}$$

其中 n 和 C 都是常数.凡是满足这个关系(30)的过程名为**多方过程**.当 $n=1$ 时，(30)代表等温过程；当 $n=\gamma$ 时，(30)代表绝热过程；所以多方过程包含等温过程与绝热过程作为两个特例.当 n 的数值在 1 与 γ 之间时，多方过程可近似地代表在气体内部进行的实际过程.但是多方过程的应用并不限制在 $1 \leqslant n \leqslant \gamma$ 的范围之内.例如，当 $n=0$ 时，(30)化为 $p=C$，这是一个等压过程.又如，当 $n=\infty$ 时，(30)化为 $V=$常数，这是一个等体积过程.这两个过程也可认为是多方过程的两个特例.

12.　气体的内能

　　在前节中讨论过由比热定内能的公式，现在将讨论确定气体内能的特殊实验方法.焦耳在 1845 年做实验研究气体的内能(盖吕萨克早在 1807 年做过同样的实验).气体被压缩在一个容器的一半，容器的另一半为真空，两半相连处有一活门隔开.焦耳把容器放在水中，打开活门让气体从容器的一半拥出而充塞整个容器，最后量温度的改变.实验的结果是温度不变.在这个实验中，气体所进行的过程叫做**自由膨胀**过程，自由二字是指在向真空膨胀时不受阻碍说的.由于膨胀时不受外界阻力，所以外界不对气体作功，故 $W=0$.此外，这个过程进行时与外界没有热量的交换，是一个绝热过程，故 $Q=0$.因此，根据热力学第一定律，在这个自由膨胀过程中，气体的内能不变.如用温度(ϑ)和体积(V)为独立变数，这个结果可用下列方程表示：

$$U(\vartheta, V) = U_0, \tag{1}$$

其中 U_0 为一常数. 这个实验所测量的是温度与体积的关系, 这两者的偏微商:

$$\lambda = \left(\frac{\partial \vartheta}{\partial V}\right)_U \tag{2}$$

称为**焦耳系数**, 而在自由膨胀时温度随体积改变的现象名为**焦耳效应**. 用微分公式求得

$$\left(\frac{\partial U}{\partial V}\right)_\vartheta = -\left(\frac{\partial U}{\partial \vartheta}\right)_V \left(\frac{\partial \vartheta}{\partial V}\right)_U = -\lambda C_v. \tag{3}$$

焦耳的实验结果是温度没有改变, 即焦耳系数等于零. 由(3)式得

$$\left(\frac{\partial U}{\partial V}\right)_\vartheta = 0. \tag{4}$$

这就是说, 气体的内能仅仅是温度的函数, 与体积无关.

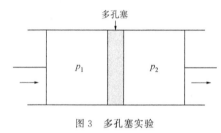

图 3　多孔塞实验

由于水的热容量比气体的热容量大得多, 气体温度的变化不容易测出来, 所以焦耳的实验不能很精确, 因而他的结果不很可靠. 在 1852 年焦耳和汤姆孙(即开尔文)两人用另外一个方法来研究这个问题, 这就是所谓**多孔塞实验**. 一个管子, 中有棉花一类的东西做成一个塞子, 使气体不容易很快地通过, 这个塞子叫做多孔塞. 塞子一边的压强维持在较高的数值 p_1, 另一边维持在较低的数值 p_2, 而使气体继续不断地从 p_1 一边经过多孔塞到 p_2 一边去, 在稳恒状态下量两边的温度. 在这个实验中气体从高压到低压的过程叫做**节流过程**, 这个过程是绝热的. 设在某一时间内通过多孔塞的气体在 p_1 时的体积是 V_1, 在 p_2 时的体积是 V_2. 显然外界对这一部分气体所作的功在 p_1 边是 $p_1 V_1$, 在 p_2 边是 $-p_2 V_2$, 净功是 $p_1 V_1 - p_2 V_2$. 设这一部分气体的内能在 p_1 边为 U_1, 在 p_2 边为 U_2, 假如省略气体的动能, 则

$$U_2 - U_1 = p_1 V_1 - p_2 V_2,$$

或

$$H_1 = H_2,$$

即熵在过程中不变. 这个结果又可表达为

$$H(\vartheta, p) = H_0, \tag{5}$$

其中 H_0 为常数, ϑ 及 p 为独立变数. 在这个节流过程中温度随压强改变的现象名为**焦耳-汤姆孙效应**, 温度与压强的偏微商

$$\mu = \left(\frac{\partial \vartheta}{\partial p}\right)_H \tag{6}$$

称为**焦汤系数**. 实验的结果, 大多数气体在室温情形下都有冷却效应, 故焦汤系数是正的; 惟有氢气的温度有微小的升高而焦汤系数是负的. 冷却效应曾被林德

(Linde)在 1895 年利用来制造液体空气.

现在我们来讨论这两个实验之间的关系. 假定焦耳实验的结论是正确的,即内能仅是温度的函数:

$$U = U(\vartheta), \tag{7}$$

再假定玻意尔定律是正确的,即(见 3 节(3′)式)

$$pV = F(\vartheta), \tag{8}$$

则得

$$H = U + pV = U(\vartheta) + F(\vartheta). \tag{9}$$

这个方程说明焓也仅仅是温度的函数,与压强无关.用微分学公式到 H,得到与(3)相当的公式:

$$\left(\frac{\partial H}{\partial p}\right)_\vartheta = -\left(\frac{\partial H}{\partial \vartheta}\right)_p \left(\frac{\partial \vartheta}{\partial p}\right)_H = -\mu C_p. \tag{10}$$

由这个公式可以看出,如果焦耳系数等于零,则根据(9)式,理想气体的焓与压强无关,必然焦汤系数也等于零.现在实验结果,焦汤系数不等于零,所以实际上气体的内能也不能仅仅是温度的函数.实际气体的焦汤系数不等于零是两个因素造成的,一是焦耳系数不等于零,一是玻意尔定律不正确.

在 3 节中讨论物态方程时,我们曾经给了理想气体一个定义,认为它是严格遵守玻意尔定律的气体,同时也指出它是实际气体在压强趋近于零时的极限情形.现在我们在理想气体的定义中加一条,**它是严格遵守焦耳定律的气体**,焦耳定律是(7)式所表示的内能仅仅是温度的函数这一性质.多孔塞实验和其他许多实验,都证明实际气体的焓及内能在压强趋近于零时趋于一个温度的函数.因此,现在给理想气体的定义中所加的一条也符合极限性质,即理想气体是实际气体在压强趋近于零时的极限情形.

由上节比热与内能的关系,得知理想气体的两种比热都仅仅是温度的函数.上节的公式(2)和(6)变为

$$C_v = \frac{\mathrm{d}U}{\mathrm{d}\vartheta}, \qquad C_p = \frac{\mathrm{d}H}{\mathrm{d}\vartheta}. \tag{11}$$

由此求积分,得

$$U = \int C_v \mathrm{d}\vartheta + U_0, \tag{12}$$

其中 U_0 为一任意常数.

现在我们选用绝对温标,则理想气体的物态方程为

$$pV = RT. \tag{13}$$

实验证明,当气体的数量是一个克分子[①]时,各种不同气体的 R 是一样的,所以 R 是一个普适常数,其数值为

---

① 物质的量现用摩尔(mol)表示. ——重排注

$$R = 8.3147 \pm 0.0003 \text{ 焦耳} \cdot \text{度}^{-1} \cdot (\text{克分子})^{-1}.$$

这个数值是从两个实验数据算出来的,一是冰点的绝对温度 $T_0 (= 273.15 \text{ K})$,一是一个克分子理想气体在 0℃ 及一个大气压下的体积 v_0:

$$v_0 = 22414.6 \pm 0.6 (\text{厘米})^3 \cdot (\text{克分子})^{-1}.$$

在本节末将讨论如何从实际气体的克分子体积求出理想气体的 v_0. 用 10 节热功当量的数值得

$$R = 1.9864 \pm 0.0002 \text{ 卡} \cdot \text{度}^{-1} \cdot (\text{克分子})^{-1}.$$

气体常数 R 是一个普适常数这一事实是根据于**阿伏伽德罗定律**(简称阿氏定律):在相同的温度与压强之下,相等的容积所含各种气体的质量与它们各自的分子量成正比;或者说,在相同的温度与压强之下,相等的容积所含各种气体的克分子数相等.这个定律是在 1811 年由阿伏伽德罗(Avogadro)所首先提出的,当时他的根据是盖吕萨克在 1808 年所获得的化学反应中的倍比容积定律.跟玻意尔定律和焦耳定律一样,阿氏定律对于实际气体只是近似正确的,而是在压强趋于零的极限性质.

当各气体的分子量已知时,阿氏定律已为实验所证明,反过来可用阿氏定律去测定气体的分子量.令 M 为气体的质量,$m^\dagger$ 为它的分子量,则克分子数等于 $N = M/m^\dagger$,而物态方程(13)化为(用克分子数乘)

$$pV = NRT = (M/m^\dagger)RT. \tag{14}$$

用 R 的已知数值及测得的 p, V, T, M 的数值,即可由此方程求出分子量 $m^\dagger$. 在本节末将讨论如何应用阿氏定律到实际气体.

总结以上,一个理想气体遵守三个互相独立的定律:玻意尔定律,焦耳定律,阿氏定律.

设一个克分子气体的体积、内能、焓、定体热容量、定压热容量分别用小写字母 v, u, h, c_v, c_p 表示,则得

$$pv = RT, \tag{13'}$$

$$c_v = \frac{\mathrm{d}u}{\mathrm{d}T}, \quad c_p = \frac{\mathrm{d}h}{\mathrm{d}T}, \tag{15}$$

$$u = \int c_v \mathrm{d}T + u_0, \quad h = \int c_p \mathrm{d}T + h_0, \tag{16}$$

$$h = u + pv = u + RT. \tag{17}$$

把(17)式代入(15)式,求得 $\quad c_p - c_v = R.$ $\qquad\qquad$ (18)

这个方程的左方热容量如果用卡为单位,则必须乘以热功当量才能等于右方,右方 R 可由物态方程(13′)用尔格或焦耳为单位算出,所以(18)式可用来计算热功当量.迈耶在 1842 年从这个方程,用当时的 c_p 及 γ 的数据,算出热功当量数值为一

卡等于 365 克・米，即 3.58 焦耳[1].

在一般实际问题中所牵涉到的温度范围内，气体的比热可以认为是常数，(16)可积分为

$$u = c_v T + a, \quad h = c_p T + a, \tag{19}$$

其中 a 为常数(代替 u_0 及 h_0).

引进两种比热的比 γ：
$$c_p = \gamma c_v. \tag{20}$$

由(18)及(20)解得
$$c_v = \frac{R}{\gamma - 1}, \quad c_p = \frac{\gamma R}{\gamma - 1}. \tag{21}$$

代入(19)，得
$$u = \frac{RT}{\gamma - 1} + a. \tag{22}$$

最后讨论如何在实际气体中应用阿氏定律. 实际气体的物态方程是(见 3 节(12)式)

$$pV = A + Bp + Cp^2 + \cdots. \tag{23}$$

当 $p \to 0$ 时，(23)应变为(14)，故得 $A = NRT$. 令
$$v^* = RT/p. \tag{24}$$

这就是一个克分子理想气体的体积. 用了 v^* 之后，得 $A = Npv^*$. 代入(23)，并用 p 除，得

$$V = Nv^* + B + Cp + \cdots,$$

或
$$Nv^* = V(1 + \lambda), \tag{25}$$

其中 λ 由下式规定

$$-V\lambda = B + Cp + \cdots. \tag{26}$$

令 ρ 为实际气体的密度，则 $\rho = M/V = Nm^\dagger/V$. 代入(25)式，得

$$m^\dagger = \frac{\rho v^*}{1 + \lambda} = \frac{\rho RT}{(1 + \lambda)p}. \tag{27}$$

这是在实际气体中应用阿氏定律的公式. 因为氧气的分子量已规定为 $m^\dagger = 32$，应用这个公式于氧气，可定 v^*，并由 v^* 定 R；当 v^* 已定之后，可用于其他气体而定分子量. 氧气在 0℃ 及一个大气压下的 ρ 及 λ 的实测数值是[2]

$$\rho = (1.429003 \pm 0.000030) \times 10^{-3} \text{ 克・(厘米)}^{-3},$$

$\lambda = (9.535 \pm 0.094) \times 10^{-4}$. 代入(7)式，令 $m^\dagger = 32$，求得 $v^* = 22414.6 \pm 0.6$(厘米)^3・(克分子)$^{-1}$.

---

[1]　所用数据为 $c_p = 0.2669$ 卡・克$^{-1}$・度$^{-1}$，$\gamma = 1.421$，$T_0 = 274$，1 大气压 $= 1033$ 克/(厘米)^2，求得 1 卡 $= 367$ 克・米. 但原文为 365 克・米. 见 Weber-Gans, *Repertorium der Physik*, I. 2, p.156.

[2]　实测一升氧气在 0℃ 及 45°纬度的 76 厘米汞(在 45°纬度的重力加速度为 980.616 厘米・秒$^{-2}$)时的质量为 1.42897 ± 0.00003 克. 见 R. T. Birge, *Rev. Mod. Phys.* **13**(1941), p.233.

13. 理想气体的卡诺循环

现在应用我们所知道的关于理想气体的物态方程和内能的知识到热机的问题. 我们只讨论一个简单的理想的情形, 一个理想气体经过下列四步所成的循环过程, 这个循环过程名为**卡诺循环**:

(甲) 绝热膨胀, 由 V_1, T_1 到 $V_2, T_2 (V_1 < V_2)$;

(乙) 等温压缩, 由 V_2 到 V_3, T_2 不变 $(V_2 > V_3)$;

(丙) 绝热压缩, 由 V_3, T_2 到 $V_4, T_1 (V_3 > V_4)$;

(丁) 等温膨胀回复原状, 由 V_4, T_1 到 V_1, T_1.

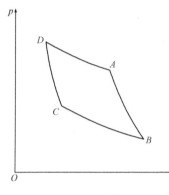

图 4 卡诺循环

假设一个理想气体顺着甲乙丙丁的次序准静态地进行, 在循环过程终了时, 气体回复原状, 对外界作了功, 其数值等于图 4 上曲线所包的面积. 在过程中气体在丁步从外界吸收了热量 $Q_丁$, 在乙步放出热量 $-Q_乙$ 到外界去, 因此所吸收的热量 $Q_丁$ 中有一部分 $(-Q_乙)$ 放出了, 其余的一部分 $(Q_丁 + Q_乙)$ 变成了对外界所作的功 $|W| = -W$. 这个循环过程的效率 η 等于对外界所作的功被所吸收的热量除, 即 $\eta = |W|/Q_丁$.

现在, 我们要应用理想气体的物态方程和内能的公式, 计算卡诺循环中每一步外界对气体所作的功和气体从外界所吸收的热量. 为计算的简单起见, 我们假设气体的比热是常数, 因此两种比热的比 γ 也是常数. 同时为了书写的省事, 假设气体的数量是一个克分子; 如果是 N 个克分子, 只须把公式中的 R 改为 NR 就行了. 在这两个假设之下, 气体的物态方程是

$$pV = RT, \tag{1}$$

内能是 (见上节 (22) 式)

$$U = \frac{RT}{\gamma - 1} + U_0, \tag{2}$$

在绝热过程中 p 与 V 的关系是

$$pV^\gamma = C. \tag{3}$$

计算功的公式是

$$W = -\int p \, dV, \tag{4}$$

计算热量的公式是

$$Q = U_2 - U_1 - W = \Delta U - W. \tag{5}$$

现在计算每一步的功和热量.

甲步: 这是绝热过程, 故 $Q_甲 = 0$. 把 (3) 式中的 p 代入 (4) 式, 求积分得

$$W_{甲} = -\int_{V_1}^{V_2} p\,dV = -C\int_{V_1}^{V_2} \frac{dV}{V^\gamma} = \frac{1}{\gamma-1}\left(\frac{C}{V_2^{\gamma-1}} - \frac{C}{V_1^{\gamma-1}}\right)$$

$$= \frac{1}{\gamma-1}\left(\frac{p_2 V_2^\gamma}{V_2^{\gamma-1}} - \frac{p_1 V_1^\gamma}{V_1^{\gamma-1}}\right) = \frac{p_2 V_2 - p_1 V_1}{\gamma-1}. \tag{6}$$

应用(1)式可化为
$$W_{甲} = \frac{R(T_2 - T_1)}{\gamma-1}. \tag{7}$$

与(2)式比较看出 $W_{甲} = U_2 - U_1$，这个结果与(5)式符合.

　　乙步：把(1)式中的 p 代入(4)式，求积分得
$$W_{乙} = -\int_{V_2}^{V_3} p\,dV = -RT_2 \int_{V_2}^{V_3} \frac{dV}{V} = RT_2 \ln\frac{V_2}{V_3}. \tag{8}$$

因为温度未变，故(2)式给出 $\Delta U = 0$，而(5)式给出
$$Q_{乙} = \Delta U - W_{乙} = -W_{乙} = -RT_2 \ln\frac{V_2}{V_3}.$$

　　丙步：与甲步的计算相同，得 $Q_{丙} = 0$，
$$W_{丙} = U_4 - U_3 = \frac{R(T_1 - T_2)}{\gamma-1}.$$

　　丁步：与乙步的计算相同，得
$$Q_{丁} = -W_{丁} = RT_1 \ln\frac{V_1}{V_4}.$$

　　总结上面四步，得气体对外界所作的净功为
$$|W| = -W = -W_{甲} - W_{乙} - W_{丙} - W_{丁} = Q_{乙} + Q_{丁}. \tag{9}$$

由此得效率为
$$\eta = \frac{|W|}{Q_{丁}} = \frac{Q_{乙} + Q_{丁}}{Q_{丁}} = 1 + \frac{Q_{乙}}{Q_{丁}}. \tag{10}$$

代入 $Q_{乙}$ 及 $Q_{丁}$ 的公式得
$$\eta = 1 - \frac{T_2}{T_1}\frac{\ln(V_2/V_3)}{\ln(V_1/V_4)}.$$

在甲步绝热过程中由(3)式得 $p_1 V_1^\gamma = p_2 V_2^\gamma$. 用(1)式消去 p，得
$$T_1 V_1^{\gamma-1} = T_2 V_2^{\gamma-1}. \tag{11}$$

同样，在丙步绝热过程中有
$$T_1 V_4^{\gamma-1} = T_2 V_3^{\gamma-1}.$$

从上两个方程中消去 T_1 和 T_2，得
$$\frac{V_1}{V_4} = \frac{V_2}{V_3}. \tag{12}$$

利用这个关系把效率简化为
$$\eta = 1 - \frac{T_2}{T_1}. \tag{13}$$

这个结果说明卡诺循环的效率只与两个温度有关,与循环的大小及气体的数量无关.这是卡诺定理的一个特例(见15节).

第二章习题

1. 英国工程上的功单位为"呎磅".已知

$$1\ \text{磅} = 453.59245\ \text{克},\quad 1\ \text{呎} = 30.48\ \text{厘米},$$

求证　　　　　　　　　　　1 呎磅＝1.355818 焦耳.

2. 当一物体的表面上一点 r 移动 δr 时,证明

(一) 由 $V = \dfrac{1}{3}\oint \boldsymbol{n} \cdot r \, d\Sigma$ 得 $\delta V = \oint \boldsymbol{n} \cdot \delta r \, d\Sigma$,

(二) 外界对物体所作的功是(假设只有垂直于表面的压力) $W = -\oint p\boldsymbol{n} \cdot \delta r \, d\Sigma$. 若 p 是均匀的,则 $W = -p\delta V$. 上面公式中 $\boldsymbol{n}$ 是表面法线向外的单位矢量,$d\Sigma$ 是表面的面积元,$\oint$ 是封闭表面的积分.

3. 一个气体的态的改变满足 $pV^n = C$ 的叫做多方过程,其中 n 及 C 是常数.证明一个气体在准静态多方过程中所作的功等于

$$\frac{p_1 V_1 - p_2 V_2}{n-1}.$$

4. 应用昂尼斯物态方程(3 节(12)式)求一非理想气体在准静态等温过程中所作的功.

5. 说明:根据能量守恒定律可以把永动机造不成的说法改为:"对任何物体不可能有一个循环过程;使得经过这个过程后,外界的影响相当于不等于零的正的或负的功值".(这里所说的外界的影响指功与热量之和,而把热量换算为功值.)并应用这个说法证明内能是态函数(见 M. Planck, *Das Prinzip der Erhaltung der Energie*, Berlin, 1913, 3. Auf, p. 159.).

6. 英美工程上常用的热量单位为 Btu,等于一磅纯水在温度升高华氏温标一度时所需的热量.证明

$$1\ \text{Btu} = 252.00\ \text{卡} = 1054.8\ \text{焦耳} = 778.0\ \text{呎磅}.$$

7. 一个国际卡(国际蒸汽表卡的简称)的定义是:

$$1\ \text{国际瓦特小时} = 860\ \text{国际卡}.$$

已知 1 国际焦耳等于 1.000165 焦耳,证明

$$1\ \text{国际卡} = 4.1860\ \text{国际焦耳} = 4.1867\ \text{焦耳}.$$

8. 卡仑德把在 0℃ 与 100℃ 之间水的定压比热表为下列公式(见 Callendar, *Proc. Roy. Soc.*, *London*, A 86(1912), 257):

$$c_p = 0.98414 + \frac{0.504}{t+20} + 8.4 \times 10^{-5}\, t + 9 \times 10^{-7}\, t^2.$$

求(甲) 使 c_p 为极小的温度;(乙) 在温度 t_1,t_2 之间的平均比热与在温度 $t = \dfrac{1}{2}(t_1 + t_2)$ 的比热之差,并求当 $t_2 - t_1 = 1$ 时的最大差;(丙) 求 20°卡值(即在 20°的 c_p);(丁) 求平均卡值(即水在

0℃到100℃之间的平均比热).

9. 耶格和斯坦维把在 5℃与 50℃之间水的定压比热表为一抛物线形: $c_p = 1 - 0.00023293 \times (t-15) + 6.3207 \times 10^{-6}(t-15)^2$. 重复习题 8 中甲、乙、丙三项计算.

10. 伯吉把习题 9 中的实验数据用一个四次式表达(见 R. T. Birge, *Rev. Mod. Phys.* **1** (1929), 1.)

$$J = 4.21040 - 2.78958 \times 10^{-3} t + 7.73723 \times 10^{-5} t^2$$
$$- 8.52567 \times 10^{-7} t^3 + 3.7540 \times 10^{-9} t^4,$$

其中 J 是水的定压比热用国际焦耳所表的数值. 由 J 的式子换用卡为单位求出 c_p 的式子(即使 c_p 在 $t=15$ 时为 1). 然后重复习题 9 的各项计算.

11. 俄斯本、斯丁孙和吉宁斯三人,把他们关于纯水(没有空气溶解在内的)在 0℃与 100℃ 之间的定压比热的实验数据用下列公式表达:

$c_p = 4.169828 + 0.000364(t+100)^{5.26} \times 10^{-10} + 0.046709 \times (10)^{-0.036}t$, 单位是焦耳. 求(甲) 使 c_p 为极小的温度;(乙)造一表,列举由 0℃到 100℃的 c_p 之值,每 10 度列举一值.

12. 用温度及压强为独立变数,求内能的全微分.

13. 求焓的全微分在三种不同的独立变数对 $(\vartheta, V; \vartheta, p; p, V)$ 情形下的三种形式.

14. 证明
$$\left(\frac{\partial U}{\partial p}\right)_V = C_v \left(\frac{\partial \vartheta}{\partial p}\right)_V, \quad \left(\frac{\partial U}{\partial V}\right)_p = C_p \left(\frac{\partial \vartheta}{\partial V}\right)_p - p.$$

由此导出
$$(C_p - C_v)\frac{\partial^2 \vartheta}{\partial p \partial V} + \frac{\partial C_p}{\partial p}\frac{\partial \vartheta}{\partial V} - \frac{\partial C_v}{\partial V}\frac{\partial \vartheta}{\partial p} = 1.$$

15. 用直接的变数变换法(利用函数行列式),把习题 14 中最后的偏微分方程(即 11 节(17) 式)化为以(甲) ϑ, V 或(乙) ϑ, p 为独立变数的形式.

16. 今以符号 s 表准静态绝热过程,令 α_s 为绝热膨胀系数,β_s 为绝热压强系数,κ_s 为绝热压缩系数:

$$\alpha_s = \frac{1}{V}\left(\frac{\partial V}{\partial \vartheta}\right)_s, \quad \beta_s = \frac{1}{p}\left(\frac{\partial p}{\partial \vartheta}\right)_s, \quad \kappa_s = -\frac{1}{V}\left(\frac{\partial V}{\partial p}\right)_s.$$

证明
$$\frac{\alpha}{\alpha_s} = 1 - \gamma, \quad \frac{\beta}{\beta_s} = 1 - \frac{1}{\gamma},$$

其中 $\gamma = c_p / c_v$. 由此导出

$$\frac{\alpha}{\alpha_s} + \frac{\kappa}{\kappa_s} = 1, \quad \frac{\alpha_s}{\alpha} + \frac{\beta_s}{\beta} = 1.$$

17. 求出一公式表示一气体在多方过程 $pV^n = C$ 中的热容量 $C_{(n)}$,并在理想气体情形下把公式简化.

18. 证明当 γ 为一常数时,一个理想气体在某一过程中的热容量如果是常数,则这个过程一定是多方过程.

19. 已知空气在冰点及大气压下的密度为 0.001293 克·(厘米)$^{-3}$,定压比热为 $c_p = 0.238$ 卡·克$^{-1}$·度$^{-1}$,$\gamma = 1.405$,求热功当量(假设空气为理想气体,并假设 $T_0 = 273.15$).

20. 一理想气体经历下列循环过程.

(甲)经多方过程 $pV^n = C$,由体积 V_1 压缩至 V_1/b;

(乙)在体积不变的条件下冷至原温度;

（丙）等温膨胀至原体积.

证明全循环过程的净功与压缩功（即甲步的功）的比例为

$$1-\frac{(n-1)\ln b}{b^{n-1}-1}.$$

21. 利用理想气体的性质并用 $R=1.9863$ 卡度$^{-1}$（克分子）$^{-1}$，由下表中的数据计算 c_v 及 $\gamma=c_p/c_v$：

气体	H_2	N_2	O_2	CO_2	SO_2	NH_3
分子量 $m^\dagger$	2.016	28.016	32	44.010	64.06	17.032
c_p 卡/度克	3.409	0.242	0.224	0.2025	0.134	0.5232

22. 由下列实验数据计算氮气的分子量：

$$\rho=1.25049 \text{ 克/升}, \quad 1+\lambda=1.00043 \text{（在 0℃）},$$

相应的压强是在 45°纬度地点的 76 厘米汞高（在 45°纬度，$g=980.616$ 厘米/秒^2，从此数可求出 $p=1013200$ 微巴）.

23. 一理想气体经过下列准静态循环过程：

（甲）绝热膨胀，由 V_1,T_1 到 V_2,T_2；

（乙）多方过程 $pV^n=C$，由 V_2,T_2 到 V_3,T_3；

（丙）绝热压缩，由 V_3,T_3 到 V_4,T_4；

（丁）多方过程 $pV^m=C'$，由 V_4,T_4 回到原状 V_1,T_1.

计算每一步所作的功和所吸收的热量（假设 γ 是常数），并求循环的效率.

24. 在上题中，令(a) $n=m=1$，得卡诺循环；(b) $n=m=0$，得等压过程循环；(c) $n=m=\infty$，得奥托(Otto)循环. 今给这三个循环的 T_1,T_3 及 Q_T 以相同的数值（Q_T 为习题 23 中丁步所吸收的热量），证明

$$\eta_a>\eta_b>\eta_c.$$

25. 在习题 23 中令 $n=\infty,m=0$，得狄塞尔(Diesel)循环，并令这个循环的效率为 η_D. 在与习题 24 所给的同样条件之下证明

$$\eta_a>\eta_D>\eta_c.$$

［提示：利用下列不等式：$x^\gamma-1-\gamma(x-1)>0.$］

26. 假设一理想气体的两个比热的比 γ 是温度的函数，求在准静态绝热过程中 T,V 的关系；T,p 的关系；及 p,V 的关系. 这些关系中用到一个函数 $F(T)$，其值由下列公式决定：

$$\ln F(T)=\int\frac{dT}{(\gamma-1)T}.$$

当 γ 是常数时，这些关系如何？

27. 利用上题的结果，证明当 γ 为一温度的函数时，一个理想气体的卡诺循环的效率仍然是

$$\eta=1-\frac{T_2}{T_1}.$$

28. 证明 12 节的焦耳系数 λ 和焦汤系数 μ 之间的关系为

$$\lambda C_v=\left(\frac{\partial p}{\partial V}\right)_\vartheta\left[\mu C_p+\left(\frac{\partial(pV)}{\partial p}\right)_\vartheta\right].$$

第三章　热力学第二定律

14.　热力学第二定律

热力学第二定律是关于热量或内能转化为机械能或电磁能,或是机械能或电磁能转化为热量或内能的特殊转化规律.这个规律的主要内容是,凡牵涉到热现象的过程都是不可逆的.在 8 节中我们曾经讨论过一种可逆过程——准静态过程,这是进行得无限慢而无摩擦阻力的过程.实际上既不能使过程进行得无限慢,也不能完全免除摩擦阻力,所以可逆过程是一种理想的极限情形,实际上只能接近,而不可能完全达到.

为了要有效地把热量转化为机械功以为人类谋福利,我们必须掌握热量转化为机械能的特殊转化法则.因此热力学第二定律有重要的实际意义.热力学第二定律的结论是关于过程进行的方向问题,这显然是独立于热力学第一定律的问题.

在 8 节中,我们曾经解释了什么是可逆过程,这是这样一种过程,每一步都可在相反的方向进行而不在外界引起其他变化;也就是说,当在与原向相反的方向进行时,物体及外界在过程中每一步的状态都是原来向正向进行时状态的重演.一个不合于这个条件的过程是不可逆过程.必须注意,不可逆过程不是不能向相反的方向进行的过程,而是在向相反的方向进行时外界的情况与正向进行时不同;假如相同,就是可逆过程了.应当说,在对外界条件作适当的改变之后,是可以让一个过程向相反的方向进行的.

热学中一个基本的现象是趋向平衡态,这是一个显著的不可逆过程.当两个温度不等的物体接触时,热量总是从高温流往低温物体,从来不反向流,否则最后的平衡态就不可能实现.这就是说,热传导过程是不可逆的.其次,摩擦生热一类的现象也是不可逆过程的重要例子.这类过程的一个重要的特殊情形是焦耳测量热功当量的实验,在这个实验中,一个重物下降,同时搅动量热器里的水使其温度升高.但是直接相反的过程是不可能的,那就是不可能让水自动冷却而把重物举起.其他不可逆过程的例子有:气体的自由膨胀过程,多孔塞实验中的节流过程,气体扩散过程,各种爆炸过程等.

经验指出,不但是不可逆过程不能直接反向进行而保持外界情况不变,而且不可逆过程所产生的效果,不论用任何曲折与复杂的方法,都不可能完全恢复原状而不引起其他变化.在用曲折与复杂的方法的过程中,当然会引起许多新的变化,上述的经验指出,在全部过程终了时,要是把所有这些新的变化全部消失,而唯一的效果是把一个不可逆过程所产生的改变完全恢复原状,这是不可能的.这个经验事实是热力学第二定律的基础,它的正确性由无数的热力学第二定律的推论都与实际现象符合而得到保证.

根据上述事实可以得到两个重要的推论.第一个是过程的不可逆性不仅是过程本身的性质,而且指出过程的初态与终态的相互关系是:不可能用任何办法由终态回到初态而不引起其他变化.因此,要判断某一过程是不是可逆的,我们可以不须研究这一过程的详细情形,只要研究初态与终态的相互关系应该就够了.从这里看出,有可能对不可逆性作一数学分析,找到一个态函数,由这函数的数值来判断过程的方法.这样一个函数首先被克劳修斯找到了,他称之为熵.关于熵函数的问题在下一节中讨论.

第二个推论是自然界的不可逆过程都是互相关连的,由某一过程的不可逆性,可推断另一过程的不可逆性.因为可能利用各种各样的曲折的复杂的方法把两个不同的不可逆过程联系起来,这样就可对这两个过程的不可逆性的关系作判断.现在举一例说明如何利用一个类似于卡诺循环的过程把热传导过程与摩擦生热过程联系起来.令一工作物质历经下列四步手续:

(甲)绝热膨胀,温度降低;

(乙)受压缩,同时与一低温物体接触而传热与它;

(丙)绝热压缩,温度升高;

(丁)自一高温物体吸热而膨胀回复原状.

经过四步手续后,工作物质回复原状,作了些净功.这个功可利用去把焦耳的热功当量实验中的重物举起来.同时,焦耳实验中的量热器可与这个循环过程中的低温物体接触而把由摩擦所生的热量从量热器传与低温物体.这样,焦耳实验的摩擦生热的效果就被取消而恢复了原状.但是这个结果的取得是有代价的.这样做的结果使外界发生了如下的变化(这里所谓外界是指焦耳实验之外的物件):上面所说的高温物体放出了热量而冷却了,低温物体有两次吸收了热量而变温了;高温物体所放出的热量恰好等于低温物体两次所吸收的热量之和(读者试根据热力学第一定律自己证明这句话).这个结果与高温低温两物体直接接触而发生热传导过程所产生的效果是一样的.如果有一个很巧妙的方法能把这两个物体恢复到原来的高温和低温状态,那么利用上面所说的循环过程就把焦耳实验恢复原状.由此可见,摩擦生热过程的不可逆性必然引导到热传导过程的不可逆性.同样的考虑,利用与上面说的循环过程相反的过程(甲乙丙丁四步都反向进行),证明如果有法能使焦耳实验中的重物和量热器恢复原状而不引起其他变化,那么高温低温两个物体也可恢复原状而不引起其他变化. 这说明热传导过程的不可逆性必然引导到摩擦生热过程的不可逆性. 所以热传导与摩擦生热两类过程在它们的不可逆性上是完全等效的. 其他各种不可逆过程的相互关系, 也可利用类似的循环过程联系起来, 例如, 热传导与自由膨胀两个过程的不可逆性是等效的这一结论, 就可仿上述方法证明. 所以我们说, 由某一过程的不可逆性可推断另一过程的不可逆性.

由不可逆过程的特性, 即不可逆过程所产生的效果, 不论用任何曲折与复杂的方法, 都不可能完全恢复原状而不引起其他变化, 我们可以得到另外一个推论. 这就是: 假如一个过程所产生的效果能够通过某些方法而完全恢复原状, 则这个过程必然是直接可逆的, 即是说, 这个过程一定能在与原向相反的方向进行而不引起其他变化. 因为根据不可逆过程的定义, 凡不是直接可逆的过程就是不可逆过程, 这样就立刻得到上面的推论. 根据这个推论, 有时给可逆过程如下的定义: 一个过程, 其所产生的效果能够完全恢复原状而不引起其他变化的, 名为可逆过程.

现在我们可以根据经验的总结得到一个普遍原理, 这个原理的说法可以采取这样一个形式: 对于挑选的某一不可逆过程, 指明它所产生的效果不论利用什么方法也不能完全恢复原状而不引起其他变化. 这样一个普遍原理就是热力学第二定律. 既然自然界不可逆过程的种类是无穷的, 那么某一过程的选择也是无穷的, 因此热力学第二定律的这种形式的说法可以有多种不同的表达方式. 最早提出热力学第二定律的是克劳修斯(1850 年)与开尔文(1851 年), 克氏的说法相当于热传导过程的不可逆性, 开氏的说法相当于摩擦生热过程的不可逆性[①].

克氏说法: 不可能把热从低温物体传到高温物体而不引起其他变化.

开氏说法: 不可能从单一热源取热使之完全变为有用的功而不产生其他影响.

我们已经讨论过热传导与摩擦生热两类不可逆过程的等效问题, 同样的讨论将指明克氏说法与开氏说法是等效的.

开氏说法又可表达为:

第二种永动机是不可能造成的.

所谓第二种永动机就是一种违反开氏说法的机器, 它能从单一热源取热, 使之完全变为有用的功而不产生其他影响. 这种机器并不是热力学第一定律中所说的永动机, 因为它所作的功是由热量转化来的, 并不违背能量守恒定律. 但是这种机器却是最经济的了, 因为它可利用地面上空气中, 海洋中和土壤中广大的热量来转化为功. 所以称这样一种假想的机器为第二种永动机, 同时把一般通常所说的永动机叫做第一种永动机.

---

① 克氏的原来说法是: 一个自行动作的机器, 不可能把热从低温物体传到高温物体去. 开氏的原来说法是: 不可能用无生物把物质的任何一部冷至比周围最低温度还要低的温度而得到机械功.

　　开氏说法的另一种形式是普朗克说法.普朗克把开氏说法中的热与功加以具体化及特殊化,指明是焦耳的热功当量实验中量热器的热和重物上升所需的功,他的说法是:

　　不可能造一个机器,在循环动作中把一重物升高而同时使一热库冷却.

　　这个说法里的"在循环动作中"代替了"不引起其他变化",或"不产生其他影响".因为在循环动作中一切参与的物体都回复原状,所以没有其他变化.

　　除了以上几种说法之外,还有喀拉氏说法:

　　在一个物体系的任一给定的平衡态的附近总有这样的态存在,从给定的态出发不可能经绝热过程达到.

　　例如在焦耳的热功当量实验中,从终态绝热回到初态是不可能的.这个说法里有两点应当说明.第一是提到绝热过程,这是热力学第二定律中最重要的过程,因为熵函数的数值是这一类过程的标志.用了绝热过程之后,可以避免用各种复杂的循环过程,因而使概念简化.初看似乎这样简化会牺牲不可逆过程的一个重要特点,即不论用任何曲折与复杂的方法都不能使它所产生的效果恢复原状而不引起其他变化.事实上这个特点可以包含在绝热过程之中,因为可以把所有参与复杂过程的物体都算到我们所讨论的物体系之内.

　　第二点是在喀拉氏说法里只提到有某些态不能用绝热过程达到,并未提到不可逆过程,尤其没有提到任何具体的不可逆过程.因此这个说法对可逆过程与不可逆过程同样适用;但是要判断不可逆过程的方向,还必须额外引用一个具体实际例子(见 25 节).

　　注意,不要把热力学第二定律的开氏说法简单地说是:功可以完全变为热,但热不能完全变为功.事实上,不是热不能完全变为功,而是在不引起其他变化或不产生其他影响的条件下热不能完全变为功.这个不引起其他变化的条件是决不可少的.例如,一个理想气体在作等温膨胀时所作的功是完全由所吸收的热量得到的,因为它的内能在等温膨胀时不变.这样,热是完全变为功了,但是却发生了另外一个变化,那就是气体的体积变大了.所以,唯有在无其他变化时,热才不能完全变为功.

15. 卡诺定理及熵

　　历史上卡诺定理是热力学第二定律的出发点.早在热力学第一定律和第二定律建立之前,在 1824 年卡诺发表了他的定理:

　　卡诺定理:所有工作于两个一定的温度之间的热机,以可逆机的效率为最大.

　　为帮助了解卡诺定理,我们假设热机的工作物质经历一个卡诺循环,由下列四

步组成(参阅 13 节图 4):

(甲)绝热膨胀,由高温 ϑ_1 到低温 ϑ_2;

(乙)等温压缩,放热量 Q_2 到冷凝器中;

(丙)绝热压缩,由 ϑ_2 到 ϑ_1;

(丁)等温膨胀,从热源吸收热量 Q_1.

这样一个循环过程在 1834 年由克拉珀龙(Clapeyron)用图表示,以压强 p 为纵坐标,体积 V 为横坐标.很显然,这样一个图表法只有在可逆过程时才可能.

在循环过程终了时,工作物质回复原状,而对外界作了功 W(W 的数值是正的),并且从热源吸收了热量 Q_1.热机的效率 η 的定义是 $\eta = W/Q_1$.

卡诺根据两个互相矛盾的原理来证明他的定理,一个是热质说,另一个是不能有永动机.他是第一个人指出,热机必须工作于两个温度之间,把热量从高温传到低温而作功,犹如水力机作功是由于水从高处流到低处的结果一样.卡诺的证明是:设有两个热机 A 和 B,它们从同一热源所吸收的热量和对外界所作的功各为 Q_1,W 及 Q_1',W',它们的效率为

$$\eta_A = \frac{W}{Q_1}, \quad \eta_B = \frac{W'}{Q_1'}. \tag{1}$$

假设 A 是可逆机,我们要证明 $\eta_A \geqslant \eta_B$.为证明的方便起见,假设 $Q_1 = Q_1'$.如果定理不真,即如果 $\eta_B > \eta_A$,则由 $Q_1 = Q_1'$ 得 $W' > W$.今 A 既然是可逆机,而 W' 又比 W 大,我们可以利用 B 的功 W' 使 A 反向进行,那么 A 将受外界的功 W 而向热源放出热量 Q_1.在两个热机的联合循环过程终了时,两机的工作物质都回复原状,热源放出的热量又吸收回来了(因为 $Q_1 = Q_1'$),因而没有变化,但是有净功 $W' - W$ 多出来了.在错误的热质说指导之下,卡诺以为热量由高温到低温时保持数量不变,即 $Q_2 = Q_1$,$Q_2' = Q_1'$,因此他认为在两机的联合循环终了时,冷凝器也没有变化.由此他得出结论,所多出的净功 $W' - W$ 是无中生有的,这是一种永动机,因而是不可能实现的.这就说明 $\eta_B > \eta_A$ 的假设不真,必定是 $\eta_A \geqslant \eta_B$.

但是卡诺的这个证明是不正确的.因为根据热力学第一定律,由于工作物质在循环过程终了时回复原状,它的内能一定回复原值,所以应有

$$W = Q_1 - Q_2. \tag{2}$$

同样有

$$W' = Q_1' - Q_2'. \tag{3}$$

(3)减(2)得

$$W' - W = (Q_1' - Q_1) - (Q_2' - Q_2). \tag{4}$$

今已知 $Q_1' = Q_1$,故

$$W' - W = Q_2 - Q_2'. \tag{5}$$

这个方程说明净功 $W' - W$ 是由冷凝器所放出的净热量 $Q_2 - Q_2'$ 所转化来的,并不

是如卡诺所想象的,无中生有的.这样,我们看出,卡诺定理不可能用热力学第一定律证明,它的证明需要一个新的原理.克劳修斯与开尔文就是从这里得到他们关于热力学第二定律的说法的.我们立刻可以看出,在卡诺证明的步骤中,用开尔文关于第二定律的说法就可证明卡诺定理.假如要用克氏说法来证明卡诺定理,只须把原来的假设 $Q_1 = Q_1'$ 换为 $W = W'$ 就行了.在换为这个假设之后,(4)化为

$$Q_1 - Q_1' = Q_2 - Q_2'. \tag{6}$$

如果 $\eta_B > \eta_A$,则 $Q_1 > Q_1'$.方程(6)指出,在两机的联合循环终了时,唯一的效果是把热量 $Q_2 - Q_2'$ 由低温传到高温去了.这违背了第二定律的克氏说法,因此不能有 $\eta_B > \eta_A$,必须是 $\eta_A \geqslant \eta_B$.

方程(2)首先由希因(Hirn)在 1860 年从实际热机中证明,同时也测定了热功当量.

下面陈述如何由卡诺定理得到绝对热力学温标及熵函数.这只需要卡诺定理的一个特殊情形,即关于可逆机的效率的定理.这是卡诺定理的一个推论,可表达如下:

所有工作于两个一定的温度之间的可逆热机,其效率相等.

设有两个可逆热机 A 和 B 工作于同一温度之间,它们的效率分别为 η_A 及 η_B.根据卡诺定理,因为 A 机是可逆的,必有 $\eta_A \geqslant \eta_B$;但 B 也是可逆机,必又有 $\eta_B \geqslant \eta_A$;因此得 $\eta_A = \eta_B$,即上述的卡诺定理的推论.

根据这个推论可以看出,一个工作于两个一定温度之间的可逆热机,其效率只能与两个温度有关,而与工作物质的性质和所吸收热量及作功的多少无关.因此,效率应当是两个温度 ϑ_1 和 ϑ_2 的普适函数,这个函数是对一切可逆热机都适用的.由(1)及(2)得

$$\eta = \frac{W}{Q_1} = 1 - \frac{Q_2}{Q_1}. \tag{7}$$

故

$$\frac{Q_2}{Q_1} = F(\vartheta_1, \vartheta_2). \tag{8}$$

假设另有一可逆热机,工作于 ϑ_3 与 ϑ_1 之间,在 ϑ_3 吸收热量 Q_3,在 ϑ_1 放出热量 Q_1.应用(8)式到这个热机,得

$$\frac{Q_1}{Q_3} = F(\vartheta_3, \vartheta_1).$$

现在把这两个可逆热机联合起来工作.由于第二个热机在 ϑ_1 放出的热量被第一个热机所吸收了,总的效果相当于一个单一的可逆热机,它工作于 ϑ_3 与 ϑ_2 之间,在 ϑ_3 吸收热量 Q_3,在 ϑ_2 放出热量 Q_2.应用(8)式到这个联合热机,得

$$\frac{Q_2}{Q_3} = F(\vartheta_3, \vartheta_2).$$

从上面两个方程和(8)式中消去 Q_1, Q_2, Q_3, 得

$$F(\vartheta_1, \vartheta_2) = \frac{F(\vartheta_3, \vartheta_2)}{F(\vartheta_3, \vartheta_1)}. \tag{9}$$

今 ϑ_3 为一任意温度, 它既不出现于(9)式的左方, 就一定会在(9)式的右方上下消去. 因此, (9)式必可表为下列形式:

$$\frac{Q_2}{Q_1} = F(\vartheta_1, \vartheta_2) = \frac{f(\vartheta_2)}{f(\vartheta_1)}, \tag{10}$$

其中 f 为另一普适函数. 这个函数的形式与经验温标 ϑ 的选择有关, 但与工作物质的性质及 Q 的大小无关. 我们现在引进一个新的温标 T, 名为**绝对热力学温标**, 简称绝对温标, 令它与 $f(\vartheta)$ 成比例, 则(10)式化为

$$\frac{Q_2}{Q_1} = \frac{T_2}{T_1}. \tag{11}$$

这个温标是开尔文引进的, 有时称为开氏温标, 因此用这个温标所表的温度写成 K. 由(11)式还不能完全把绝对温标确定, 还必须另外加一个条件才能确定. 通常用的条件是: 汽点与冰点的绝对温度之差为 100. 但是也可选定某一温度的数值, 例如水的三相点(参阅 7 节). 注意这样引进的绝对温度是正的, 因为(11)式的左方是正数.

以(11)式代入(7)式, 得

$$\eta = \frac{W}{Q_1} = 1 - \frac{T_2}{T_1} = \frac{T_1 - T_2}{T_1}. \tag{12}$$

这是用绝对温度表示的可逆热机的效率, 同时也是可逆卡诺循环的效率.

现在讲克劳修斯如何根据卡诺定理而引进一个新的态函数熵. 先把(11)式写成下列形式

$$\frac{Q_1}{T_1} - \frac{Q_2}{T_2} = 0. \tag{13}$$

这是一个可逆卡诺循环的情形. 今讨论一个物体系经过一个任意的可逆循环过程, 我们将证明, 对于这样一个循环过程有

$$\oint \frac{Q}{T} = 0, \tag{14}$$

其中 Q 为物体系在一无穷小的过程阶段中所吸收的热量. 假如这个物体系是一个可用两个独立变数 p 和 V 描写的均匀物质, 则由热力学第一定律得

$$Q = \mathrm{d}U - W = \mathrm{d}U + p\mathrm{d}V, \tag{15}$$

其中 U 是物体的内能. 假如这物体系的性质比较复杂, 仍然有 $Q = \mathrm{d}U - W$, 但 W 将不等于 $-p\mathrm{d}V$ 而应由普遍公式

$$W = Y_1 \mathrm{d}y_1 + \cdots + Y_r \mathrm{d}y_r \tag{16}$$

替代.

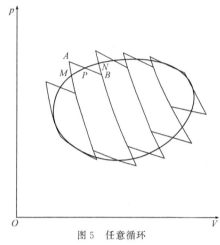

图 5 任意循环

为了要证明(14)式,我们用一连串的微小的可逆卡诺循环去代替所讨论的任意循环(参阅图 5).两个相邻的卡诺循环有共同的绝热路线,但是两者是在相反的方向进行的,因而总的对外效果互相抵消.由此可见,这一连串的卡诺循环的总和相当于消除了共同绝热线之后的锯齿形的回路,这个回路可以与我们所讨论的任意循环无限接近.对于每一个微小的卡诺循环说,(13)式是正确的;但是为了要与我们一向所采用的符号相合,把吸收的热量写成 Q,把放出的热量写成 $-Q$,我们必须把(13)式改写为

$$\frac{Q_1}{T_1} + \frac{Q_2}{T_2} = 0, \tag{13'}$$

其中 Q_1 和 Q_2 分别是工作物质在温度 T_1 和 T_2 所吸收的热量.对于一连串的微小的可逆卡诺循环说,可把各个循环的方程(13′)相加,得

$$\sum \frac{Q'}{T} = 0, \tag{17}$$

其中 Q' 是各个微小的循环在温度 T 所吸收的热量.现在让我们比较微小的卡诺循环所吸收的热量 Q' 与所讨论的任意循环在相应的微小阶段所吸收的热量 Q,例如比较 APB 线段的 Q' 与 MPN 线段的 Q.让工作物质(即所讨论的物体系)经过回路 $APBNPMA$,应用热力学第一定律得:$Q' - Q$ 等于 MAP 的面积减去 PNB 的面积.显然,我们可以选择 A 和 B 两点的位置使 $Q = Q'$,于是(17)式变为[①]

$$\sum \frac{Q}{T} = 0. \tag{17'}$$

当 Q 变为无穷小时,这个式子就变为一个线积分而得(14).

把(15)式的 Q 代入(14),得

$$\oint \frac{\mathrm{d}U + p\,\mathrm{d}V}{T} = 0.$$

由此可知由下式所定的 S 是一个态函数:

$$S - S_0 = \int_{P_0}^{P} \frac{\mathrm{d}U + p\,\mathrm{d}V}{T}, \tag{18}$$

其中 P_0 与 P 代表线积分的起点与终点,S_0 为一任意常数,等于 S 在 P_0 点之值.这

---

① 如果不这样选择 $Q = Q'$,也可由(17)式导出(14)式,因为 $Q' - Q$ 等于两个无穷小的面积之差,是第二级无穷小,在积分(14)中可以略去.

样所规定的函数 S 名为**熵**,它的数值中包含一任意常数 S_0.(18)式中的积分路线代表可逆过程.

熵的量纲是能量被温度除,它的单位可以用"尔格/度",或"焦耳/度",或"卡/度".一个"卡/度"有时名为**克劳**,以纪念熵的创造者克劳修斯.

由(18)及(15)两式看出,当 $Q=0$ 时应有 $S=S_0$,那就是说,在一个可逆绝热过程中熵的数值不变.这是熵函数的最重要的特性.

积分(18)的微分方程是

$$dS = \frac{dU + pdV}{T},\tag{19}$$

或　　　　　　　　　　　$$TdS = dU + pdV.\tag{19'}$$

从这里看出 T 是微分式 $dU + pdV$ 的积分除数,在除之后使微分式变为完整微分 dS.(19)或(19')是热力学第二定律的基本方程.对于比较复杂的物体系,准静态微功的公式是(16),熵的微分方程(19')应推广为

$$TdS = dU - Y_1 dy_1 - \cdots - Y_r dy_r.\tag{20}$$

16. 可逆循环过程的应用例子

本节中将讨论几个例子,来说明如何应用简单的可逆循环过程来求物体的平衡性质.

(一) 克拉珀龙方程

克拉珀龙在 1834 年利用一个无穷小的可逆卡诺循环导出蒸气压随温度改变的方程.考虑一单位质量的化学纯的物质进行一无穷小的卡诺循环:

（甲）在气态时(假设是饱和蒸气)由温度 T 绝热膨胀至温度 $T-dT$,假设仍然维持气态;

（乙）在 $T-dT$ 时等温压缩变为液态;

（丙）由温度 $T-dT$ 绝热压缩使温度升高至 T;

（丁）在 T 时等温膨胀由液态完全变为饱和蒸气.

应用上节关于可逆卡诺循环的效率公式(12)到上述循环,注意现在 $T_1 = T$,$T_2 = T-dT$,得

$$\frac{W}{Q_1} = \frac{dT}{T}.$$

现在 Q_1 是在丁步所吸收的热量,这等于汽化潜热 λ.W 是整个循环过程对外所作的净功.假如在 p-V 图中我们用一个矩形来近似地代表这个循环过程,则得 $W = (v^\alpha - v^\beta)dp$,其中 v^α 为饱和蒸气的体积度,v^β 为液体(与蒸气平衡时)的体积度,dp

为由 $T-dT$ 升到 T 时饱和蒸气压的改变. 代入上式, 得

$$\frac{(v^\alpha - v^\beta)dp}{\lambda} = \frac{dT}{T},$$

或

$$\frac{dp}{dT} = \frac{\lambda}{T(v^\alpha - v^\beta)}. \tag{1}$$

这就是克拉珀龙方程, 它把饱和蒸气压随温度的变化与汽化潜热及体积的改变联系起来了. 这个证明的主要缺点是计算功 W 的方法不够严格. 这个证明在原则上也可推广到其他相变平衡问题, 如固态到液态, 固态到气态等. 将来在 27 节对公式 (1) 要给以严格而普遍的热力学的证明.

(二) 表面张力随温度的变化

设 σ 为表面张力, A 为面积, 当面积增加 δA 时, 外界对表面所作的功为 $W = \sigma\delta A$. 设 U 为表面内能, $u=U/A$ 为单位面积的内能. 经验指出, σ 和 u 都只是温度的函数, 与面积 A 的大小无关. 因此, 在等温扩张面积 δA 时, 内能的增加为 $\delta U = u\delta A$. 根据热力学第一定律, 所吸收的热量为 $Q=\delta U - W = (u-\sigma)\delta A$. 现在令表面作一无穷小的卡诺循环:

(甲) 绝热扩张, 由温度 T 到 $T-dT$;

(乙) 等温缩小面积 δA (近似地等于丁步的 δA);

(丙) 绝热缩小, 由温度 $T-dT$ 到 T;

(丁) 等温扩张面积 δA, 回复原状.

在丁步从外界吸收热量 $Q=(u-\sigma)\delta A$. 甲步与丙步两个绝热过程的功可以认为近似地抵消. 丁步的功为 $\sigma\delta A$, 乙步的功近似地等于 $-(\sigma-d\sigma)\delta A = -\left(\sigma - \frac{d\sigma}{dT}dT\right)\delta A$, 故全循环过程对外界所作的功近似地等于丁步和乙步的功之和的负数, 即 $W = -d\sigma\delta A$. 代入效率的公式, 得

$$\frac{dT}{T} = \frac{W}{Q} = -\frac{d\sigma\delta A}{(u-\sigma)\delta A},$$

即

$$u = \sigma - T\frac{d\sigma}{dT}. \tag{2}$$

这是表面能 u 与表面张力 σ 及 σ 随温度变化率的关系. 实际上液体的 $d\sigma/dT$ 是负的, 所以, 当表面作等温扩张时应该吸收热量 $(u-\sigma)\delta A$, 而 u 大于 σ. 在 22 节将给 (2) 式另一证明.

(三) 可逆电池的电动势

设 E 为可逆电池的电动势, U 为电池的内能. 对电池加以适当的外界反电动势令一无穷小的电荷 δe 流过电池, 这时候外界的反电动势应接近于 $-E$, 因之外界对

电池作功 $-E\delta e$. 假如电池的体积在过程中不变,这就是外界对电池作功的全部. 假如电池的体积在过程中改变了 δV,则外界作功 $-p\delta V-E\delta e$. 在过程中电池吸收的热量为

$$Q = \delta U - W = \delta U + p\delta V + E\delta e.$$

设所讨论的是等压过程,则得

$$Q = \delta H + E\delta e.$$

令 H_e 为电池的焓在单位电荷流过之后所引起的改变,即 $\delta H = H_e\delta e$,则

$$Q = (H_e + E)\delta e.$$

现在对电池加以适当的反电动势,使一无穷小的电荷 δe 流过电池,并令电池经过下列循环过程:

(甲) 等温等压过程,温度为 T,吸收热量 $Q=(H_e+E)\delta e$,对外界作功 $p\delta V + E\delta e = \delta(pV)+E\delta e$;

(乙) 绝热等压过程,对外界作功而使温度由 T 到 $T-\mathrm{d}T$;

(丙) 等温等压过程,温度为 $T-\mathrm{d}T$,受外界功 $\delta(pV)+(E-\mathrm{d}E)\delta e$;

(丁) 绝热等压过程,受外界功而使温度由 $T-\mathrm{d}T$ 到 T.

今假设乙、丁两步的功近似地消去,则对外界所作的净功等于甲、丙两步的功之和,即 $W=\mathrm{d}E\delta e$. 代入效率的公式,得

$$\frac{\mathrm{d}T}{T} = \frac{W}{Q} = \frac{\mathrm{d}E\delta e}{(H_e+E)\delta e},$$

即

$$H_e = T\left(\frac{\partial E}{\partial T}\right)_p - E. \tag{3}$$

这个公式是首先由亥姆霍兹导出的. 公式中的偏微商 $(\partial E/\partial T)_p$ 表示等压过程. 方程(3)的左方 H_e 可以由化学反应的反应热来确定. 在 22 节将给(3)式另一证明.

(四) 温差电效应的热力学公式

在讨论这个例子时我们将采取另外一种处理循环过程的方法,这个方法不限制于卡诺循环,可应用于任意的可逆循环. 这个方法的基本内容,是求循环过程中每一段的内能改变 ΔU 和熵改变 ΔS,把各段的改变加起来;由于是循环过程,加起来的结果等于零:

$$\sum \Delta U = \sum (Q+W) = 0, \tag{4}$$

$$\sum \Delta S = \sum (Q/T) = 0, \tag{5}$$

其中 Q 为在一段所吸收的热量,W 为在一段所受外界的功. 这个方法的优点是在不限制于卡诺循环,而且每一段的计算可以较为精确,缺点是比较复杂.

现在应用这个方法到温差电效应,这个理论是开尔文在 1855 年提出的. 温差

电现象中有两个可逆效应,一是佩尔捷(Peltier)效应,一是汤姆孙(即开尔文)效应.设有两种金属线 a 和 b,在两端相接,一端温度为 T,一端温度为 T_0.当有电荷 e 在两金属相接处由 a 到 b 时,金属吸收热量 Πe,这是佩尔捷效应,Π 名为**佩尔捷系数**.若电荷 e 由 b 到 a,则所吸收的热量是 $-\Pi e$.在温度为 T_0 的相接处,所吸收的热量(由 a 到 b)是 $\Pi_0 e$.当有电荷 e 在金属 a 上通过,从温度 T 处到 $T+dT$ 处所吸收的热量为 $e\sigma_a dT$,这是汤姆孙效应,σ_a 名为金属 a 的**汤姆孙系数**.同样,金属 b 也有汤姆孙系数 σ_b.

设 a 和 b 两个金属所组成的温差电偶的电动势为 E,显然 E 是两个接头的温度 T 和 T_0 的函数.当有电荷 e 通过温差电偶所组成的回路,在温度为 T 的一端由 a 到 b,在温度为 T_0 的一端由 b 到 a,对外界所作的功为 eE,故外界所作的功为 $W=-eE$.这里所用的符号规则是,E 的方向是在温度为 T 的一端由 a 到 b(同时在 T_0 端由 b 到 a).当有电荷 e 通过时所吸收的热量在 T 端为 Πe,在金属 b 上为 $-e\int_{T_0}^{T}\sigma_b dT$,在 T_0 端为 $-\Pi_0 e$,在金属 a 上为 $e\int_{T_0}^{T}\sigma_a dT$.代入(4)式,消去因子 e,得

$$E = \Pi - \Pi_0 + \int_{T_0}^{T}(\sigma_a - \sigma_b)dT. \tag{6}$$

代入(5)式,消去因子 e,得

$$\frac{\Pi}{T} - \frac{\Pi_0}{T_0} + \int_{T_0}^{T}(\sigma_a - \sigma_b)\frac{dT}{T} = 0. \tag{7}$$

固定 T_0,对 T 求微商,由(6),(7)两式得

$$\frac{dE}{dT} = \frac{d\Pi}{dT} + \sigma_a - \sigma_b, \tag{8}$$

$$\frac{d}{dT}\left(\frac{\Pi}{T}\right) + \frac{\sigma_a - \sigma_b}{T} = 0. \tag{9}$$

由这两式消去 $\sigma_a - \sigma_b$,得

$$\frac{dE}{dT} = \frac{d\Pi}{dT} - T\frac{d}{dT}\left(\frac{\Pi}{T}\right) = \frac{\Pi}{T}. \tag{10}$$

代入(9)式,得

$$\sigma_a - \sigma_b = -T\frac{d}{dT}\left(\frac{\Pi}{T}\right) = -T\frac{d^2 E}{dT^2}. \tag{11}$$

(10)和(11)是温差电现象的两个基本公式.

以上的理论中忽略了在温差电现象中必然出现的两个不可逆过程,一是电流所产生的焦耳的热效应,一是由温度不匀所引起的热传导过程.第一个不可逆过程在电流无穷小时可以忽略,但热传导过程则无法避免.要解决这个问题,需要不可逆过程的热力学理论[①],这将在以后 70 节讨论.应当指出,公式(10)和(11)在实际

---

① 见 S. R. de Groot, *Thermodynamics of Irreversible Processes* (1951),p. 141.

应用中经过无数次考验证明是正确的.

17. 绝对温度及理想气体的熵

在本节中要证明绝对热力学温标等于绝对气体温标.

对于一个有两个独立变数的均匀物体说,热力学第二定律的基本微分方程是(见 15 节(19)式)

$$dS = \frac{dU + p\,dV}{T}. \tag{1}$$

现在把这个微分方程应用到理想气体.一个理想气体的物态方程是(见 3 节(11)式)

$$pV = \vartheta_0(1 + at), \tag{2}$$

其中 t 是理想气体摄氏温标,ϑ_0 及 a 为常数.根据 12 节的结果,理想气体的内能仅仅是温度的函数,热容量也仅仅是温度的函数,与体积无关. 故 $dU = C_v\,dt$. 代入(1)式,并用(2)消去 p,得

$$dS = \frac{C_v}{T}dt + \frac{\vartheta_0(1 + at)}{T}\frac{dV}{V}. \tag{3}$$

今 dS 是一完整微分,必有(见 11 节(16)式)

$$\frac{\partial}{\partial t}\frac{\vartheta_0(1 + at)}{TV} = \frac{\partial}{\partial V}\frac{C_v}{T}.$$

因为 C_v/T 与 V 无关,上式的右方应等于零,故得

$$\frac{d}{dt}\frac{1 + at}{T} = 0.$$

这个微分方程的积分是

$$T = C(1 + at),$$

其中 C 为积分常数. C 的数值可用条件 $T_1 - T_0 = 100$ 来定:

$$T_1 - T_0 = 100Ca = 100,$$

故 $C = 1/a$,

$$T = t + \frac{1}{a}. \tag{4}$$

这个式子与 3 节(13)式完全一样,这就证明了绝对热力学温标与绝对气体温标相等.同时,由于绝对热力学温标与物质的性质无关,所以冰点的绝对温度的倒数 a 应是一个普适常数.这一点在 3 节被认为是一个独立的实验结果,现在则是根据玻意尔定律和焦耳定律应用热力学第二定律而导出的.同时从(4)式可以看出,由于 T 和 a 都与物质的性质无关,气体的摄氏温标 t 也是与物质的性质无关的.

现在来求理想气体的熵.把理想气体的物态方程(2)改写为(见 12 节(13′)式)

$$pv = RT, \tag{5}$$

其中 v 为一个克分子的体积, R 为气体常数. 用 s 代表一个克分子的熵, 则(3)式化为

$$ds = c_v \frac{dT}{T} + R \frac{dv}{v}. \tag{6}$$

求积分得理想气体的熵:

$$s = \int c_v \frac{dT}{T} + R\ln v + s_0, \tag{7}$$

其中 s_0 为一积分常数.

对(5)式取对数, 然后求微分, 得

$$\frac{dp}{p} + \frac{dv}{v} = \frac{dT}{T}.$$

利用这个公式消去(6)式的 v, 并用 $c_p - c_v = R$(见 12 节(18)式), 得

$$ds = c_p \frac{dT}{T} - R \frac{dp}{p}. \tag{6'}$$

求积分, 得

$$s = \int c_p \frac{dT}{T} - R\ln p + s_0, \tag{8}$$

其中 s_0 为另一积分常数, 与(7)式中的 s_0 不同. 注意(8)式也可直接由(7)式应用(5)式消去 v 而得到, 在计算过程中可看出(7)、(8)两式中的 s_0 各不相等.

对于一个含 N 个克分子的气体, 熵 S 应等于 Ns, 故

$$S = \int C_v \frac{dT}{T} + NR\ln V + S_0, \tag{9}$$

或

$$S = \int C_p \frac{dT}{T} - NR\ln p + S_0, \tag{10}$$

其中 $V = Nv, C_v = Nc_v, C_p = Nc_p$. 在(9)式中的 S_0 是 $S_0 = N(s_0 - R\ln N)$, 其中 s_0 是(7)式中的 s_0. 在(10)式中的 S_0 等于 N 乘(8)式中的 s_0.

假如温度范围不大, 气体的比热可以认为是常数时, (8)式可积分为

$$s = c_p \ln T - R\ln p + b, \tag{11}$$

其中 b 为常数(代替 s_0). 由于 $c_p = R\gamma/(\gamma-1)$(见 12 节(21)式), (11)式又可写为

$$s = \frac{R\gamma}{\gamma-1}\ln T - R\ln p + b. \tag{12}$$

用(5)式消去 T, 得

$$s = \frac{R}{\gamma-1}\{\ln p + \gamma\ln v - \gamma\ln R\} + b. \tag{13}$$

由于在准静态绝热过程中熵的数值不变, 故(13)给出

$$pv^\gamma = C. \tag{14}$$

这个结果与 11 节所得到的(25)式相同. 假如比热不是常数, 则本节的理论指出由(9)或(10)即可得出在准静态绝热过程中 V 或 p 与 T 的关系. 至于 p 与 V 的关系,

则可由这两个关系中的任何一个,利用(5)式消去 T,而求得.

18. 均匀物质的热力学关系

现在讨论由两个独立变数描写的均匀物质的热力学关系. 在此情形下有(见15 节(19′)式)

$$dU = TdS - pdV. \tag{1}$$

假如我们选 S 及 V 为独立变数,则 dU 是完整微分的条件是(见 11 节(16)式)

$$\left(\frac{\partial T}{\partial V}\right)_S = -\left(\frac{\partial p}{\partial S}\right)_V. \tag{2}$$

假如选(S,p)或(T,V)或(T,p)为独立变数时,可把(1)化成下列形式

$$d(U + pV) = dH = TdS + Vdp, \tag{3}$$

$$d(U - TS) = dF = -SdT - pdV, \tag{4}$$

$$d(U + pV - TS) = dG = -SdT + Vdp, \tag{5}$$

其中 $H=U+pV$ 是焓,$F=U-TS$ 名为自由能,$G=U+pV-TS=H-TS$ 名为吉布斯函数. 这些都是态函数,它们的性质将在 22 节讨论. 使以上三个微分方程的右方都是完整微分的条件是

$$\left(\frac{\partial T}{\partial p}\right)_S = \left(\frac{\partial V}{\partial S}\right)_p, \tag{6}$$

$$\left(\frac{\partial p}{\partial T}\right)_V = \left(\frac{\partial S}{\partial V}\right)_T, \tag{7}$$

$$\left(\frac{\partial V}{\partial T}\right)_p = -\left(\frac{\partial S}{\partial p}\right)_T. \tag{8}$$

方程(2),(6),(7),(8)名为**麦氏关系**,是麦克斯韦所首先导出的. 这四个关系中的任何一个,可从任何其他一个用微分学公式导出.

假如在(1)式中选 T,V 为独立变数,则

$$dU = T\left(\frac{\partial S}{\partial T}\right)_V dT + \left[T\left(\frac{\partial S}{\partial V}\right)_T - p\right]dV,$$

由此得

$$\left(\frac{\partial U}{\partial T}\right)_V = T\left(\frac{\partial S}{\partial T}\right)_V, \tag{9}$$

$$\left(\frac{\partial U}{\partial V}\right)_T = T\left(\frac{\partial S}{\partial V}\right)_T - p. \tag{10}$$

应用麦氏关系(7)可化(10)为

$$\left(\frac{\partial U}{\partial V}\right)_T = T\left(\frac{\partial p}{\partial T}\right)_V - p. \tag{11}$$

这个方程说明内能随体积的改变与物态方程 $p=p(T,V)$ 的关系.

同样的,在(3)式中选 T,p 为独立变数,则

$$dH = T\left(\frac{\partial S}{\partial T}\right)_p dT + \left[T\left(\frac{\partial S}{\partial p}\right)_T + V\right]dp,$$

由此得
$$\left(\frac{\partial H}{\partial T}\right)_p = T\left(\frac{\partial S}{\partial T}\right)_p, \tag{12}$$

$$\left(\frac{\partial H}{\partial p}\right)_T = T\left(\frac{\partial S}{\partial p}\right)_T + V. \tag{13}$$

应用麦氏关系(8)可化(13)为

$$\left(\frac{\partial H}{\partial p}\right)_T = V - T\left(\frac{\partial V}{\partial T}\right)_p. \tag{14}$$

这是在 T, p 为独立变数时与(11)式相当的公式.

现在应用以上所得到的一些公式求定压比热与定体比热之差. 从(9)与(12)可得(见 11 节(2)式及(6)式,令 $\vartheta = T$)

$$C_v = \left(\frac{\partial U}{\partial T}\right)_V = T\left(\frac{\partial S}{\partial T}\right)_V, \quad C_p = \left(\frac{\partial H}{\partial T}\right)_p = T\left(\frac{\partial S}{\partial T}\right)_p. \tag{15}$$

两式相减,并应用公式:

$$\left(\frac{\partial S}{\partial T}\right)_p = \left(\frac{\partial S}{\partial T}\right)_V + \left(\frac{\partial S}{\partial V}\right)_T\left(\frac{\partial V}{\partial T}\right)_p,$$

得
$$C_p - C_v = T\left(\frac{\partial S}{\partial V}\right)_T\left(\frac{\partial V}{\partial T}\right)_p.$$

应用麦氏关系(7)可化为

$$C_p - C_v = T\left(\frac{\partial p}{\partial T}\right)_V\left(\frac{\partial V}{\partial T}\right)_p. \tag{16}$$

这是一个很重要的公式,表明两个比热的差如何可以应用物态方程而求出. 这个公式也可由 11 节(9)式应用本节(11)式而求得. 在理想气体的情形下, $pV = NRT$, (16)式化为

$$C_p - C_v = NR.$$

这与 12 节(18)式相合.

应用 3 节公式(25)可把(16)式化为下列在实用上更方便的形式:

$$C_p - C_v = -T\left(\frac{\partial p}{\partial V}\right)_T\left[\left(\frac{\partial V}{\partial T}\right)_p\right]^2 = \frac{VT\alpha^2}{\kappa}, \tag{17}$$

其中 α 是膨胀系数, κ 是压缩系数:

$$\alpha = \frac{1}{V}\left(\frac{\partial V}{\partial T}\right)_p, \quad \kappa = -\frac{1}{V}\left(\frac{\partial V}{\partial p}\right)_T.$$

因为压缩系数总是正的(参阅 46 节的理论),根据(17)式可知 C_p 总比 C_v 大,至少相等(在 $\alpha = 0$ 时相等).

举一个例子说明(17)式的应用. 关于水银(汞)在 0℃ 与大气压下,量得的数据为

$$c_p = 0.03337 \text{ 卡} \cdot \text{克}^{-1} \cdot \text{度}^{-1}, \quad v = 1/13.595 (\text{厘米})^3 \cdot \text{克}^{-1},$$

$$T = 273.15 \text{ 度}, \quad \alpha = 1.816 \times 10^{-4} \text{ 度}^{-1},$$

$$\kappa = 3.918 \times 10^{-6} (\text{大气压})^{-1}.$$

代入(17),用 1 卡＝4.1858 焦耳＝41.310(厘米)^3・大气压,求得 $c_p - c_v = 0.00409$ 卡・克$^{-1}$・度$^{-1}$,由此得 $c_v = 0.02928$ 卡・克$^{-1}$・度$^{-1}$, $\gamma = c_p/c_v = 1.140$. 又

$$T\left(\frac{\partial p}{\partial T}\right)_V = \frac{T\alpha}{\kappa} = 12660 \text{ 大气压},$$

故由(11)式得

$$\left(\frac{\partial U}{\partial V}\right)_T = 12660 \text{ 大气压}.$$

根据 11 节(9)式,即

$$C_p - C_v = \left[\left(\frac{\partial U}{\partial V}\right)_T + p\right]\left(\frac{\partial V}{\partial T}\right)_p, \tag{18}$$

可以看出,水银的两种比热之差几乎是完全由于内能随体积而改变的影响.这与理想气体的情形完全不同,因为理想气体的内能不随体积而变,比热之差是完全由压缩功所引起的.

现在讨论公式(14)的应用.这个公式可用来由多孔塞实验所测得的焦汤系数而求出绝对温标 T 与经验温标 ϑ 的关系.由公式(见 12 节(10)式)

$$\left(\frac{\partial H}{\partial p}\right)_T = \left(\frac{\partial H}{\partial p}\right)_\vartheta = -\left(\frac{\partial H}{\partial \vartheta}\right)_p\left(\frac{\partial \vartheta}{\partial p}\right)_H = -\mu C_p \tag{19}$$

及

$$\left(\frac{\partial V}{\partial T}\right)_p = \left(\frac{\partial V}{\partial \vartheta}\right)_p\frac{\mathrm{d}\vartheta}{\mathrm{d}T},$$

代入(14),可化得

$$\frac{\mathrm{d}T}{T} = \left(\frac{\partial V}{\partial \vartheta}\right)_p\frac{\mathrm{d}\vartheta}{V + \mu C_p},$$

由此积分得

$$\ln\frac{T}{T_0} = \int_{\vartheta_0}^{\vartheta}\left(\frac{\partial V}{\partial \vartheta}\right)_p\frac{\mathrm{d}\vartheta}{V + \mu C_p}. \tag{20}$$

这个式子的右方积分中的各种物理量都是可以直接测得的,如果 T_0 已经确定,T 就可以确定了.今假定 T_0 就是冰点的绝对温度,T 是汽点的绝对温度 $T_1 = T_0 + 100$,则(20)化为

$$\ln\left(1 + \frac{100}{T_0}\right) = \int_{\vartheta_0}^{\vartheta_1}\left(\frac{\partial V}{\partial \vartheta}\right)_p\frac{\mathrm{d}\vartheta}{V + \mu C_p}, \tag{21}$$

其中 ϑ_0 及 ϑ_1 是冰点和汽点的温度.应用这个式子定了 T_1 之后,代入(20)即可定 T 了.假如给定某一固定点,例如水的三相点,以一个确定的绝对温度,则应用(20)式时可令 T_0 等于所给定的数值,那么定 T 的手续就更简单些了.

在一个特殊简单的情形下,式(20)和(21)的右方可以化简.这就是 ϑ 恰好是用所讨论的气体作为测温物质所得的定压温标 t_p,简写为 t. 在这个特殊情形下,

$$V = V_0(1 + \alpha t), \tag{22}$$

其中 $\alpha=(V_1-V_0)/100V_0$ 是一个常数,等于平均膨胀系数. 代入(21)式得

$$\ln\left(1+\frac{100}{T_0}\right)=\int_0^{100}\frac{\alpha\mathrm{d}t}{1+\alpha t+\rho_0 c_p\mu},\tag{23}$$

其中 ρ_0 是气体在 0℃ 时的密度 $(\rho_0=M/V_0)$,c_p 是定压比热 $(c_p=C_p/M,M$ 为质量).

　　在计算中,为了避免(20)式右方的积分中所含的物态方程,可以采取下面的方法. 把(14)式化为

$$\left(\frac{\partial H}{\partial p}\right)_T=-T^2\left(\frac{\partial}{\partial T}\left(\frac{V}{T}\right)\right)_p,\tag{24}$$

代入(19),并在压强不变的情形下求积分,得

$$\frac{V}{T}-\frac{V_0}{T_0}=\int_{T_0}^T\frac{\mu C_p}{T^2}\mathrm{d}T.\tag{25}$$

由于 μ 的数值小,(25)式的右方比左方两项中的每一项都小得多,因此在积分中 T 的数值不需要准确,可以用 $T=273+t$ 近似地表示. 根据焦汤系数的实验数值所求得的冰点的绝对温度为[1]

$$T_0=273.16\pm0.02.$$

　　应用(14)式去定绝对温度还可利用可逆等温过程所吸收的热量. 可把(14)式写为

$$\left(\frac{\partial}{\partial V}\ln T\right)_p=\frac{1}{V-(\partial H/\partial p)_T},$$

并在压强不变的情形下求积分

$$\ln\frac{T}{T_0}=\int_{V_0}^V\frac{\mathrm{d}V}{V-(\partial H/\partial p)_T}.\tag{26}$$

积分中的 $V-(\partial H/\partial p)_T$ 可由可逆等温过程所吸收热量来定:

$$Q=\mathrm{d}U+p\mathrm{d}V=\mathrm{d}H-V\mathrm{d}p=\left[\left(\frac{\partial H}{\partial p}\right)_T-V\right]\mathrm{d}p.\tag{27}$$

这个方法所定的绝对温标是不准确的. 原则上任何热力学第二定律的推论都可应用来定绝对温标,但事实上只有少数是精确而切实可行的.

　　在 1895 年林德利用多孔塞实验的冷却效应来使气体液化. 有一些气体,如二氧化碳,只须加高压等温压缩就可液化. 但是所有一切所谓"永气体",如氮气,氧气等,都不能用压缩法液化. 自从用了焦汤效应后,所有永气体除氢气和氦气外,都可液化. 氢气和氦气之所以不能液化,是由于它们的焦汤效应是变温的而不是冷却的缘故. 我们现在应用热力学理论来讨论焦汤效应在什么条件之下是冷却效应. 由(14)和(19)两式得

---

①　见 J. R. Roebuck, *Phys. Rev.* **50**(1936),p. 370.

$$\mu C_p = T\left(\frac{\partial V}{\partial T}\right)_p - V. \tag{28}$$

由于 C_p 是正的(关于 $C_p > 0$ 的理论见 46 节),焦汤系数 μ 的正负可以完全由(28)式的右方决定,也就是可以完全由物态方程决定. 由此可见,μ 的正负与 T 和 p 的数值有关. 假如选 T 为纵坐标,p 为横坐标,作一曲线代表(28)式的右方为零,显然在曲线的一边是致冷区,有冷却效应,另一边是致温区,有变温效应(见图 6). 致冷区有 $\mu > 0$,致温区有 $\mu < 0$,因为 $\mu = (\partial\vartheta/\partial p)_H$ 指明 $\mu > 0$ 是温度改变与压强改变同正负. 使 $\mu = 0$ 的温度名为焦汤效应的**转换温度**,这个温度是随压强而变的. 图 6 显示氮气的转换温度的实验数据[①],图中的虚线是从范德瓦尔斯方程(简称范氏方程)推导出来的. 由图上可以看出,在压强小于某一极大值时(在氮气是 376 大气压),在一个压强下有两个转换温度,在这两个温度之间是致冷区,以外是致温区. 由此可见,要想利用焦汤效应使气体液化,必须使工作时气体的温度与压强的范围,恰好在致冷区.

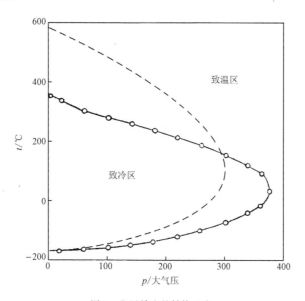

图 6　焦汤效应的转换温度

　　现在讲如何由范氏方程求转换温度. 范德瓦尔斯在 1873 年提出下列气体的物态方程:

$$\left(p + \frac{a}{V^2}\right)(V - b) = NRT, \tag{29}$$

其中 N 为克分子数,R 为气体常数,a 和 b 为范氏方程中所特有的常数,它们的引

进是对玻意尔定律的改正. 应用范氏方程时,选 T 和 V 为独立变数比较方便,因为(29)式可写为

$$p = \frac{NRT}{V-b} - \frac{a}{V^2}. \tag{29'}$$

由于

$$\left(\frac{\partial V}{\partial T}\right)_p = -\left(\frac{\partial V}{\partial p}\right)_T \left(\frac{\partial p}{\partial T}\right)_V,$$

(28)式可写为

$$\mu C_p = -\left(\frac{\partial H}{\partial p}\right)_T = -\left(\frac{\partial V}{\partial p}\right)_T \left[T\left(\frac{\partial p}{\partial T}\right)_V + V\left(\frac{\partial p}{\partial V}\right)_T\right]. \tag{30}$$

用范氏方程代入,得

$$\mu C_p = -\left(\frac{\partial V}{\partial p}\right)_T \left[\frac{2a}{V^2} - \frac{NRTb}{(V-b)^2}\right]. \tag{30'}$$

令右方等于零,得转换温度与体积的关系:

$$NRT = \frac{2a}{b}\left(1 - \frac{b}{V}\right)^2. \tag{31}$$

解出 V,代入(29'),得 T 与 p 的关系

$$p = \frac{a}{b^2}\left(1 - \sqrt{\frac{NRTb}{2a}}\right)\left(3\sqrt{\frac{NRTb}{2a}} - 1\right). \tag{32}$$

取消根号化为

$$\left(\frac{b^2 p}{a} + \frac{3NRTb}{2a} + 1\right)^2 - \frac{8NRTb}{a} = 0. \tag{33}$$

方程(32)和(33)代表在 p-T 平面图中一个抛物线. 用氮气的常数 a 和 b 代入(这些数值见 29 节表三),即得图 6 中的虚线. 这样可以看出范氏方程的结果与实验结果在定性上是符合的,但在定量上不正确. 在定量上符合较好的是应用狄特里奇(Dieterici)方程所求得的结果. 迭氏方程是

$$p(V - b) = NRT\,\mathrm{e}^{-a/NRT^s V}, \tag{34}$$

其中 a 和 b 的数值由临界常数的实测值来确定(见 29 节),s 的数值可选为 $\dfrac{3}{2}$.

最准确的气体物态方程是昂尼斯的(见 3 节(12)式)

$$pV = A + Bp + Cp^2 + \cdots, \tag{35}$$

其中 $A = NRT$,B,C 等维里系数都是温度的函数. 用(35)代入(28)式,得(记住 $A = NRT$)

$$\mu C_p = -\left(\frac{\partial H}{\partial p}\right)_T = \frac{T^2}{p}\left(\frac{\partial}{\partial T}\frac{pV}{T}\right)_p$$

$$= T^2\left\{\frac{\mathrm{d}}{\mathrm{d}T}\frac{B}{T} + \left(\frac{\mathrm{d}}{\mathrm{d}T}\frac{C}{T}\right)p + \left(\frac{\mathrm{d}}{\mathrm{d}T}\frac{D}{T}\right)p^2 + \cdots\right\}. \tag{36}$$

由此得转换温度与压强的关系为

$$\frac{d}{dT}\frac{B}{T} + \left(\frac{d}{dT}\frac{C}{T}\right)p + \left(\frac{d}{dT}\frac{D}{T}\right)p^2 + \cdots = 0. \tag{37}$$

昂尼斯的物态方程也可按 $1/V$ 的级数展开为

$$pV = A + \frac{B'}{V} + \frac{C'}{V^2} + \cdots, \tag{38}$$

其中 $A = NRT$，B' 和 C' 等都是 T 的函数，也叫做维里系数. 应用(38)到(11)式，得

$$\left(\frac{\partial U}{\partial V}\right)_T = \frac{T^2}{V^2}\left\{\frac{d}{dT}\frac{B'}{T} + \left(\frac{d}{dT}\frac{C'}{T}\right)\frac{1}{V} + \cdots\right\}. \tag{39}$$

当压强趋于零时，(36)式的右方不趋于零，因此焦汤系数在 $p \to 0$ 时不趋于零. 但(39)式的右方在体积趋于无穷大(这相当于压强趋于零)时趋于零，这就是焦耳的实验结果. 这说明了为什么多孔塞实验容易得到与理想气体有差别的结果，而焦耳实验就不容易得这样的结果.

19. 电磁场的热力学

先讨论有静电场的情形，在此情形下的微功是(见 8 节(11)式)

$$W = V d\left(\frac{E^2}{8\pi}\right) + V\boldsymbol{E} \cdot d\boldsymbol{P}.$$

为简单起见，我们只讨论均匀电场和各向同性的物体，并且假设体积的改变很小而可不计. 用 V 除之后，得单位体积内的功为

$$W = d\left(\frac{E^2}{8\pi}\right) + E dP. \tag{1}$$

令除去场能 $E^2/8\pi$ 之后的能量为内能 U(指单位体积的)，则得

$$dU = Q + E dP = T dS + E dP, \tag{2}$$

其中 Q 为单位体积所吸收的热量. 在(2)式中省略了压缩功一项. 设 C_E 为在 E 不变(V 也不变)时所测的单位体积的热容量，则由 $Q = T dS$ 得

$$C_E = T\left(\frac{\partial S}{\partial T}\right)_E. \tag{3}$$

由(2)式右方是完整微分的条件得类似于麦氏关系的式子

$$\left(\frac{\partial T}{\partial P}\right)_S = \left(\frac{\partial E}{\partial S}\right)_P. \tag{4}$$

若选 T 和 E 为独立变数，则得

$$\left(\frac{\partial P}{\partial T}\right)_E = \left(\frac{\partial S}{\partial E}\right)_T. \tag{5}$$

但

$$\left(\frac{\partial S}{\partial E}\right)_T = -\left(\frac{\partial S}{\partial T}\right)_E\left(\frac{\partial T}{\partial E}\right)_S = -\frac{C_E}{T}\left(\frac{\partial T}{\partial E}\right)_S.$$

代入(5),得
$$\left(\frac{\partial T}{\partial E}\right)_S = -\frac{T}{C_E}\left(\frac{\partial P}{\partial T}\right)_E. \tag{6}$$

这个公式把绝热改变电场所引起的温度改变与在电场不变的情形下电极化强度随温度的变化联系起来了;前者名**电热效应**(electro-caloric effect),后者名**热电效应**(pyro-electric effect).

同样的步骤可得到关于磁场的公式:
$$dU = TdS + HdM, \tag{7}$$
$$C_H = T\left(\frac{\partial S}{\partial T}\right)_H, \tag{8}$$
$$\left(\frac{\partial T}{\partial H}\right)_S = -\frac{T}{C_H}\left(\frac{\partial M}{\partial T}\right)_H, \tag{9}$$

其中 C_H 是在磁场不变时所测的单位体积的热容量.

方程(9)在低温现象中有重要的应用.故居里定律可近似地应用,则
$$M = \chi H = \frac{C}{T}H. \tag{10}$$

代入(9)式,得
$$\left(\frac{\partial T}{\partial H}\right)_S = \frac{CH}{TC_H}. \tag{11}$$

这个式子的右方是正的.这说明绝热去磁时温度将降低.用绝热去磁法降低温度是近代得到最低温度的最有效的方法.由与(5)类似的关系
$$\left(\frac{\partial S}{\partial H}\right)_T = \left(\frac{\partial M}{\partial T}\right)_H, \tag{12}$$

用(10),得知 $(\partial M/\partial T)_H < 0$,故 $(\partial S/\partial H)_T < 0$.这说明在等温磁化时,熵将减少.

居里定律(10)与实际情形不完全符合,因此由(10)所定的 T 不完全等于绝对温标.由居里定律所定的温标叫做**磁温标**,用符号 T^* 表示.故(10)式改为
$$M = \chi H = CH/T^*. \tag{13}$$

设用磁温标所测得的热容量为 C_H^*,则
$$C_H^* = T\left(\frac{\partial S}{\partial T^*}\right)_H. \tag{14}$$

假如有方法定出 $(\partial S/\partial T^*)_H$,则由(14)即可求得绝对温标,因而可得到磁温标的改正.一种方法是应用(12)式,求积分得
$$S - S_0 = \int_0^H \left(\frac{\partial M}{\partial T}\right)_H dH. \tag{15}$$

这个式子的左方是等温磁化时,温度维持在 T_0 不变(实际上 T_0 在 1 K 附近),磁场由 0 升到 H,所产生的熵改变.设用 T^* 和 H 为独立变数时,则 S 为一函数 $S(T^*, H)$,而(15)式左方的 $S_0 = S(T_0^*, 0)$,$S = S(T_0^*, H)$.(15)式右方积分中的被积函数 $(\partial M/\partial T)_H$ 可用郎之万的理论公式导出,这个公式是:

$$M = N\alpha L\left(\frac{\alpha H}{RT}\right), \tag{16}$$

其中 $L\left(\dfrac{\alpha H}{RT}\right) = L(x)$ 是郎之万函数：

$$L(x) = \frac{e^x + e^{-x}}{e^x - e^{-x}} - \frac{1}{x}. \tag{17}$$

(16)式中的 R 为气体常数，N 为克分子数，α 为一常数，等于一个克分子的磁矩. 当 $\alpha H/RT \ll 1$ 时，$L(x) \approx \dfrac{x}{3}$，(16)式简化为

$$M = \frac{N\alpha^2 H}{3RT}. \tag{16'}$$

这个结果就是居里定律，与(10)式比较得 $C = N\alpha^2/3R$. 将(16)式代入(15)，求积分得

$$S - S_0 = -NR\left[xL(x) - \ln\frac{\text{sh}x}{x}\right], \tag{18}$$

其中 $x = \alpha H/RT_0$. 在温度 T_0 时，T_0 与 T_0^* 的关系可以认为已经知道，因为在较高温度(如在 1 K 左右)可由氦气温度计绝对温度. 这样，(18)式的右方就完全确定了. 设由 (T_0^*, H) 态出发，经绝热去磁，到达终态 $(T^*, 0)$，T^* 可由磁化率测定. 假如过程进行得很慢，可以认为是可逆过程，熵不变，故在 $(T^*, 0)$ 态的熵等于(18)式左方的 S. 用不同的 H 数值得到不同的 S 值(维持 T_0 不变)，同时也得到不同的 T^* 值，由此得到 S 与 T^* 的关系，从这个关系即可得到 $(\partial S/\partial T^*)_{H=0}$. 把这个结果代入(14)式，假如 C_H^* 在 $H=0$ 时已测得，即可求得绝对温度 T. 用一定的伽马射线的能量射到磁化物上可测到 C_H^* [①]. 最后应当指出，(18)式的理论结果也可由实验所测得的在等温磁化时放出的热量 $(-Q)$ 验证，因为根据热力学第二定律应有 $Q = T_0(S - S_0)$.

20. 热辐射的热力学

本节将应用热力学理论讨论在平衡态时热辐射强度与温度的关系. 设 $d\sigma$ 为在辐射场中假想的一个面积元，令通过 $d\sigma$ 与 $d\sigma$ 的法线成角度 θ 的方向，位于立体角元 $d\Omega$，在时间 dt 内辐射的能量为

$$K\cos\theta d\Omega d\sigma dt. \tag{1}$$

K 名为**面辐射强度**(specific intensity of radiation). 当辐射是各向同性时，K 与 θ 无关. 通过 $d\sigma$ 向一方辐射的全部能量是(1)式对 $d\Omega$ 的积分，即 $Rd\sigma dt$，其中

[①]　见 Burton, Smith, and Wilhelm, *Phenomena at the Temperature of Liquid Helium* (1940).

$$R = \int K\cos\theta \mathrm{d}\Omega. \tag{2}$$

R 名为**辐射通量密度**(radiant flux density). 用球面极坐标 (θ,φ) 得 $\mathrm{d}\Omega = \sin\theta\mathrm{d}\theta\mathrm{d}\varphi$,代入(2)式求积分,注意 φ 的积分限为 $(0,2\pi)$,θ 的积分限为 $\left(0,\dfrac{\pi}{2}\right)$,假设 K 与 θ 无关,得

$$R = K\int_0^{2\pi}\mathrm{d}\varphi\int_0^{\frac{\pi}{2}}\cos\theta\sin\theta\mathrm{d}\theta = \pi K. \tag{3}$$

令 $K_\nu \mathrm{d}\nu$ 为辐射频率在 ν 与 $\nu+\mathrm{d}\nu$ 之间而同时辐射在某一偏振方向的面辐射强度. 由于辐射有两个独立的偏振方向,故

$$K = 2\int_0^\infty K_\nu \mathrm{d}\nu. \tag{4}$$

在平衡时,K_ν 是 T 和 ν 的函数,K 是 T 的函数. 热力学可导出 K 的函数形式,但对 K_ν 的函数形式只能给一定的限制范围而不能完全确定. K_ν 的函数形式的完全确定需要统计物理学的理论.

在导出 K 的函数形式的过程中需要引进能量密度的概念. 在辐射场中,由于辐射传播的速度(即光速 c)是有限的,在任何地域都存在有能量. 令在单位体积的能量为 u,体积为 V,则在均匀的辐射场,总能量 U 为

$$U = Vu. \tag{5}$$

u 名为能量密度. 设辐射频率在 ν 与 $\nu+\mathrm{d}\nu$ 之间的能量密度为 $u_\nu \mathrm{d}\nu$,则

$$u = \int_0^\infty u_\nu \mathrm{d}\nu. \tag{6}$$

在 u 与 K 之间,u_ν 与 K_ν 之间有下列关系:

$$u = \frac{4\pi K}{c}, \quad u_\nu = \frac{8\pi K_\nu}{c}. \tag{7}$$

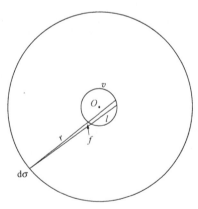

只须证明第二个关系就够了,因为对第二个关系求积分,然后应用(4)式和(6)式就可得到第一个关系. 考虑在辐射场内的一个小体积 v,在 v 内任取一点 O 为球心作一球,其半径 r 应较 v 的大小大得多. 当辐射由球面上面积元 $\mathrm{d}\sigma$ 向 v 辐射时,立体角元 $\mathrm{d}\Omega$ 与 v 相交的面积为 f,在 v 内的长度为 l. 辐射由一端进 v,在时间 $\mathrm{d}t = l/c$ 之后由另一端出去,故有能量(注意在公式(1)中 $\theta = 0$)

图 7　辐射能密度与面辐射强度的关系

$$2K_\nu \mathrm{d}\nu \mathrm{d}\sigma \mathrm{d}\Omega \cdot \mathrm{d}t = 2K_\nu \mathrm{d}\nu \mathrm{d}\sigma \mathrm{d}\Omega \cdot l/c$$

留在 v 内. 今 $\mathrm{d}\Omega = f/r^2$,故所留于 v 内的能量为

$$2K_\nu \, \mathrm{d}\nu \mathrm{d}\sigma fl/cr^2.$$

对所有与 v 相交的 $\mathrm{d}\Omega$ 求和,由于 $\sum fl = v$, 得 $2K_\nu \, \mathrm{d}\nu \mathrm{d}\sigma v/cr^2$. 把全部球面都算进去,因

$$\int \mathrm{d}\sigma = 4\pi r^2, \quad 得 \quad 8\pi K_\nu \, \mathrm{d}\nu v/c.$$

令这等于 $u_\nu \mathrm{d}\nu \cdot v$, 即得(7)的第二式.

在应用热力学理论之前,先须求得辐射压强的公式. 根据麦克斯韦的电磁理论,电磁场的胁强张量是

$$\begin{cases} P_{xx} = \dfrac{1}{8\pi}(E_x^2 - E_y^2 - E_z^2) + \dfrac{1}{8\pi}(H_x^2 - H_y^2 - H_z^2), \\[2mm] P_{xy} = \dfrac{1}{4\pi}(E_x E_y + H_x H_y), \end{cases} \tag{8}$$

其他 $P_{yy}, P_{zz}, P_{yz}, P_{zx}$ 可根据(8)式对 x, y, z 作循环替代而得到. 对于一个各向同性的辐射场应有(用一横表示对时间平均)

$$\overline{E_x^2} = \overline{E_y^2} = \overline{E_z^2} = \frac{1}{3}\,\overline{E^2}, \quad \overline{E_x E_y} = \overline{E_y E_z} = \overline{E_z E_x} = 0,$$

其中 $E^2 = E_x^2 + E_y^2 + E_z^2$. 对于磁场 H_x, H_y, H_z 也有同样式子. 由(8)式得辐射压强为

$$p = -\overline{P_{xx}} = -\overline{P_{yy}} = -\overline{P_{zz}} = \frac{1}{8\pi} \cdot \frac{\overline{E^2} + \overline{H^2}}{3} = \frac{u}{3}, \tag{9}$$

因为 $u = (\overline{E^2} + \overline{H^2})/8\pi$. 显然能量密度 u 在一定温度时与体积无关,故 u 和 p 都只是温度的函数. 在实验上,首先由俄国物理学者列别节夫[1]在 1901 年证明辐射压强的公式.

由 18 节(11)式得

$$\left(\frac{\partial U}{\partial V}\right)_T = T\left(\frac{\partial p}{\partial T}\right)_V - p.$$

把(5)式的 U 和(9)式的 p 代入,得

$$u = \frac{T}{3}\frac{\mathrm{d}u}{\mathrm{d}T} - \frac{u}{3},$$

即

$$T\frac{\mathrm{d}u}{\mathrm{d}T} = 4u.$$

求积分得

$$u = aT^4, \tag{10}$$

其中 a 是积分常数. 代入(3)和(7),得

$$\mathscr{R} = \sigma T^4, \tag{11}$$

① P. Lebedew (Лебедев), *Ann. d. Phys.* **6**(1901), p. 433.

其中 $\sigma = \dfrac{1}{4}ac$. 公式(11)是斯特藩定律, 又名斯特藩-玻尔兹曼定律. 这是 1879 年由斯特藩从观测中发现, 在 1884 年由玻尔兹曼用热力学理论导出的. σ 名为斯特藩常数, 数值为 $\sigma = 5.6686 \times 10^{-5}$ 尔格·(厘米)$^{-2}$·度$^{-4}$·秒$^{-1}$.

现在求辐射场的熵. 由微分方程

$$dS = \frac{dU + pdV}{T}$$

出发, 用 U 和 p 的式子代入, 得

$$dS = \frac{1}{T}d(aT^4V) + \frac{a}{3}T^3dV = 4aT^2VdT + \frac{4a}{3}T^3dV.$$

求积分, 得

$$S = \frac{4a}{3}T^3V. \tag{12}$$

这就是辐射场的熵. 公式中没有积分常数, 是因为熵应与体积成比例的缘故. 令熵密度为 s, 则

$$s = \frac{4a}{3}T^3. \tag{13}$$

由(12)式得知, 当辐射场的体积作可逆绝热的改变时有

$$T^3V = C. \tag{14}$$

*21. 维恩位移律

在本节中将应用热力学和电磁学的理论导出辐射能密度 u_ν 函数所满足的条件, 采取普朗克的讲法[①].

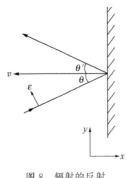

图 8 辐射的反射

在平衡时, u_ν 是 ν 和 T 的函数, 与体积无关. 由热力学和电磁学的理论, 只能把这个函数关系由两个独立变数 ν 和 T 的函数, 化简为由 ν 和 T 组合起来的一个变数的函数. 要考虑 u_ν 与 ν 的关系, 必须考虑一个能改变 ν 的过程. 因此, 我们考虑一个全反射面以极小的速度 v 沿它的法线向辐射场进行, 使反射的辐射改变频率. 取光线的平面为 x, y 平面, 并取向外的法线为 x 的方向, 反射面以速度 v 向 $-x$ 方向进行. 射入的平面光波的相位为

$$2\pi\nu\left(t - \frac{x\cos\theta + y\sin\theta}{c}\right),$$

其中 θ 是入射波与反射面的法线的夹角, x 和 y 是波所到的地点. 反射波的频率为

---

① 见 M. Planck, *Vorlesungen über die Theorie der Wärmestrahlung*, 或 *Theory of Heat*.

ν'，与法线的夹角为 θ'（实际应该说是 $\pi-\theta'$），相位是

$$2\pi\nu'\left(t-\frac{-x\cos\theta'+y\sin\theta'}{c}\right).$$

在反射面上，入射波与反射波的相位应相等. 在反射面上有 $x=x_0-vt$，故（令 $x_0=0$）

$$2\pi\nu\left(t-\frac{-vt\cos\theta+y\sin\theta}{c}\right)=2\pi\nu'\left(t-\frac{vt\cos\theta'+y\sin\theta'}{c}\right).$$

这个方程在任何时刻 t 和反射面上的任何处 y 都应当是真的，故两边 t 的系数应相等，y 的系数也相等：

$$\left.\begin{array}{l}\nu'\left(1-\dfrac{v\cos\theta'}{c}\right)=\nu\left(1+\dfrac{v\cos\theta}{c}\right),\\[2mm]\nu'\sin\theta'=\nu\sin\theta.\end{array}\right\} \tag{1}$$

当速度 v 很小时，得近似公式为

$$\nu'=\nu\left(1+\frac{2v}{c}\cos\theta\right),\quad\theta'=\theta-\frac{2v}{c}\sin\theta. \tag{2}$$

由此得

$$\mathrm{d}\nu'=\left(1+\frac{2v}{c}\cos\theta\right)\mathrm{d}\nu,\quad\mathrm{d}\Omega'=\left(1-\frac{4v}{c}\cos\theta\right)\mathrm{d}\Omega, \tag{3}$$

因为 $\mathrm{d}\Omega=\sin\theta\mathrm{d}\theta\mathrm{d}\varphi,\mathrm{d}\Omega'=\sin\theta'\mathrm{d}\theta'\mathrm{d}\varphi$. 这两个式子(3)指出入射波束的频率间隔 $\mathrm{d}\nu$ 和立体角元 $\mathrm{d}\Omega$ 与反射波束的关系.

现在讨论入射波束的压强. 设入射波为一偏振波，其电场矢量在入射平面内（见图8），则

$$E_x=-E\sin\theta,\quad E_y=E\cos\theta,\quad E_z=0.$$

磁场方向与此垂直，分量为

$$H_x=0,\quad H_y=0,\quad H_z=E.$$

辐射压强为

$$p=-\bar{P}_{xx}=\frac{1}{8\pi}\overline{E^2}(\cos^2\theta-\sin^2\theta+1)=\frac{\overline{E^2}}{4\pi}\cos^2\theta. \tag{4}$$

今面辐射强度为

$$K_\nu\mathrm{d}\nu\mathrm{d}\Omega=\frac{c}{4\pi}|\overline{\boldsymbol{E}\times\boldsymbol{H}}|=\frac{c}{4\pi}\overline{E^2}. \tag{5}$$

代入(4)式得

$$p=\frac{1}{c}K_\nu\mathrm{d}\nu\mathrm{d}\Omega\cos^2\theta. \tag{6}$$

假如是另一偏振方向，电场矢量垂直于入射平面，以上公式(4)，(5)，(6)仍然是正确的. 普遍说来，这三个公式对于任何偏振方向都是正确的. 把(6)式对各方向求积分，并把两个偏振方向加起来，得

$$p = \frac{2}{c}K_\nu d\nu \int_0^{2\pi} d\varphi \int_0^\pi \sin\theta d\theta \cdot \cos^2\theta = \frac{8\pi}{3c}K_\nu d\nu = \frac{1}{3}u_\nu d\nu. \tag{7}$$

再对 ν 求积分,得
$$p = \frac{u}{3}. \tag{8}$$

这个结果与上节(9)式相同.

现在讨论面辐射强度在反射以后的改变. 先考虑入射波. 当反射平面以速度 v 进行时间 dt 后,在 $d\sigma$ 面上所收到的能量分为两部分,一是相当于静止时辐射能量

$$K_\nu d\nu d\sigma \cos\theta d\Omega dt,$$

一是运动时所扫去的空间的辐射能 $\frac{1}{c}K_\nu d\nu d\Omega \cdot d\sigma \cdot vdt$,因为辐射能密度为

$$\frac{1}{8\pi}(\overline{E^2} + \overline{H^2}) = \frac{1}{4\pi}\overline{E^2} = \frac{1}{c}K_\nu d\nu d\Omega.$$

两者相加得在 dt 时间内 $d\sigma$ 面上所收到的能量为

$$K_\nu d\nu d\Omega d\sigma dt \left(\cos\theta + \frac{v}{c}\right).$$

同样的,得到在 dt 时间内由 $d\sigma$ 反射出的能量为

$$K_{\nu'} d\nu' d\Omega' d\sigma dt \left(\cos\theta' - \frac{v}{c}\right).$$

这两者之差应等于对辐射所作的功 $pd\sigma \cdot vdt$:

$$K_{\nu'} d\nu' d\Omega' d\sigma dt \left(\cos\theta' - \frac{v}{c}\right) = K_\nu d\nu d\Omega d\sigma dt \left(\cos\theta + \frac{v}{c}\right) + pd\sigma \cdot vdt.$$

由(6)式,加上反射波的贡献,得

$$p = \frac{1}{c}K_\nu d\nu d\Omega \cos^2\theta + \frac{1}{c}K_{\nu'} d\nu' d\Omega' \cos^2\theta'. \tag{9}$$

代入上式,消去 $d\sigma dt$,得

$$K_{\nu'} d\nu' d\Omega' \left(\cos\theta' - \frac{v}{c} - \frac{v}{c}\cos^2\theta'\right) = K_\nu d\nu d\Omega \left(\cos\theta + \frac{v}{c} + \frac{v}{c}\cos^2\theta\right). \tag{10}$$

应用公式(2)和(3),略去 v/c 的二次项,得

$$\frac{K_{\nu'}}{\nu'^3} = \frac{K_\nu}{\nu^3}. \tag{11}$$

其次讨论熵的改变. 令 $s_\nu d\nu$ 为在 ν 与 $\nu + d\nu$ 之间的熵密度,则

$$s = \int_0^\infty s_\nu d\nu. \tag{12}$$

s_ν 是 ν 和 T 的函数. 由 $du = Tds$,应用到各频率,得

$$\left(\frac{\partial u_\nu}{\partial s_\nu}\right)_\nu = T. \tag{13}$$

在这个公式中把 u_ν 当作 s_ν 和 ν 的函数.

与能量的辐射同样考虑,设在 dt 时间内,通过 $d\sigma$ 面积元,在 $d\Omega$ 立体角元内,在频率间隔 $d\nu$ 中的熵辐射为(指一个线偏振的波)

$$L_\nu \, d\nu \, d\Omega \, d\sigma \cos\theta \, dt. \tag{14}$$

与上节(7)式的证明一样,可求得下列关系

$$s_\nu = \frac{8\pi L_\nu}{c}. \tag{15}$$

现在讨论反射后熵的改变.在反射面的速度 v 很小时,可以认为是一个可逆绝热过程,则 $d\sigma$ 面上在 dt 时间内所收到的入射波的熵应等于所反射的熵.设 L_ν 在反射后改为 $L_{\nu'}$,则与计算 K_ν 的改变所用的方法一样,得

$$L_{\nu'} \, d\nu' \, d\Omega' \left(\cos\theta' - \frac{v}{c} \right) = L_\nu \, d\nu \, d\Omega \left(\cos\theta + \frac{v}{c} \right). \tag{16}$$

应用公式(2)和(3),得

$$\frac{L\nu'}{\nu'^2} = \frac{L\nu}{\nu^2}. \tag{17}$$

方程(11)和(17)指出,在可逆绝热过程中,K_ν/ν^3 与 L_ν/ν^2 同时保持不变.由 K_ν 和 L_ν 与 u_ν 和 s_ν 的关系,得知 u_ν/ν^3 与 s_ν/ν^2 在可逆绝热过程中同时保持不变.因此 u_ν/ν^3 必是 s_ν/ν^2 的函数:

$$\frac{u_\nu}{\nu^3} = f\left(\frac{s_\nu}{\nu^2} \right). \tag{18}$$

求微商,用(13)式,得

$$T = \frac{\partial u_\nu}{\partial s_\nu} = \nu f'\left(\frac{s_\nu}{\nu^2} \right).$$

由此得

$$s_\nu = \nu^2 g\left(\frac{\nu}{T} \right). \tag{19}$$

代入(18)式得

$$u_\nu = \nu^3 \varphi\left(\frac{\nu}{T} \right). \tag{20}$$

这就是维恩位移律,是 1893 年维恩由理论导出的.

由维恩定律可导出斯特藩定律.由(20)式求积分得

$$u = \int_0^\infty u_\nu \, d\nu = \int_0^\infty \nu^3 \varphi\left(\frac{\nu}{T} \right) d\nu = T^4 \int_0^\infty x^3 \varphi(x) \, dx = aT^4.$$

通常用波长 λ 为独立变数以代替频率,波长与频率的关系为

$$\lambda = \frac{c}{\nu}. \tag{21}$$

把 u 表为

$$u = \int_0^\infty u_\lambda \, d\lambda, \tag{22}$$

得

$$u_\lambda \, d\lambda = | \, u_\nu \, d\nu \, | = - u_\nu \, d\nu, \tag{23}$$

因为

$$d\lambda = -\frac{c}{\nu^2} d\nu.$$

代入(23)得
$$u_\lambda = \frac{\nu^2}{c} u_\nu = \frac{c^4}{\lambda^5} \varphi\left(\frac{c}{\lambda T}\right) = \frac{1}{\lambda^5} \psi(\lambda T). \tag{24}$$

在 T 固定时, u_λ 在 $\lambda = \lambda_m$ 时为极大值. 由(24)式可看出
$$\lambda_m T = b \tag{25}$$

为一常数, 此常数 b 由 $\mathrm{d}u_\lambda/\mathrm{d}\lambda = 0$ 确定, 即
$$b\psi'(b) - 5\psi(b) = 0. \tag{26}$$

由(25)式得 $\lambda_m T = \lambda_m' T'$. 由此可见温度不同, 极大值的波长 λ_m 移动, 因此维恩定律名为位移律. b 的实验数值为
$$b = 0.2898 \text{ 厘米·度}.$$

22. 热力学函数

在热力学中所讨论的各种态函数叫做热力学函数. 最基本的势力学函数有三, 即物态方程、内能和熵. 在实用上以选 T, p 为独立变数较为方便. 这时候物态方程是(指一个有两个独立变数的均匀系)
$$V = V(T, p). \tag{1}$$

右方函数的数值可由实验直接测定.

关于内能函数, 在选 T, p 为独立变数时以先求熵为便. 由熵的全微分
$$\mathrm{d}H = \left(\frac{\partial H}{\partial T}\right)_p \mathrm{d}T + \left(\frac{\partial H}{\partial p}\right)_T \mathrm{d}p,$$

用 18 节(14)和(15)式得
$$\mathrm{d}H = C_p \mathrm{d}T + \left[V - T\left(\frac{\partial V}{\partial T}\right)_p\right] \mathrm{d}p. \tag{2}$$

沿一任意积分路线求积分, 得
$$H = H_0 + \int \left\{ C_p \mathrm{d}T + \left[V - T\left(\frac{\partial V}{\partial T}\right)_p\right] \mathrm{d}p \right\}, \tag{3}$$

其中 H_0 是积分常数. 由此可见, 由测得的 C_p 的值及物态方程(1)即可由积分求得熵. 然后代入熵的定义
$$H = U + pV,$$

应用(1)式, 即可求得内能. 把这个结果与 11 节用热力学第一定律定内能的公式比较, 看出有了热力学第二定律之后, 只需要一个热容量 C_p 的数据就可定内能, 不需要 C_p 和 C_v 两个了. 不但如此, 我们将证明, C_p 的数值也只要在一个固定压强下测量, 就足够把熵及内能确定[①].

---

① 在(3)式中选择积分路线为两段直线, 第一段由 (T_0, p_0) 到 (T, p_0), 第二段由 (T, p_0) 到 (T, p), 就可看出.

使微分式(2)是完整微分的条件是

$$\left(\frac{\partial C_p}{\partial p}\right)_T = -T\left(\frac{\partial^2 V}{\partial T^2}\right)_p. \tag{4}$$

求积分,得

$$C_p = C_{p0} - T\int_{p_0}^{p}\left(\frac{\partial^2 V}{\partial T^2}\right)_p \mathrm{d}p, \tag{5}$$

其中 C_{p0} 是在压强 p_0 的定压热容量,积分是在温度固定为 T 时施行的. 由这个式子看出,只要在某一压强 p_0 下测得热容量 C_{p0},则在任何压强下的热容量都可根据物态方程所给的 $(\partial^2 V/\partial T^2)_p$ 而算出. 因此,只需要 C_{p0} 加上物态方程就可把内能及熔完全确定.

关于熵函数,也可由 C_p 和物态方程用积分求得. 熵的全微分是

$$\mathrm{d}S = \left(\frac{\partial S}{\partial T}\right)_p \mathrm{d}T + \left(\frac{\partial S}{\partial p}\right)_T \mathrm{d}p.$$

用 18 节(8)和(15)式得

$$\mathrm{d}S = C_p\,\frac{\mathrm{d}T}{T} - \left(\frac{\partial V}{\partial T}\right)_p \mathrm{d}p. \tag{6}$$

求线积分得

$$S = S_0 + \int\left\{C_p\,\frac{\mathrm{d}T}{T} - \left(\frac{\partial V}{\partial T}\right)_p \mathrm{d}p\right\}, \tag{7}$$

其中 S_0 为一积分常数.

有了这三个热力学函数以后,均匀系的平衡性质就完全确定了. 在只有两个独立变数的情形下,只要由实验测定物态方程(1)和在某一固定压强下的定压热容量,就可用积分求出内能和熵.

马休(Massieu)在 1869 年证明,在独立变数适当选择之下,只要一个热力学函数就可把一个均匀系的平衡性质完全确定. 这个函数名为**特性函数**. 我们现在证明,假如已知 U 是 S 和 V 的函数,则均匀系的平衡性质可完全确定. 由热力学第二定律的基本方程

$$\mathrm{d}U = T\mathrm{d}S - p\mathrm{d}V$$

得

$$\frac{\partial U}{\partial S} = T, \quad \frac{\partial U}{\partial V} = -p. \tag{8}$$

假如内能作为独立变数 S 和 V 的函数已知,则由(8)可用求微商法得到温度 T 和压强 p 作为 S 和 V 的函数. 再从这两个函数中消去 S,即得物态方程,若消去 V 即得熵作为 T 和 p 的函数. 最后,把所求得的 V 和 S 代入原来的 U 函数中,就可得内能作为 T 和 p 的函数. 由此可见,假如内能作为 S 和 V 的函数已知,则物体的平衡性质只须用求微商的手续,不必求积分,就可完全确定. 所以说,U 是以 S 和 V 为独立变数的**特性函数**.

注意,特性函数与独立变数的选择有关. 如果独立变数不是 S 和 V,则特性函

数就不是 U. 与独立变数对 $(S,p),(T,V),(T,p)$ 相应的特性函数是 H,F,G:

$$H = U + pV, \quad F = U - TS, \quad G = U + pV - TS. \tag{9}$$

这些关系是这三个函数的定义; H 名焓, F 名自由能, G 名吉布斯函数. 由 18 节的三个微分式 (3),(4),(5), 即

$$dH = TdS + Vdp, \tag{10}$$

$$dF = -SdT - pdV, \tag{11}$$

$$dG = -SdT + Vdp, \tag{12}$$

可以看出这三个函数是特性函数. 现在就函数 G 作一较详细的说明. 由 (12) 得

$$\frac{\partial G}{\partial T} = -S, \quad \frac{\partial G}{\partial p} = V. \tag{13}$$

假如函数 $G = G(T,p)$ 已知, 则 (13) 的第一式给出熵函数, 第二式给出物态方程. 把 (13) 式代入 (9) 的末式 (即 G 的定义), 得

$$U = G - T\frac{\partial G}{\partial T} - p\frac{\partial G}{\partial p}. \tag{14}$$

由此可得到内能函数. 这样, 物质的平衡性质就完全确定了. 其他热力学函数也可由 G 导出, 其公式为

$$H = G - T\frac{\partial G}{\partial T}, \tag{15}$$

$$F = G - p\frac{\partial G}{\partial p}. \tag{16}$$

假如用 T 和 V 为独立变数, 则特性函数是 F, 而有

$$\frac{\partial F}{\partial T} = -S, \quad \frac{\partial F}{\partial V} = -p, \tag{17}$$

$$U = F - T\frac{\partial F}{\partial T}. \tag{18}$$

方程 (18) 名为**亥姆霍兹方程**, 又名**吉布斯-亥姆霍兹方程**, 方程 (15) 名为吉布斯-亥姆霍兹方程.

亥姆霍兹第一个人应用这个方程 (18) 解决一个可逆电池的电动势问题. 设外加一反电动势 $-E$, 恰好几乎抵消电池的电动势, 只使一无穷小的电荷 de 在放电的方向通过电池, 外界对电池将作功 $-Ede$. 代入热力学基本方程 (15 节 (20) 式) 得

$$dU = TdS - pdV - Ede. \tag{19}$$

假设电荷通过电池的过程是在温度与压强不变的情形下进行的, 则 (19) 式可写为

$$d(U - TS + pV) = dG = -Ede. \tag{20}$$

设当电荷 de 流过时, 有 dN 克分子离子由阴极到阳极, 每个克分子离子带电荷 $z\mathscr{F}$, 故

$$de = z\mathscr{F}dN, \tag{21}$$

其中 z 为离子的化学价,$\mathscr{F}$ 为法拉第常数,等于 96494 库仑. 用符号 Δ 表示一个克分子的改变,例如 $dG = \Delta G dN$. 代入(20),并用(21),得

$$\Delta G = -z\mathscr{F}E. \tag{22}$$

这个公式把电动势与吉布斯函数的改变联系起来了. 在温度和压强不变的情形下,由(15)式得

$$\Delta H = \Delta G - T\frac{\partial}{\partial T}\Delta G, \tag{23}$$

其中 ΔH 是在温度和压强不变下一个克分子的焓改变,即 $dH = \Delta H dN$. 把(22)式的 ΔG 代入(23),得

$$\Delta H = z\mathscr{F}\left[T\left(\frac{\partial E}{\partial T}\right)_p - E\right]. \tag{24}$$

这与 16 节(3)式相同,因为由 $dH = H_e de$ 用(21)即可得 $\Delta H = z\mathscr{F}H_e$. 由 11 节(7)式看出,$\Delta H$ 是一个克分子通过电池时所吸收的热量(在没有外加电动势的情形下),此时在电池中引起化学反应,故 ΔH 名为反应热(参阅 34 节). (24)式给出反应热与电动势的关系,与实验结果相合. 由于电动势可测量得较为准确,公式(24)可用来作为精密测定反应热的方法之一. 亥姆霍兹最初所得到的关系是用 T 和 V 为独立变数的,公式(24)应改为

$$\Delta U = z\mathscr{F}\left[T\left(\frac{\partial E}{\partial T}\right)_V - E\right], \tag{24'}$$

与(22)相当的是 $\Delta F = -z\mathscr{F}E$.

现在讨论对表面张力的应用. 设表面内能为 U,表面熵为 S,表面张力为 σ,表面面积为 A,则

$$dU = TdS + \sigma dA. \tag{25}$$

设 u 和 s 为内能密度和熵密度,即

$$U = uA, \quad S = sA. \tag{26}$$

经验指出,u 和 s 都只是温度的函数,与 A 无关(注意我们现在有两个独立变数 T 和 A). 在(25)式中令 T 不变,得

$$udA = TsdA + \sigma dA,$$

消去 dA,得 $\qquad \sigma = u - Ts = f = F/A. \tag{27}$

这说明表面张力等于表面自由能密度. 很容易看出,现在把 F 作为 T 和 A 的函数,(18)式仍然可以用. 用 A 除(18),得

$$u = \sigma - T\frac{d\sigma}{dT}. \tag{28}$$

这个结果与 16 节(2)式完全一样.

现在讲理想气体的热力学函数. 由 12 节(16)式和 17 节(7)式及(8)式得

$$f = u - Ts = \int c_v dT - T\int c_v \frac{dT}{T} - RT\ln v + u_0 - Ts_0, \tag{29}$$

$$\mu = u - Ts + pv = h - Ts$$

$$= \int c_p dT - T\int c_p \frac{dT}{T} + RT\ln p + h_0 - Ts_0, \tag{30}$$

其中 f 为一个克分子的自由能, μ 为一个克分子的吉布斯函数, μ 又名为**化学势**. 通常把(30)式简写为 [①]

$$\mu = RT(\varphi + \ln p), \tag{31}$$

其中 φ 是温度的函数:

$$\varphi = \frac{1}{RT}\int c_p dT - \frac{1}{R}\int c_p \frac{dT}{T} + \frac{h_0}{RT} - \frac{s_0}{R} = \frac{h_0}{RT} - \int \frac{dT}{RT^2}\int c_p dT - \frac{s_0}{R}. \tag{32}$$

这个式子里的二重积分是由换部积分法求得的, 即在下式中

$$uv = \int u dv + \int v du.$$

令 $u = 1/T, v = \int c_p dT$.

用克分子数 N 乘(29)和(30)即得到 N 个克分子气体的自由能和吉布斯函数:

$$F = U - TS = -T\int \frac{dT}{T^2}\int C_v dT + U_0 - TS_0 - NRT\ln V, \tag{33}$$

$$G = H - TS = -T\int \frac{dT}{T^2}\int C_p dT + H_0 - TS_0 + NRT\ln p. \tag{34}$$

注意(33)和(34)两式中的 S_0 各不相等(见 17 节).

在一般实际问题中温度范围不大, 气体的比热可以当作是常数, 则(见 12 节(19)式及 17 节(11)式)

$$\begin{cases} h = c_p T + a, \\ s = c_p \ln T - R\ln p + b. \end{cases} \tag{35}$$

故 $\qquad \mu = h - Ts = c_p T(1 - \ln T) - Tb + a + RT\ln p. \tag{36}$

这也是(31)式的形式, 不过 φ 改为了

$$\varphi = \frac{a}{RT} - \frac{c_p}{R}\ln T + \frac{c_p - b}{R}. \tag{37}$$

假如温度的范围很大, 比热随温度而变的情形就必须考虑. 通常把 c_p 分为两项, 一项是常数, 另一项随温度而变的数值较小, 可以认为是小的改正. 常数项为 c_p^0:

[①]　在化学文献上常用的形式是 $\mu = \mu^0 + RT\ln p$, μ^0 与 φ 的关系是 $\mu^0 = RT\varphi$.

$$c_p^0 = \lim_{T \to 0} c_p. \tag{38}$$

在 h 的积分中(12 节(16)式)取积分下限为 $T=0$,得

$$h = \int_0^T c_p \mathrm{d}T + h_0 = c_p^0 T + \int_0^T (c_p - c_p^0)\mathrm{d}T + h_0. \tag{39}$$

在 s 的积分中(17 节(8)式)不能令积分下限为 $T=0$,但在化为下列形式后:

$$\int c_p \frac{\mathrm{d}T}{T} = \int c_p^0 \frac{\mathrm{d}T}{T} + \int (c_p - c_p^0) \frac{\mathrm{d}T}{T} = c_p^0 \ln T + \int (c_p - c_p^0) \frac{\mathrm{d}T}{T},$$

可以令积分下限为 $T=0$. 故

$$s = c_p^0 \ln T + \int_0^T (c_p - c_p^0) \frac{\mathrm{d}T}{T} - R\ln p + s_0. \tag{40}$$

应当指出,(38)式中的 c_p^0 并不真正是 $T \to 0$ 时 c_p 的值,而仅仅是 T 很小时 c_p 的值;在实际求(39)和(40)积分时,在 T 足够小时采用外推法,令 $c_p = c_p^0$. 由(39)和(40)组合仍然得到(31)式,不过 φ 改为了

$$\varphi = \frac{h_0}{RT} - \frac{c_p^0}{R}\ln T - \int_0^T \frac{\mathrm{d}T}{RT^2}\int_0^T (c_p - c_p^0)\mathrm{d}T + \frac{c_p^0 - s_0}{R}. \tag{41}$$

把(41)与(37)比较,看出(41)式中的二重积分是改正项. 通常计算积分的方法是假设

$$c_p = c_p^0 + \alpha T + \beta T^2. \tag{42}$$

代入(41)得

$$\varphi = \frac{h_0}{RT} - \frac{c_p^0}{R}\ln T - \frac{\alpha}{2R}T - \frac{\beta}{6R}T^2 + \frac{c_p^0 - s_0}{R}. \tag{43}$$

最后讨论如何由实验测得的关于物态方程和比热的数据求吉布斯函数. 由(13)的第二式求积分,得

$$G = \int V \mathrm{d}p + f(T),$$

其中对 p 的积分在 T 为常数时施行,$f(T)$ 为一未定函数. 对(15)式求微商,得

$$C_p = \left(\frac{\partial H}{\partial T}\right)_p = -T\frac{\partial^2 G}{\partial T^2}. \tag{44}$$

应用上面 G 的公式得

$$c_p = -T\int \frac{\partial^2 V}{\partial T^2}\mathrm{d}p - Tf''(T).$$

代入(5)式,得

$$C_{p0} = -Tf''(T).$$

求积分两次,得

$$f(T) = -\int \mathrm{d}T \int C_{p0}\frac{\mathrm{d}T}{T}.$$

故吉布斯函数为

$$G = \int V\mathrm{d}p - \int \mathrm{d}T \int C_{p0}\frac{\mathrm{d}T}{T}, \tag{45}$$

其中 C_{p0} 是在 $p=p_0$ 时的定压热容量.

23. 不可逆过程的热力学第二定律的数学表述

在热力学第二定律中引进的熵函数,能够对不可逆过程进行的方向作一判决,这就是:

当物体系由一个平衡态经绝热过程到达另一平衡态,它的熵永不减少;如过程是可逆的,则熵的数值不变;如过程是不可逆的,则熵的数值增加.

这名为熵增加原理.我们将根据卡诺定理导出这个结论.根据卡诺定理(见 15 节),任何一个热机的效率不能大于工作于同样两个温度之间的可逆热机的效率,故

$$\eta = 1 - \frac{Q_2}{Q_1} \leqslant 1 - \frac{T_2}{T_1}. \tag{1}$$

这个式中的等号只能适用于可逆热机,一个不可逆热机的效率总是小于可逆热机的效率的.因为一个不可逆热机的工作物质所进行的过程一定是不可逆过程,假如不可逆机的效率等于可逆机的效率,则可把两者配合起来工作,使不可逆机所作的功推动可逆机,不可逆机所吸收的热量为可逆机所放出,不可逆机所放出的热量为可逆机所吸收.这样,不可逆机的工作物质在不可逆过程中所产生的效果就完全恢复了原状而未引起其他变化.这个结果说明,原来我们所假设的不可逆过程实际是可逆过程,因此热机也是可逆机.所以一个不可逆热机的效率一定小于工作于同样两个温度之间的可逆热机的效率.

因为(1)式中的 Q_1 和 Q_2 都是正的,则用 Q_1 乘,用 T_2 除,得

$$\frac{Q_1}{T_1} - \frac{Q_2}{T_2} \leqslant 0. \tag{2}$$

假如我们把吸收的热量写成 Q,把放出的热量写成 $-Q$,则(2)式应改写为

$$\frac{Q_1}{T_1} + \frac{Q_2}{T_2} \leqslant 0, \tag{2'}$$

其中 Q_1 是工作物质从热源在温度 T_1 所吸收的热量,Q_2 是从热源在温度 T_2 所吸收的热量.

现在讨论一个较普遍的循环过程.假设一物体系在循环过程中与 n 个热源接触,吸收热量各为 $Q_1, \cdots, Q_n$,则可证明

$$\sum_{i=1}^{n} \frac{Q_i}{T_i} \leqslant 0, \tag{3}$$

其中 T_i 是第 i 个热源的温度.为要证明(3),我们假设[①]另有一热源在温度 T_0,有 n

---

① 这个证明见 H. A. Lorentz, *Lectures on Theoretical Physics*, II(1927), p. 21;或 E. Fermi, *Thermodynamics* (1937), p. 46.

个可逆卡诺机，第 i 个卡诺机工作于 T_0 与 T_i 之间，从 T_0 吸收热量 Q_{0i}，从 T_i 吸收热量 $-Q_i$．卡诺机既然是可逆的，根据 15 节(13)式得

$$Q_{0i} = \frac{T_0}{T_i} Q_i.$$

对 i 求和，得

$$Q_0 = \sum_{i=1}^{n} Q_{0i} = T_0 \sum_{i=1}^{n} \frac{Q_i}{T_i}. \tag{4}$$

当 n 个可逆卡诺机与物体系所进行的循环过程配合之后，n 个热源所放出的热量都又收回了，最后只剩下热源 T_0 放出了热量 Q_0，同时对外界作了功等于 Q_0．假如 Q_0 是正的，则违反了热力学第二定律的开氏说法．因此必有 $Q_0 \leqslant 0$．因为 $T_0 > 0$，故由(4)得(3).

假如这个物体系所进行的循环过程是可逆的，则可令它向反向进行，Q_i 都变为 $-Q_i$，(3)变为

$$\sum_{i=1}^{n} \frac{(-Q_i)}{T_i} \leqslant 0,$$

即

$$\sum_{i=1}^{n} \frac{Q_i}{T_i} \geqslant 0.$$

要使(3)与这个不等式同时满足，必有

$$\sum_{i=1}^{n} \frac{Q_i}{T_i} = 0.$$

这个结果与 15 节所得的(17′)相同.

假如这个循环过程是不可逆的，则(3)式中的等号应取消．因为假若不然，而有等号，则在上述证明中由(4)式得 $Q_0 = 0$，因而这个不可逆过程所产生的效果都已恢复原状而未引起其他变化．这是不可能的.

对于一个更普遍的循环过程说，显然应把(3)式的求和号推广为积分号，得

$$\oint \frac{Q}{T} \leqslant 0, \tag{5}$$

其中 Q 是物体系在温度 T 的热源所吸收的微热量.

现在考虑一个任意的不可逆过程，使物体系由某一平衡态(初态 P_0)到另一平衡态(终态 P)．假设一个任意的可逆过程正好能使物体系由终态回到初态，则这个可逆过程与原来的不可逆过程合起来构成一个循环过程．由于这个循环过程中有一段是不可逆的，所以总的说来这个循环过程是不可逆的．应用(5)式，取不等号，得

$$\int_{(P_0)}^{(P)} \frac{Q}{T} + \int_{(P)}^{(P_0)} \frac{Q_r}{T} < 0,$$

其中 Q 是不可逆过程中所吸收的微热量，Q_r 是可逆过程中所吸收的微热量．根据 15 节(18)式得

$$\int_{(P)}^{(P_0)} \frac{Q_r}{T} = S_0 - S,$$

其中 S_0 和 S 分别为物体系在初态和在终态的熵. 代入上式,得

$$\int_{(P_0)}^{(P)} \frac{Q}{T} < S - S_0. \tag{6}$$

这是一个任意的不可逆过程所应遵守的不等式,是不可逆过程的热力学第二定律的数学表述.

假如不可逆过程是绝热的,则 $Q=0$,(6)式化为

$$S > S_0. \tag{7}$$

这就是说,经过一个不可逆绝热过程,熵的数值增加了.

在 15 节证明了,在可逆绝热过程中熵的数值不变. 反过来,假如在一个绝热过程中熵的数值不变,则这个过程一定是可逆的. 因为,假若是不可逆的话,根据(7)式,熵的数值一定增加,这与熵的数值不变的前提违反. 到此,熵增加原理已经得到证明.

假如不可逆过程是等温的,则 T 可从(6)的积分中提出,用 T 乘,得

$$Q < T(S - S_0), \tag{8}$$

其中 Q 为在等温过程中物体系所吸收的热量. 由热力学第一定律得(9 节(2′)式)

$$Q = U - U_0 - W, \tag{9}$$

其中 U_0 和 U 分别为物体系在初态和终态的内能,W 为在过程中外界对物体所作的功. 代入(8)式得

$$(U - TS) - (U_0 - TS_0) < W,$$

即 $$F - F_0 < W. \tag{10}$$

这就是说,经过一个不可逆等温过程,物体系的自由能增加值小于外界对物体系所作的功. 如果把小于号改为等号,就是可逆过程,所以在可逆等温过程中,自由能增加值等于外界对物体系所作的功. 这是自由能的最重要的特性.

对于一个无限小的不可逆过程,(6)式化为

$$Q < TdS, \tag{11}$$

再应用热力学第一定律得

$$dU - W < TdS. \tag{12}$$

上述熵增加原理可推广到非平衡态. 我们将证明,若初态 P_0 和终态 P 都不是平衡态时,可以把处在非平衡态的物体系分成许多部分,每一部分可以近似地认为在平衡态,因而有熵函数,这时候总物体系的熵等于各部分的熵之和. 非平衡态的熵如此规定之后,熵增加原理仍然正确,即经不可逆绝热过程之后,物体系的熵增加了. 证明如下:设初态 P_0 和终态 P 各分为 σ 个小部分 P_0^α 和 P^α,$\alpha=1,2,\cdots,\sigma$,我们假设初态的一部分 P_0^α 和终态的一部分 P^α 是相对应的态,它们是同一部分物质

的初态和终态. 如果把初态和终态独立地分为小部分, 则相对应的情况一般不会实现. 必须把已经分好的各小部分再继续分小, 才能得到相对应的情况. 例如, 设初态分为两部分, 终态分为三部分, 终态的每一部分都含有初态的两部分的物质. 我们现在再把终态的每一部分按照与初态相对应的部分分为两部分, 则终态共分为六部分; 这时候, 对于初态说, 也分为相应的六部分, 于是各部分的初态与终态都相对应了. 在一般情形下, 按照这个办法把初态和终态都分为 σ 个相对应的部分以后, 我们把终态各部分相互绝热隔离, 把每一部分单独地经可逆过程 (非绝热的) 由 P^α 回到初态 P_0^α, 则 (5) 式化为

$$\int_{(P_0)}^{(P)} \frac{Q}{T} + \sum_{\alpha=1}^{\sigma} \int_{(P^\alpha)}^{(P_0^\alpha)} \frac{Q_r^\alpha}{T} < 0,$$

其中 Q 是不可逆过程中物体系从外界所吸收的微热量, Q_r^α 是 α 部分在可逆过程中所吸收的热量. 我们假设每一小部分 α 都处在平衡态, 有熵函数 S^α, 于是根据 15 节 (18) 式得

$$\int_{(P^\alpha)}^{(P_0^\alpha)} \frac{Q_r^\alpha}{T} = S_0^\alpha - S^\alpha.$$

代入上式, 得

$$\int_{(P_0)}^{(P)} \frac{Q}{T} < \sum_\alpha S^\alpha - \sum_\alpha S_0^\alpha. \tag{6'}$$

对于绝热过程说, $Q=0$, 得

$$\sum_\alpha S^\alpha > \sum_\alpha S_0^\alpha. \tag{7'}$$

这两个公式 (6′) 和 (7′) 是 (6) 和 (7) 的推广.

熵增加原理的一个通常说法是: **一个孤立系的熵永不会减少**. 这可以说是我们所证明的定理——在绝热过程后熵不减少——的一个推论. 因为一个孤立系随时间改变的过程与外界无关, 自然不从外界吸收热量, 所以是一个绝热过程. 应当指出, 在这个说法里, 孤立系的熵必然包括非平衡态的熵, 因为一个孤立系在变化的时候不可能处在平衡态. 在热力学的理论中, 非平衡态的熵还有其他引进的方法[①], 结果与 (7′) 式所表达的相同. 在统计物理学中对不平衡态的熵也可以规定, 也可证明孤立系的熵随时间增加 (玻尔兹曼 H 定理).

熵增加原理曾被有些人不正确地外推应用于整个宇宙而得到荒谬的"热寂"的结论. 他们说, 整个宇宙是一个孤立系, 因此整个宇宙的熵必趋于极大而最后达到热平衡状态; 必有一天, 全宇宙的温度都要达到均匀, 而一切热的变化都要停止, 引到全宇宙的死亡. 承认了这个说法, 就会引到唯心的上帝创造世界的结论. 整个宇宙如果向着温度均匀的方向进行, 那么它现在的温度不平衡的状态是曾经怎样产

① 见 М. А. Леонтович, Введение в Термодинамику, p. 119; 或 S. R. de Groot, *Thermodynamics of Irreversible Processes*, p. 9.

生的呢？假如热寂的说法不错，则这个问题的答案不可避免地要归到一种不可知的"原始推动力". 这样就为宗教迷信中上帝创造世界的说法找到了根据.

这个荒谬推论的错误，在于把整个宇宙当作热力学中所讨论的孤立系. 热力学的定律建筑在有限的空间和时间所观察的现象上；热力学里所讨论的孤立系并不是一个完全没有外界的东西，而是一种理想的、把外界影响消去了的物体系. 由热力学里所讨论的孤立系到整个宇宙，是由一个小范围内的有外界存在的物体系到一个无所不包的完全没有外界存在的物体系，这两种物体系在本质上是不同的，它们不仅在数量上有巨大的差别，而且在性质上有根本的不同. 因此我们没有根据把热力学定律外推应用于整个宇宙. 在统计物理学中我们将讨论把宏观规律应用到分子和原子时所发生的困难，从而指出由大到小而产生的物理规律的质变，即由经典理论转到量子论. 这是与现在所说的，由小到大，由有限空间到整个宇宙的情形相类似的.

恩格斯在《自然辩证法》中指出了"热寂"说的谬误. 他根据运动守恒定律得到这个结论[①]："散射到太空中去的热必须有可能以某种方法——阐明这种方法将是以后自然科学的课题——转变为另一种运动形态，在这种运动形态中它能够重新集结和活动起来."

现在举两个例子，计算在不可逆绝热过程后熵的增加值. 第一个例子是焦耳的自由膨胀实验（见 12 节）. 假设气体是理想气体，在绝热的自由膨胀由体积 V_1 到 V_2 时，内能不变，温度也不变（因为理想气体的内能只是温度的函数）. 根据 17 节 (9)式，即

$$S = \int C_v \frac{dT}{T} + NR\ln V + S_0,$$

熵的改变是

$$S_2 - S_1 = NR\ln \frac{V_2}{V_1}. \tag{13}$$

由于 V_2 大于 V_1，在自由膨胀之后熵增加了.

第二个例子是理想气体的扩散. 假设一容器中有一活门分为两部，一边容积为 V_1，一边容积为 V_2. 设有 N_1 克分子气体在 V_1 内，同时同一种气体有 N_2 克分子在 V_2 内，两边温度相等，但压强 p_1 和 p_2 一般不等，而由理想气体的物态方程确定：

$$p_1 = \frac{N_1 RT}{V_1}, \quad p_2 = \frac{N_2 RT}{V_2}. \tag{14}$$

在特殊情形下，当克分子数 N_1 和 N_2 适合关系 $N_1/V_1 = N_2/V_2$ 时，则两边压强相等. 根据 17 节(8)及(10)式，两边的熵各为

$$S_1 = N_1 \int c_p \frac{dT}{T} - N_1 R\ln p_1 + N_1 s_0,$$

———————————

① 恩格斯：自然辩证法（曹葆华等译，1955），第 19—20 页.

$$S_2 = N_2 \int c_p \frac{\mathrm{d}T}{T} - N_2 R \ln p_2 + N_2 s_0.$$

在活门未开时,理想气体总的熵是两者之和 $S_1 + S_2$. 当把活门打开让气体扩散时,由于整个气体未作外功,同时过程是绝热的,故内能不变,因而温度不变.最后平衡态的压强,根据物态方程,应为

$$p = \frac{(N_1 + N_2)RT}{V_1 + V_2}. \tag{15}$$

根据 17 节(8)及(10)式,最后的熵应为

$$S = (N_1 + N_2) \int c_p \frac{\mathrm{d}T}{T} - (N_1 + N_2)R \ln p + (N_1 + N_2)s_0.$$

故在扩散过程之后熵的改变为

$$S - S_1 - S_2 = N_1 R \ln p_1 + N_2 R \ln p_2 - (N_1 + N_2)R \ln p.$$

把(14)和(15)的压强公式代入,得

$$S - S_1 - S_2 = R \left\{ N_1 \ln \frac{N_1}{V_1} + N_2 \ln \frac{N_2}{V_2} - (N_1 + N_2) \ln \frac{N_1 + N_2}{V_1 + V_2} \right\}. \tag{16}$$

在下列不等式中(证明见下):

$$a^{\alpha} b^{\beta} < \left(\frac{\alpha a + \beta b}{\alpha + \beta} \right)^{\alpha + \beta}, \tag{17}$$

令 $a = V_1/N_1$, $b = V_2/N_2$, $\alpha = N_1$, $\beta = N_2$,得

$$\left(\frac{V_1}{N_1} \right)^{N_1} \left(\frac{V_2}{N_2} \right)^{N_2} < \left(\frac{V_1 + V_2}{N_1 + N_2} \right)^{N_1 + N_2}.$$

取对数即得

$$S - S_1 - S_2 > 0.$$

这说明在扩散以后熵的数值增加了.

在特殊情形下,当 $N_1/V_1 = N_2/V_2$ 时,熵的数值不变,即 $S = S_1 + S_2$. 在这个情形下,由(14)和(15)得 $p_1 = p_2 = p$. 故同样气体在相等的温度和压强下混合时,熵的数值不变.

以上所讨论的是一种气体扩散的情形,关于不同种类的气体的扩散情形将在 38 节讨论.

现在给不等式(17)一个证明.设两个正数 a_1, a_2 不相等,则

$$a_1 a_2 = \left(\frac{a_1 + a_2}{2} \right)^2 - \left(\frac{a_1 - a_2}{2} \right)^2 < \left(\frac{a_1 + a_2}{2} \right)^2,$$

由此推广得

$$a_1 a_2 a_3 a_4 < \left(\frac{a_1 + a_2}{2} \right)^2 \left(\frac{a_3 + a_4}{2} \right)^2 < \left(\frac{a_1 + a_2 + a_3 + a_4}{4} \right)^2.$$

再推广得

$$a_1 a_2 \cdots a_{2^m} < \left(\frac{a_1 + a_2 + \cdots + a_{2^m}}{2^m} \right)^{2^m}. \tag{18}$$

设 n 为一小于 2^m 的整数. 令 $a=(a_1+a_2+\cdots+a_n)/n$, 并令

$$b_1 = a_1, \quad b_2 = a_2, \quad \cdots, \quad b_n = a_n;$$

$$b_{n+1} = b_{n+2} = \cdots = b_{2^m} = a,$$

则应用(18)式, 把(18)式中的 $a_1, \cdots, a_{2^m}$ 改为 $b_1, \cdots, b_{2^m}$, 得

$$a_1 a_2 \cdots a_n a^{2^m-n} < \left(\frac{b_1+b_2+\cdots+b_{2^m}}{2^m} \right)^{2^m}$$

$$= \left(\frac{na+(2^m-n)a}{2^m} \right)^{2^m} = a^{2^m},$$

即
$$a_1 a_2 \cdots a_n < a^n = \left(\frac{a_1+a_2+\cdots+a_n}{n} \right)^n. \tag{19}$$

若

$$a_1 = a_2 = \cdots = a_{p_1} = b_1, \quad a_{p_1+1} = \cdots = a_{p_1+p_2} = b_2, \quad \cdots,$$

$$p_1 + p_2 + \cdots + p_m = n,$$

则(19)式变为

$$b_1^{p_1} b_2^{p_2} \cdots b_m^{p_m} < \left(\frac{p_1 b_1 + p_2 b_2 + \cdots + p_m b_m}{p_1 + p_2 + \cdots + p_m} \right)^{p_1+p_2+\cdots+p_m}. \tag{20}$$

在(20)中令 $b_1=a, b_2=b, p_1=\alpha, p_2=\beta, p_3=\cdots=p_m=0$, 即得(17)式.

若令

$$q_1 = \frac{p_1}{p_1 + p_2 + \cdots + p_m}, \quad q_2 = \frac{p_2}{p_1 + p_2 + \cdots + p_m}, \quad \cdots,$$

$$q_m = \frac{p_m}{p_1 + p_2 + \cdots + p_m},$$

则
$$q_1 + q_2 + \cdots + q_m = 1, \tag{21}$$

而(20)式化为
$$b_1^{q_1} b_2^{q_2} \cdots b_m^{q_m} < q_1 b_1 + q_2 b_2 + \cdots + q_m b_m. \tag{22}$$

当 $b_1 = b_2 = \cdots = b_m$ 时, 则不等式不真, 而变为等式.

*24. 普朗克的熵定理证明

上一节所叙述的熵增加原理的证明是从卡诺定理出发的. 在证明中, 用了比较复杂的循环过程, 而这不是必需的. 现在准备讲两个证明, 其中不用复杂的循环过程, 只讨论绝热过程. 这两个证明一个是普朗克的, 在本节讲; 一个是喀拉氏的, 在下节讲. 这两个证明还有一个优点, 就是把绝对温度与熵函数两个物理量联系得更紧密: 绝对温度是积分除数, 熵函数是积分除数所引出的全微分方程的解; 另一方面, 由绝对温度是正的性质引导到熵的增加. 由普遍的微分方程的积分除数所规定的绝对温度, 比用一个特殊的循环过程——卡诺循环——中所吸收的热量来规定

的显然是优越得多,因为前者的普遍性使得它能应用到各种实际问题上来解决绝对温标的问题.

我们把熵函数的存在,绝对温标的引进,和熵增加原理合起来名为熵定理:

熵定理——任何一个物体系在平衡态有一个态函数 S,叫做它的熵,满足微分方程

$$T\mathrm{d}S = \mathrm{d}U - W,$$

其中 T 为一温度的正函数,与物体系的性质无关,叫做绝对热力学温度(简称绝对温度),U 为内能,W 为外界在微小的可逆过程中对物体系所作的微功,它的普遍形式是

$$W = Y_1\mathrm{d}y_1 + \cdots + Y_r\mathrm{d}y_r.$$

当物体系经一个绝热过程由一态到另一态,如过程是可逆的时,它的熵不变,如过程是不可逆的时,它的熵增加.

下面我们叙述普朗克的证明[①]. 这个证明以热力学第二定律的普朗克说法为基础,这个说法是(见 14 节):

不可能造一个机器,在循环动作中把一重物升高而同时使一热库冷却.

假设我们所讨论的物体是由有限数 n 个简单均匀物体所组成的,每个物体的平衡态可用两个独立变数描写. 在本节末我们将讨论如何推广到更普遍的物体系. 除这 n 个物体外,还假设有一重量 G,它的作用是对这些物体作功,在作功中它改变离地面的高度 h. 这些物体和重量合在一起构成一个孤立系. 设在某一态,这 n 个物体的内能分别为 $U_1, U_2, \cdots, U_n$,总内能为 U:

$$U = U_1 + U_2 + \cdots + U_n,$$

同时重量在高度 h,则总的能量是 $U + Gh$. 设在另一态,物体系总内能为 $U' = U_1' + U_2' + \cdots + U_n'$,同时重量在高度 h',则总的能量是 $U' + Gh'$. 由于物体系与重量合在一起是一个孤立系,故总的能量不变,而有

$$U + Gh = U' + Gh'. \tag{1}$$

我们已经假设每一个物体的平衡态可用两个独立变数描写,假如选这两个独立变数为体积 V 和温度 ϑ,则物体 i 的独立变数是 V_i, ϑ_i. 物体 i 的内能 U_i 和压强 p_i 都是 V_i 和 ϑ_i 的函数,这些函数已由温度的测量(指物态方程)和热力学第一定律所确定.

现在讨论这个物体系通过重量的作用由某一初态经绝热过程到某一终态.

首先假设初态与终态的分别仅仅是由于一个物体发生了变化,比如说是第一个物体. 为简单起见,把描写这个物体的变数和函数上所有脚号 1 都省去,例如 U_1

---

① 见 M. Planck, *Sitz. Berlin* **30**(1926), p. 453; *Thermodynamik* (9. Auf., 1930), §116—§136; *Theory of Heat*, §40—§47.

省为 U, V_1 省为 V, 等. 设这个物体和重量在初态时有 V, ϑ, U, h; 在终态时有 V', ϑ', U', h'; 其中 U, U', h, h' 满足方程 (1). 要使这个物体由初态到终态, 第一步使它经一准静态绝热过程由初态到一居间态 V^*, ϑ^*, U^*, 同时重量在作功之中由高度 h 到 h^*, 并使这个过程达到这样地步, 恰好 V^* 等于终态的体积 V'. 由能量守恒定律得

$$U + Gh = U^* + Gh^*.$$

用 (1) 式代入, 得 $U' + Gh' = U^* + Gh^*$, 或

$$U' - U^* = G(h^* - h'). \tag{2}$$

根据热力学第一定律, 在准静态绝热过程中态的变化应满足下列微分方程

$$dU + pdV = \left(\frac{\partial U}{\partial V} + p\right)dV + \frac{\partial U}{\partial \vartheta}d\vartheta = 0. \tag{3}$$

在微分方程的理论中证明了, 一个包含两个独立变数的微分式子必有一积分因子使之变为一完整微分. 应用这个结果到 (3) 式, 得

$$dU + pdV = \lambda dS, \tag{4}$$

其中 dS 为一完整微分, λ 为一积分除数; S 和 λ 都是独立变数 V, ϑ 的函数. 根据微分方程的理论, 有无穷多个积分因子, 因此有无穷多个 λ. 我们假设有可能找到一个 λ, 它的数值永远是正的. 把 (4) 式代入 (3) 式, 求积分, 得

$$S = C,$$

C 为一积分常数. 这个结果说明, 在准静态绝热过程中, S 的值保持不变. 故

$$S = S^*. \tag{5}$$

由 (4) 式得知 S 是独立变数 V 和 ϑ 的函数, 同样, S^* 是 V^* 和 ϑ^* 的函数. 因为我们假设了 $V^* = V'$, 故由 (5) 式得到在 ϑ, V, V' 有给定值的情形下 ϑ^* 的值. 又因 U^* 是 V^* 和 ϑ^* 的函数, 故 U^* 的值也定了. 现在我们看 U^* 与终值 U' 相较有些什么可能.

(甲) 假定 $U^* = U'$. 在这个情形下, 由于在实际问题中 U 是 ϑ 的单值函数, 而且反过来 ϑ 也是 U 的单值函数, 故 ϑ^* 必与 ϑ' 相等. 因此, 居间态 V^*, ϑ^* 成了终态 V', ϑ'. 根据 (2) 式得 $h^* = h'$. 所以终态可由一准静态绝热过程达到. 既然居间态就是终态, 必有 $S^* = S'$. 由 (5) 式得 $S = S'$, 故 S 的值不变. 我们曾经指出, 准静态过程是可逆的, 所以在可逆绝热过程中 S 的值不变.

(乙) 假定 $U^* < U'$. 在这个情形下, 由 (2) 式得 $h^* > h'$. 我们可以利用像焦耳求热功当量实验的办法, 让重量由高度 h^* 下降到 h', 而使物体的内能由 U^* 增加到 U'. 所以终态可以用这样一个不可逆过程达到. 在这个不可逆过程中, 体积不变. 根据 (4) 式 (读者自己想想, 为什么 (4) 式可以用), 由 $dV = 0$ 及 $\lambda > 0$ 得 dU 与 dS 同号, 故由 $U^* < U'$ 得 $S^* < S'$. 代入 (5) 式, 得

$$S < S'.$$

由此可以得出结论, 经过一不可逆绝热过程后, S 的值增加了.

（丙）假定 $U^* > U'$. 在这个情形下,由(2)式得 $h^* < h'$. 根据热力学第二定律的普朗克说法,终态不可能达到. 用与上面情形(乙)相同的考虑,得 dU 与 dS 同号,因而 $S^* > S'$,即得 $S > S'$. 由此可以得出结论,一个使 S 减少的绝热过程是不可能实现的.

总结上面三种情形,熵定理已经在一个特殊情形下证明了. 这个特殊情形是 n 个物体中只有一个物体发生了变化. 定理的证明还不完全,同时,绝对温度也还未引进.

顺带提一句,一个理想气体向真空自由膨胀的过程也引起 S 的增加,因为在这个过程中 $dU=0, dV>0$,故由(4)得 $dS>0$. 根据上面已经证明的结果,这个过程的逆过程需要使 S 减少,所以是不可能的.

其次,假设我们所讨论的物体系在经历绝热过程后,初态与终态的分别是由于两个物体的状态起了变化. 设在初态时这两个物体和重量的变数为 $V_1, \vartheta_1, U_1, S_1$; $V_2, \vartheta_2, U_2, S_2; h$;在终态时为 $V_1', \vartheta_1', U_1', S_1', V_2', \vartheta_2', U_2', S_2'; h'$;其中 U_1 和 S_1 是 V_1 和 ϑ_1 的确定的函数;同样,$U_1', S_1', U_2, S_2, U_2', S_2'$ 也是确定的函数. 能量方程(1)目前化为

$$(U_1' + U_2') - (U_1 + U_2) = G(h - h'). \tag{6}$$

现在要想把这两个物体,通过重量的作用,从初态变到终态去,我们首先对第一个物体单独进行准静态绝热过程,使它的温度变为 ϑ_2. 在这一段过程中 S_1 不变. 然后令两个物体互相接触. 由于这两个物体的温度已经相同,它们接触后将不会改变平衡态. 在两个物体已经接触以后,对它们施行准静态绝热过程,在过程进行之中它们的温度将始终保持相同. 根据热力学第一定律,在这个过程中这两个物体的态的改变应满足下列微分方程

$$dU_1 + dU_2 + p_1 dV_1 + p_2 dV_2 = 0,$$

再用(4)式到每个物体,得

$$\lambda_1 dS_1 + \lambda_2 dS_2 = 0. \tag{7}$$

这个微分方程指出,在过程进行中三个独立变数 V_1, V_2, ϑ 有一个关系. 我们将证明,这个关系可以表为

$$F(S_1, S_2) = C, \tag{8}$$

其中 C 为一任意常数,是微分方程(7)的积分常数.

为要证明(8)式,我们把三个独立变数 V_1, V_2, ϑ 换为 S_1, S_2, ϑ;所要证明的是,(7)式的普遍解是(8),其中不含 ϑ. 换句话说,我们要证明的是,在准静态绝热过程中,当 S_1 具有某一数值时,S_2 将具有某一相应的一定数值,不管 ϑ 的数值如何. 设在准静态绝热过程进行中,当 S_1 为 S_1^0 时,S_2 适为 S_2^0,这时我们说,这两个物体各在 Z_1^0 态及 Z_2^0 态. 设在过程继续进行以后,S_1 又变为 S_1^0,但 S_2 则变为 S_2',与 S_2^0 不

同,这时我们说,这两个物体各在 Z_1' 态及 Z_2' 态.现在把两个物体分开.根据前面关于一个物体的讨论,我们知道第一个物体可以用可逆绝热过程由 Z_1' 态回到 Z_1^0 态.现在,既然 $S_2' \neq S_2^0$,那么第二个物体就不能经可逆绝热过程由 Z_2' 态回到 Z_2^0 态.但是,两个物体在一起所进行的是可逆绝热过程,而在分开以后第一个物体已由可逆绝热过程恢复原状,只剩下第二个物体了.现在变成只是一个物体的问题了.根据前面所已经证明的关于一个物体改变的结果,Z_2' 态与 Z_2^0 态必须有相等的 S_2 值,否则就不可能用可逆绝热过程由 Z_2^0 到达 Z_2'.我们的假设 $S_2' \neq S_2^0$ 与这个结果矛盾,所以必有 $S_2' = S_2^0$.这就说明,当 S_1 具有某一定的数值时,S_2 必同时具有相应的一定的数值,因此它们之间必有一定的关系,不含 ϑ.这样就证明了(8)式.

我们现在进一步根据(8)式来讨论微分方程(7)的解.(8)式所满足的微分方程是

$$\frac{\partial F}{\partial S_1} \mathrm{d}S_1 + \frac{\partial F}{\partial S_2} \mathrm{d}S_2 = 0.$$

这个方程必须与(7)式等效,因此它们的系数一定成比例:

$$\frac{1}{\lambda_1} \frac{\partial F}{\partial S_1} = \frac{1}{\lambda_2} \frac{\partial F}{\partial S_2}.$$

在选 S_1,S_2,ϑ 为独立变数之后,λ_1 是 S_1 和 ϑ 的函数,λ_2 是 S_2 和 ϑ 的函数.上面的方程,在写成下列形式后:

$$\frac{\lambda_1}{\lambda_2} = \frac{\partial F}{\partial S_1} \Big/ \frac{\partial F}{\partial S_2},$$

说明 λ_1/λ_2 只是 S_1 和 S_2 的函数,与 ϑ 无关.因此 λ_1 和 λ_2 一定可表为下列形式:

$$\lambda_1 = \Theta(\vartheta) f_1(S_1), \quad \lambda_2 = \Theta(\vartheta) f_2(S_2), \tag{9}$$

包含一个共同的温度函数 $\Theta(\vartheta)$.我们将引进一个绝对热力学温度 T:

$$T = C\Theta(\vartheta), \tag{10}$$

并选择常数 C 使 $T > 0$.绝对温度的完全确定需要给定某一特定温度的数值(例如水的三相点),或某二特定温度的差(例如令汽点与冰点的差为 100).由(9)式看出,不同的物体有相同的 $\Theta(\vartheta)$,所以绝对温度是与物体的性质无关的.

在微分方程的理论中,证明积分因子有某种程度的任意性.根据这个理论,我们可以把积分因子 λ_1 及 λ_2 完全确定,只要令 $f_1(S_1) = f_2(S_2) = C$ 就行了.在这个选择之下得

$$\lambda_1 = \lambda_2 = T. \tag{11}$$

代入(7)式,得 $\qquad\qquad \mathrm{d}S_1 + \mathrm{d}S_2 = 0,$

其积分为 $\qquad\qquad\qquad S_1 + S_2 = C. \tag{12}$

这就是(8)式在选择 λ_1 和 λ_2 满足(11)的情形下的具体形式.在这个情形下,我们令 $S_1 + S_2$ 为两个物体所组成的物体系的熵.现在我们看到,$T > 0$ 的假设引导到

$\lambda_1 > 0, \lambda_2 > 0$.

现继续讲熵定理的证明.假设两个物体在一起所进行的可逆绝热过程达到一个居间态,相应的变数为 $S_1^*, S_2^*, \vartheta^*$,同时重量的高度为 h^*,并假设恰好 $S_1^* = S_1'$.现在把两个物体分开.根据前面所已经证明的关于一个物体的熵定理,第一个物体可由可逆绝热过程达到终态.现在只有第二个物体的状态与终态有所不同了.根据所已证明的定理,第二个物体能否到达终态,取决于 S_2^* 与 S_2' 的关系.若 $S_2' = S_2^*$,则终态可用可逆绝热过程达到;若 $S_2' > S_2^*$,则终态可用不可逆绝热过程达到;若 $S_2' < S_2^*$,则终态不能用绝热过程达到.由(12)式得

$$S_1 + S_2 = S_1^* + S_2^*.$$

今已令 $S_1^* = S_1'$,故
$$S_1 + S_2 = S_1' + S_2^*,$$

或
$$S_2^* = S_1 + S_2 - S_1'.$$

由此,终态可用绝热过程达到的条件,即 $S_2^* \leqslant S_2'$,可写为

$$S_1 + S_2 \leqslant S_1' + S_2'. \tag{13}$$

这样就证明了熵定理关于两个物体的情形,同时也证明了绝对温度作为一个积分除数而出现.

最后讨论 n 个物体的普遍情形.设初态为 $V_1, \vartheta_1, V_2, \vartheta_2, \cdots, V_n, \vartheta_n$;终态为 $V_1', \vartheta_1', V_2', \vartheta_2', \cdots, V_n', \vartheta_n'$.先单独对第一个物体进行可逆绝热过程使其温度变为 ϑ_2,再把第一个物体与第二个物体放在一起进行可逆绝热过程使 S_1 变为 S_1',然后把两个物体分开.这样就可以用可逆绝热过程使第一个物体到达终态.其次对第二个物体进行可逆绝热过程使它的温度变为 ϑ_3,再把它与第三个物体放在一起进行可逆绝热过程使 S_2 变为 S_2',然后把两个物体分开.这样就可以用可逆绝热过程使第二个物体到达终态.以后,依次对第三、第四等物体进行同样的手续,通过一连串的可逆绝热过程,把第三、第四,一直到把第 $(n-1)$ 个物体都放到终态去.在这一连串的手续中,每换一个物体都有一个居间态.用星号表示居间态,则在这一连串的过程中,各个物体的熵的关系为

$$S_1 + S_2 = S_1' + S_2^*,$$
$$S_2^* + S_3 = S_2' + S_3^*,$$
$$\cdots\cdots\cdots\cdots\cdots\cdots$$
$$S_{n-1}^* + S_n = S_{n-1}' + S_n^*.$$

把这些方程相加,得

$$S_1 + S_2 + \cdots + S_n = S_1' + S_2' + \cdots + S_{n-1}' + S_n^*,$$

或
$$S_n^* - S_n' = \sum_{i=1}^{n} S_i - \sum_{i=1}^{n} S_i'. \tag{14}$$

经过这一连串的可逆绝热过程之后,前 $n-1$ 个物体都已到达终态,只剩下第 n 个物体在一个居间态,它的熵满足(14)式.用已经证明了的关于一个物体的熵定理,得知要把最后第 n 个物体用绝热过程送到终态,必须 $S_n^* \leqslant S_n'$.代入(14)式,得

$$\sum_{i=1}^{n} S_i \leqslant \sum_{i=1}^{n} S_i', \tag{15}$$

其中等号相当于可逆绝热过程,不等号相当于不可逆绝热过程.这样就完成了熵定理的证明,只要我们以 $\sum_{i=1}^{n} S_i$ 作为 n 个物体所组成的物体系的熵的定义.

在上面的证明中还有一个缺点,就是把每个物体限制为用两个独立变数描写的均匀物质.杉田元宜[①]证明可以把普朗克的证明方法推广到普遍的物体,其大意如下.设有两个物体放在一起进行可逆绝热过程,第一个物体的平衡态由 $r+1$ 个变数 $y_1, y_2, \cdots, y_r, \vartheta$ 描写,第二个物体由两个变数 V, ϑ 描写.在可逆绝热过程中这些变数应满足下列关系

$$dU_1 + dU_2 - Y_1 dy_1 - Y_2 dy_2 - \cdots - Y_r dy_r + p dV = 0. \tag{16}$$

由普朗克理论得知 $dU_2 + p dV = T dS_2$,故(16)式化为

$$dU_1 - Y_1 dy_1 - \cdots - Y_r dy_r + T dS_2 = 0. \tag{17}$$

根据本节中(8)式的证明得知,当第一个物体具有某一定的状态 $(y_1, \cdots, y_r, \vartheta)$ 时,S_2 必须具有相应的一定的值.因此,在两个物体在一起所进行的可逆绝热过程中,S_2 是 $y_1, \cdots, y_r, \vartheta$ 的确定的函数.但是,在这个过程中,$r+1$ 个变数 $y_1, \cdots, y_r, \vartheta$ 是可以独立地改变的.这样,(17)式就说明了,T 同时也是第一个物体的微分式 $dU_1 - Y_1 dy_1 - \cdots - Y_r dy_r$ 的积分除数,使它变为完整微分 $-dS_2(y_1, \cdots, y_r, \vartheta)$.所以可以引进熵函数 S_1,令

$$dU_1 - Y_1 dy_1 - \cdots - Y_r dy_r = T dS_1. \tag{18}$$

这样就证明了一个任意物体系的熵函数的存在.

* 25. 喀拉氏的熵定理证明

喀拉氏的熵定理证明[②]是从热力学第二定律的喀拉氏说法出发的,这个说法是(见 14 节):

在一个物体系的任一给定的平衡态的附近总有这样的态存在,从给定的态出发不可能经绝热过程达到.

在证明熵定理之前(熵定理见 24 节,不再重写),先证明下列预备定理:

---

① M. Sugita, *Proc. Phys. -Math. Soc. Japan* **15**(1933),pp. 108—113.

② 见 C. Carathéodory, *Math. Ann.* **67**(1909),p. 355. 参阅 M. Born, *Phys. Zeit* **22**(1921),pp. 218,249,282; A. Landé, *Handbuch der Physik* **9**(1926),p. 281.

预备定理——给定一线性微分式 $\Omega = \sum\limits_{i=1}^{n} X_i \mathrm{d}x_i$，其中 X_i 是 $x_1, \cdots, x_n\,(n > 2)$ 的连续且可导的函数. 假如在任一点 $(x_1, \cdots, x_n)$ 的附近，有这样的点存在，不能用 $\Omega = 0$ 的积分曲线把它与给定点连起来，则 Ω 必有积分因子.

设 $x_i = \xi_i(u)$ 为一曲线的参数方程. 若函数 $\xi_i(u)$ 满足微分方程

$$\sum_i X_i \frac{\mathrm{d}\xi_i}{\mathrm{d}u} = 0,$$

则此曲线称为 $\Omega = 0$ 的积分曲线. 这一类的曲线有无穷多个，一个例子是

$$x_i = a_i\,(i \geqslant 3), \quad f(x_1, x_2, a_3, \cdots, a_n) = a,$$

其中 a_i 是任意常数，$f = a$ 是 $X_1 \mathrm{d}x_1 + X_2 \mathrm{d}x_2 = 0$ 的积分，在求积分时 $x_i\,(i > 2)$ 用常数 a_i 代入.

在证明这个预备定理之前，先说明为什么提出变数的数目 n 大于 2 的条件. 假如只有一个变数 x，则 $\Omega = X\mathrm{d}x$ 已经是一完整微分，而且任意一个 x 的函数乘上都使 Ω 保持为完整微分. 若有两个变数 x, y，一般说来，$\Omega = X\mathrm{d}x + Y\mathrm{d}y$ 不是一个完整微分，但总有无穷多个积分因子可使它变为完整微分. 所以，$n = 1$ 和 $n = 2$ 的情形，不需要任何条件就有积分因子. 若有三个变数，$\Omega = X\mathrm{d}x + Y\mathrm{d}y + Z\mathrm{d}z$ 一般是没有积分因子的. 例如

$$\Omega = x\mathrm{d}y + k\mathrm{d}z,$$

其中 k 是一个常数，x, y, z 是三个独立变数，就没有积分因子. 假如不然，设有一积分因子 $1/\lambda$ 使 $\Omega = \lambda \mathrm{d}\varphi$，则将有

$$\lambda \frac{\partial \varphi}{\partial x} = 0, \quad \lambda \frac{\partial \varphi}{\partial y} = x, \quad \lambda \frac{\partial \varphi}{\partial z} = k.$$

第一个方程指出 φ 不含 x，第三个方程接着指出 λ 也不含 x. 这样，第二个方程就不可能成立了. 所以 Ω 不能有积分因子. 另外一个简单的没有积分因子的例子是

$$\Omega = -y\mathrm{d}x + x\mathrm{d}y + k\mathrm{d}z.$$

假如用极坐标，则前两项变为 $r^2 \mathrm{d}\theta$，这个例子就与第一个例子相同了.

预备定理的证明——考虑一个任意的二维簇 $\mathscr{M}_2$，由下列参数方程规定：

$$x_i = f_i(u, v) \quad (i = 1, 2, \cdots, n).$$

在 $\mathscr{M}_2$ 上的积分曲线必满足微分方程 $U\mathrm{d}u + V\mathrm{d}v = 0$，其中

$$U = \sum_i X_i \frac{\partial f_i}{\partial u}, \quad V = \sum_i X_i \frac{\partial f_i}{\partial v}.$$

这个方程必有一积分因子(因为只有两个变数 u, v)，由此可知，在 $\mathscr{M}_2$ 上经过一点只有唯一的一个积分曲线.

假设预备定理上所说的条件已经满足. 令 Q 为一点，不能用积分曲线把它与一给定点 P 连起来. 这样一点 Q 可简称为不可及点. 设 $\mathscr{G}$ 为一经过 P 点的直线，并假

设 $\mathscr{G}$ 的线段微分 dx_i 在 P 点不使 $\Omega=0$. 我们可证明, 在 $\mathscr{G}$ 上 P 点的附近有不可及点. 为了证明这一点, 作一二维平面 $\mathscr{E}$ 通过 Q 点和 $\mathscr{G}$ 线. 在 $\mathscr{E}$ 上经过 Q 点只有一个积分曲线. 设这个曲线交 $\mathscr{G}$ 于 R 点. Q 点既然是不可及的, R 点也必是不可及的. Q 点既然在 P 点的附近, 则 R 点也必在 P 点的附近.

作另一直线 $\mathscr{G}'$ 与 $\mathscr{G}$ 平行, 并且离 $\mathscr{G}$ 很近. 通过 $\mathscr{G}$ 和 $\mathscr{G}'$ 作一二维柱面 $\mathscr{C}$, 它的轮廓可以任意. 在 $\mathscr{C}$ 上经过 P 点的积分曲线与 $\mathscr{G}'$ 交于 M 点. 在通过 $\mathscr{G}$ 和 $\mathscr{G}'$ 的另一柱面 $\mathscr{C}'$ 上, 经过 M 点的积分曲线一定与 $\mathscr{G}$ 交于 P 点. 假如不然, 设与 $\mathscr{G}$ 交于 N 点, 则由于 $\mathscr{C}'$ 可连续地变为 $\mathscr{C}$, N 点将沿 $\mathscr{G}$ 线连续地变为 P, 那么在 $\mathscr{G}$ 线上 P 点的附近就没有不可及点了. 这违反上面所已经证明的结果, 即在 $\mathscr{G}$ 上 P 点的附近有不可及点. 这样也同时证明了, 经过 P 点在任意一个通过 $\mathscr{G}$ 和 $\mathscr{G}'$ 的柱面 $\mathscr{C}$ 上的积分曲线必经过 $\mathscr{G}'$ 上的 M 点. 当柱面 $\mathscr{C}$ 改变时, 通过 P 和 M 两点的积分曲线随着改变而描画出一个曲面. 因为 $\mathscr{C}$ 可能有 $n-2$ 维的改变, 这些积分曲线所描画成的曲面将是一个 $(n-1)$ 维簇. 当 P 点改变时, 得到一组这一类的曲面, 可用下式表出

$$\varphi(x_1, \cdots, x_n) = C,$$

其中 C 为一任意常数. 因所有的积分曲线都在这些曲面上, 则 $\Omega=0$ 必然与 $d\varphi=0$ 相当. 这只有在 $\Omega=\lambda d\varphi$ 时才有可能. 于是预备定理得到证明.

熵定理的证明——首先证明熵函数的存在. 根据热力学第二定律的喀拉氏说法, 在任一给定态的附近有不能经绝热过程达到的态. 由此可知, 一定有不能经准静态绝热过程达到的态. 在一个准静态过程中所吸收的微热量是

$$Q = dU - W = dU - \sum_{l=1}^{r} Y_l dy_l. \tag{1}$$

一个准静态绝热过程满足微分方程 $Q=0$, Q 由 (1) 式所定. 根据预备定理, 既然在任一态的附近都有不可及态, 则 Q 必有积分因子使

$$Q = \lambda d\varphi. \tag{2}$$

很显然, λ 和 φ 都还没有完全确定. 假如令 $\lambda=\lambda_1 f'(\varphi)$, $f(\varphi)=\varphi_1$, $f(\varphi)$ 为一任意函数, 则 (2) 式化为

$$Q = \lambda_1 d\varphi_1. \tag{2'}$$

这说明 λ_1 也是一个积分除数.

第二步证明绝对温度的存在. 今设 λ 已选定, 则 φ 也随着定了. 我们选 φ 为一独立变数, 和 $y_1, \cdots, y_r$ 一起作为描写平衡态的变数, 而把 λ 和内能 U 作为 $\varphi, y_1, \cdots, y_r$ 的函数. 把 (2) 代入 (1), 得

$$dU = \lambda d\varphi + \sum_{l=1}^{r} Y_l dy_l. \tag{3}$$

这个方程把 U 的微分表为独立变数 $\varphi, y_1, \cdots, y_r$ 的微分的线性关系. 现在假设我们所考虑的物体系是两个子系所组成的, 第一个子系的变数为 $\varphi_1, y_l (l=1,2,\cdots,r)$;

第二个子系的变数为 $\varphi_2, z_m(m=1,2,\cdots,s)$. 相当于(1),(2)两式有

$$Q_1 = dU_1 - W_1 = \lambda_1 d\varphi_1, \quad Q_2 = dU_2 - W_2 = \lambda_2 d\varphi_2.$$

把两个子系放在一起,使达到平衡,则合并以后的总物体系的 Q 应等于两者之和,而且也应有积分因子使它成为 $Q=\lambda d\varphi$. 故由 $Q=Q_1+Q_2$ 得

$$\lambda d\varphi = \lambda_1 d\varphi_1 + \lambda_2 d\varphi_2. \tag{4}$$

今两个子系既互为平衡,必有共同的温度 ϑ. 用 ϑ 为独立变数以代替 y_l 和 z_m 中的各一个,比方说 y_1 和 z_1,则 λ_1 变为 $\varphi_1, \vartheta, y_2, \cdots, y_r$ 的函数, λ_2 变为 $\varphi_2, \vartheta, z_2, \cdots, z_s$ 的函数. 方程(4)指出, φ 只是 φ_1 和 φ_2 的函数,与 $\vartheta, y_l, z_m(l=2,\cdots,r;m=2,\cdots,s)$ 无关. 这是

$$d\varphi = \frac{\partial \varphi}{\partial \varphi_1}d\varphi_1 + \frac{\partial \varphi}{\partial \varphi_2}d\varphi_2 + \frac{\partial \varphi}{\partial \vartheta}d\vartheta + \sum_{l=2}^{r} \frac{\partial \varphi}{\partial y_l}dy_l + \sum_{m=2}^{s} \frac{\partial \varphi}{\partial z_m}dz_m$$

与(4)式比较的直接结果. 因此,由(4)式得知 λ_1/λ 和 λ_2/λ 也只是 φ_1 和 φ_2 的函数. 但 λ_1 本来与 z_m 无关,今 λ_1/λ 也与 z_m 无关,故 λ 必与 z_m 无关. 同样,由 λ_2 和 λ_2/λ 与 y_l 无关,得知 λ 必与 y_l 无关. 由此可见, λ 只是 $\varphi_1, \varphi_2, \vartheta$ 的函数,而由此推论得 λ_1 只是 φ_1 和 ϑ 的函数, λ_2 只是 φ_2 和 ϑ 的函数. 今已知 λ_1/λ 和 λ_2/λ 与 ϑ 无关,故 λ_1/λ_2 也与 ϑ 无关. 由此得知 λ_1 和 λ_2 必可表为下列形式:

$$\lambda_1 = \Theta(\vartheta)\Phi_1(\varphi_1), \quad \lambda_1 = \Theta(\vartheta)\Phi_2(\varphi_2),$$

其中 $\Theta(\vartheta)$ 为一共同的温度函数. 令绝对温度 T 和熵 S 由下式规定:

$$T = C\Theta(\vartheta), \quad S_1 = \frac{1}{C}\int \Phi_1 d\varphi_1, \quad S_2 = \frac{1}{C}\int \Phi_2 d\varphi_2, \tag{5}$$

其中 C 是一常数,可选择其值使 $T_1 - T_0 = 100$. 把(5)式代入(4)式,得

$$\lambda d\varphi = T(dS_1 + dS_2) = TdS,$$

其中

$$S = S_1 + S_2.$$

这个公式说明两个子系相接触而达到平衡时,它们所组成的总物体系的熵等于子系的熵之和. 这个结果可推广到多数子系的情形. 在引进了熵和绝对温度之后,(3)式化为

$$dU = TdS + \sum_{l=1}^{r}Y_l dy_l. \tag{6}$$

最后证明熵的增加. 今选 $S, y_1, \cdots, y_r$ 为独立变数,则经一绝热过程后,根据热力学第一定律,内能应满足下列方程

$$U(S, y_1, \cdots, y_r) - U_0 = W,$$

其中 U_0 为 U 的初值, W 为外界对物体系所作的功. 当初态确定,终态的几何变数确定,即 y_l 等有一定的数值时,各种可能的不同的绝热过程的功的数值 W 将构成一连续间隔,这从物理现象的连续性可以知道. 不同的 W 将引导到不同的终态(当然这些不同的终态的 y_l 都是一样的),因而有不同的 S. 因此,这些不同的 S 也构

成一个连续间隔.由于在准静态绝热过程中,$Q=TdS=0$,S 的数值不变,故 S 的终值所构成的连续间隔必含初值 S_0 在内.我们将证明 S_0 是这个间隔的端点,那就是说,要就是 $S \geqslant S_0$,要就是 $S \leqslant S_0$,两者必有其一,也只有其一,不能两者同时有.假如不然,在 S_0 值的附近大于 S_0 和小于 S_0 的值都有,那么,由于 y_l 是一些关于物体系的位形的变数,它们将可以任意地改变,于是必然得到这样一个结论,即初态附近的所有的态都可用绝热过程达到了.这是与热力学第二定律的喀拉氏说法违反的.所以 S 的终值只能在 S_0 的一边.究竟是 $S \geqslant S_0$,还是 $S \leqslant S_0$,需要由实际例子来判断.由于物理过程的连续性,这样一个判断的结果必定对一切初态都是一致的.同时,由于两个物体的熵之和等于它们所组成的总体系的熵,这样一个判断的结果必定对一切物体都是一致的.判断的结果显然依赖于绝对温度的符号,当绝对温度的符号选为正的以后,判断的结果就完全确定了.现在选用摩擦生热的实验结果来判断熵的增加或减少.在这个实验现象中,y_l 不变而内能增加.由(6)式看出,当 $T>0$ 时,S 必随 U 而增加.因此得

$$S > S_0.$$

这是一个不可逆绝热过程的结果.至于可逆绝热过程应为 $S=S_0$.

第三章习题

1. 应用开尔文的绝对温度定义:$Q_2/Q_1 = T_2/T_1$ 到一理想气体,假设两种比热的比 γ 是温度的函数,证明 $T = t + \dfrac{1}{a}$.

2. 应用把函数方程化为微分方程的方法,证明 15 节(9)式的解是同节的(10)式.[(9)式是

$$F(\vartheta_1, \vartheta_2) = \frac{F(\vartheta_3, \vartheta_2)}{F(\vartheta_3, \vartheta_1)},$$

(10)式是
$$F(\vartheta_1, \vartheta_2) = f(\vartheta_2)/f(\vartheta_1).]$$

[提示:先证明 $\dfrac{\partial^2}{\partial \vartheta_1 \partial \vartheta_2} \ln F(\vartheta_1, \vartheta_2) = 0.$]

3. 把卡诺循环的 Q_1 当作是 ϑ_1 和两个绝热曲线 $\varphi = \varphi_1$,$\varphi = \varphi_2$ 的函数($\varphi = C$ 是 $dU + pdV = 0$ 的解):

$$Q_1 = G(\vartheta_1, \varphi_1, \varphi_2);$$

同时 $Q_2 = G(\vartheta_2, \varphi_1, \varphi_2)$.由函数方程

$$\frac{Q_2}{Q_1} = \frac{G(\vartheta_2, \varphi_1, \varphi_2)}{G(\vartheta_1, \varphi_1, \varphi_2)} = F(\vartheta_1, \vartheta_2)$$

证明
$$G(\vartheta, \varphi_1, \varphi_2) = e^{\int g(\vartheta) d\vartheta} \int_{\varphi_1}^{\varphi_2} \Phi(\varphi) d\varphi,$$

其中
$$g(\vartheta) = \left(\frac{\partial F(\vartheta, \vartheta_2)}{\partial \vartheta_2} \right)_{\vartheta_2 = \vartheta},$$

$$\Phi(\varphi) = \left(\frac{\partial G(\vartheta, \varphi_1, \varphi)}{\partial \varphi}\right)_{\varphi_1 = \varphi} \cdot e^{-\int g(\vartheta) d\vartheta}.$$

（参阅 M. Born, *Phys. Zeit.* **22**(1921),18.）

4. 由 18 节(2)式,应用微分学的方法,导出同节(6),(7),(8)三式.由此可见麦氏四个关系中由任何一个可应用微分学的方法导出其余三个.

5. 证明 $\dfrac{\partial(T,S)}{\partial(p,V)} = \dfrac{\partial T}{\partial p}\dfrac{\partial S}{\partial V} - \dfrac{\partial T}{\partial V}\dfrac{\partial S}{\partial p} = 1.$

6. 证明 $\dfrac{\partial(T,S)}{\partial(x,y)} = \dfrac{\partial(p,V)}{\partial(x,y)}$,

其中 x,y 为任意两个独立变数.由此导出麦氏关系.

7. 证明 $\dfrac{\partial(1/T,U)}{\partial(x,y)} = \dfrac{\partial(V,p/T)}{\partial(x,y)}$,其中 x,y 为任意两个独立变数.由此导出 18 节(11)式及(14)式.

8. 证明下列关系:

(1) $\left(\dfrac{\partial U}{\partial p}\right)_V = -T\left(\dfrac{\partial V}{\partial T}\right)_S,$

(2) $\left(\dfrac{\partial U}{\partial V}\right)_p = T\left(\dfrac{\partial p}{\partial T}\right)_S - p,$

(3) $\left(\dfrac{\partial T}{\partial V}\right)_U = p\left(\dfrac{\partial T}{\partial U}\right)_V - T\left(\dfrac{\partial p}{\partial U}\right)_V,$

(4) $\left(\dfrac{\partial T}{\partial p}\right)_H = T\left(\dfrac{\partial V}{\partial H}\right)_p - V\left(\dfrac{\partial T}{\partial H}\right)_p,$

(5) $\left(\dfrac{\partial T}{\partial S}\right)_H = \dfrac{T}{C_p} - \dfrac{T^2}{V}\left(\dfrac{\partial V}{\partial H}\right)_p.$

9. 证明 18 节定 T_0 的公式(23)可化为

$$\frac{1}{T_0} = \alpha + \left(\alpha + \frac{1}{100}\right)(e^{-\delta} - 1),$$

其中 δ 为一数值小的量: $\delta = \displaystyle\int_0^{100} \frac{p_0 c_p \mu \alpha \, dt}{(1+\alpha t)(1+\alpha t + p_0 c_p \mu)}.$

10. 证明 18 节(25)式定 T_0 的公式可化为

$$T_0 = \frac{100 V_0}{V_1 - V_0} + \frac{T_0 T_1}{V_1 - V_0}\int_{T_0}^{T_1} \frac{c_p \mu}{T^2} dT.$$

11. 一气体有下列性质:(甲) $\mu = \left(\dfrac{\partial T}{\partial p}\right)_H = \dfrac{a}{T^2}$, a 是常数;(乙) $\lim\limits_{p \to 0} c_p = c =$ 常数.求这个气体的物态方程和内能.

〔提示:可先求焓 H,并假设当 $T \to \infty$ 时气体趋于理想气体.参阅 Planck,*Thermodynamik*,§159.〕

12. 求上题气体的熵.

13. 若 11 题的条件(甲)改为 $\mu = \dfrac{a}{n T^{n-1}}$ $(n>1)$,则结果如何?

14. 证明 $\mu C_p = -\left(\dfrac{\partial U}{\partial V}\right)_T \left(\dfrac{\partial V}{\partial p}\right)_T - \left(\dfrac{\partial(pV)}{\partial p}\right)_T$.并由 18 节(28)式及昂尼斯物态方程 $pV=$

$A+Bp+Cp^2+\cdots$,求出 μ 的哪一部分是由于与玻意尔定律的差异,哪一部分是由于与焦耳定律的差异(参阅 18 节(36)式).

15. 计算狄特里奇物态方程(见 18 节(34)式)的转换温度.

16. **太阳常数.** 在地球大气层外单位面积所受到的太阳每秒正射的能量名为太阳常数.实测的太阳常数的值约为 1.75×10^6 尔格·秒$^{-1}$·(厘米)$^{-2}$. 太阳的半径为 6.955×10^{10} 厘米,离地的平均距离为 1.495×10^{13} 厘米.应用斯特藩定律求太阳的表面温度(假设是黑体).

17. 应用依压强展开的昂尼斯的物态方程,求实际气体的 C_p 的依压强展开的式子.

18. 在两种比热的比 γ 为常数时,求理想气体的 U 作为 S 及 V 的函数.

19. 证明理想气体的化学势中只与温度有关的一项(见 22 节(32)式)可表为

$$RT\varphi = -\int\mathrm{d}T\int c_p\mathrm{d}\ln T - Ts_0 + h_0 = -\int(T-T')c_p(T')\mathrm{d}\ln T' - Ts_0 + h_0.$$

20. 应用 18 节(16)式关于两种比热之差到范德瓦尔斯方程所代表的气体(范氏方程见 18 节(29)式),计算 C_p-C_v.

21. 假设物态方程是

$$\left(p+\frac{a}{T^nV^2}\right)(V-b)=NRT,$$

n 为一常数,重复上题 20 的计算.

22. 应用热力学公式(18 节(11)式),计算范氏气体及上题 21 的物态方程所代表的气体的 $(\partial U/\partial V)_T$.

23. 应用当 $V\to\infty$ 时气体趋于理想气体的条件,证明 21 题的推广范氏方程所代表的气体的自由能是

$$F = -NRT\ln(V-b) - \frac{a}{T^nV} - T\int\frac{\mathrm{d}T}{T^2}\int C_v^0\mathrm{d}T - TS_0 + U_0,$$

其中 C_v^0 是 C_v 在 $V\to\infty$ 时的极限值,并由此导出 U,S,H,G 的公式.(见王竹溪,中国物理学报,**6** (1945),27).

24. 由 23 题的结果证明 $C_v = C_v^0 + \frac{n(n+1)a}{T^{n+1}V}$. 由此看出一个范氏气体的 C_v 与体积无关.(范氏气体指 $n=0$ 的情形.)

25. 证明 $\left(\frac{\partial C_v}{\partial V}\right)_T = T\left(\frac{\partial^2 p}{\partial T^2}\right)_V$,并由此导出 $C_v = C_v^0 + T\int_{V_0}^{V}\left(\frac{\partial^2 p}{\partial T^2}\right)\mathrm{d}V$.

26. 应用上题 25 的结果,采取导出 22 节(45)式的方法,证明

$$F = -\int p\mathrm{d}V - \int\mathrm{d}T\int C_v^0\frac{\mathrm{d}T}{T}.$$

应用这个结果到 21 题的物态方程导出 23 题的结果.(注意不定积分中的积分常数及重积分化为不同形式的计算.)

27. 应用 22 节(45)式到 11 题的气体,求出特性函数 G,并导出其他热力学函数.

28. 应用 22 节(45)式到昂尼斯物态方程(即 18 节(35)式),求特性函数 G,并导出其他热力学函数.

29. 应用 26 题的公式到 18 节(38)式所代表的物态方程,求特性函数 F,并导出其他热力学函数.

30. 应用 26 题的公式到狄特里奇方程(即 18 节(34)式),求特性函数 F,并导出其他热力学函数.

31. 卡仑德(Callendar)用下列公式

$$p(v-b) = rT - \frac{ap}{T^n}$$

表达水蒸气(非饱和的)的物态方程,其中 a,b,r,n 都是常数.卡仑德进一步假设内能 u 仅是 $p(v-b)$ 的函数.证明在这个假设之下,定压比热 c_p 的极限值为

$$c = \lim_{p \to 0} c_p = (n+1)r,$$

并且

$$u = np(v-b) + \beta,$$

其中 β 为一常数.[提示:先求水蒸气的吉布斯函数 μ,再求熵 s,焓 h,然后再求 u. μ 的公式是

$$\mu = bp + rT\ln p - \frac{ap}{T^n} + (n+1)rT(1-\ln T) - \alpha T + \beta.]$$

32. 太阳辐射能的极大值(按波长分布)位于波长为 $\lambda_m = 4.7 \times 10^{-5}$ 厘米,应用维恩定律(即 21 节(25)式),假设太阳是黑体,求太阳表面的温度(比较本题与 16 题的结果).

33. 应用 23 题的结果,求推广的范氏方程所代表的气体在自由膨胀后温度的改变及熵的增加.

34. 应用 29 题的结果求实际气体(物态方程是昂尼斯的依 V 的倒数展开的形式)在自由膨胀后温度的改变及熵的增加.

35. 一圆筒中有一活塞把它分为两部分,一部分中装有 N_1 克分子气体,另一部分中装有 N_2 克分子气体,两部分最初的压强及体积各为 p_1,V_1 及 p_2,V_2.令活塞自由运动使两部分中的气体达到平衡态,假设圆筒与外界是绝热的,并假设气体是理想气体,它的两种比热的比 γ 是常数,求最后的共同温度及压强,并算出熵的增加值.(参阅王竹溪,物理学报,**6**(1946),100;**7**(1947),49.)

36. 在前题中若活塞是绝热的,最后结果如何?

37. 大量气体向一抽为真空的小匣内冲入,当冲入的部分已达到与原来气体相同的压强,但是还没有与之交换热量时,问冲入的部分温度改变如何?讨论理想气体及非理想气体的情形.(关于非理想气体,应用 28 题的结果)

38. 在上题中,假如气体是范氏气体,结果如何?(应用 23 题的结果)

39. 计算 37 题的气体的熵增加值.

40. 一个均匀杆的温度一端为 T_1,另一端为 T_2,计算在到达均匀温度 $\frac{1}{2}(T_1+T_2)$ 后熵的增加值.

第四章　单元系的复相平衡

26. 热动平衡条件

从热力学第二定律关于不可逆过程的理论,可得到一个必需而充足的条件,来判定从某一态到另一态是否可能.例如,当所讨论的物体系只能作绝热变动时,任何变动将倾向于使熵增加.当物体系还没有达到完全的平衡态时,可以把它分为若干部分,每一部分可认为已近似地达到局部平衡态,因而可以有内能和熵两个函数,而整个物体系的内能和熵是各部的内能和熵之和.在有绝热变动时,整个物体系的熵增加.假如我们所讨论的物体系是一个孤立系,物体系的变动使它达到了熵的值是极大的状态,则整个物体系就达到了平衡态.因为熵的值既然已经是极大了,那就不可能再增加了,所以任何变动只能减少熵的数值,而这是不可能在孤立系中实现的;那么物体系就必然不可能再有任何变动了,也就是说,达到了平衡态.因此,当物体系的变动在与外界隔绝的条件下进行时,热动平衡的必需与充足的条件是熵为极大.这是指真正的热动平衡说的.有时,当趋向平衡的过程进行得非常慢,在表面上可呈现一种假象的平衡态,这时熵并没有达到极大.

如果熵,作为一个态函数,在孤立系变动的条件下有几个可能的极大,则其中最大的极大相当于**稳定平衡**,其他较小的极大相当于**亚稳平衡**.所谓亚稳平衡是这样一种平衡,对于无限小的变动是稳定的,对于有限大的变动是不稳定的.

在应用数学方法去求函数为极大值因而确定平衡态的性质时,对于物体系在变动中所受的外加条件的限制需要用函数的形式表示.孤立系的特点是它的总能量不变,总能量包括机械能、电磁能和内能.总能量不变的条件是一个函数关系.在应用总能量不变的条件之后,我们就可把判定平衡态的判据说成:

熵判据——一物体系在总能量不变的情形下,对于各种可能的变动说,平衡态的熵最大.

这里所说的可能的变动,是指在总能量不变的条件下所有可能的变动,这些变动并不都是可以实现的.事实上我们在应用这个判据时,将考虑物体系在平衡态附近的变动,包含有到达平衡态的变动,也有离开平衡态的变动,后者在事实上是并不发生的.我们考虑这些变动的目的是在考察在总能量不变的情形下,熵函数是否有极大值.由于这些是在理论上所假想的变动,因此叫做**虚变动**,相当于静力学上的虚位移. 我们将用符号 δ 表示无穷小的虚变动.

　　上面所说的平衡判据——熵判据——在应用时通常只用到一个特殊的孤立系, 在这个特殊情形下, 总能量只是物体系的内能. 这时候, 没有外界对物体系的功使它的内能改变, 所以总体积应不变[①]. 我们把在这个重要特殊情形下的平衡判据陈述于下:

　　一物体系在内能和体积不变的情形下, 对于各种可能的变动说, 平衡态的熵最大.

　　从这个平衡判据出发, 可以应用数学方法导出物体系在各种情形之下的**平衡条件**. 物体系的平衡条件有四种. 第一种名**热平衡条件**, 这是在物体系的各个部分之间有热量交换, 也就是有能量以热量的形式而不是以功的形式交换时, 达到平衡的条件. 这个条件就是各部分的温度相等, 因为否则热量就会由高温地区传到低温地区去.

　　第二种名**力学平衡条件**, 这是在物体系各个部分之间相互发生力的作用因而产生形变时, 达到平衡的条件. 这个条件在最简单的情形下就是各部分的压强相等. 在比较复杂的情形下, 力学平衡条件还有其他形式 (见 30 节, 61 节, 64 节).

　　第三种名**相变平衡条件**, 这是在物体系中各个相之间互相转变时, 达到平衡的条件. 例如, 水和水蒸气所构成的物体系, 水与水蒸气可以互相转变, 在宏观上这种转变在达到平衡时就停止了. 我们将证明, 相变平衡条件是, 两相的化学势相等.

　　第四种名**化学平衡条件**, 这是在物体系各个部分之间或各部分之内发生化学变化时, 达到平衡的条件. 这个条件将在 36 节讨论.

　　应当指出, 各个相之间的互相转变可以认为是化学变化的一种特殊形式, 因此相变平衡条件可以作为化学平衡条件的一种特殊情形. 所以, 在考虑了化学平衡的普遍性之后, 物体系的四种平衡条件可以归并为三种, 即把第三种的相变平衡条件并入第四种, 作为化学平衡条件的特例. 这一点在 36 节将有说明.

　　现在应用平衡判据来导出热平衡条件. 该物体系是由两个物体所组成的, 这两个物体互相接触, 交换能量, 但各自的体积保持不变. 设两物体的内能各为 U' 及 U'', 总内能为 $U = U' + U''$; 同时设两物体的熵各为 S' 及 S'', 总熵为 $S = S' + S''$. 现在给 U' 及 U'' 以无穷小的变动 $\delta U', \delta U''$, 应用热力学第二定律的基本微分方程, 注意两物体的体积各不变, 得

$$\delta S' = \frac{\delta U'}{T'}, \quad \delta S'' = \frac{\delta U''}{T''},$$

其中 T' 及 T'' 分别为两物体的温度. 根据熵判据的特殊情形, 总内能不变, 故

---

　　①　这样就把向真空膨胀的过程除外了. 但是, 由于我们所讨论的是平衡态附近的变动, 这种情形应当除外.

$$\delta U = \delta U' + \delta U'' = 0.$$

在这个条件下总熵的改变是

$$\delta S = \delta S' + \delta S'' = \frac{\delta U'}{T'} + \frac{\delta U''}{T''} = \left(\frac{1}{T'} - \frac{1}{T''}\right)\delta U'. \tag{1}$$

在数学上证明了,当一个函数有极值时,不论是极大,还是极小,这个函数的第一级微分必等于零.应用这个结果来求熵是极大的条件,则必须 $\delta S = 0$. 由(1)式得

$$T' = T''. \tag{2}$$

这就是我们所熟悉的两个物体达到热平衡时温度相等的条件. 假如温度不相等,则物体系没有达到平衡态,而必然发生变动使熵增加,即 $\delta S > 0$. 若 $T' > T''$,则由(1)式得 $\delta U' < 0$,那就是说,第一个物体的内能要减少,因之热量要由较高温物体流向较低温物体. 这也是我们所熟悉的.

在理论上,其他几种平衡条件都可从熵是极大这一平衡判据推导出来;不过,在演算步骤上,应用其他的平衡判据有时候更为简便. 其他最重要的平衡判据有下面两个:

自由能判据——一物体系在温度和体积不变的情形下,对于各种可能的变动说,平衡态的自由能最小.

吉布斯函数判据——一物体系在温度和压强不变的情形下,对于各种可能的变动说,平衡态的吉布斯函数最小.

这两个判据可从熵增加原理推导而得,证明如下. 这两个判据有一个共同的条件,即温度不变. 为了实现这个条件,可假想有一个热容量非常大的热库,与物体系接触而维持物体系的温度不变. 在判据中只提到物体系的变动,没有对周围环境中的变动有什么限制,所以我们可以对热库的变动作任意假定而不影响到我们的结果. 我们假定热库的体积变动是可逆的,则热库的熵改变为 $\Delta S_0 = -Q/T$,其中 S_0 为热库的熵,Q 为物体系从热库所吸收的热量,T 为热库的温度. 根据熵增加原理,物体系的熵加上热库的熵在变动后不减少,即

$$\Delta S + \Delta S_0 \geqslant 0.$$

代入 ΔS_0 的值,得

$$\Delta S - \frac{Q}{T} \geqslant 0.$$

由热力学第一定律得 $Q = \Delta U - W$,其中 ΔU 为物体系的内能改变,W 为外界对物体系所作的功. 把 Q 的式子代入上面的不等式,用 $-T$ 乘,注意 T 是正数并且是常数(因为给定温度不变),得

$$\Delta(U - TS) - W \leqslant 0, \tag{3}$$

或

$$\Delta F \leqslant W. \tag{3'}$$

这个结果与 23 节(10)式相同,而现在是用另外一个方法得到的. 假如把(3′)写成

$$-\Delta F \geqslant -W, \tag{4}$$

则可表达为：物体系对外界在等温过程中所作的功$(-W)$少于或至多等于它的自由能的减少$(-\Delta F)$. 因此，一个物体系的自由能的减少值是在等温过程中可能从这个物体系所得到的功的最大值. 由于自由能的这个性质，根据公式$U=F+TS$，可以认为F是内能的一部分，而这一部分是可能自由作功的. 这是为什么F叫做自由能的原因. 同时TS偶尔叫做束缚能. 这些名词并没有严格的意义. 由于F是一个常用的函数，需要一个名词，叫做自由能是方便的.

现在应用(3)式到只有压缩或膨胀的功的情形. 这又分为两种重要的特殊情形，一是体积不变，一是压强不变. 在体积不变时，$W=0$，$(3')$化为

$$\Delta F \leqslant 0.$$

这就是说，在温度和体积不变的情形下，任何实际上发生的变动都倾向于使自由能减少. 因此到达平衡态之后，自由能应当不能再减少，所以平衡态的自由能应是最小. 这样就证明了自由能判据.

在压强不变时，$W=-p\Delta V=-\Delta(pV)$，代入(3)，得

$$\Delta G = \Delta(U - TS + pV) \leqslant 0.$$

由此立刻可证明吉布斯函数判据.

现在应用自由能判据求力学平衡条件. 今讨论一个物体系中两个物体在温度不变的情形下互相压缩，它们各自的体积由于互相压缩而改变为$\delta V'$及$\delta V''$，但总体积不变：$\delta V'+\delta V''=0$. 两物体的自由能改变各为(见 22 节(11)式)

$$\delta F' =- p'\delta V', \quad \delta F'' =- p''\delta V'',$$

其中p'及p''为两物体的压强. 总自由能改变为

$$\delta F = \delta F' + \delta F'' =- p'\delta V' - p''\delta V'' = (p'' - p')\delta V'. \tag{5}$$

在上式中我们用了自由能相加的性质，即当一物体系的各部分的温度相等时，根据内能和熵的相加性质，由自由能的定义$F=U-TS$得到自由能相加的性质. 自由能是极小的必需条件是$\delta F=0$. 由(5)式得

$$p' = p''. \tag{6}$$

这就是力学平衡条件：**两物体达到力学平衡时，其压强相等**. 假如压强不相等，则物体系没有达到平衡态，而必然发生变动使自由能减少，即$\delta F<0$. 若$p'>p''$，则由(5)式得$\delta V'>0$，那就是说，压强高的物体要膨胀，压强低的物体要缩小. 这是与我们所观察的现象相合的.

在应用自由能判据时我们假定物体系的温度已经均匀，也就是说，物体系已经达到了热平衡状态，这样就使讨论力学平衡时可以简单些. 根据同样的精神，我们将应用吉布斯函数判据去求相变平衡条件，在应用时假定物体系的温度和压强都已经均匀，也就是说，物体系已经达到了热平衡和力学平衡状态. 在物体系的温度和压强都是均匀的时候，根据内能和熵和体积的相加性质，由吉布斯函数的定义

$G=U-TS+pV$ 得到吉布斯函数相加的性质.

今讨论一个物体系,它的组成部分是同一物质的两种不同的**聚集态**,例如说,一部分是液体,一部分是气体.设一种聚集态(就是一相)的吉布斯函数为 G',另一相的为 G''.设一相的克分子数为 N',另一相的为 N'',一相的化学势为 μ',另一相的为 μ''.由于化学势是一个克分子的吉布斯函数(见 22 节),故

$$G' = N'\mu', \quad G'' = N''\mu''. \tag{7}$$

今讨论在温度和压强不变的情形下这两相互相转变的问题.平衡的条件是吉布斯函数 G 最小,$G=G'+G''$.由于 μ' 和 μ'' 只是温度和压强的函数,所以在温度和压强不变的情形下 μ' 和 μ'' 都保持不变,而 G' 和 G'' 的改变完全是由于两相互相转变时 N' 和 N'' 的改变所引起的.故

$$\delta G' = \mu'\delta N', \quad \delta G'' = \mu''\delta N''.$$

但是总物质不变,故 $\delta N'+\delta N''=0$,因而总吉布斯函数改变为

$$\delta G = \delta G' + \delta G'' = \mu'\delta N' + \mu''\delta N'' = (\mu' - \mu'')\delta N'. \tag{8}$$

应用吉布斯函数极小的必需条件 $\delta G=0$ 得

$$\mu' = \mu''. \tag{9}$$

这就是相变平衡条件:**一个化学纯的物质的两相达到平衡时,两相的化学势相等.**假如化学势不相等,则物体系没有达到平衡态,而必然发生变动使吉布斯函数减少,即 $\delta G<0$.若 $\mu'>\mu''$,则由(8)式得 $\delta N'<0$,那就是说,化学势高的一相要转变为化学势低的一相.这是为什么把 μ 叫做化学势的原因.另一方面,由于吉布斯函数判据的重要性,而把吉布斯函数叫做**热力势**.但由于同样的原因,也可根据自由能判据把自由能叫做热力势.为了分别这两种不同的热力势,有时候把自由能叫做定体热力势,吉布斯函数叫做定压热力势.也有人根据吉布斯函数与焓的关系类似于自由能与内能的关系这一事实,把吉布斯函数叫做自由焓.另外有些人,特别是美国的化学家,把吉布斯函数叫做自由能.本书所用的名词和符号采取 1934 年国际物理学会的建议[①].

以上所讲的热平衡条件、力学平衡条件、相变平衡条件都是从某些热力学函数的第一级微分等于零得到的,因此这些条件只是平衡的必需条件,而不足以断定平衡究竟能否实现.要得到关于平衡的充足条件,必须讨论有关的热力学函数的第二级微分.这个问题到第六章讲平衡的稳定性时再讨论.

最后还要提到一个平衡判据,是吉布斯所首先应用的,名为能量判据.这个判据有与熵判据同样的普遍性,而在数学演算上更较简便.

能量判据——一物体系在熵和外表几何位形不变的情形下,对于各种可能的

---

① *International Conference on Physics* (1934); *Reports on Symbols*, *Units* & *Nomenclature* (Cambridge, 1935).

变动说,平衡态的总能量最小.

注意外表几何位形不变的条件使外功等于零,这个条件同时包含体积不变的条件在内;总能量包括内能和机械能及电磁能.这个判据可由熵增加原理导出如下[①].

令 E,S 为物体系的能量及熵,E_0,S_0 为周围外界的能量及熵.当有一变动发生时,熵增加原理要求

$$\Delta E + \Delta E_0 = 0, \tag{10}$$

$$\Delta S + \Delta S_0 \geqslant 0. \tag{11}$$

现在假定物体系的熵不变,这是这个判据所规定的条件.故 $\Delta S=0$,而(11)化为

$$\Delta S_0 \geqslant 0. \tag{12}$$

在判据的叙述中不牵涉到周围的变动情形,因此我们可以对周围的情形作一些简化的假定而不致影响结论.假定周围的能量只有内能,即 $E_0=U_0$,并假定它的温度 T_0 是均匀的.在外表几何位形不变(体积自然也不变)的情形下,U_0 与 S_0 有下列关系

$$\Delta E_0 = \Delta U_0 = \int_{S_0}^{S_0+\Delta S_0} T_0 \, dS_0 = \overline{T_0} \Delta S_0,$$

其中 $\overline{T_0}$ 是 T_0 的平均值.既然 T_0 总是正的,它的平均值也一定是正的.应用(12)式到上面的式子,得

$$\Delta E_0 \geqslant 0.$$

代入(10)式,得

$$\Delta E \leqslant 0. \tag{13}$$

这个不等式指明,当物体系的熵及外表几何位形不变时,任何变动将有使总能量减少的趋势.由此我们马上可以得到能量判据.

这个判据的优点,在以后应用它去解决所有的平衡及稳定问题时可以显示出来(见第六章).

27. 单元系的复相平衡

现在应用上节的平衡条件来讨论一个化学纯的物质的平衡性质.一个化学纯的物质叫做单元系,因为它只含有一个组元,也就是说,只有一种分子.关于多元系、即多组元物体系的平衡性质将在下一章中讨论.

假设所讨论的单元系有两相同时存在而达到平衡,这两相各用符号 α 和 β 表示.根据上节所得到的平衡条件,这两相的温度和压强和化学势在平衡时都应当相等.设两相的共同温度为 T,共同压强为 p,并且选 T 和 p 为独立变数.设 μ^α 为 α

---

① 见王竹溪,中国物理学报,**7**(1948),第 140—141 页.

相的化学势，μ^β 为 β 相的化学势，它们都是 T, p 的函数. 由化学势的定义(即一个克分子的吉布斯函数)得

$$\mu^a = u^a - Ts^a + pv^a, \quad \mu^\beta = u^\beta - Ts^\beta + pv^\beta, \tag{1}$$

其中 u^a, s^a, v^a 及 u^β, s^β, v^β 分别为 α 相及 β 相的一个克分子的内能、熵和体积. 在实用上也可把 μ^a, s^a, 等作为一克的内能及熵等, 这样, 化学势就变为单位质量的吉布斯函数了. 以后在数值举例时往往这样做.

根据相变平衡条件得

$$\mu^a = \mu^\beta. \tag{2}$$

这个方程给 T 和 p 一个关系, 这说明在两相达到平衡时, 温度和压强不是任意的, 两者之间应保持一定的关系.

一个单元系的平衡性质可以用图形来表示, 用温度和压强为两个直角坐标. 在这个图形上两相平衡的关系用一个曲线表示, 而(2)式就代表这个曲线的方程. 这样的图叫做**平衡图**, 又叫做**相图**. 下面几个图是相图的举例.

通常把物态分为三种聚集态: 气态, 液态与固态. 气态只有一种, 任何一种气体混合在一起只能成为一个均匀系, 也就是一个单相系. 固态却有很多种, 各种不同的固体混合在一起, 一般不能成为一相, 而是多种相共存的一个复相系. 不但如此, 而且一种物质在很高的压强下可以表现为多种不同类型的固态, 这些不同的类型往往有不同的结晶型态.

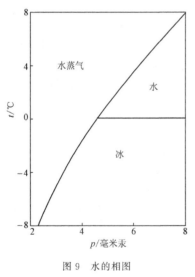

图 9　水的相图

图 9 显示水在通常的温度与压强之下的平衡性质. 三种聚集态都在图上显示出来了: 水蒸气是气态, 水是液态, 冰是固态. 有三条曲线分图为三个区域, 每个区域代表一个聚集态, 也就是代表一相. 分开气液两态的曲线名为汽化线, 分开液固两态的曲线名为凝固线或熔解线, 分开气固两态的曲线名为升华线. 三个曲线相交于一点, 名为三相点, 这一点有确定的温度和压强, 在这一点三相同时存在.

图 10 显示水在高压下的相图. 布里奇曼(Bridgman)发现在高压下有六种不同的冰: I, II, III, V, VI, VII(另有一种冰 IV 是不稳定的形式, 图上没有把最后一种冰 VII 放上)[1]. 表二列举水的各个三相点的温度及压强:

① 见 P. W. Bridgman, *The Physics of High Pressure* (1931), pp. 233, 242; *J. Chem. Phys.* **5** (1937), p. 964.

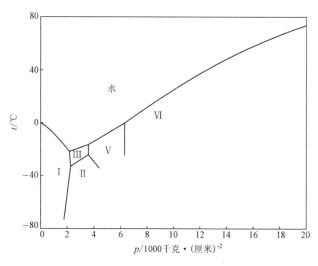

图 10　水在高压下的相图

表二　水的三相点

三　　　相	温　度/℃	压　　　强
汽，水，冰(I)	+0.010	4.58 毫米汞
水，I，Ⅲ	−22.0	2115 千克/(厘米)²
水，Ⅲ，V	−17.0	3530 千克/(厘米)²
水，V，Ⅵ	+0.16	6380 千克/(厘米)²
水，Ⅵ，Ⅶ	+81.6	22400 千克/(厘米)²
I，Ⅱ，Ⅲ	−34.7	2170 千克/(厘米)²
Ⅱ，Ⅲ，V	−24.3	3510 千克/(厘米)²

　　从一种固态变为另一种固态名为**多形相变**.各种不同类型的冰之间的相互转变属于多形相变.多形相变一般在高压下才出现.但是有时候在压强不太大时也可见到.例如图 11 所显示的硫磺的相图,在压强不太大时就出现有两种固体硫,在 100℃左右存在的固态硫的结晶型属于单斜晶系,在较低温度存在的属于正交晶系.

　　对于液态说,各种液体混合在一起有时可成为一个单相系,例如水与酒精;但是有时不能成为一相,例如水与水银混合在一起仍然是两相共存.通常一种物质只有一种液

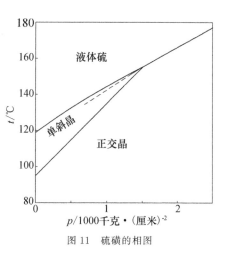

图 11　硫磺的相图

态,唯有氦在极低温度下有两种液态,一是 HeⅠ,一是 HeⅡ,后者在温度低于 2.2 K 时才出现.图 12 显示氦在高压和低温下的相图.两种液体氦的性质有很大的差别[①].

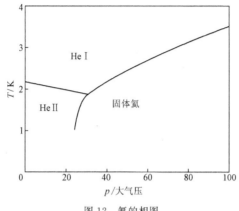

图 12　氦的相图

在四个相图中,除图 9 外,有三个相图中都没有画上气态.这是因为压强的单位太大,把气态挤到纵轴(即 T 轴)上去了.

相图中的曲线在理论上由方程(2)确定.假如 α 和 β 两相的化学势已知,则曲线方程完全确定.实际上,我们没有关于化学势的全部知识,所以相图中的曲线都是直接由实验测定的.热力学理论的应用主要在求曲线的斜率与潜热的关系.这就是有名的克拉珀龙方程.下面讨论这个问题.

设 $(T+\mathrm{d}T, p+\mathrm{d}p)$ 为曲线上邻近于 (T, p) 的一点.当 T 和 p 变为 $T+\mathrm{d}T$ 和 $p+\mathrm{d}p$ 时,μ^α 和 μ^β 变为 $\mu^\alpha+\mathrm{d}\mu^\alpha$ 和 $\mu^\beta+\mathrm{d}\mu^\beta$.由于 $(T+\mathrm{d}T, p+\mathrm{d}p)$ 仍然在曲线上,故在这一点的两相的化学势应当相等,即

$$\mu^\alpha + \mathrm{d}\mu^\alpha = \mu^\beta + \mathrm{d}\mu^\beta.$$

但根据(2)式有 $\mu^\alpha = \mu^\beta$,故 　　　　　$\mathrm{d}\mu^\alpha = \mathrm{d}\mu^\beta.$ 　　　　　　　(3)

由 μ^α 和 μ^β 的定义(即公式(1)),应用 22 节(12)式,得

$$\mathrm{d}\mu^\alpha = -s^\alpha \mathrm{d}T + v^\alpha \mathrm{d}p, \quad \mathrm{d}\mu^\beta = -s^\beta \mathrm{d}T + v^\beta \mathrm{d}p. \tag{4}$$

代入(3)式,化得

$$\frac{\mathrm{d}p}{\mathrm{d}T} = \frac{s^\alpha - s^\beta}{v^\alpha - v^\beta}. \tag{5}$$

这是曲线斜率的公式.我们还需要把这个方程的右方与相变潜热联系起来.

把(1)式代入(2),应用焓的定义 $h = u + pv$,得

$$h^\alpha - Ts^\alpha = h^\beta - Ts^\beta,$$

或 　　　　　　　　　$T(s^\alpha - s^\beta) = h^\alpha - h^\beta = \lambda.$ 　　　　　　　(6)

①　见 Keesom, *Helium* (1942), p. 226, p. 239, pp. 263—364.

根据 11 节(7)式,本节(6)式的右方 $h^\alpha - h^\beta$ 应等于一个克分子(或一克)物质由 β 相变到 α 相,在等压等温的情形下所吸收的热量. 依照相变潜热的定义,$h^\alpha - h^\beta$ 就是一个克分子(或一克)由 β 相变到 α 相的相变潜热,我们用符号 λ 表示. 应用(6)式到(5)式,化得

$$\frac{\mathrm{d}p}{\mathrm{d}T} = \frac{\lambda}{T(v^\alpha - v^\beta)}. \tag{7}$$

这个方程名为克拉珀龙方程,是克拉珀龙首先在 1834 年得到的(见 16 节). 这个方程又名为克劳修斯-克拉珀龙方程,因为是克劳修斯最初应用热力学理论导出的.

举例说明(7)与实验数据的比较. 设 α 相为水蒸气,β 相为水,取单位为一克,温度为 $T = 373.15$,压强为一个大气压. 实验观测数据为[1]:

$$v^\alpha = 1673.0(\text{厘米})^3 / \text{克}, \quad v^\beta = 1.04346(\text{厘米})^3 / \text{克},$$

$$\lambda = 539.14 \text{ 卡} / \text{克}, \quad \mathrm{d}p/\mathrm{d}T = 0.0356 \text{ 大气压} / \text{度}.$$

今可求出 1 卡 $= 41.310(\text{厘米})^3 \cdot$ 大气压,故由(7)计算得

$$\frac{\mathrm{d}p}{\mathrm{d}T} = \frac{539.14 \times 41.310}{373.15 \times 1672.0} = 0.03570 \text{ 大气压} / \text{度}.$$

与观测数据 0.0356 相较,相吻合,而且较直接观测者更为精确.

再举一例. 设 α 相为水,β 相为冰,取单位为一克,温度为 $T = 273.15$,压强为一个大气压. 实验观测数据为[2]

$$v^\alpha = 1.00021(\text{厘米})^3 / \text{克}, \quad v^\beta = 1.0908(\text{厘米})^3 / \text{克},$$

$$\lambda = 79.72 \text{ 卡} / \text{克}, \quad \mathrm{d}T/\mathrm{d}p = -0.0075 \text{ 度} / \text{大气压}.$$

代入(7)式,求得

$$\frac{\mathrm{d}T}{\mathrm{d}p} = -\frac{273.15 \times 0.0906}{79.72 \times 41.310} = -0.00752 \text{ 度} / \text{大气压}.$$

计算的结果与观测的相合.

现在讨论有三相共存的情形. 设三相为 α, β, γ,则平衡条件为

$$\mu^\alpha = \mu^\beta = \mu^\gamma. \tag{8}$$

这是两个方程,确定了三相点的温度及压强的数值. 可以看出,三相点是三个曲线的共同交点,这三个曲线的方程是 $\mu^\alpha = \mu^\beta, \mu^\beta = \mu^\gamma, \mu^\gamma = \mu^\alpha$,其中每一个代表两相平衡. 在三相点有三种潜热,可以用 $\lambda_{\alpha\beta}, \lambda_{\beta\gamma}, \lambda_{\alpha\gamma}$ 表示,即

$$\lambda_{\alpha\beta} = h^\alpha - h^\beta, \quad \lambda_{\beta\gamma} = h^\beta - h^\gamma, \quad \lambda_{\alpha\gamma} = h^\alpha - h^\gamma. \tag{9}$$

很显然有

$$\lambda_{\alpha\gamma} = \lambda_{\alpha\beta} + \lambda_{\beta\gamma}. \tag{10}$$

这就是说,三种潜热中的一种可由其他两种求出. 以水为例,设 α 代表汽,β 代表水,

---

[1] 汽点及冰点时水的实测数据见 Landolt-Börnstein, *Physikalisch-Chemische Tabellen*, 及 N. S. Osborne, H. F. Stimson, D. C. Ginnings, *J. Research*, *Bur. Stand.* **23**(1939), p.268.

[2] 同上.

γ 代表冰,则 $\lambda_{\alpha\beta}$ 为汽化潜热,$\lambda_{\beta\gamma}$ 为熔解潜热,$\lambda_{\alpha\gamma}$ 为升华潜热.实验测得

$$\lambda_{\alpha\beta} = 597.40 \text{ 卡 / 克}, \quad \lambda_{\beta\gamma} = 79.72 \text{ 卡 / 克}.$$

但实验不容易直接测得升华潜热.应用(10)式可求得升华潜热为

$$\lambda_{\alpha\gamma} = 597.40 + 79.72 = 677.12 \text{ 卡 / 克}.$$

作为一个热力学的应用例子,可利用克拉珀龙方程推算水的三相点.水与冰平衡曲线的斜率已经求出为 $\mathrm{d}T/\mathrm{d}p = -0.00752$ 度/大气压.这个数值很小,可见冰的熔点随压强变得很小.因此,三相点既然是水冰曲线(即熔解线)与水汽曲线(即汽化线)的交点,则三相点的温度必定很接近于 0℃.在 0℃ 时观测的蒸气压是 4.579 毫米汞,这个数值一定很接近三相点的压强.在这个压强之下,水冰曲线上的温度是

$$0.00752 \times (760 - 4.579)/760 = 0.00747℃.$$

这就是三相点的温度的初步计算所得的数值.要求得三相点的压强的更精确的数值,我们可应用克拉珀龙方程到水汽曲线.设 α 为汽,β 为水,γ 为冰.观测得的,在 0℃ 时水汽平衡的数值为

$$v^a = 206288 (\text{厘米})^3 / \text{克}, \quad \lambda_{\alpha\beta} = 597.40 \text{ 卡 / 克},$$

然后应用克拉珀龙方程计算得

$$\frac{\mathrm{d}p}{\mathrm{d}T} = 4.380 \times 10^{-4} \text{ 大气压 / 度} = 0.3330 \text{ 毫米汞 / 度}.$$

由这个结果可求出三相点的压强比 4.579 毫米汞增加

$$0.3330 \times 0.00747 = 0.00250 \text{ 毫米汞}.$$

故三相点的压强为 $\qquad p_3 = 4.582$ 毫米汞.

这个压强数值与 4.579 相差很少,不影响上面所算得的三相点的温度,所以三相点的温度仍然是 $+0.00747℃$.

直接观测得的三相点的温度是[1]

$$t_3 = +0.00981 \pm 0.00005℃.$$

这个数值比计算的结果高 0.00234℃.这个差别并不真正代表理论与实验不相符合,而是由于我们在计算中忽略了一件事实所产生的.这件事实是,在冰点的定义里规定了 0℃ 是纯冰与有空气溶解在内的水达到平衡的温度(见 2 节),而在应用克拉珀龙方程时应假定纯冰与无空气溶解在内的纯水达到平衡,因为这样才是真正的单元系.由于有空气溶解在水内,使冰点降低了 0.00242℃(见 53 节),因此三相点比降低了的冰点应高 $0.00747 + 0.00242 = 0.00989℃$.这个结果与实验符合.

_____

① 见 J. A. Beattie, Tzu-Ching Huang(黄子卿), and M. Benedict, *Proc. Amer. Acad. of Arts and Science*, **72**(1938), pp. 137—155. 但在 1949 年,H. F. Stimson, *J. Research*, *Bur. Stand.* **42**(1949), pp. 209—217,所给的数值为 $t_3 = +0.0100℃$.

潜热随温度而改变的情形——将(6)式对温度求微商得

$$\frac{d\lambda}{dT} = \left(\frac{\partial h^\alpha}{\partial T}\right)_p + \left(\frac{\partial h^\alpha}{\partial p}\right)_T \frac{dp}{dT} - \left(\frac{\partial h^\beta}{\partial T}\right)_p - \left(\frac{\partial h^\beta}{\partial p}\right)_T \frac{dp}{dT}.$$

已知(见 18 节的(14)及(15)两式)

$$\left(\frac{\partial h^\alpha}{\partial T}\right)_p = c_p^\alpha, \quad \left(\frac{\partial h^\beta}{\partial T}\right)_p = c_p^\beta,$$

$$\left(\frac{\partial h^\alpha}{\partial p}\right)_T = v^\alpha - T\left(\frac{\partial v^\alpha}{\partial T}\right)_p, \quad \left(\frac{\partial h^\beta}{\partial p}\right)_T = v^\beta - T\left(\frac{\partial v^\beta}{\partial T}\right)_p,$$

故

$$\frac{d\lambda}{dT} = c_p^\alpha - c_p^\beta + (v^\alpha - v^\beta)\frac{dp}{dT} - T\left[\left(\frac{\partial v^\alpha}{\partial T}\right)_p - \left(\frac{\partial v^\beta}{\partial T}\right)_p\right]\frac{dp}{dT}, \tag{11}$$

这是潜热随温度而改变的热力学公式. 利用克拉珀龙方程消去 dp/dT, 得

$$\frac{d\lambda}{dT} = c_p^\alpha - c_p^\beta + \frac{\lambda}{T} - \left[\left(\frac{\partial v^\alpha}{\partial T}\right)_p - \left(\frac{\partial v^\beta}{\partial T}\right)_p\right]\frac{\lambda}{v^\alpha - v^\beta}. \tag{12}$$

在(11)和(12)中的 c_p^α 是 α 相的一个克分子(或一克)的定压热容量, c_p^β 是 β 相的同样物理量, 这些都是温度和压强的函数.

如果引进一种新的比热, 名为**两相平衡比热**, 则(11)式或(12)式还可以写得更简单些. 设 c_β^α 为 α 相的两相平衡比热, 这就是当在加热的过程中使 α 相与 β 相保持平衡时一个克分子 α 相的温度升高一度所吸收的热量. 依照这个定义得

$$c_\beta^\alpha = T\frac{ds^\alpha}{dT} = T\left(\frac{\partial s^\alpha}{\partial T}\right)_p + T\left(\frac{\partial s^\alpha}{\partial p}\right)_T \frac{dp}{dT}.$$

应用下列公式(见 18 节的(8)及(15)两式)

$$\left(\frac{\partial s^\alpha}{\partial T}\right)_p = \frac{c_p^\alpha}{T}, \quad \left(\frac{\partial s^\alpha}{\partial p}\right)_T = -\left(\frac{\partial v^\alpha}{\partial T}\right)_p,$$

求得

$$c_\beta^\alpha = c_p^\alpha - T\left(\frac{\partial v^\alpha}{\partial T}\right)_p \frac{dp}{dT}. \tag{13}$$

此式又可应用克拉珀龙方程而化为

$$c_\beta^\alpha = c_p^\alpha - \frac{\lambda}{v^\alpha - v^\beta}\left(\frac{\partial v^\alpha}{\partial T}\right)_p. \tag{14}$$

同样, 令 c_α^β 为 β 相的两相平衡比热, 有

$$c_\alpha^\beta = c_p^\beta - \frac{\lambda}{v^\alpha - v^\beta}\left(\frac{\partial v^\beta}{\partial T}\right)_p. \tag{15}$$

把(14)和(15)应用到(12)式, 得

$$\frac{d\lambda}{dT} = \frac{\lambda}{T} + c_\beta^\alpha - c_\alpha^\beta. \tag{16}$$

现在举例说明(12)式及(14)式的应用. 设 α 相为水蒸气, β 相为水, $T = 373.15$, $p = 1$ 大气压. 观测的数据为

$$v^\alpha = 1673 (厘米)^3 / 克, \quad \lambda = 539.14 卡 / 克,$$

$$c_p^a = 0.4620 \text{ 卡 / 克·度}, \quad c_p^\beta = 1.0072 \text{ 卡 / 克·度},$$

$$\left(\frac{\partial v^a}{\partial T}\right)_p = 4.813(\text{厘米})^3 / \text{度}, \quad \left(\frac{\partial v^\beta}{\partial T}\right)_p = 0.000784(\text{厘米})^3 / \text{度}.$$

应用(12)式计算的结果是

$$\frac{\mathrm{d}\lambda}{\mathrm{d}T} = -0.652 \text{ 卡 / 度·克},$$

这与直接测得的数值-0.64 相符合.

用同样数据可计算 c_β^a 及 c_α^β,计算的结果是

$$c_\beta^a = 0.4620 - 1.5520 = -1.090 \text{ 卡 / 度·克},$$

$$c_\alpha^\beta = 1.0072 - 0.000253 = 1.0069 \text{ 卡 / 度·克}.$$

水的两相平衡比热 c_α^β 与水的定压比热 c_p^β 相差很少,可以认为近似相等.但是水蒸气的两相平衡比热 c_β^a 与它的定压比热 c_p^a 相差很大,c_β^a 的数值变为负数了.当 α 相是气态时,克劳修斯称 c_β^a 为**饱和蒸气比热**,因为在两相平衡时蒸气处在饱和状态.

上面的计算证明饱和蒸气比热是负的.这个事实可利用来设计云室.当饱和蒸气作绝热膨胀时,它的温度降低,并且由于饱和蒸气的比热是负的,它在绝热膨胀后变为过饱和状态.在有微尘时水蒸气以之为凝结核而成雾.

28. 蒸气压方程

把与一个凝聚系(液体或固体)达到平衡的蒸气的压强与温度的关系表示出来的方程名为**蒸气压方程**,而与凝聚相达到平衡的蒸气名为**饱和蒸气**.假设蒸气为理想气体,我们可以根据上节的理论求得一个近似的蒸气压方程.为简单起见,在描写凝聚相的各变数的右上角都加一撇,而对于描写蒸气的各变数不加任何额外的符号.于是平衡条件化为

$$\mu = \mu'. \tag{1}$$

今既假设蒸气为理想气体,则 μ 的式子为(见 22 节(31),(41)两式)

$$\mu = RT(\varphi + \ln p), \tag{2}$$

其中

$$\varphi = \frac{h_0}{RT} - \frac{c_p^0}{R}\ln T - \int_0^T \frac{\mathrm{d}T}{RT^2}\int_0^T (c_p - c_p^0)\mathrm{d}T + \frac{c_p^0 - s_0}{R}. \tag{3}$$

为了求凝聚相的化学势 μ',我们先求 h' 及 s',然后用公式 $\mu' = h' - Ts'$ 求 μ'.由 $c_p' = (\partial h'/\partial T)_p$ 求积分得

$$h' = \int_0^T c_p'\mathrm{d}T + h_0', \tag{4}$$

其中 h_0' 为一未知的 p 的函数,而在积分符号下应保持 p 不变.我们现在利用凝聚

相的一个特点,即凝聚相的性质在压强改变时变化很小. 根据这个特点,可以把 h_0' 与 p 的关系忽略不计,而认为 h_0' 是一常数. 令 $c_p' = \lim\limits_{T\to 0} c_p'$,则(4)式可化为

$$h' = c_p'^0 T + \int_0^T (c_p' - c_p'^0)\,\mathrm{d}T + h_0'. \tag{5}$$

同样,由 $c_p' = T(\partial s'/\partial T)_p$ 求积分,得

$$s' = \int c_p' \frac{\mathrm{d}T}{T} + s_0' = c_p'^0 \ln T + \int_0^T (c_p' - c_p'^0) \frac{\mathrm{d}T}{T} + s_0', \tag{6}$$

其中 s_0' 为一未知的 p 的函数. 但是 s_0' 随 p 变化很小,与 h_0' 一样,可以认为是常数. 把(5)及(6)代入 $\mu' = h' - Ts'$,得

$$\mu' = c_p'^0 T(1 - \ln T) - T\int_0^T \frac{\mathrm{d}T}{T^2}\int_0^T (c_p' - c_p'^0)\,\mathrm{d}T - Ts_0' + h_0'. \tag{7}$$

这是凝聚相的化学势.

　　实验证明,同时也得到量子论的解释,当绝对温度 T 趋于零时,结晶体的比热也趋于零,即 $c_p'^0 = 0$. 所以晶体的熵及化学势为

$$s' = \int_0^T c_p' \frac{\mathrm{d}T}{T} + s_0', \tag{6'}$$

$$\mu' = -T\int_0^T \frac{\mathrm{d}T}{T^2}\int_0^T c_p'\,\mathrm{d}T - Ts_0' + h_0'. \tag{7'}$$

　　将(2),(3),(7)代入(1)式,经过演算,得

$$\ln p = -\frac{h_0 - h_0'}{RT} + \frac{c_p^0 - c_p'^0}{R}\ln T$$
$$+ \int_0^T \frac{\mathrm{d}T}{RT^2}\int_0^T (c_p - c_p' - c_p^0 + c_p'^0)\,\mathrm{d}T + i, \tag{8}$$

其中
$$i = (s_0 - s_0' - c_p^0 + c_p'^0)/R. \tag{9}$$

(8)式就是蒸气压方程,i 名为蒸气压常数.(8)式中的各项,除第一项和末项外,都可由比热确定,而第一项和末项的数值可由实验测得的蒸气压确定. 由(9)式看出,由于 i 有确定的数值,$s_0 - s_0'$ 也必须有确定的数值. 因此,s_0 和 s_0' 两个熵常数中,只能有一个的数值可以任意选择. 同样,由于第一项的系数有确定的数值,$h_0 - h_0'$ 也必须有确定的数值. 因此,h_0 和 h_0' 两个焓常数中,只能有一个的数值可以任意选择. 蒸气压常数 i 的数值可从统计力学的理论算出[1].

　　蒸气压方程的另一个导出法是解克拉珀龙方程和潜热随温度而变的公式(用一撇表示凝聚相,见上节方程(7)及(12)):

$$\frac{\mathrm{d}p}{\mathrm{d}T} = \frac{\lambda}{T(v - v')}, \tag{10}$$

---

[1]　见 Fowlor and Guggonheim, *Statistical Thermodynamics* (1939), pp. 198—215.

$$\frac{\mathrm{d}\lambda}{\mathrm{d}T} = c_p - c_p' + \frac{\lambda}{T} - \left(\frac{\partial v}{\partial T} - \frac{\partial v'}{\partial T}\right)\frac{\lambda}{v - v'}. \tag{11}$$

今假定蒸气为理想气体,得 $v = RT/p$,并略去 v'(因 $v' \ll v$),把(10)式及(11)式简化为

$$\frac{\mathrm{d}p}{\mathrm{d}T} = \frac{\lambda}{RT^2}p, \tag{12}$$

$$\frac{\mathrm{d}p}{\mathrm{d}T} = c_p - c_p'. \tag{13}$$

求(13)式的积分,得

$$\lambda = \lambda_0 + \int_0^T (c_p - c_p')\mathrm{d}T$$

$$= \lambda_0 + (c_p^0 - c_p'^0)T + \int_0^T (c_p - c_p' - c_p^0 + c_p'^0)\mathrm{d}T, \tag{14}$$

其中 λ_0 为积分常数. 代入(12),求积分,得

$$\ln p = -\frac{\lambda_0}{RT} + \frac{c_p^0 - c_p'^0}{R}\ln T$$

$$+ \int_0^T \frac{\mathrm{d}T}{RT^2}\int_0^T (c_p - c_p' - c_p^0 + c_p'^0)\mathrm{d}T + i, \tag{15}$$

其中 i 为积分常数. 比较(8)及(15)两式得积分常数 λ_0 及 i 与焓常数及熵常数的关系为

$$\lambda_0 = h_0 - h_0', \quad i = (s_0 - s_0' - c_p^0 + c_p'^0)/R. \tag{16}$$

在实用上,假如温度变化的范围不太大,比热可以当作是常数,而蒸气压方程简化为(在(8)式中令 $c_p = c_p^0, c_p' = c_p'^0$ 即得)

$$\ln p = A - \frac{B}{T} + C\ln T, \tag{17}$$

其中

$$A = i = (s_0 - s_0' - c_p + c_p')/R, \quad B = (h_0 - h_0')/R, \quad C = (c_p - c_p')/R.$$

这个式子(17)是基尔霍夫(Kirchhoff)所首先求得的.

例子——液体汞的蒸气压方程[1]:

$$\log p_{\mathrm{mm}} = 10.3735 - \frac{3308}{T} - 0.8\log T,$$

其中 log 为常用对数 $\log_{10}$, p_{mm} 为用毫米汞单位表达的蒸气压. 用这个式子所算得的蒸气压在 $400 < T < 800$ 之间的误差在 2% 以内.

当温度范围较大时,在实用上往往把比热表为 T 的级数,只取最初几项(参阅

---

[1]　见 Ditchburn and Gilmour, *Rev. Mod. Phys.*, **13**(1941), p. 310.

22 节 (42) 式及 (43) 式. 例如冰的蒸气压方程在 $-90℃$ 到 $0℃$ 之间为[①]

$$\log p_{mm} = -\frac{2445.5646}{T} + 8.2312 \log T - 0.01677006 T$$
$$+ 1.20514 \times 10^{-5} T^2 - 6.757169,$$

水的蒸气压方程在 $0℃$ 到 $100℃$ 之间为[②]

$$\log p_{atm} = -3.142305 \left\{ \frac{10^3}{T} - \frac{10^3}{373.16} \right\} + 8.2 \log \left(\frac{373.16}{T} \right)$$
$$- 0.0024804(373.16 - T).$$

其中 p_{atm} 是用大气压为单位的蒸气压. 把蒸气压的单位改为毫米汞, 经过换算, 得水的蒸气压方程为

$$\log p_{mm} = 31.465564 - \frac{3142.305}{T} - 8.2 \log T + 0.0024804 T.$$

假如温度范围很小, 往往反过来用一个压强的级数的最初几项来表达沸点的温度, 这种表示法主要应用在校准温度计上. 举例如下[③]:

（一）汽点（水的沸点）:
$$t_1 = 100 + 28.012(p-1) - 11.64(p-1)^2$$
$$+ 7.1(p-1)^3,$$

（二）硫点（硫磺的沸点）:
$$t_S = 444.600 + 69.010(p-1) - 27.48(p-1)^2$$
$$+ 19.14(p-1)^3,$$

（三）氧点（氧气的液化点）:
$$t_{Ox} = -182.970 + 9.530(p-1) - 3.72(p-1)^2$$
$$+ 2.2(p-1)^3.$$

以上三个式子中 p 的单位都是大气压.

对于非理想气体的改正——前面所得到的蒸气压方程只适用于蒸气是理想气体的情形. 对于实际气体, 化学势的式子将不再是 (2) 和 (3), 而需要有所改正. 今应用 22 节的理论求非理想气体的化学势. 设蒸气的物态方程表为下列形式

$$pv = RT(1 + Bp + Cp^2 + \cdots), \tag{18}$$

其中 v 为一个克分子的体积. 应用 (18) 到 22 节的公式 (45), 求积分, 得

$$\mu = RT \left(\ln p + Bp + \frac{1}{2} Cp^2 + \cdots \right) - \int dT \int c_p^* \frac{dT}{T}, \tag{19}$$

①　见 *International Critical Tables*, vol. Ⅲ, p.210.

②　见 N. S. Osborne, H. F. Stimson, D. C. Ginnings, *J. Research*, *Bur. Stand.* **23**(1939), pp. 261—270.

③　见 H. F. Stimson, *J. Research*, *Bur. Stand.* **42**(1949), pp. 209—217.

其中
$$c_p^* = \lim_{p \to 0} c_p,$$

是当压强趋于零时气体的定压比热的极限值,是温度的函数. 为要满足实际气体在压强趋于零时趋于理想气体这一极限性质. (19)式必须在 $p \to 0$ 时变为(2),也就是说,必须选择(19)式中积分常数使(19)式取下列形式

$$\mu = RT\left(\varphi^* + \ln p + Bp + \frac{1}{2}Cp^2 + \cdots\right), \tag{20}$$

其中

$$\varphi^* = \frac{h_0}{RT} - \frac{c_p^0}{R}\ln T - \int_0^T \frac{dT}{RT^2}\int_0^T (c_p^* - c_p^0)dT + \frac{c_p^0 - s_0}{R}, \tag{21}$$

式中 $c_p^0 = \lim_{T \to 0} c_p^*$. 应用(20)和(7)到(1),得

$$\ln p + Bp + \frac{1}{2}Cp^2 + \cdots = -\frac{\lambda_0}{RT} + \frac{c_p^0 - c_p'^0}{R}\ln T$$

$$+ \int_0^T \frac{dT}{RT^2}\int_0^T (c_p^* - c_p' - c_p^0 + c_p'^0)dT + i, \tag{22}$$

其中 λ_0 及 i 满足(16)式. 这就是非理想气体的蒸气压方程,左方含有 B,C 等系数的各项就是对非理想气体的改正项. 注意在方程的右方 c_p^* 代替了 c_p.

29. 临界点及气液两态的相互转变

一个单元系的相图的一般形式,在包括气、液、固三相(也称三态)时,大致像图 13 所表示的那样. 汽化曲线从三相点 A 出发,到一点 C 为止,温度高于 C 点时液相即不存在,而汽化曲线也不存在. 这一点 C 名为**临界点**,在临界点的温度和压强名为临界温度和临界压强. 当温度在临界温度以下时,可用等温压缩的办法把气体液化. 但当温度高于临界温度时,液相已不存在,气体就不可能用等温压缩的办法来液化. 由于这个原因,蒸气这一名词只能应用于在临界温度以下的气体,因为在使用蒸气这一名词时总是意味着有凝聚相存在. 在临界温度以下,蒸气相与液相的性质有很明显的差异,例如密度不同,液相有表面张力而气相没有等. 当温度上升时,这些差异逐渐减少,到临界温度时,所有这些差异都完全消灭,液相不复存在. 由于有了临界点,就可能从液相连续地变为气相,或是从气相连续地变为液相,在转变的过程中没有任何不连续的现象发生,也没有两相共存的情形,只要在改变温度和压强时不穿过汽化线 AC 就行了. 现在所说的临界点,只在汽化线上发现了. 至于升华曲线,熔解曲线和多形相变曲线上,都没有观测到这种标志两相完全融合而成为一个单相的临界点.

安住斯(Andrews)在 1869 年得到二氧化碳在高压下的等温线(见图 14). 在临界温度 31.1℃ 以上,等温线的形状类似于玻意尔定律的双曲线,是气相的等温线.

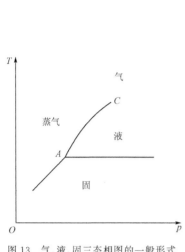

图 13　气、液、固三态相图的一般形式

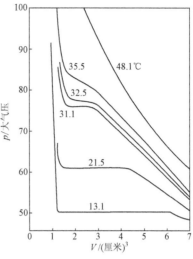

图 14　二氧化碳的等温线

在临界温度以下,等温线是三段所组成的,一段代表液相,一段代表气相,一段代表气液两相共存时的情形.在代表液相的一段,等温线几乎与 p 坐标轴平行.在代表气液两相共存的一段,等温线是一个直线,完全与 V 坐标轴平行,因为在气液两相共存时,在一定的温度下,压强是保持不变的.在这一段直线的左端相当于液相的体积度(体积度是单位质量的体积),右端相当于气相的体积度,而在这两点之间由纯液相经过气液两相共存的情形变到纯气相.显然,在这两点之间的体积 V 与气液混合的比例有下列关系

$$V = xV_1 + (1-x)V_g, \tag{1}$$

其中 V_1 和 V_g 分别为液相和气相的体积度,x 是液相的比例,$(1-x)$ 是气相的比例.当 x 由 1 变到 0,V 则由 V_1 变到 V_g,即由纯液相经过气液混合的阶段到达纯气相.

范德瓦尔斯在 1873 年根据他的物态方程(关于范氏方程的理论在统计物理学中有阐述)讨论了气液两相互相转变和临界点的问题.范氏方程是(已见 18 节(29)式)

$$p = \frac{NRT}{V-b} - \frac{a}{V^2}. \tag{2}$$

把范氏方程的等温线画出,得图 15.为叙述简单起见,我们把用范氏方程代表的气体叫做范氏气体.比较图 14 与图 15,可以看出范氏气体的等温线与实际观测得的很相像.范氏气体的等温线也分为三种类型.第一种如图 15 的 KL 线,形状类似于玻意尔定律的双曲线,这是温度较高时的情形.第二种如图中的 ACB 线,有一拐点 C,在此拐点的切线与 V 坐标轴平行.这条曲线相当于图 14 的临界温度的等温线,

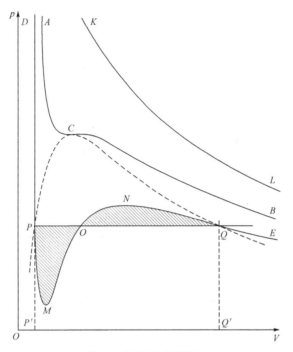

图 15　范氏气体的等温线

而 C 点就是临界点. 第三点如图中的 $DPMONQE$ 线, 线上有一极小点 M 和一极大点 N. 这是在温度低于临界温度时的情形. 当温度升高, M 和 N 点逐渐靠近; 等到温度升为临界温度 T_c 时, 这两点重合为 C 点. 因此 C 点的温度 T_c 和压强 p_c 应满足下列两个方程:

$$\frac{\partial p}{\partial V} = 0, \quad \frac{\partial^2 p}{\partial V^2} = 0. \tag{3}$$

这两个方程说明 C 点的切线与 V 坐标平行(即 $\partial p/\partial V = 0$), 并且 C 点是等温线上的拐点(即 $\partial^2 p/\partial V^2 = 0$).

　　比较图 14 与图 15, 曲线很相似, 但是在临界温度以下的曲线两图的差别很显著. 这个差别可用热力学理论解释. 在理论上应用自由能判据, 或是吉布斯函数判据, 可以证明在等温过程由 D 段到 E 段进行中要经过一段不稳定的平衡态, 这就是由 P 点经 MON 到 Q 点的一段. 要是把这一段改为一条直线 PQ, 则变为稳定的平衡; 这一段直线代表 P 点的物质和 Q 点的物质的混合体, 也就是代表两相共存的情况. P 点和 Q 点的地位由相变平衡条件确定, 即

$$\mu_P = \mu_Q, \tag{4}$$

其中 μ_P 和 μ_Q 分别为 P 点和 Q 点的化学势. 但化学势等于一个克分子的吉布斯函数, 故(4)式又可写为

$$G_P = G_Q. \tag{5}$$

设 P 点和 Q 点的共同压强为 p^*，则由 G 与自由能 F 的关系，$G = F + pV$，可把(5)式化为

$$F_P + p^* V_P = F_Q + p^* V_Q,$$

或 $$p^*(V_Q - V_P) = F_P - F_Q. \tag{6}$$

今假设在经过不稳定平衡段 $PMONQ$ 时，自由能 F 的偏微商与压强的关系仍然遵守热力学公式

$$\frac{\partial F}{\partial V} = -p,$$

则积分得 $$F_P - F_Q = -\int_{V_Q}^{V_P} p\, dV = \int_{V_P}^{V_Q} p\, dV,$$

积分符号中的 p 是曲线 $PMONQ$ 上的压强. 代入(6)，得

$$p^*(V_Q - V_P) = \int_{V_P}^{V_Q} p\, dV. \tag{7}$$

这个方程的左方等于图 15 中矩形 $P'PQQ'$ 的面积，右方等于曲线 $PMONQ$ 下的面积. 右方的面积与左方比，在 O 点的左边少了一块 PMO，在 O 点的右边多了一块 ONQ，所以(7)式可以表为

$$面积\ PMO = 面积\ ONQ. \tag{8}$$

这个结果名为**等面积法则**，是由麦克斯韦所首先得到的，因此名为麦氏等面积法则.

上面所说，直线段 PQ 是稳定的，曲线段 $PMONQ$ 是不稳定的，可以用吉布斯函数最小判据证明. 先求吉布斯函数 $G = F + pV$，而 F 由微分方程

$$\frac{\partial F}{\partial V} = -p = -\frac{NRT}{V-b} + \frac{a}{V^2}$$

求积分而得： $$F = -NRT\ln(V-b) - \frac{a}{V} + C, \tag{9}$$

其中 C 为一待定的温度函数. 因为在应用吉布斯函数判据时，温度保持不变，所以 C 与温度的关系并不需要知道. 但在了解范氏气体的其他性质时，C 与温度的关系是需要的. 要定这个关系，我们可以应用极限性质，即当 V 趋于无穷大时(这相当于 p 趋于零)，范氏气体趋于理想气体. 理想气体的自由能已见 22 节(33)式，与(9)式比较，令 $V \to \infty$，得

$$C = -T\int \frac{dT}{T^2}\int C_v dT + U_0 - TS_0, \tag{10}$$

其中 C_v 是范氏气体的定体热容量，它是温度的函数，与体积无关. 由 $G = F + pV$ 得

$$G = -NRT\ln(V-b) + \frac{NRTV}{V-b} - \frac{2a}{V} + C. \tag{11}$$

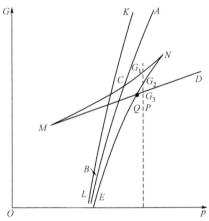

图 16　范氏气体的吉布斯函数

图 16 显示由(11)计算得的吉布斯函数在温度不变时随 p 改变的情形,图中 $A,B,C,\cdots$ 各点相当于图 15 中同样的点.从图上可以看出,在临界温度以下,当 p 的数值在 M 和 N 两点的压强之间时,对于每一个 p 的值,有三个 G 的值(见图中虚线所交的三点 G_1,G_2,G_3).根据吉布斯函数判据,平衡态的 G 最小.现在 DP 线段上的 G 比在同样 p 时的 PN 段及 MN 段上的 G 小,所以 DP 段代表平衡态.同样,EQ 段代表平衡态.P 和 Q 两点在 G-p 图上重合,所以 $G_P=G_Q$,这正是(5)式.在 P 与 Q 之间,在图 15 上的平衡态一定是由直线 PQ 代表,因为在这一段 G 的数值应当维持在 P 点或 Q 点的数值不变,而这是在 P 点和 Q 点的物质在固定的温度和压强下以任意的比例混合而共存时的必然结果.

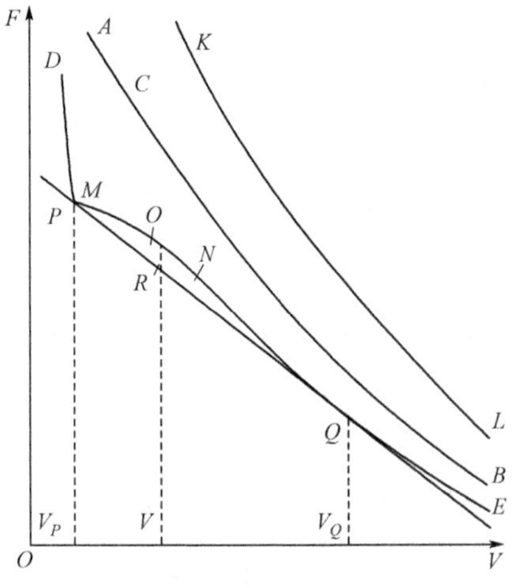

关于在 PQ 段内气液两相混合的情形,从自由能判据来看更清楚些.图 17 显示由(9)计算得自由能在温度不变时随 V 改变的情形.在临界温度以下,可以作一切线同时与两点 P 和 Q 相切,在这两点的斜率与切线 PQ 的斜率相同,故

$$\frac{F_Q-F_P}{V_Q-V_P}=\frac{\partial F}{\partial V}=-p^*.$$

这就是方程(6).我们很容易看出,在 PQ 切线上的 F 值等于气液两相混合的自由能.设 R 为 PQ 切线上的一点,令这一点的 F 为 F^*,它相当于 V 的值为 V.由于 R 在 PQ 直线上,显然可得

图 17　范氏气体的自由能

$$\frac{F^*-F_Q}{F_P-F_Q}=\frac{V-V_Q}{V_P-V_Q}.$$

令这个分数等于 x,可化为

$$V=xV_P+(1-x)V_Q, \tag{12}$$

$$F^*=xF_P+(1-x)F_Q. \tag{13}$$

这两个式子说明这个混合物中液相的比例是 x(相当于 P 点),气相的比例是

$(1-x)$（相当于 Q 点）. 方程 (12) 与方程 (1) 相同, 只是符号上不一样. 从图 17 可以看出, 在 PQ 切线上的自由能 F^* 比同样 V 时在曲线上的自由能小些, 因此, 根据自由能最小判据, 用 PQ 直线代表的气液混合态是稳定的平衡态.

从上面的讨论中我们看到, 热力学理论能够解释气液两态相互转变的过程, 能够解释在临界温度以下范氏方程的理论等温线可通过麦氏等面积法则与实验相符合. 但还不止此. 实验还可观测到等温线 PM 段靠近 P 点的一段, 这一段代表**过热液态**, 是一种不稳定的平衡态. 如果稍受扰动, 过热液态就要消灭而变为气液两相的混合物. 这种能够观测到的过热液态属于一种亚稳平衡态, 即对无穷小的扰动是稳定的, 对有限大的扰动是不稳定的. 一种完全不稳定的平衡态对无穷小的扰动也是不稳定的, 因此是根本无法观测到的. 同样, QN 段靠近 Q 点的一段也可观测到, 这一段代表**过冷蒸气**, 或**过饱和蒸气**. 当过冷蒸气中出现有小的颗粒时, 蒸气将把它作为凝结核而凝结为液体. 至于等温曲线上的 MN 段则是完全不稳定的, 无法观测到.

上面所说的, PM 和 QN 代表亚稳态, 而 MN 代表不稳态, 可简单说明如下. 今假定物体的状态在 MN 段上的一点. 当外界的压强略小于物体的压强, 则根据力学原理, 这个物体一定膨胀. 物体的性质既然由 MN 线段代表, 则膨胀后压强必增加, 因而超过外界压强更多, 更要膨胀. 所以离开原态越来越远. 同样, 如果外界压强比物体的压强略为大一点, 则物体就会压缩, 而且越压越小, 离原态越来越远. 所以 MN 段是不稳定的. 但是 PM 和 QN 两段的性质与这不同, 在这两段上压强与体积改变的方向相反. 如果外界压强略小, 则物体膨胀, 同时自身的压强减少. 等到自身压强减少到小于外界压强时, 就会停止膨胀而回缩. 同样, 如果外界压强略大, 物体将先缩后胀而回转来. 所以 PM 段和 QN 段对于无穷小的扰动是稳定的. 它们之所以是亚稳的, 而不是稳定的, 是由于存在更稳定的平衡态——气液两相的混合——的缘故.

上面根据范氏方程所得到的关于气液两态相互转变时的等面积法则 (7) 或 (8) 和临界点的性质 (3), 都是带有普遍性的, 并不仅仅适用于范氏方程. 只要我们假设气液两相有一个统一的物态方程: $p=p(V,T)$, 在气液两态相互转变的过程中, 物体在依照这个物态方程的等温线改变状态时, 将经过亚稳平衡态的过热液态和过冷蒸气阶段, 并且还经过不稳定的平衡态阶段, 那么 (7) 和 (3) 都可应用. 在依照一个统一的物态方程作等温改变时, 物体将连续地由液相转变为气相, 中间不经过像沿 PQ 段改变时那种不连续的情形. 这种不连续的情形的特点是: 在改变的过程中存在有两种性质完全不同的气液两相, 而在依照统一的物态方程作连续的改变时, 物体将始终维持为一个均匀系, 即在过程进行中始终只有一相存在. 这样一个性质叫做**气液两态的连续性**. 等面积法则 (7) 是由相变平衡条件 (5) 导出的, 这显然与物态方程的特殊形式范氏方程无关,而是适用于任何物态方程的.至于临界点的性质(3)则是应用范氏方程的特点得到的,但是也可由等面积法则普遍证明,下面讲普朗克的证明[①].

假设气液两相在临界温度以下有一个共同的物态方程,则 $p=p(V,T)$ 是 V 的连续函数并有连续微商.设函数 p 在 $V=V_P$ 的附近可展开为一个级数:

$$p = p^* + \frac{\partial p}{\partial V}(V-V_P) + \frac{1}{2}\frac{\partial^2 p}{\partial V^2}(V-V_P)^2$$
$$+ \frac{1}{6}\frac{\partial^3 p}{\partial V^3}(V-V_P)^3 + \cdots, \tag{14}$$

其中 $\partial p/\partial V, \partial^2 p/\partial V^2, \partial^3 p/\partial V^3$ 都是在 $V=V_P$ 时的数值,p^* 是 p 在 $V=V_P$ 时的值.令 $V=V_Q$,则 p 又变为 p^*(这就是力学平衡条件 $p_P=p_Q=p^*$),故(14)化为

$$\frac{\partial p}{\partial V}(V_Q-V_P) + \frac{1}{2}\frac{\partial^2 p}{\partial V^2}(V_Q-V_P)^2$$
$$+ \frac{1}{6}\frac{\partial^3 p}{\partial V^3}(V_Q-V_P)^3 + \cdots = 0.$$

在 $T<T_c$ 时,$V_P \neq V_Q$,上式可用 V_Q-V_P 除,得

$$\frac{\partial p}{\partial V} + \frac{1}{2}\frac{\partial^2 p}{\partial V^2}(V_Q-V_P) + \frac{1}{6}\frac{\partial^3 p}{\partial V^3}(V_Q-V_P)^2 + \cdots = 0. \tag{15}$$

现在把(14)的 p 代入等面积法则(7)式的积分中,求积分,得

$$\frac{1}{2}\frac{\partial p}{\partial V}(V_Q-V_P)^2 + \frac{1}{6}\frac{\partial^2 p}{\partial V^2}(V_Q-V_P)^3$$
$$+ \frac{1}{24}\frac{\partial^3 p}{\partial V^3}(V_Q-V_P)^4 + \cdots = 0.$$

除以 $\frac{1}{2}(V_Q-V_P)^2$,得

$$\frac{\partial p}{\partial V} + \frac{1}{3}\frac{\partial^2 p}{\partial V^2}(V_Q-V_P) + \frac{1}{12}\frac{\partial^3 p}{\partial V^3}(V_Q-V_P)^2 + \cdots = 0. \tag{16}$$

从(15)式中减去(16)式,并用 $\frac{1}{6}(V_Q-V_P)$ 除,得

$$\frac{\partial^2 p}{\partial V^2} + \frac{1}{2}\frac{\partial^3 p}{\partial V^3}(V_Q-V_P) + \cdots = 0. \tag{17}$$

在(15)和(17)两式中令 $V_P \rightarrow V_Q$,这样就到达了临界点,这两个方程在 $V_P=V_Q$ 时给出

$$\frac{\partial p}{\partial V} = 0, \quad \frac{\partial^2 p}{\partial V^2} = 0 \quad (T=T_c).$$

---

① 见 Planck, *Thermodynamik* (9. Auf., 1930), § 185.

这就是(3)式. 这样就证明了,(3)式是适用于任何物态方程的.

现在应用(3)式到范氏方程求临界点. 由(2)式求微商得

$$\frac{\partial p}{\partial V} = -\frac{NRT}{(V-b)^2} + \frac{2a}{V^3}, \quad \frac{\partial^2 p}{\partial V^2} = \frac{2NRT}{(V-b)^3} - \frac{6a}{V^4}. \tag{18}$$

代入(3),解得 V, p, T 在临界点的数值 V_c, p_c, T_c 为

$$V_c = 3b, \quad p_c = \frac{a}{27b^2}, \quad NRT_c = \frac{8a}{27b}. \tag{19}$$

从后面两个方程中解出 a 和 b,得

$$a = \frac{27(NRT_c)^2}{64p_c}, \quad b = \frac{NRT_c}{8p_c}. \tag{20}$$

从(19)的第一式与(20)的第二式中消去 b,得

$$\frac{NRT_c}{p_c V_c} = \frac{8}{3} = 2.667. \tag{21}$$

这个数值,$NRT_c/p_c V_c$,叫做**临界系数**. 表三列举一些气体的临界常数的观测值.

表三　气体的临界常数

气　　体	He	H$_2$	Ne	N$_2$	A	O$_2$	CO$_2$	NH$_3$	H$_2$O
分子量/$m^\dagger$	4.003	2.016	20.183	28.016	39.944	32.000	44.010	17.032	18.016
T_c	5.20	33.20	44.40	126.0	150.7	154.3	304.2	405.7	647.3
p_c/大气压	2.25	12.80	26.86	33.50	48.0	49.7	72.8	112.3	218.5
$\rho_c = \frac{m^\dagger}{V_c} / \frac{克}{(厘米)^{-3}}$	0.0693	0.03102	0.4835	0.31096	0.53078	0.4299	0.4683	0.2364	0.324
$RT_c/p_c V_c$	3.28	3.27	3.25	3.43	3.42	3.42	3.65	4.11	4.37
$1/NR$	273.43	273.35	273.26	272.90	272.83	272.81	271.71	271.34	270.54
$a \times 10^6$	67.8	486.2	414.7	2685	2682	2715	7264	8398	11053
$b \times 10^6$	1057	1186	756	1723	1438	1423	1922	1664	1369
T_B	22.1	107.4	115.1	323.1	410.1	423.1			
T_B/T_c	4.26	3.23	2.59	2.56	2.72	2.74			

表三中第六行的临界系数实测值比由范氏方程所计算得的(21)式的数值大些,但是数量级相同,而且大多数气体的数值都很接近. 这说明理论与实验大致符合,但还不完全符合. 第五行的 $\rho_c = m^\dagger/V_c$ 是临界密度,单位为"克/(厘米)^3". 第四行 p_c 的单位是"大气压". 第七行 NR 的数值相当于使在冰点和标准大气压下的体积为 1 立方厘米,因此 NR 满足下列方程:

$$(1+a)(1-b) = NRT_0, \tag{22}$$

其中 $T_0 = 273.15$ 是冰点的绝对温度. 第八行和第九行的 a 和 b 是用公式(20)从观

测的 T_c 和 p_c 算出的，a 的单位是大气压，b 的单位是（厘米）^{3}，在第一次近似计算中可假设 $NR=1/T_0$，然后把 a 和 b 的第一次近似值代入(22)式求 NR，再把所求得的 NR 代回(20)式求 a 和 b 的数值. 由于第六行的数值与理论公式(21)不符合，由(19)中第一式所算得的 b 与由(20)式算得的不同，我们没有把这些不同的数值列举出来. 第十行的 T_B 是使第二维里系数等于零的温度，叫做 **玻意尔温度**. 这个名词的意思是，在这个温度，气体遵守玻意尔定律（假如忽略第三、第四等维里系数时). 将范氏方程按 $1/V$ 的级数展开，由(2)得

$$pV = NRT + \frac{NRTb - a}{V} + \cdots.$$

故第二维里系数为（参阅 18 节(38)式）

$$B' = NRTb - a. \tag{23}$$

由此得

$$NRT_B = a/b. \tag{24}$$

与(19)的第三式比，得

$$\frac{T_B}{T_c} = \frac{27}{8} = 3.375. $$

这个结果与实验观测的相差不大.

今引进新的变数 θ,ω,φ，由下式规定

$$\theta = T/T_c, \quad \omega = p/p_c, \quad \varphi = V/V_c. \tag{25}$$

θ 名为 **对比温度**，ω 名为 **对比压强**，φ 名为 **对比体积**. 用了这些变数以后，并用(19)式关于常数 a,b,NR 和临界常数的关系，可把范氏方程(2)化为

$$\left(\omega + \frac{3}{\varphi^2}\right)\left(\varphi - \frac{1}{3}\right) = \frac{8}{3}\theta. \tag{26}$$

这名为范氏 **对比物态方程**. 在这个方程中没有任何与物质性质有关的常数，因此，如果(26)式能用到实际气体时，则各种气体的对比物态方程都应该完全一样. 那就是说，当两种气体的对比温度和对比压强相等时，它们的对比体积也必相等. 这个结果名为 **对应态律**. 实际气体并不严格遵守对应态律，只是近似地遵守.

从以上的讨论中可以看出，范氏方程比理想气体的物态方程进了一步，能大致代表一些实际气体的性质，但是与实际还不完全符合. 昂尼斯的用 p 级数或 $1/V$ 级数展开式能够精确地表达实际气体的物态方程，但是太复杂了，不适宜于讨论像应用范氏方程所讨论的一些问题. 虽然范氏方程不够精确，但对于了解实际气体的一些大致的性质是有用的. 像范氏方程一类的比较简单但不很精确的物态方程有很多[1]，其中比较重要的有下面几个：

[1] 见 *Handbuch der Experimentalphysik*，Ⅷ/2(1929)，pp. 224—228.

克劳修斯方程(1880 年)：

$$\left(p + \frac{a}{T(V+c)^2}\right)(V-b) = NRT. \tag{27}$$

伯特洛方程第一式(1900 年)：

$$\left(p + \frac{a}{TV^2}\right)(V-b) = NRT. \tag{28}$$

这等于克劳修斯方程在 $c=0$ 时的特殊情形. 伯特洛方程第二式是从第一式出发，展开成为 p 的级数而只留两项的结果，即

$$pV = NRT + \left(b - \frac{a}{NRT^2}\right)p. \tag{29}$$

狄特里奇方程(1898 年)：

$$p(V-b) = NRT\,\mathrm{e}^{-a/NRTV}. \tag{30}$$

比特和布里至曼方程(1927 年)：

$$pV = NRT(1-\varepsilon)\left(1 + \frac{B}{V}\right) - \frac{A}{V}, \tag{31}$$

其中

$$\varepsilon = \frac{c}{VT^3}, \quad A = A_0\left(1 - \frac{a}{V}\right), \quad B = B_0\left(1 - \frac{b}{V}\right).$$

30. 有曲面分界的平衡条件

在有曲面分界时假设有曲面的液体为 α 相，它的基本微分方程为

$$dU^\alpha = T^\alpha dS^\alpha - p^\alpha dV^\alpha. \tag{1}$$

假设这个液体被另一相 β 包围着，这一相的方程为

$$dU^\beta = T^\beta dS^\beta - p^\beta dV^\beta. \tag{2}$$

这两相之间的分界曲面构成一个表面相 γ，它的方程为(见 22 节(25)式)

$$dU^\gamma = T^\gamma dS^\gamma + \sigma dA, \tag{3}$$

其中 σ 为表面张力，A 为表面面积.

在到达平衡时，显然热平衡条件是(读者可自己证明)

$$T^\alpha = T^\beta = T^\gamma = T. \tag{4}$$

在求力学平衡条件时，假定热平衡条件已经满足，则可用自由能判据. 当温度不变时有

$$\delta F^\alpha = -p^\alpha \delta V^\alpha, \quad \delta F^\beta = -p^\beta \delta V^\beta,$$

$$\delta F^\gamma = \sigma \delta A.$$

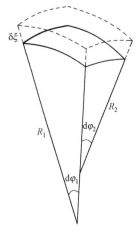

图 18　曲面的移动

总自由能最小的条件需要

$$- p^\alpha \delta V^\alpha - p^\beta \delta V^\beta + \sigma \delta A = 0. \tag{5}$$

这些微小的变动 $\delta V^\alpha, \delta V^\beta, \delta A$ 相互之间的关系是

$$\delta V^\alpha = - \delta V^\beta = \int \delta\xi \mathrm{d}A, \tag{6}$$

$$\delta A = \int \delta\xi \Big(\frac{1}{R_1} + \frac{1}{R_2}\Big)\mathrm{d}A, \tag{7}$$

其中 $\delta\xi$ 为垂直于表面元 $\mathrm{d}A$, 由 α 相到 β 相的表面的微移动, R_1 和 R_2 为曲面的两个主曲率半径[1], 以曲率中心在 α 相内为正. 由图上可看出

$$\mathrm{d}A = R_1 \mathrm{d}\varphi_1 \cdot R_2 \mathrm{d}\varphi_2,$$

$$\mathrm{d}A + \delta \mathrm{d}A = (R_1 + \delta\xi)\mathrm{d}\varphi_1 \cdot (R_2 + \delta\xi)\mathrm{d}\varphi_2.$$

略去 $(\delta\xi)^2$ 项, 得

$$\mathrm{d}\delta A = \delta \mathrm{d}A = (R_1 + R_2)\mathrm{d}\varphi_1 \mathrm{d}\varphi_2 \delta\xi = \delta\xi \Big(\frac{1}{R_1} + \frac{1}{R_2}\Big)\mathrm{d}A.$$

由此对 $\mathrm{d}A$ 求积分即得(7). 方程(6)表达总体积不变的条件. 把(6)和(7)代入(5), 得

$$\int \delta\xi \Big\{\Big(\frac{1}{R_1} + \frac{1}{R_2}\Big)\sigma - p^\alpha + p^\beta\Big\}\mathrm{d}A = 0.$$

今 $\delta\xi$ 是任意的, 故被积函数必等于零, 得

$$p^\alpha - p^\beta = \Big(\frac{1}{R_1} + \frac{1}{R_2}\Big)\sigma. \tag{8}$$

这就是有曲面时的力学平衡条件.

当曲面是一个球面时, $R_1 = R_2 = R$, (8)式化为

$$p^\alpha - p^\beta = \frac{2\sigma}{R}. \tag{9}$$

最后求相变平衡条件. 我们仍然应用自由能判据. 设 α 相与 β 相是同一种物质的两相, 则在相变过程中 α 相的数量将改变 δN^α(这可以指克分子数, 也可以指质量, 见 27 节(1)式下面的讨论), β 相的数量将改变 δN^β, 应满足总物质不变的条件

$$\delta N^\alpha + \delta N^\beta = 0. \tag{10}$$

现在讨论自由能的改变. 设 f^α 为一个克分子 α 相的自由能, 则 $f^\alpha = \mu^\alpha - T^\alpha s^\alpha$, $F^\alpha = N^\alpha f^\alpha$. 由 22 节(11)式得

$$\mathrm{d}f^\alpha = - s^\alpha \mathrm{d}T^\alpha - p^\alpha \mathrm{d}v^\alpha. \tag{11}$$

在 $T^\alpha = T$ 维持不变时为

$$\delta f^\alpha = - p^\alpha \delta v^\alpha. \tag{11'}$$

---

[1]　见斯米尔诺夫, 高等数学教程, 第二卷, 第二分册(1953 年, 孙念增译), 133 节, 第 429 页.

故

$$\delta F^{\alpha} = N^{\alpha}\delta f^{\alpha} + f^{\alpha}\delta N^{\alpha}$$
$$= - p^{\alpha}N^{\alpha}\delta v^{\alpha} + f^{\alpha}\delta N^{\alpha}$$
$$= - p^{\alpha}\delta V^{\alpha} + \mu^{\alpha}\delta N^{\alpha}, \tag{12}$$

其中 $V^{\alpha} = N^{\alpha}v^{\alpha}$，$\mu^{\alpha} = f^{\alpha} + p^{\alpha}v^{\alpha} = u^{\alpha} - T^{\alpha}s^{\alpha} + p^{\alpha}v^{\alpha}$，$\mu^{\alpha}$ 就是 α 相的化学势. 同样，在 T 不变的情形下，β 相的自由能改变为

$$\delta F^{\beta} = - p^{\beta}\delta V^{\beta} + \mu^{\beta}\delta N^{\beta}, \tag{13}$$

其中 $\mu^{\beta} = u^{\beta} - T^{\beta}s^{\beta} + p^{\beta}v^{\beta}$ 是 β 相的化学势. 表面自由能改变仍然是 $\delta F^{\gamma} = \sigma\delta A$. 总自由能最小的条件需要

$$\delta F = \delta F^{\alpha} + \delta F^{\beta} + \delta F^{\gamma} = 0,$$

即

$$- p^{\alpha}\delta V^{\alpha} - p^{\beta}\delta V^{\beta} + \sigma\delta A + \mu^{\alpha}\delta N^{\alpha} + \mu^{\beta}\delta N^{\beta} = 0. \tag{14}$$

在 N^{α} 和 N^{β} 与 V^{α} 和 V^{β} 同时改变的情形下，总体积不变仍然是应用自由能判据时所必须保持的条件，所以(6)和(7)仍然是正确的. 因此在 $\delta\xi$ 是任意的情形下，我们仍然得到力学平衡条件(8)，使得(5)式成立. 在(14)中减去(5)式，得

$$\mu^{\alpha}\delta N^{\alpha} + \mu^{\beta}\delta N^{\beta} = 0.$$

但 δN^{α} 和 δN^{β} 应满足方程(10)，故这个方程化为

$$\mu^{\alpha} = \mu^{\beta}. \tag{15}$$

这就是相变平衡条件. 这个条件与 26 节(9)式相同，指明在有曲面分界的情形下，相变平衡条件仍然是两相的化学势相等，与没有曲面分界的情形一样. 必须注意，(15)式两方的化学势是在不同的压强 p^{α} 和 p^{β} 时的函数，这两个压强之间的关系由力学平衡条件(8)确定. 假如(15)式不满足，则平衡不成立，而物质将由化学势大的一相转变为化学势小的一相.

31. 水滴的形成和大小

现在应用上节的理论，讨论在饱和的及过饱和的水蒸气中水滴的形成和大小问题.

先讨论在曲面上的饱和蒸气压与在平面上的饱和蒸气压的关系. 设在平面上的饱和蒸气压为 p，这是当蒸气与液体的接触面是平面时的平衡压强. 当接触面是平面时，$R_1 = R_2 = \infty$，力学平衡条件是两相的压强相等，故相变平衡条件可写为

$$\mu^{\alpha}(p, T) = \mu^{\beta}(p, T), \tag{1}$$

其中 α 相为液体，β 相为蒸气. 这个方程给出饱和蒸气压 p 与温度 T 的关系.

设在曲面上的饱和蒸气压为 p'，这是当蒸气与液体的接触面是曲面时蒸气的

平衡压强，即 $p' = p^\beta$. 这时候液体的平衡压强 p^a 应满足力学平衡条件（上节（8）式）：

$$p^a = p' + \left(\frac{1}{R_1} + \frac{1}{R_2} \right)\sigma, \tag{2}$$

其中 σ 是表面张力，R_1 和 R_2 是曲面的主曲率半径. 相变平衡条件根据上节（15）式可写为

$$\mu^a \left(p' + \left(\frac{1}{R_1} + \frac{1}{R_2} \right)\sigma, T \right) = \mu^\beta (p', T). \tag{3}$$

这个方程给出饱和蒸气压 p' 与温度 T 和曲率半径的关系.

今假设由于曲率而引起的压强差很小，即

$$\left(\frac{1}{R_1} + \frac{1}{R_2} \right)\sigma \ll p. \tag{4}$$

在这个情形下，p 与 p' 的差别很小，可以把化学势用展开式近似地表达为

$$\mu^a \left(p' + \left(\frac{1}{R_1} + \frac{1}{R_2} \right)\sigma, T \right) = \mu^a (p, T) + \left[p' - p + \left(\frac{1}{R_1} + \frac{1}{R_2} \right)\sigma \right] \frac{\partial \mu^a}{\partial p}.$$

但由 27 节（4）式有

$$\frac{\partial \mu^a}{\partial p} = v^a, \tag{5}$$

故

$$\mu^a \left(p' + \left(\frac{1}{R_1} + \frac{1}{R_2} \right)\sigma, T \right) = \mu^a (p, T) + \left[p' - p + \left(\frac{1}{R_1} + \frac{1}{R_2} \right)\sigma \right] v^a. \tag{6}$$

同样，有

$$\mu^\beta (p', T) = \mu^\beta (p, T) + (p' - p) v^\beta. \tag{7}$$

把（6）和（7）代入（3）式，并应用（1）式，得

$$\left[p' - p + \left(\frac{1}{R_1} + \frac{1}{R_2} \right)\sigma \right] v^a = (p' - p) v^\beta.$$

由此解得

$$p' - p = \left(\frac{1}{R_1} + \frac{1}{R_2} \right) \frac{\sigma v^a}{v^\beta - v^a}. \tag{8}$$

这就是在曲面上的饱和蒸气压 p' 与在平面上的饱和蒸气压 p 的关系.

当曲面是一个球面时，（8）化为

$$p' - p = \frac{2\sigma v^a}{r(v^\beta - v^a)}, \tag{9}$$

其中 r 为球面的半径.

以上的结果是在用了假定（4）之后获得的. 在假定（4）不确时，即当由于曲率而引起的压强差相当大时，以上的计算必须作适当的修正. 对于液体说，方程（6）仍然可以用，因为在压强改变时，液体的性质改变很小，可以用线性公式（6）近似地代表. 至于蒸气的公式（7）就不能用了. 假设蒸气可近似地当作是理想气体，则根据22 节（31）式得

$$\mu^\beta (p, T) = RT(\varphi + \ln p), \tag{10}$$

其中 φ 为一温度的函数，R 为气体常数. 由(10)可得

$$\mu^\beta(p',T) = \mu^\beta(p,T) + RT\ln(p'/p). \tag{11}$$

这就是(7)式的改正. 把(6)和(11)代入(3),得

$$\left[p' - p + \left(\frac{1}{R_1} + \frac{1}{R_2}\right)\sigma\right]v^\alpha = RT\ln\left(\frac{p'}{p}\right). \tag{12}$$

这就是(8)式的改正. 当曲面是一个球面时,$R_1 = R_2 = r$,(12)式化为

$$\left(p' - p + \frac{2\sigma}{r}\right)v^\alpha = RT\ln\frac{p'}{p}. \tag{13}$$

这是(9)式的改正. 在实际问题中,左方的 $p' - p$ 可以略去,故

$$\ln\frac{p'}{p} = \frac{2\sigma v^\alpha}{RTr}. \tag{14}$$

今举水滴为例来说明(14)式的应用. 设在室温,$T = 291$,水的表面张力为[①] $\sigma = 73$ 达因/厘米,$v^\alpha = 18.016$（厘米）^{3}/克分子,$R = 8.3144 \times 10^7$ 尔格/度. 代入(14),得

$$\ln\frac{p'}{p} = \frac{1.087 \times 10^{-7}}{r}, \quad \text{或} \log\frac{p'}{p} = \frac{4.72 \times 10^{-8}}{r}.$$

当 $r = 10^{-5}$ 厘米时,$p'/p = 1.011$. 但 $p = 15.32$ 毫米汞 $= 0.02042$ 巴（可由 28 节的公式求出）,可见 $p \ll 2\sigma/r$. 这说明(13)式的左方 $p' - p$ 可以略去. 当 $r = 10^{-6}$ 厘米时,$p'/p = 1.115$；当 $r = 10^{-7}$ 厘米时,$p'/p = 2.966$.

上面的例子说明,若水滴太小时,它所需要的蒸气压很高,水滴就不能增大而要蒸发以致消失. 但是,假如有灰尘存在时,水就可把灰尘作为凝结核而增大起来. 所以在非常干净的蒸气中,蒸气可以到过饱和状态而不凝结.

同样的考虑可讨论沸腾现象. 在沸腾时液体中有蒸气所构成的气泡. 假设 p' 为气泡内的平衡压强,p 为相同温度时在平面上的饱和蒸气压. 假如仍然令 α 相为液体,β 相为蒸气,则在公式(9)和(14)中必须把 r 换为 $-r$,得

$$p - p' = \frac{2\sigma v^\alpha}{r(v^\beta - v^\alpha)}, \tag{9'}$$

$$\ln\frac{p}{p'} = \frac{2\sigma v^\alpha}{RTr}. \tag{14'}$$

这两个式子说明,蒸气泡的平衡压强低于同温度的饱和蒸气压. 但是为了保持力学平衡,蒸气泡的压强又必须大于液体的压强. 因此,在相当于平面平衡的条件下,即温度与压强的关系适合于饱和蒸气压的情形下,液体内部的蒸气泡不可能存在,也就是说,沸腾不可能发生. 只有在液体的温度高于沸点时,则理论上的饱和蒸气压

[①] 水的表面张力与温度的关系为（t 为摄氏温度）$\sigma = 75.680 - 0.138t - 3.56 \times 10^{-6}t^2 + 4.7 \times 10^{-7}t^3$ 达因/厘米.

p 大于液体自身的压强 p^a，这时候 $(9')$ 和 $(14')$ 才可能给出一个 p' 的值，使满足力学平衡条件 $\left(\text{即 } p' = p^a + \dfrac{2\sigma}{r}\right)$，因而使蒸气泡能够存在，而沸腾可以发生. 假如气泡的半径太小，则平衡不能维持，而气泡就消灭. 所以沸腾的发生往往借助于空气泡来给蒸气泡构成一个足够大的半径. 当液体非常干净时，它可以达到相当高的过热程度而不沸腾.

根据上面的理论可以求出水滴或气泡的最小的半径. 设 α 相为水滴. 由相变平衡理论得知，要使水滴增大，必须 $\mu^a < \mu^\beta$. 应用 (6) 和 (7) 得

$$\left[p' - p + \left(\frac{1}{R_1} + \frac{1}{R_2}\right)\sigma\right]v^a < (p' - p)v^\beta,$$

即

$$p' - p > \left(\frac{1}{R_1} + \frac{1}{R_2}\right)\frac{\sigma v^a}{v^\beta - v^a}. \tag{15}$$

用于球滴，$R_1 = R_2 = r$，得

$$p' - p > \frac{2\sigma v^a}{r(v^\beta - v^a)},$$

即

$$r > \frac{2\sigma v^a}{(v^\beta - v^a)(p' - p)} = r_c. \tag{16}$$

(16) 式的右方 r_c 名为**中肯半径**. (16) 式说明，水滴的半径必须大于中肯半径，水滴才能增大，否则就会缩小以至消失. 由 (16) 式看出，蒸气的过饱和程度越高，即 $p' - p$ 越大，则中肯半径越小，水滴也就越容易构成而增大. 但当 $p' - p$ 较大时，应当应用证明 (14) 式的方法而得

$$r > \frac{2\sigma v^a}{RT\ln(p'/p)} = r_c. \tag{17}$$

下面讨论有电离子存在时对水滴形成的影响. 若有离子成为水滴的凝结核，则水滴容易成长；在天空中的雷雨和威耳孙云室中的蒸气凝结现象里，离子都起很重要的作用. 在有离子的情形下，我们必须把离子所产生的电场的自由能 F_e 也考虑在总的自由能之中，因此求平衡条件时应有

$$\delta F^a + \delta F^\beta + \delta F^\gamma + \delta F_e = 0. \tag{18}$$

在求电场的自由能时，假设离子相距很远，可以认为每个离子是近似地单独存在着的，因此可以考虑一个离子的周围的情形——这等于假设只有一个离子. 设离子的电荷为 e，半径为 a. 假设离子为水滴的核心，离子的外面包有水滴，水滴的半径为 r. 若令 $U_e，S_e$ 为电场的内能和熵，则热力学第二定律的基本公式是

$$dU_e = TdS_e + W_e, \tag{19}$$

其中 W_e 为 [参阅 8 节 (6) 式及 (9) 式]

$$W_e = \frac{1}{4\pi}\int \boldsymbol{E} \cdot d\boldsymbol{D}dV. \tag{20}$$

假设温度不变,则(19)式化为

$$dF_e = W_e, \tag{19'}$$

其中 $F_e = U_e - TS_e$ 是电场的自由能. 在目前所讨论的问题中,$\boldsymbol{E}$ 和 $\boldsymbol{D}$ 都有球面对称性,而 $\boldsymbol{D}$ 与 $\boldsymbol{E}$ 成比例:

$$\boldsymbol{D} = \varepsilon \boldsymbol{E}. \tag{21}$$

代入(20)式,得

$$W_e = \frac{1}{4\pi}\int(\varepsilon E\,dE)\,dV = \frac{1}{4\pi}\int d\left(\frac{\varepsilon E^2}{2}\right)dV = \frac{1}{8\pi}\int d(ED)\,dV.$$

代入(19'),对 D 求积分,得

$$F_e = \frac{1}{8\pi}\int ED\,dV. \tag{22}$$

在目前所讨论的问题中,我们可以近似地把离子当作一个半径为 a 的球形导体,则在离子内部 $E=0$. 故

$$
\begin{cases}
D = E = 0 \quad (R < a), \\
D = \dfrac{e}{R^2}, \quad E = \dfrac{e}{\varepsilon R^2} \quad (a < R < r), \\
D = E = \dfrac{e}{R^2} \quad (R > r),
\end{cases}
\tag{23}
$$

其中 ε 为水滴的电容率,同时把在水滴外部的蒸气的电容率近似地作为 1. 把(23)式代入(22)式,并令 $dV = 4\pi R^2\,dR$,求积分,得[1]

$$F_e = \frac{e^2}{2}\left\{\int_a^r \frac{dR}{\varepsilon R^2} + \int_r^\infty \frac{dR}{R^2}\right\} = \left(1 - \frac{1}{\varepsilon}\right)\frac{e^2}{2r} + \frac{e^2}{2a\varepsilon}. \tag{24}$$

由此求得

$$\delta F_e = -\left(1 - \frac{1}{\varepsilon}\right)\frac{e^2}{2r^2}\delta r. \tag{25}$$

把(25)式代入(18)式,应用上节中关于 δF^α 等的公式,并注意在目前情形下 $\delta V^\alpha = 4\pi r^2 \delta r, \delta A = 8\pi r\delta r$,得力学平衡条件为($\alpha$ 相为水滴)

$$(p^\beta - p^\alpha)\cdot 4\pi r^2 \delta r + \sigma \cdot 8\pi r\delta r - \left(1 - \frac{1}{\varepsilon}\right)\frac{e^2}{2r^2}\delta r = 0.$$

由此得

$$p^\alpha - p^\beta = \frac{2\sigma}{r} - \left(1 - \frac{1}{\varepsilon}\right)\frac{e^2}{8\pi r^4}. \tag{26}$$

同上节计算一样,可证明相变平衡条件仍然是 $\mu^\alpha = \mu^\beta$.

应用(26)式可得到关于水滴以离子为凝结核的形成条件,这个条件可简单地把(15)式改为下式就得到了:

$$p' - p > \frac{v^\alpha}{v^\beta - v^\alpha}\left[\frac{2\sigma}{r} - \left(1 - \frac{1}{\varepsilon}\right)\frac{e^2}{8\pi r^4}\right]. \tag{27}$$

---

[1] 这个算法见 М. А. Леонтович, Введение в Термодинамику, §43, с. 166.

引进一个半径 r_1,令

$$r_1^3 = \left(1 - \frac{1}{\varepsilon}\right)\frac{e^2}{4\pi\sigma}, \tag{28}$$

并用(16)式右方的 r_c 的定义,则(27)式简化为

$$r > r_c\left(1 - \frac{r_1^3}{4r^3}\right). \tag{29}$$

为了便于研究(29)式,我们引进下列符号

$$x = r_1/r, \quad b = r_1/r_c. \tag{30}$$

于是(29)式可写为

$$f(x) \equiv \frac{1}{4}x^4 - x + b > 0. \tag{31}$$

由

$$f'(x) = x^3 - 1$$

可看出 $f(x)$ 有一极小在 $x=1$ 处,其极小值为

$$f(1) = b - \frac{3}{4}.$$

由此可见,若 $b > \frac{3}{4}$ 时,则(31)式总是成立的. 那就是说,若 $r_1 > \frac{3}{4}r_c$,则水滴就可以离子为凝结核而形成.

若 $b < \frac{3}{4}$,则 $f(x)=0$ 有两个根 x_1 和 x_2. 当 b 的数值很小时,这两个根的近似值为

$$x_1 = b + \frac{1}{4}b^4 + \cdots, \quad x_2 = 4^{\frac{1}{3}} - \frac{1}{3}b + \cdots.$$

这时候(31)式在 $x < x_1$ 和 $x > x_2$ 时都成立. 第一个根给出水滴一个中肯半径

$$r = r_1/x_1 = r_c\left(1 - \frac{1}{4}b^3 - \cdots\right).$$

当水滴的半径大于中肯半径时,水滴就增大. 但第二个根不能给出水滴形成的大小,因为当水滴的半径超过 r_1/x_2 时,x 的值就小于 x_2,而(31)不能成立;那就是说,水滴要消失而不能增大.

32. 高 级 相 变

在 27 节所讨论的相变平衡理论中,得到了克拉珀龙方程以确定平衡图中曲线的斜率. 这个方程只在有潜热和有体积改变的相变才有意义,假如既无潜热,又无体积改变,那它就失去了作用. 这种既无潜热又无体积改变的相变在低温现象中出

现得很多,最初特别引起注意的是两种液体氦之间的相变[1],当时埃伦费斯特(Ehrenfest)认为这是**第二级相变**[2],而把通常的相变称为第一级相变.以后劳厄提出另一理论[3],认为这是第三级相变,但没有得到公认.再后,朗道[4]从晶体秩序变换性质又提出第二级相变的理论.下面将对这些理论从热力学的角度作一概括扼要的叙述,关于详细情形可参考原文.

设两相为 α 及 β,相变平衡条件为

$$\mu^\alpha = \mu^\beta. \tag{1}$$

为书写简单起见,引进一符号 Δ 表两相之差,例如 $\Delta\mu = \mu^\alpha - \mu^\beta$,$\Delta s = s^\alpha - s^\beta$,$\Delta v = v^\alpha - v^\beta$,等.第一级相变(即通常相变)的特点是两相的化学势相等,但化学势的一级偏微商不全相等.这就是说,$\Delta s \neq 0$,或 $\Delta v \neq 0$,因为 $s = -\partial u/\partial T$,$v = \partial \mu/\partial p$(见 27 节(4)式).这也就是说,有相变潜热或体积改变.

第二级相变的特点是:两相的化学势和化学势的一级偏微商全相等,但化学势的二级偏微商不全相等.这就是说,没有相变潜热,也没有体积改变,即

$$\Delta s = 0, \quad \Delta v = 0. \tag{2}$$

但两相的 s 及 v 的偏微商不全相等.

第三级相变的特点是:两相的化学势和化学势的一级及二级偏微商全相等,但化学势的三级偏微商不全相等.所以在第三级相变有[注意 $c_p = T(\partial s/\partial T)_p$]

$$\Delta c_p = 0, \quad \Delta\frac{\partial v}{\partial T} = 0, \quad \Delta\frac{\partial v}{\partial p} = 0. \tag{3}$$

普遍说来,第 n 级相变的特点是:两相的化学势和化学势的一级、二级直到 $(n-1)$ 级偏微商全相等,但 n 级偏微商不全相等.

现在讨论第二级相变.这可分两种情形讨论,一种是第二级相变只出现于平衡曲线上的一点,一种是平衡曲线一整段上的每一点都是第二级相变.先讨论第一种情形[5].

设一点 P' 为邻近于相变点 P 的一点,P 点在相图的坐标为 (T, p),P' 点的坐标为 $(T+dT, p+dp)$,P' 点可以在平衡曲线上,也可以不在.应用泰勒级数展开,我们求得

$$\Delta\mu_{P'} = \Delta\mu(T + dT, p + dp) - \Delta\mu(T, p)$$

① W. H. Keesom, *Comm. Leiden, Suppl.* 75a(1933) (*Proc. Amsterdam* **36**(1933), p.147); *Helv. Phys. Acta* **6**(1933), p.418.

② P. Ehrenfest, *Comm. Leiden, Suppl.* 75b(1933) (*Proc. Amsterdam* **36**(1933), p.153).

③ E. Justi u. M. V. Laue, *Sitz. Berlin*(1934), p.237; *Phys. Zeit.* **35**(1934), p.945. A. Eucken, *Phys. Zeit.* **35**(1934), p.954.

④ L. Landau, *Phys. Zeit. Sowjet.* **11**(1937), p.26. Л. Ландау и Е. Лифшиц, Статистическая физика(1952), с.436.

⑤ 见王竹溪,*Science Record*(科学记录),**1**(1946), p.375.

$$= \frac{1}{2}\left\{-\frac{1}{T}\Delta c_p (\mathrm{d}T)^2 + 2\Delta\frac{\partial v}{\partial T}\mathrm{d}T\mathrm{d}p + \Delta\frac{\partial v}{\partial p}(\mathrm{d}p)^2\right\} + \cdots. \tag{4}$$

右方括号内的判别式(discriminant)是

$$D = \left(\Delta\frac{\partial v}{\partial T}\right)^2 + \frac{\Delta c_p}{T}\Delta\frac{\partial v}{\partial p}. \tag{5}$$

若 $D>0$,则(4)式右方括号等于零将表现为两个相交的曲线. 实际上没有观察到这种平衡曲线. 若 $D<0$,则(4)式右方的括号不能等于零. 这相当于 P 点是一个孤立点,而由 $\Delta\mu_{P'}$ 有一定符号得知相变不可能发生. 若 $D=0$,则(4)式右方括号内为一完整平方,而平衡曲线可能在 P 点成为一个尖点(cusp),这在实际上有可能观察到.

现在我们讨论第二种情形,即(2)式在平衡曲线上一段内每一点都成立,这就是埃伦费斯特的理论. 在这种情形下我们可对(2)式求微分,得

$$\Delta\frac{\partial s}{\partial T}\mathrm{d}T + \Delta\frac{\partial s}{\partial p}\mathrm{d}p = 0, \quad \Delta\frac{\partial v}{\partial T}\mathrm{d}T + \Delta\frac{\partial v}{\partial p}\mathrm{d}p = 0, \tag{6}$$

其中第一个方程又可写为(因 $\partial s/\partial p = -\partial v/\partial T$)

$$\frac{\Delta c_p}{T}\mathrm{d}T - \Delta\frac{\partial v}{\partial T}\mathrm{d}p = 0. \tag{7}$$

由(6)和(7)可得平衡曲线的斜率为

$$\frac{\mathrm{d}p}{\mathrm{d}T} = \frac{\Delta c_p}{T}\bigg/\Delta\frac{\partial v}{\partial T} = -\Delta\frac{\partial v}{\partial T}\bigg/\Delta\frac{\partial v}{\partial p}. \tag{8}$$

消去 $\mathrm{d}p/\mathrm{d}T$,得

$$D = \left(\Delta\frac{\partial v}{\partial T}\right)^2 + \frac{\Delta c_p}{T}\Delta\frac{\partial v}{\partial p} = 0.$$

在这个情形下,(4)式化为

$$\Delta\mu_{P'} = \frac{1}{2}\left(\Delta\frac{\partial v}{\partial p}\right)^{-1}\left(\Delta\frac{\partial v}{\partial T}\mathrm{d}T + \Delta\frac{\partial v}{\partial p}\mathrm{d}p\right)^2 + \cdots.$$

这个式子说明,当 P' 点不在平衡曲线上时,$\Delta\mu_{P'} = \mu_{P'}^a \sim \mu_{P'}^\beta$ 永远保持一定的符号. 那么,要就是 $\mu_{P'}^a > \mu_{P'}^\beta$,这时候只有 β 相是稳定的. 要就是 $\mu_{P'}^a < \mu_{P'}^\beta$,这时候只有 α 相是稳定的. 所以在这种情形下,相变不可能发生.

以上的结论是在 μ^a 和 μ^β 两个化学势在平衡曲线的两边都存在的情形下得到的. 但是在晶体的秩序变换问题中,两个化学势中只有一个,比如说是 μ^a,可以在平衡曲线的两边都存在;但另一个 μ^β 却只能存在于一边,而且在 μ^β 存在的一边 $\mu^\beta < \mu^a$. 所以在 μ^β 存在的一边,β 相是稳定的,而在另一边则只有 α 相存在. 因此,在这种情形下,第二级相变是可能的.

下面简单地陈述朗道的秩序变换理论. 设 α 和 β 两相有统一的化学势 $\mu(T,p,\eta)$,两相的不同全在秩序度 η 的不同. 设 $\eta=0$ 是相变发生的处所,并假设 μ 是 η 的偶函数. 在 $\eta=0$ 的附近 μ 可展开为

$$\mu = \mu_0(T, p) + g(T, p)\eta^2 + \frac{1}{2}h(T, p)\eta^4 + \cdots. \tag{9}$$

在平衡时,η 应是 T 和 p 的函数,由 μ 是极小的条件来确定这个函数.$\partial\mu/\partial\eta=0$ 给出

$$2\eta(g + h\eta^2 + \cdots) = 0. \tag{10}$$

这个方程说明 $\eta=0$ 是一个解,这个解给出 α 相.故

$$\mu^\alpha = \mu_0(T, p). \tag{11}$$

(10)式的另一解当 η 的值很小时为

$$\eta^2 = -g/h. \tag{12}$$

为了比较这两个解,可求 μ 的二级偏微商:

$$\frac{\partial^2\mu}{\partial\eta^2} = 2g + 6h\eta^2 + \cdots. \tag{13}$$

若 $g>0$,则 $\eta=0$ 解使 μ 为极小;若 $g<0$,则 $\eta=0$ 解使 μ 为极大.故曲线 $g=0$ 把相图分为两个区域,在一个区域中($g>0$)$\eta=0$ 解是稳定的,即 α 相是稳定的;在另一个区域中($g<0$) $\eta=0$ 解是不稳定的,即 α 相是不稳定的.在这另一个区域中,稳定的应是第二解,因此这第二解在两区域分界的附近应给 μ 为极小.但在分界上,$g=0$,故若使 μ 为极小,必须

$$h > 0. \tag{14}$$

这说明第二解(12)可以给 η^2 一个正数,也就是说,给 η 一个实数.因此,在分界的附近,(12)应代表 β 相.把(12)代入(9),得

$$\mu^\beta = \mu_0 - \frac{g^2}{2h} = \mu^\alpha - \frac{g^2}{2h}. \tag{15}$$

这时候,(13)式化为
$$\frac{\partial^2\mu}{\partial\eta^2} = -4g > 0.$$

这说明在 $g<0$ 的区域中,第二解是稳定的.但(12)式指出,在 $g>0$ 区域中第二解不存在.所以 α 相的化学势 μ^α 是在平衡曲线 $g=0$ 的两边都存在的,而 β 相的化学势则只在一边存在.

对(9)式求微商得(因 $\partial\mu/\partial\eta=0$)

$$s = -\frac{\partial\mu}{\partial T} = -\frac{\partial\mu_0}{\partial T} - \frac{\partial g}{\partial T}\eta^2 - \frac{1}{2}\frac{\partial h}{\partial T}\eta^4 + \cdots,$$

$$v = \frac{\partial\mu}{\partial p} = \frac{\partial\mu_0}{\partial p} + \frac{\partial g}{\partial p}\eta^2 + \frac{1}{2}\frac{\partial h}{\partial p}\eta^4 + \cdots.$$

由此可见,在 $g=0$ 的分界线上,即 $\eta=0$,两相的 s 及 v 都是相等的.

再求微商得

$$\frac{c_p}{T} = \frac{\partial s}{\partial T} = -\frac{\partial^2\mu_0}{\partial T^2} - \frac{\partial^2 g}{\partial T^2}\eta^2 - \frac{1}{2}\frac{\partial^2 h}{\partial T^2}\eta^4 - \cdots$$

$$- 2\left(\frac{\partial g}{\partial T} + \frac{\partial h}{\partial T}\eta^2 + \cdots\right)\eta\frac{\partial \eta}{\partial T}.$$

对于 α 相，$\eta=0$，故 $\qquad \frac{c_p^a}{T} = -\frac{\partial^2 \mu_0}{\partial T^2}.$

对于 β 相，在分界线 $g=0$ 的附近，由(12)式得

$$2\eta\frac{\partial \eta}{\partial T} = -\frac{1}{h}\frac{\partial g}{\partial T}.$$

因此， $\qquad \frac{c_p^\beta}{T} = -\frac{\partial^2 \mu_0}{\partial T^2} + \frac{1}{h}\left(\frac{\partial g}{\partial T}\right)^2 = \frac{c_p^a}{T} + \frac{1}{h}\left(\frac{\partial g}{\partial T}\right)^2. \qquad (16)$

这个结果也可以由(15)式导出. 由(15)式可证明以前所讲的第二级相变的公式都是正确的.

现在讨论第三级相变. 假设条件(2)和(3)都在平衡曲线的一段上出现. 在这种情形下我们可对(3)式求微分，得

$$\Delta\left(\frac{1}{T}\frac{\partial c_p}{\partial T}\right)dT - \Delta\frac{\partial^2 v}{\partial T^2}dp = 0,$$

$$\Delta\frac{\partial^2 v}{\partial T^2}dT + \Delta\frac{\partial^2 v}{\partial T\partial p}dp = 0,$$

$$\Delta\frac{\partial^2 v}{\partial T\partial p}dT + \Delta\frac{\partial^2 v}{\partial p^2}dp = 0.$$

以上第一式中曾经用了公式：

$$\frac{\partial}{\partial p}\left(\frac{c_p}{T}\right) = \frac{\partial^2 s}{\partial T\partial p} = -\frac{\partial^2 v}{\partial T^2}.$$

从以上三个式子中解出 dp/dT，得

$$\frac{dp}{dT} = \Delta\left(\frac{1}{T}\frac{\partial c_p}{\partial T}\right)\bigg/\Delta\frac{\partial^2 v}{\partial T^2} = -\Delta\frac{\partial^2 v}{\partial T^2}\bigg/\Delta\frac{\partial^2 v}{\partial T\partial p}$$

$$= -\Delta\frac{\partial^2 v}{\partial T\partial p}\bigg/\Delta\frac{\partial^2 v}{\partial p^2}. \qquad (17)$$

这是劳厄的公式. 这个公式还没有在实验观测的数据中得到充分的证明. 在理论上，由于(4)式的右方最低项包含 dT 和 dp 的三次式，故 $\Delta\mu_{P'}$ 的符号将随 P' 点的位置而改变，因此第三级相变是可能的.

值得指出，在量子统计力学上所发现的爱因斯坦、玻色凝结现象是第三级相变[①].

---

① 见 R. H. Fowler and H. Jones, *Proc. Camb. Phil. Soc.* **34**(1938)，p. 573.

第四章习题

1. 利用无穷小的变动,导出下列各平衡判据(假设 $S>0$):

(一) 在 S 及 p 不变的情形下,平衡态的 H 最小.

(二) 在 F 及 V 不变的情形下,平衡态的 T 最小.

(三) 在 G 及 p 不变的情形下,平衡态的 T 最小.

(四) 在 U 及 S 不变的情形下,平衡态的 V 最小.

(五) 在 F 及 T 不变的情形下,平衡态的 V 最小.

(六) 在 H 及 p 不变的情形下,平衡态的 S 最大.

(七) 在 H 及 S 不变的情形下,平衡态的 p 最大.

(八) 在 G 及 T 不变的情形下,平衡态的 p 最大.

[参阅 Guggenheim, *Thermodynamics*(1934),p.20.]

2. 求一单元系在两相平衡时 $d^2 p/dT^2$ 的式子.如果一相是气体,公式如何化简?把简化的式子用到水和水蒸气在一个大气压下的平衡问题,并求出 $d^2 p/dT^2$ 的数值.

3. 把上题的公式应用到下面三种情形,求 $d^2 p/dT^2$ 的数值:(甲) 冰的熔解,(乙) 水的蒸发,(丙) 冰的升华;这三种相变都在 0℃ 进行.所需要的数据除 27 节中已给的外还有下面一些(α 为蒸汽,β 为水,γ 为冰):

$$\frac{\partial v^\beta}{\partial T} = -3.09 \times 10^{-5} (\text{厘米})^3 \cdot 克^{-1} \cdot 度^{-1},$$

$$\frac{\partial v^\beta}{\partial p} = -4.61 \times 10^{-5} (\text{厘米})^3 \cdot 克^{-1} \cdot (\text{大气压})^{-1},$$

$$\frac{\partial v^\gamma}{\partial T} = 1.53 \times 10^{-4} (\text{厘米})^3 \cdot 克^{-1} \cdot 度^{-1},$$

$$\frac{\partial v^\gamma}{\partial p} = -3.0 \times 10^{-5} (\text{厘米})^3 \cdot 克^{-1} \cdot (\text{大气压})^{-1},$$

$$c_p^\alpha = 0.4429 \text{卡} \cdot 克^{-1} \cdot 度^{-1}, \quad c_p^\beta = 1.0076 \text{卡} \cdot 克^{-1} \cdot 度^{-1},$$

$$c_p^\gamma = 0.4873 \text{卡} \cdot 克^{-1} \cdot 度^{-1}.$$

4. 利用下面循环过程,计算每一步的内能改变及熵改变,使整个循环的改变为零,导出 dp/dT 及 $d\lambda/dT$ 的式子:

(甲) 在 T, p 时由 α 相转变为 β 相;

(乙) 由 T, p 变为 $T+dT, p+dp$,而保持 β 相与 α 相平衡;

(丙) 在 $T+dT, p+dp$ 时由 β 相转变为 α 相;

(丁) 由 $T+dT, p+dp$ 冷却回到 T, p 原态.

5. 利用下面循环过程,计算每一步的焓改变 ΔH 及熵改变 ΔS,使整个循环的改变为零,即 $\sum \Delta H = 0, \sum \Delta S = 0$,求潜热及蒸气压方程(指 28 节(14)和(15)两式):

(甲) 一个克分子的凝聚相在 T_1, p_1 完全蒸发;

(乙) 使蒸气作等温膨胀,压强由 p_1 降为 p_2;

（丙）等压冷却到饱和态 T_2,p_2；

（丁）使蒸气在 T_2,p_2 完全凝聚；

（戊）凝聚相由 T_2,p_2 经过加热回复原态 T_1,p_1.

6. 由水及冰的蒸气压方程求出带有数值系数的公式表示：（甲）水的汽化热与温度的关系，（乙）冰的升华热与温度的关系.

7. 若蒸气的物态方程为 $pv=RT(1+Bp+Cp^2+\cdots)$，证明

$$\lambda=\lambda_0+\int_0^T(c_p^*-c_p')\mathrm{d}T-RT^2\left(\frac{\mathrm{d}B}{\mathrm{d}T}p+\frac{1}{2}\frac{\mathrm{d}C}{\mathrm{d}T}p^2+\cdots\right).$$

［提示：先证明 $\dfrac{c_p^*-c_p'}{RT}=\dfrac{\mathrm{d}^2(TB)}{\mathrm{d}T^2}p+\dfrac{1}{2}\dfrac{\mathrm{d}^2(TC)}{\mathrm{d}T^2}p^2+\cdots$.］

8. 在由克拉珀龙方程求积分而得蒸气压方程的步骤中假如不略去 v'，也不假定蒸气为理想气体，证明蒸气压方程的精确公式为（利用上题 7 的结果）

$$\ln p+Bp+\frac{1}{2}Cp^2+\cdots=-\frac{\lambda_0}{RT}+\frac{c_p^0-c_p'^0}{R}\ln T$$

$$+\int_0^T\frac{\mathrm{d}T}{RT^2}\int_0^T(c_p^*-c_p'-c_p^0+c_p'^0)\mathrm{d}T+i.$$

9. **卡仑德关于水蒸气的蒸气压方程**. 实验证明，与水蒸气达到平衡的一克水的焓 h' 可以表为下列公式

$$h'=\sigma T+Tv'\frac{\mathrm{d}p}{\mathrm{d}T}+\beta',$$

其中 v' 是水的体积度，σ 和 β' 是常数，而 $\beta'=-\sigma T_0$，T_0 是冰点的绝对温度，$\mathrm{d}p/\mathrm{d}T$ 是气液平衡曲线的斜率. 应用第三章习题 31 的结果证明水的熵及蒸气压方程各为

$$s'=v'\frac{\mathrm{d}p}{\mathrm{d}T}+\sigma\ln T+a',$$

$$\ln p=-\frac{\beta-\beta'}{rT}+\left(n+1-\frac{\sigma}{r}\right)\ln T-\left(b-\frac{a}{T^n}\right)\frac{p}{rT}+i,$$

其中 a' 为一常数，而　　　　　　　$i=\dfrac{\sigma+a-a'}{r}-(n+1)$，

a 为水蒸气的熵常数.

10. 有一范氏气体，在单位作适当选择之后，两个常数的数值为 $a=4,b=1$. 设温度为 $T=1/NR$，由 29 节公式 (2)，(9)，(11) 在给定的各个 V 的数值时求出 p,F,G 的数值. 应用这些数值在方格纸上作下列各图：（甲）$p\text{-}V$，（乙）$F\text{-}V$，（丙）$G\text{-}p$. 由这些图中求出饱和蒸气压及相应的液体和蒸气的体积.

11. 求一方程表示范氏气体在 $p\text{-}V$ 等温线上的极小点 M 和极大点 N 的轨迹. ［答案：$pV^3=a(V-2b)$.］

12. 求范氏气体在等面积法则下所定的两点 P 和 Q 的轨迹，并求蒸气压的公式. ［用 $a=(V_P-b)/(V_Q-b)$ 为参变数，见王竹溪，中国物理学报 **6**(1945)，27.］

13. 应用第三章习题 20 的公式及本章习题 10 及 12 的结果，计算范氏气体的 $(C_p-C_v)/NR$ 在 $a=4$，$b=1$，$NRT=1$ 时的数值，并以 V 为横坐标，$(C_p-C_v)/NR$ 为纵坐标，作图以表示计算的结果（注意由等面积法则所引起的不连续性）.

14. 由第三章习题 23 所求得的焓,利用本章习题 12 的结果,求一公式以表达一范氏气体的汽化潜热 λ,并用直接微分法证明习题 12 的蒸气压 p^* 满足下列克拉珀龙方程:

$$\frac{\mathrm{d}p^*}{\mathrm{d}T} = \frac{\lambda}{T(V_Q - V_P)}.$$

15. 讨论由克劳修斯方程所表达的气体的性质(见 29 节(27)式).

16. 讨论由狄特里奇方程所表达的气体的性质,利用推广的方程[即 18 节(34)式,把 29 节(30)式中的 a 换为 aT^{1-8}].

17. 讨论由比特和布里至曼方程所表达的气体的性质(见 29 节(31)式).

18. 证明半径为 r 的肥皂泡的内压与外压之差为 $4\sigma/r$.

19. 用微分几何的理论证明

$$\delta(\mathrm{d}A) = \delta\xi \cdot \left(\frac{1}{R_1} + \frac{1}{R_2}\right)\mathrm{d}A.$$

20. 应用吉布斯函数最小判据导出在有曲面分界时的平衡条件(参阅 М. А. Леонтович, *Введение в Термодинамику*. (1952),стр.160).

21. 详细讨论沸腾现象中气泡的中肯半径.

22. 用简单的计算直接证明球面分界面的力学平衡条件[即 30 节(9)式,题意要直接证明 $\delta V^\alpha = \frac{R}{2}\delta A$].

23. 讨论高级相变中的过热液态及过冷蒸气这种亚稳平衡态(见劳厄的论文,*Sitz. Berlin*,(1934)).

24. 求 n 级相变时平衡曲线的斜率及必需的条件(假设在平衡曲线上一段内每一点都是 n 级相变).

25. 应用熵判据导出 26 节的力学平衡条件和相变平衡条件(即 26 节(6)和(9)式).

26. 应用自由能判据导出 26 节的相变平衡条件(即 26 节(9)式).[参阅 30 节公式(15)的导出.]

27. 证明在有曲面分界的情形下相变潜热为

$$\lambda = h^\alpha - h^\beta = T(s^\alpha - s^\beta).$$

第五章　化学热力学纲要

33. 内能与化学成分的关系

在本章中将讨论物体系的化学性质改变时的热力学问题.我们将讨论如何确定物态方程、内能及熵这三个基本热力学函数作为化学变数的函数,并由在热力学理论上所得到的这些函数的性质来解释各种观测到的与化学变化有关的现象.

先讨论一个均匀系.设这个均匀系包含有 k 种不同的化学组分,每一种组分是一种类型的分子,在热力学上称为一个**组元**.令 $M_1, M_2, \cdots, M_k$ 代表这个均匀系所包含的第一种,第二种,$\cdots$,第 k 种组元的质量,$N_1, N_2, \cdots, N_k$ 为相应的克分子数,$m_1^\dagger, m_2^\dagger, \cdots, m_k^\dagger$ 为相应的分子量.在这两组变数 $M_i, N_i (i=1,2,\cdots,k)$ 之间有下列关系

$$M_i = m_i^\dagger N_i. \tag{1}$$

我们可以选 M_i 为变数,也可选 N_i 为变数.以后为讨论方便起见,我们选定一组变数,这就是 N_i 这一组.要把这些 N_i 作为独立变数,就必须使这些数字 N_i 都能独立地改变,这只有在这个均匀系可以与外界自由交换物质时才是可能的.但是,就在能与外界自由交换物质时,也不是所有一切的组元都能独立地改变它们的数量,而往往只有其中的某一些组元能独立地改变它们的数量,而另一些组元的数量则随着改变.所以有一些组元是独立组元,它们的数量可以用为独立变数,而另一些则不是.显然,在全部组元中,独立组元的个数是一定的,但究竟哪一些组元是独立的,哪一些不是独立的,是可以看我们的方便而随意选择的.

举一个简单的例子来说明独立组元与非独立组元.今有一气体是三种气体混合成的,这三种是氧气(O_2),一氧化碳(CO)和二氧化碳(CO_2).由于一氧化碳能与氧气结合而变为二氧化碳,在平衡态时这三种气体的数量之间有一个关系,这个关系由质量作用律规定.因此,这三个组元中只有两个是独立的,第三个的数量是这两个的数量的函数.究竟选哪两个为独立组元是没有什么关系的.

假如各个组元之间不起化学反应,则每个组元的克分子数都是独立变数,这些组元全是独立组元.只有当各个组元之间有化学反应进行而达到化学平衡时,各个组元的克分子数之间才发生关系.在以下的讨论中,我们使用变数 N_i 时,将包括全

部组元的克分子数,而且把这些数作为独立变数来处理.至于这些变数之间的关系则用外加条件来表明,这些外加条件是化学平衡条件,具体的内容将在 35 节和 36 节讨论.

现在讨论如何由实验来定三个基本热力学函数.我们选 $\vartheta, p, N_1, \cdots, N_k$ 为描写这个均匀系的平衡态的独立变数,其中 ϑ 是任一温标所定的温度.我们的目的是要由实验来确定这个均匀系的三个函数:

$$V = V(\vartheta, p, N_1, \cdots, N_k), \tag{2}$$

$$U = U(\vartheta, p, N_1, \cdots, N_k), \tag{3}$$

$$S = S(\vartheta, p, N_1, \cdots, N_k). \tag{4}$$

物态方程(2)可以直接由实验确定;在各种可能的 $\vartheta, p, N_1, \cdots, N_k$ 数值时测 V 的数值就可确定函数(2).

内能函数(3)可以直接由实验确定.由于在实验装置中使压强不变较为方便,而在压强不变的情形下,根据 11 节(7)式,物体系所吸收的热量等于焓的增加,所以我们将讨论如何确定焓

$$H = H(\vartheta, p, N_1, \cdots, N_k). \tag{5}$$

在焓确定以后,通过焓的定义可从焓及物态方程求出内能.焓的定义是

$$H = U + pV. \tag{6}$$

确定一个均匀系的焓作为 N_i 的函数在实验上可以采取下面的步骤.把一定数量的化学纯的物质加入到均匀系里去,以增加其中某一组元的数量,采用下述两法中的任何一个来测量物体系所吸收的能量:(甲)绝热法,物体系与外界绝热,量在上述过程中温度的改变.(乙)等温法,对物体系供给热量(或由物体系取出热量,看实际情况而定)以维持它的温度不变.

先说绝热法.假定第 i 组元有数量 N' 在化学纯的状态下加入所讨论的均匀系,在过程中维持压强不变,并假设均匀系中不起化学反应.(关于有化学反应的情形,需要应用 35 节的理论.)既然过程是等压及绝热的,根据 11 节(7)式,总的焓不变.令 ϑ 为起始温度,ϑ' 为最后温度,H' 为化学纯物质 i 的焓.H' 与 N' 成正比:$N' = N' h'$,其中 h' 是两个独立变数 ϑ 和 p 的函数,是已经根据 11 节的理论确定了的.起始的总焓是

$$H(\vartheta, p, N_1, \cdots, N_i, \cdots, N_k) + H',$$

最后的焓是 $\qquad H(\vartheta', p, N_1, \cdots, N_i + N', \cdots, N_k).$

总焓不变的结果是

$$H(\vartheta', p, N_1, \cdots, N_i + N', \cdots, N_k)$$
$$= H(\vartheta, p, N_1, \cdots, N_i, \cdots, N_k) + H'. \tag{7}$$

假定这个均匀系的定压热容量已经在各种温度、压强及化学成分下量得,则根据

11 节(6)式,在 $N_1, \cdots, N_k$ 不变的条件下求积分,得

$$
\begin{aligned}
H(\vartheta', &p, N_1, \cdots, N_i + N', \cdots, N_k) \\
&- H(\vartheta, p, N_1, \cdots, N_i + N', \cdots, N_k) \\
&= \int_{\vartheta}^{\vartheta'} C_p(\vartheta, p, N_1, \cdots, N_i + N', \cdots, N_k) \mathrm{d}\vartheta.
\end{aligned} \tag{8}
$$

代入(7)式,得

$$
\begin{aligned}
H(\vartheta, p, N_1, \cdots, N_i + N', \cdots, N_k) &= H(\vartheta, p, N_1, \cdots, N_i, \cdots, N_k) \\
&+ H' - \int_{\vartheta}^{\vartheta'} C_p(\vartheta, p, N_1, \cdots, N_i + N', \cdots, N_k) \mathrm{d}\vartheta.
\end{aligned} \tag{9}
$$

这个方程确定焓与 N_i 的关系.对于全体 k 个独立组元做一连串的实验就可完全确定焓与化学成分的关系.

在等温法中物体系的温度不变,而量从物体系所取出的热量,这个热量相当于(8)式中的积分.把(9)式中积分换成所量得的热量,就得到在等温法中定焓的公式.

以上讨论了如何确定三个基本热力学函数中的两个,即物态方程和内能与化学成分的关系.关于如何确定熵与化学成分的关系的问题等到 35 节再讨论.

上面所讨论的是一个均匀系的问题.假如物体系是一个复相系,我们可以把它分为许多均匀部分,每一均匀部分称为一相,每一相的热力学函数都可确定.设物体系共含有 σ 个相,我们用一组独立变数如 $\vartheta', p', N_1', \cdots, N_k'$ 描写第一相;用 $\vartheta'', p'', N_1'', \cdots, N_k''$ 描写第二相,等等;最后用 $\vartheta^{(\sigma)}, p^{(\sigma)}, N_1^{(\sigma)}, \cdots, N_k^{(\sigma)}$ 描写第 σ 相.对于任意一相 α,描写它的变数可以写为

$$
\vartheta^\alpha, p^\alpha, N_i^\alpha \quad (i = 1, 2, \cdots, k; \ \alpha = 1, 2, \cdots, \sigma).
$$

在这里须注意各相的独立组元的数目不一定相等.我们现在把各相的独立组元都当作是同样的 k 个,目的在使讨论时简便.如果某一组元 i 在某一相 α 中不出现时,我们只须令 $N_i^\alpha = 0$ 即可.

对于每一相 α 说有一个物态方程

$$
V^\alpha = V^\alpha(\vartheta^\alpha, p^\alpha, N_1^\alpha, \cdots, N_k^\alpha), \tag{10}
$$

也有内能 U^α 及焓 H^α:

$$
U^\alpha = U^\alpha(\vartheta^\alpha, p^\alpha, N_1^\alpha, \cdots, N_k^\alpha), \tag{11}
$$

$$
H^\alpha = U^\alpha + p^\alpha V^\alpha. \tag{12}
$$

对于整个复相系说,有四类物理量是有意义的,这就是每种组元的总数量 N_i,总体积 V,总内能 U,总熵,这些都是各相的相应的物理量的和.因此有(关于熵见 35 节)

$$
N_i = \sum_{\alpha=1}^{\sigma} N_i^\alpha \quad (i = 1, 2, \cdots, k), \tag{13}
$$

$$V= \sum_{\alpha} V^{\alpha}, \tag{14}$$

$$U= \sum_{\alpha} U^{\alpha}. \tag{15}$$

在各相的压强相等时,即 $p^{\alpha}=p$ 对一切 α 均适合,则整个复相系的焓有意义,可规定为各相的焓之和:

$$H = \sum_{\alpha} H^{\alpha} = \sum_{\alpha}(U^{\alpha} + pV^{\alpha}) = U + pV. \tag{16}$$

现在回到均匀系.通常把描写均匀系的变数和函数分为两类:一类是与总质量成比例的,名为**广延量**;一类是代表物质的内在性质,与总质量无关的,名为**强度量**.广延量的例子是:克分子数,体积,内能,焓,熵,热容量等.强度量的例子是:压强,温度,密度,比热等.一个广延量被总质量或总克分子数除之后就成为强度量.

为了要给广延量的性质一个数学的表示,假定一个均匀系的质量变为 λ 倍而不变它的内部性质.在这样一个变动下,各个组元的克分子数也要同时变为 λ 倍.那就是说,每个 N_i 由 N_i 变到 $N_i'=\lambda N_i$,同时 V 和 U 变到 $V'=\lambda V$ 和 $U'=\lambda U$,而 ϑ 和 p 不变.但是 V' 及 U' 作为 ϑ,p,N_i' 的函数是与 V 及 U 作为 ϑ,p,N_i 的函数相同的,所以 V',U' 与 V,U 的关系可写为

$$\begin{cases} V' = V(\vartheta, p, \lambda N_1, \cdots, \lambda N_k) = \lambda V(\vartheta, p, N_1, \cdots, N_k), \\ U' = U(\vartheta, p, \lambda N_1, \cdots, \lambda N_k) = \lambda U(\vartheta, p, N_1, \cdots, N_k). \end{cases} \tag{17}$$

这两个方程显示出广延量的数学性质.如果内能当作 ϑ,V,N_i 的函数时,应有下列关系

$$U(\vartheta, \lambda V, \lambda N_1, \cdots, \lambda N_k) = \lambda U(\vartheta, V, N_1, \cdots, N_k). \tag{18}$$

在数学上一个函数 $f(x_1, \cdots, x_n)$ 合于下列关系的

$$f(\lambda x_1, \cdots, \lambda x_n) = \lambda^m f(x_1, \cdots, x_n), \tag{19}$$

叫做 $x_1, \cdots, x_n$ 的 m 次**齐次函数**.比较(17),(18),(19),我们得到下面的结论:**一个广延量是广延量的一次齐次函数**.应当指出,假如一个函数中含有广延量外还含有强度量,那么只能把强度量作为参数看待,不能和齐次函数中的广延量变数在一起考虑.假定函数 f 对各变数 $x_1, \cdots, x_n$ 都有连续的偏微商,则一个 m 次齐次函数必适合下列偏微分方程

$$\sum_i x_i \frac{\partial f}{\partial x_i} = mf. \tag{20}$$

要证明这个方程,只须在(19)式中对 λ 求微商然后令 $\lambda=1$ 就行了.方程(20)称为齐次函数的**欧拉定理**[①].

应用这个定理到 V 和 U,得

① 见斯米尔诺夫,高等数学教程,卷一,第二分册,154 节,第 396 页.

$$V = \sum_i N_i v_i, \quad U = \sum_i N_i u_i, \tag{21}$$

其中
$$v_i = \left(\frac{\partial V}{\partial N_i}\right)_{\vartheta, p}, \quad u_i = \left(\frac{\partial U}{\partial N_i}\right)_{\vartheta, p}. \tag{22}$$

我们叫 v_i 为组元 i 的**偏克分子体积**，u_i 为组元 i 的**偏克分子内能**. 同样，偏克分子焓是

$$h_i = \left(\frac{\partial H}{\partial N_i}\right)_{\vartheta, p},$$

偏克分子热容量是

$$c_{pi} = \left(\frac{\partial C_p}{\partial N_i}\right)_{\vartheta, p}, \quad c_{vi} = \left(\frac{\partial C_v}{\partial N_i}\right)_{\vartheta, p}.$$

并且这些偏克分子变数适合下列关系

$$H = \sum_i N_i h_i, \quad C_p = \sum_i N_i c_{pi}, \quad C_v = \sum_i N_i c_{vi}. \tag{23}$$

一个均匀系的内在性质是与它的总质量多少无关的，所以一切内在性质可用强度量表示. 例如化学成分就可用各个组元的克分子数的比例来表示. 习惯上常用**克分子分数** x_i 来表示化学成分，x_i 的定义是[①]

$$x_i = N_i/N, \tag{24}$$

其中 $N = \sum_i N_i$ 是总克分子数. 这些克分子分数不是独立的，它们之间有下列关系

$$\sum_{i=1}^k x_i = 1, \tag{25}$$

所以 k 个克分子分数中只有 $(k-1)$ 个是独立的.

在实用上常用的一种化学变数是质量百分比，$100 M_i/M$，其中 $M = \sum M_i = \sum N_i m_i^\dagger$ 是总质量.

还有一种变数，叫做**平均克分子变数**，等于广延量被总克分子数除. 例如，令 $N = \sum N_i$，则

$$u = U/N \tag{26}$$

是平均克分子内能. 同样，有平均克分子体积 v，平均克分子焓 h，等：

$$v = V/N, \quad h = H/N.$$

代入(21)及(23)，得

$$u = \sum_i x_i u_i, \quad v = \sum_i x_i v_i, \quad h = \sum_i x_i h_i. \tag{27}$$

以上所说的是关于一个均匀系的情形. 对于一个复相系说，其中每一相都有以

---

① 在化学文献中多数用小一号的大楷体 N_i 来表示克分子分数. 这里所用的符号 x_i 与爱泼斯坦的相同，见 Epstein, *Thermodynamics*.

上所说的偏克分子变数等. 普遍说来, α 相的克分子分数为

$$x_i^\alpha = N_i^\alpha / N^\alpha, \tag{28}$$

其中 $N^\alpha = \sum_i N_i^\alpha$. 下面是偏克分子变数的例子:

$$u_i^\alpha = \left(\frac{\partial U^\alpha}{\partial N_i^\alpha}\right)_{\vartheta^\alpha, p^\alpha}, \quad h_i^\alpha = \left(\frac{\partial H^\alpha}{\partial N_i^\alpha}\right)_{\vartheta^\alpha, p^\alpha}, \quad v_i^\alpha = \left(\frac{\partial V^\alpha}{\partial N_i^\alpha}\right)_{\vartheta^\alpha, p^\alpha}. \tag{29}$$

前面所讲的广延量的性质也适用于表面相. 但是在表面相的问题中, 表面的总质量是没有意义的, 而广延量的标志应当以面积为准: 表面相的广延量是与面积成比例的物理量. 这样, 就容易了解, 在选温度及面积为独立变数时, 一切强度量, 如表面张力等, 只能是温度的函数.

34. 热化学大要

热化学是研究化学反应中能量变化的科学. 本节将应用热力学第一定律的理论到热化学.

先讨论如何表达化学反应. 举碳的燃烧作为一个化学反应的例子, 用下式表示

$$C + O_2 \rightarrow CO_2,$$

其中箭头指示反应方向. 反应方向与反应进行时的情况有关, 而当平衡态达到时, 反应就停止进行. 在热力学中通常把表达化学反应的式子写成一个方程的形式如下:

$$CO_2 - C - O_2 = 0. \tag{1}$$

在应用这个方程时应了解: 当反应向正的方向进行时, 方程中带有正的系数的组元, 如(1)中的 CO_2, 是**生成物**; 带有负的系数的组元, 如(1)中的 C 和 O_2, 是**反应物**.

一个表示普遍化学反应的方程可以写成

$$\sum_{i,\alpha} \nu_{i\alpha} A_i^\alpha = 0, \tag{2}$$

其中 A_i^α 代表在 α 相的组元 i, $\nu_{i\alpha}$ 代表在 α 相的组元 i 在化学反应中所改变的克分子数. 方程(2)中的系数 $\nu_{i\alpha}$ 一般是正负整数, 如在(1)式中的一样, 正数指生成物, 负数指反应物. 有时候 $\nu_{i\alpha}$ 也用正负分数表示. 方程(2)所代表的普遍化学反应称为复相化学反应. 假如所有的反应物和生成物都在同一相, 例如都是气体, 则称为单相化学反应, 反应方程可简化为

$$\sum_i \nu_i A_i = 0. \tag{3}$$

方程(3)是方程(2)的一个重要的特殊情形. 还有一个重要的特殊情形值得提出, 这就是相变, 即一个组元 i 由 β 相变到 α 相:

$$A_i^\alpha - A_i^\beta = 0. \tag{4}$$

在热化学中,化学反应所引起的能量改变一般用下列一类的方程表示:

$$[C] + \{O_2\} = \{CO_2\} + 94.45 \text{ 千卡}(18℃, 1 \text{ atm}). \tag{5}$$

在这个方程中特别指示化学反应是在恒温 18℃ 与恒压 1 大气压情形下进行的.(5) 式右方的热量 94.45 千卡是一个克分子金刚石的燃烧热[①].根据 11 节(7)式,在压强不变情形下所吸收的热量等于焓增加值.因此,我们可以把(5)式看作焓的方程,[C]代表一个克分子金刚石的焓,$\{O_2\}$代表一个克分子氧气的焓,$\{CO_2\}$代表一个克分子二氧化碳气体的焓.方括号[]代表固体,圆括号()代表液体,花括号{}代表气体.

再举两个例子.一个例子是水的汽化:

$$\{H_2O\} = (H_2O) + 9.713 \text{ 千卡}(100℃, 1 \text{ atm}),$$

其中$\{H_2O\}$为一个克分子水蒸气的焓,(H_2O)为一个克分子水的焓,9.713 千卡为在 100℃ 与 1 大气压下一个克分子水的汽化热.汽化的过程是在温度和压强不变的情形下进行的.

另外一个例子是硫酸的冲淡或稀化:

$$(H_2SO_4) + aq = (H_2SO_4 \text{ aq}) + 22.05 \text{ 千卡}(18℃, 1 \text{ atm}),$$

其中(H_2SO_4)为一个克分子液体纯硫酸的焓,$(H_2SO_4 \text{ aq})$为一个克分子无穷稀的硫酸的焓,aq 代表无穷量的水,22.05 千卡为总稀化热.稀化是在温度和压强不变的情形下进行的.

在化学反应中一个标准数量的物质变化后所吸收的热量名为**反应热**.所谓标准数量是指在相应于用方程(2)代表的化学反应中,α 相里的第 i 种组元改变了 $\nu_{i\alpha}$ 个克分子说的,这往往相当于主要的生成物或反应物改变了一个克分子(即它的系数 $\nu_{i\alpha}$ 为 $+1$ 或 -1).习惯上常常把放出的热量叫做反应热,但是在本书中将一贯把吸收的热量叫做反应热.当化学反应是在压强不变的情形下进行时,相应的反应热叫做定压反应热,用符号 Q_p 表示.反应进行时,温度也是不变的,但是在符号中不特别注明.上面所讲的燃烧热,汽化热,稀化热,都是定压反应热的例子.令 ΔH 为标准数量的变化所引起的焓增加值,我们将证明

$$\Delta H = Q_p. \tag{6}$$

这个方程是方程(5)的推广,是热化学的基本热力学公式.(6)式的证明如下.假定在化学反应进行时有一个微小的变化,则能量方程是

$$dU = Q + W.$$

在压强不变的情形下有 $W = -p \, dV$,得

$$dH = Q. \tag{7}$$

---

① 燃烧热的数值取自 F. R. Bichowsky and F. D. Rossini, *The Thermochemistry of the Chemical Substances* (New York, 1936).

设在这个变化中有微小的 ε 倍标准数量的物质改变,则按照 Q_p 和 ΔH 的定义得

$$Q = \varepsilon Q_p, \quad dH = \varepsilon \Delta H. \tag{8}$$

代入(7),消去 ε,即得(6).

假如一个化学反应可以经过两组不同的中间过程达到,则根据公式(6),由于焓是态函数,两组不同的中间过程的反应热之和应当相等.这个结果名为**赫斯定律**,是赫斯(Hess)在 1840 年所发现的.赫斯在提出这个定律时认为这是理所当然的,并没有充分的实验数据作为根据.在热力学第一定律建立以后,这个定律成为一个必然的推论结果(如公式(6)所表示的),并且在以后的年代中一切热化学的实验数据都与它相合.举一个例子,氨的合成,来说明赫斯定律.氨的合成热可从氨气的燃烧热及氢气的燃烧热算出(下面的数据都是对于 18℃ 及一个大气压说的):

$$\{NH_3\} + \frac{3}{4}\{O_2\} = \frac{3}{2}(H_2O) + \frac{1}{2}\{N_2\} + 91.35 \text{ 千卡}$$

$$+ \qquad \frac{3}{2}(H_2O) = \frac{3}{2}\{H_2\} + \frac{3}{4}\{O_2\} - 102.56 \text{ 千卡}$$

$$\overline{\{NH_3\} = \frac{3}{2}\{H_2\} + \frac{1}{2}\{N_2\} - 11.21 \text{ 千卡}}$$

哈伯(Haber)直接量得的合成热是 11.02 千卡,与算得的结果 11.21 很相合.

赫斯定律的实际重要性是在应用到算出不能直接量得的反应热.例如碳燃烧为一氧化碳(CO)的燃烧热是不能直接量得的,但可以由一氧化碳的燃烧热及碳燃烧为二氧化碳的燃烧热算出如下(在 18℃ 及一个大气压下):

$$[C] + \{O_2\} = \{CO_2\} + 94.45 \text{ 千卡}$$

$$- \quad \{CO\} + \frac{1}{2}\{O_2\} = \{CO_2\} + 67.61 \text{ 千卡}$$

$$\overline{[C] + \frac{1}{2}\{O_2\} = \{CO\} + 26.84 \text{ 千卡}}$$

玻恩应用赫斯定律通过玻恩循环来计算离子晶体的结晶能,下面是一个例子[1]:

$$Cl^- = Cl + e^- - 88 \text{ 千卡}$$

$$Na^+ + e^- = Na + 118 \text{ 千卡}$$

$$Na = [Na] + 26 \text{ 千卡}$$

$$Cl = \frac{1}{2}Cl_2 + 27 \text{ 千卡}$$

$$[Na] + \frac{1}{2}Cl_2 = [NaCl] + 99 \text{ 千卡}$$

$$\overline{Na^+ + Cl^- = [NaCl] + 182 \text{ 千卡}}$$

---

[1]　详情见 *Handbuch der Physik* IX (1926),45 及 M. Born und M. Göppert-Mayer,"*Dynamische Gittertheorie der Kristalle*",*Handbuch der Physik* XXIV/2 (2. Auf. 1933),p.728.

上面凡是没有括号的符号都是指气体,把花括号{}省略了.第一行和第二行的离子能(e^- 指电子)可由光谱测量得到,第四行的氯气的分解能也可从光谱测量得到(也可由分解平衡恒量得到,见 39 节).第三行的升华热和第五行的分解热都可用量热法测得.唯第一行的电子亲合能不容易直接测准.因此,往往从理论上的结晶能应用玻恩循环反过来计算电子亲合能.

现在进一步讨论热力学的反应热公式.设所讨论的化学反应是方程(2)所代表的普遍复相化学反应.当化学反应进行时,A_i^a 的克分子数 N_i^a 的改变必与系数 ν_{ia} 与比例,即

$$\mathrm{d}N_i^a = \varepsilon \nu_{ia}. \tag{9}$$

今温度和压强都不变,故

$$\mathrm{d}H = \sum_a \mathrm{d}H^a = \sum_{i,a} \left(\frac{\partial H^a}{\partial N_i^a}\right)_{\vartheta,p} \mathrm{d}N_i^a = \sum_{i,a} h_i^a \mathrm{d}N_i^a,$$

应用(9)式,得

$$\mathrm{d}H = \sum_{i,a} h_i^a \varepsilon \nu_{ia}.$$

与(8)中第二式比较,得

$$\Delta H = \sum_{i,a} \nu_{ia} h_i^a. \tag{10}$$

这是 ΔH 的热力学公式.

在一个单相化学反应情形下,如方程(3)所代表者,方程(10)简化为

$$\Delta H = \sum_i \nu_i h_i. \tag{11}$$

在相变情形下,如(4)式所代表者,方程(10)简化为

$$\Delta H = h_i^a - h_i^\beta. \tag{12}$$

(11)和(12)代表(10)的两个重要的特殊情形.

在气体化学反应中有时令体积不变,这时所量的反应热称为定容反应热(当然在反应进行中温度也是维持不变的),用符号 Q_v 表示.由于体积不变,故 $\mathrm{d}U = Q$,由此得

$$\Delta U = Q_v. \tag{13}$$

方程(6)与(13)相减,得

$$Q_p - Q_v = \Delta(pV) = RT\Delta N, \tag{14}$$

其中 $N = \sum_i N_i$ 是气体的总克分子数(见以后 38 节中道尔顿定律).应用公式(9),注意 $\mathrm{d}N_i = \varepsilon \Delta N_i$,并注意气体化学反应是单相化学反应,得

$$Q_p - Q_v = RT \sum_i \nu_i. \tag{14'}$$

这个方程把气体化学反应的两种反应热联系起来了.

有时一个化学反应可以认为是几个反应连续进行的结果.例如碳燃烧成二氧化碳可以认为是经过两步完成的,第一步是碳燃烧成一氧化碳,第二步是一氧化碳

燃烧成二氧化碳. 换句话说, 方程 (1) 可以认为是下列两个方程之和:

$$CO - C - \frac{1}{2}O_2 = 0, \quad CO_2 - CO - \frac{1}{2}O_2 = 0. \tag{15}$$

现在讨论普遍的情形. 假设由方程 (2) 所代表的普遍化学反应是下列 r 个反应之和:

$$\sum_{i,a} \nu_{ia}^{(l)} A_i^a = 0 \quad (l = 1, 2, \cdots, r). \tag{16}$$

这就是说

$$\nu_{ia} = \sum_{l=1}^{r} \nu_{ia}^{(l)}. \tag{17}$$

令第 l 个反应的反应热为 $Q_p^{(l)}$, 则

$$Q_p^{(l)} = \Delta^{(l)} H = \sum_{i,a} \nu_{ia}^{(l)} h_i^a. \tag{18}$$

应用 (17) 和 (18) 两式到 (10) 式, 得

$$Q_p = \Delta H = \sum_{l=1}^{r} Q_p^{(l)}. \tag{19}$$

这个方程说明 (2) 的反应热是中间各个反应的反应热之和. 这是赫斯定律的数学表述.

反应热与温度及压强的关系——由公式 (10) 得知反应热是 ϑ, p, N_i^a 的函数. 但当化学反应达到平衡时, N_i^a 之间将有一些关系, 使得它们之中只有一部分是可以独立改变的. 在特殊情形下, 整个物体系可能只有一个独立变数, 例如一个单元系的两相平衡 (这可以认为是相变 (4) 的特殊情形) 就是这样, 这在 27 节已经讨论过了. 在 37 节和 44 节中我们将看到独立变数的数目如何普遍地决定.

假如只有一个独立变数, 我们可以选它为温度, 这样就要把 p 和 N_i^a 都作为 ϑ 的函数. 由 (10) 式, 求微商, 得

$$\frac{\mathrm{d}}{\mathrm{d}\vartheta}\Delta H = \sum_{i,a} \nu_{ia}\left(\frac{\partial h_i^a}{\partial \vartheta}\right)_{p,N} + \sum_{i,a} \nu_{ia}\left(\frac{\partial h_i^a}{\partial p}\right)_{\vartheta,N} \frac{\mathrm{d}p}{\mathrm{d}\vartheta}$$
$$+ \sum_{i,j,a} \nu_{ia}\left(\frac{\partial h_i^a}{\partial N_j^a}\right)_{\vartheta,p} \frac{\mathrm{d}N_j^a}{\mathrm{d}\vartheta}. \tag{20}$$

假如有两个独立变数时, 我们选它们为温度及压强, 而把 N_i^a 作为 ϑ 和 p 的函数. 这样就可得到下面两个方程

$$\left(\frac{\partial}{\partial \vartheta}\Delta H\right)_p = \sum_{i,a} \nu_{ia}\left(\frac{\partial h_i^a}{\partial \vartheta}\right)_{p,N} + \sum_{i,j,a} \nu_{ia}\left(\frac{\partial h_i^a}{\partial N_j^a}\right)_{\vartheta,p}\left(\frac{\partial N_j^a}{\partial \vartheta}\right)_p, \tag{21}$$

$$\left(\frac{\partial}{\partial p}\Delta H\right)_\vartheta = \sum_{i,a} \nu_{ia}\left(\frac{\partial h_i^a}{\partial p}\right)_{\vartheta,N} + \sum_{i,j,a} \nu_{ia}\left(\frac{\partial h_i^a}{\partial N_j^a}\right)_{\vartheta,p}\left(\frac{\partial N_j^a}{\partial p}\right)_\vartheta. \tag{22}$$

在单相气体化学反应的情形下, 气体可近似地认为是理想气体, h_i 将只是温度的函数, 与 p 及 N_i 无关, 并且等于纯组元 i 的单克分子焓 (见 38 节), 故 ΔH 只是

温度的函数. 在这个情形下,(20)简化为

$$\frac{\mathrm{d}}{\mathrm{d}\vartheta}\Delta H = \sum_i \nu_i \frac{\mathrm{d}h_i}{\mathrm{d}\vartheta} = \sum_i \nu_i c_{pi}, \tag{23}$$

其中 c_{pi} 是一个克分子纯组元 i 的定压热容量. 这个方程名为基尔霍夫方程. 从(23)式可看出,如果气体的比热已知,则只须量在某一温度的反应热,就可推算出其他温度的反应热,如下式:

$$\Delta H = \Delta H_0 + \int_{\vartheta_0}^{\vartheta} \sum_i \nu_i c_{pi} \, \mathrm{d}\vartheta, \tag{24}$$

其中 ΔH_0 为温度 ϑ_0 时的反应热.

在复相化学反应中,有时候 h_i^a 与 N_j^a 无关(例如在 α 相是纯 i 时)这时候(21)简化为

$$\left(\frac{\partial}{\partial\vartheta}\Delta H\right)_p = \sum_{i,a} \nu_{ia} c_{pi}^a. \tag{25}$$

这个方程也叫做基尔霍夫方程.

35. 熵与化学成分的关系

对于一个只有两个独立变数的均匀系,热力学第二定律的基本方程是

$$\mathrm{d}U = T\mathrm{d}S - p\mathrm{d}V. \tag{1}$$

在此方程中,这个均匀系所包含的各个独立组元的数量都必须保持不变. 因此,仅仅根据方程(1)不能得到熵作为独立组元的函数,也就不能得到熵与化学成分的关系. 现在讨论如何解决这个问题[①].

首先考虑一个化学纯的均匀系,只有一种分子,克分子数是 N. 假定选 T, p, N 为独立变数,则 U, S, V 都是广延量,所以都是与 N 成比例的,因此,单克分子变数,$u=U/N, s=S/N, v=V/N$ 都仅仅是 T, p 的函数,与 N 无关. 今方程(1)既在 N 不变时是正确的,则用 N 除可得

$$\mathrm{d}u = T\mathrm{d}s - p\mathrm{d}v. \tag{2}$$

用 N 乘(2)并应用在 N 改变的情形下的下列关系

$$\mathrm{d}U = \mathrm{d}(Nu) = N\mathrm{d}u + u\mathrm{d}N,$$

及关于 $\mathrm{d}S$ 和 $\mathrm{d}V$ 的同样关系,得

$$\mathrm{d}U = T\mathrm{d}S - p\mathrm{d}V + \mu\mathrm{d}N, \tag{3}$$

其中

$$\mu = u - Ts + pv. \tag{4}$$

方程(3)是(1)在 N 改变的情形下的推广,μ 名为化学势,等于一个克分子的吉布斯

---

① 见王竹溪,中国物理学报.**7**(1948),第 132—175 页,特别是第 136 页.

函数.化学势已经在 22 节引进.G 与 μ 的关系是

$$G = U - TS + pV = N\mu. \tag{5}$$

现在讨论有 k 个组元的均匀系,设第 i 个组元有 N_i 个克分子.当这些 N_i 改变时,相应于方程(3)的公式就必须是把一项 μdN 推广为许多项 $\mu_i dN_i$ 之和的形式:

$$dU = TdS - pdV + \sum_i \mu_i dN_i, \tag{6}$$

其中 μ_i 名为组元 i 的化学势.假如已知 U 为独立变数 $S, V, N_1, \cdots, N_k$ 的函数,则 μ_i 可由偏微商求出:

$$\mu_i = \left(\frac{\partial U}{\partial N_i}\right)_{s,v}. \tag{7}$$

在热力学第一定律中可确定 U 为 $T, V, N_1, \cdots, N_k$ 的函数(见 33 节).但由于热力学第二定律还只讨论过 N_i 不变的情形,所以 S 作为 $T, V, N_1, \cdots, N_k$ 的函数还不能确定,因此也就不能确定 U 作为 $S, V, N_1, \cdots, N_k$ 的函数.实际上解决这个问题的办法是应用普遍的相变平衡条件来定化学势(见下面(8)式),在化学势定了以后,就可解决熵与化学成分的关系了.普遍的相变平衡条件是:当一个组元 i 由一相变到另一相,在平衡时它在一相的化学势 μ_i' 必等于它在另一相的化学势 μ_i'':

$$\mu_i' = \mu_i''. \tag{8}$$

如果在两相中有一相是化学纯的,它的化学势可由(4)式确定,然后利用(8),它在另一相的化学势也就可确定了.在 38 节我们将应用(8)去求理想气体的化学势.在理想气体的化学势已经求得之后,如果(8)式中的两相有一相是气体,则可应用理想气体的结果去定另一相的化学势.

现在我们的问题是要证明(8)式.要达到这个目的,可以利用一种半透壁来进行一个绝热的可逆过程以改变 N_i.半透壁是这样一种壁,它可以让组元 i 自由通过,但不让任何其他组元通过.自然界有些物质可造成半透壁.例如铂可让氢气通过而不让氮气通过.生物细胞的膜有半透性,可让水分子通过,但不让糖分子通过.绝对的半透壁在自然界是不存在的,实际上的半透壁多少总有些不完全,但在理论上讨论问题时我们可以忽略这点而假定半透性是完全的.现在假定我们所讨论的均匀系叫做甲,通过一个半透壁与一化学纯的物质达到平衡;这个物质叫做乙,与甲中组元 i 在化学组成上是相同的.目前暂时先假设均匀系甲中各组元间不起化学反应.组元 i 既能自由来往于甲乙之间,那么甲中 N_i 就可以随意改变.令 U, S, V 等为甲的热力学函数,于是根据(6)有

$$dU = TdS - pdV + \mu_i dN_i. \tag{9}$$

至于(6)中其他各项,由于各组元间没有化学反应,因而 N_j 当 $j \neq i$ 时不改变,全不出现.对于乙,我们用一撇来表示热力学函数:U', S', V' 等.由于乙是化学纯的,根据(3)及(4)得

$$dU' = TdS' - p'dV' + \mu'dN', \tag{10}$$

$$\mu' = u' - Ts' + p'v', \tag{11}$$

其中 u', s', v' 为一个克分子纯 i 的内能,熵及体积.注意甲乙两系的温度相等,但压强则由于半透壁的存在而不等.

在一个微小的准静态过程中,甲乙两系共吸收的热量是

$$Q = dU + dU' + pdV + p'dV'. \tag{12}$$

在绝热过程中这个式子必须等于零.现在把甲乙两系合并起来当做一个单个系丙看待,那么丙中组元 i 的数量不变,所以热力学第二定律的基本方程可用,而有一个总的熵函数 S^* 存在,适合下列方程

$$TdS^* = dU + dU' + pdV + p'dV'. \tag{13}$$

应用(9),(10)两式,并除以 T,得

$$dS^* = dS + dS' + T^{-1}(\mu_i dN_i + \mu'dN').$$

由于 $dN_i + dN' = 0$,这个方程化为

$$dS^* = dS + dS' - T^{-1}(\mu_i - \mu')dN'. \tag{14}$$

当半透壁不存在,甲乙两系不能交流物质时,则丙的熵等于甲乙两系的熵之和,即

$$S^* = S + S'. \tag{15}$$

在甲乙两系通过半透壁而交流物质时,我们可以使过程进行到任何阶段时停止,而把甲乙两系隔开.这时候丙的熵应该仍然是甲乙两系的熵之和,与过去是否交流过物质没有关系.因此,无论在有物质交流时还是没有物质交流,两系的熵之和仍然是两系合并所组成的总体系的熵.所以(15)式在有物质交流时也是正确的.把(15)式的微分代入(14)式,得

$$\mu_i = \mu'. \tag{16}$$

因为 μ' 已由(11)式确定,这个方程就把化学势 μ_i 确定了.很显然,(16)式是(8)式的一个特殊情形,相当于纯 i 自成一相.要证明(8),只须考虑(8)式中所指的两个相同时与纯 i 达到平衡,而用(16)两次,一次用到纯 i 与一相平衡得 $\mu_i' = \mu'$,一次用到纯 i 与另一相平衡得 $\mu_i'' = \mu'$,最后令两式相等即得(8).

现在讨论组元不是独立的情形.如果 k 个组元不是互相独立的,我们仍然可以假定(6)式是正确的,但是这些 N_i 之间有一个或数个关系.为使问题明确起见,假定均匀系中各个组元的关系是通过下列化学反应建立起来的:

$$\sum_i \nu_i A_i = 0. \tag{17}$$

当化学反应进行时,N_i 的改变是 $dN_i = \nu_i \varepsilon$,ε 是一个微量.代入(6)式,得

$$dU = TdS - pdV + \left(\sum_i \nu_i \mu_i\right)\varepsilon. \tag{18}$$

现在假定所讨论的均匀系已经达到平衡,外界与它并没有任何物质交流,那么它只

能有两个独立变数,比方说是温度与压强,其他热力学函数都是这两个变数的函数,同时所有各组元的克分子数 N_i 也一定是两个变数的函数. 在这个情形下,热力学的基本方程(1)是正确的. 比较(1)与(18),得

$$\sum_i \nu_i \mu_i = 0. \tag{19}$$

这个方程是化学反应(17)达到平衡的条件.

在上面导出(16)式的讨论中我们假设了均匀系甲的各个组元间不起化学反应. 现在取消这个假设,而认为各个组元之间有一个或数个化学反应进行. 当有几个化学反应同时进行时,对于每个化学反应说,都各有它的平衡条件,由(19)式表达. 为简单起见,在下面的讨论中将假设只有一个化学反应(17)在进行. 这时候,在上面所讨论的,通过半透壁与纯 i 交流物质的过程中,N_i 的改变包含两项:

$$dN_i = -dN' + \nu_i \varepsilon. \tag{20}$$

这时候其他组元 j 的数量也起了变化,$dN_j = \nu_j \varepsilon (j \neq i)$. 在这个情形下,方程(9)不再适用了,而由(6)得

$$dU = TdS - pdV + \sum_j \mu_j dN_j$$

$$= TdS - pdV - \mu_i dN' + \left(\sum_j \mu_j \nu_j \right)\varepsilon. \tag{21}$$

应用平衡条件(19),得

$$dU = TdS - pdV - \mu_i dN'. \tag{21'}$$

把这个式子和(10)式代入(13),仍然得到(14),由此仍然得到公式(16). 所以(16)式和(8)式是两相达到平衡时的普遍平衡条件,与两相内部是否有化学反应进行无关,也与组元 i 是否为独立组元无关. 应当指出,现在所导出的相变平衡条件(8)包含 26 节所讲的单元系的相变平衡条件作为一个特殊情形.

现在讨论其他热力学函数 H, F, G. 从 $H = U + pV$ 定义出发,应用(6)式,得

$$dH = dU + pdV + Vdp = TdS + Vdp + \sum_i \mu_i dN_i. \tag{22}$$

同样,从 $F = U - TS$ 和 $G = U - TS + pV$ 得

$$dF = -SdT - pdV + \sum_i \mu_i dN_i, \tag{23}$$

$$dG = -SdT + Vdp + \sum_i \mu_i dN_i. \tag{24}$$

从以上各个微分式中得到下列结果

$$\mu_i = \left(\frac{\partial H}{\partial N_i} \right)_{S,p} = \left(\frac{\partial F}{\partial N_i} \right)_{T,V} = \left(\frac{\partial G}{\partial N_i} \right)_{T,p}. \tag{25}$$

这些方程也可以用微分法由(7)式导出.

我们知道 U, S, V 都是广延量,T 和 p 是强度量,所以 H, F, G 都是广延量.

由 33 节所讲的广延量的数学性质,应用欧拉定理到吉布斯函数 G,记住 $\mu_i = (\partial G / \partial N_i)_{T, p}$,得

$$G = \sum_i N_i \mu_i. \tag{26}$$

这个方程显然是方程(5)的推广. 由(26)得

$$\mathrm{d}G = \sum_i N_i \mathrm{d}\mu_i + \sum_i \mu_i \mathrm{d}N_i.$$

代入(24)式,消去 $\mathrm{d}G$,得

$$S\mathrm{d}T - V\mathrm{d}p + \sum_i N_i \mathrm{d}\mu_i = 0. \tag{27}$$

这个方程名为**吉布斯关系**,它指明 $k+2$ 个强度量 T, p, μ_i 之间有一个关系.

在 22 节中引进特性函数的概念时,说明在独立变数适当选择之下,U, H, F, G 都可作为特性函数. 现在增加了新的独立变数 N_i 等,从(6)式可以看出,U 是对于独立变数 $S, V, N_1, \cdots, N_k$ 的特性函数. 那就是说,有了函数 $U(S, V, N_1, \cdots, N_k)$ 之后,就可用微分法求得物态方程 $V(T, p, N_1, \cdots, N_k)$,内能 $U(T, p, N_1, \cdots, N_k)$,熵 $S(T, p, N_1, \cdots, N_k)$,及化学势 $\mu_i(T, p, N_1, \cdots, N_k)$. 所有这一些都可从下列关系求出来:

$$T = \left(\frac{\partial U}{\partial S}\right)_{V, N_i}, \quad p = -\left(\frac{\partial U}{\partial V}\right)_{S, N_i}, \quad \mu_i = \left(\frac{\partial U}{\partial N_i}\right)_{S, V}.$$

同样考虑,根据(22),(23),(24)可知,H, F, G 作为特性函数时,其相应的独立变数是 $(S, p, N_i), (T, V, N_i), (T, p, N_i)$.

吉布斯关系(27)式可写为

$$\mathrm{d}p = \frac{S}{V}\mathrm{d}T + \sum_i \frac{N_i}{V}\mathrm{d}\mu_i.$$

如果把 p 作为 $T, \mu_1, \cdots, \mu_k$ 的函数,则得

$$\left(\frac{\partial p}{\mathrm{d}T}\right)_{\mu_i} = \frac{S}{V}, \quad \left(\frac{\partial p}{\partial \mu_i}\right)_T = \frac{N_i}{V}. \tag{28}$$

从上面式子中的第二个可解出 k 个 μ_i 为 T, V, N_i 的函数,代入第一个式子得 S 为 T, V, N_i 的函数,代入 $p(T, \mu_1, \cdots, \mu_k)$ 得 p 为 T, V, N_i 的函数. 这样,我们就得到了物态方程、熵及化学势. 把化学势的函数代入(26)式,得吉布斯函数,然后由 $G = U - TS + pV$ 得到内能:

$$U = TS - pV + \sum_i N_i \mu_i. \tag{29}$$

由此可见,p 是对于独立变数 $T, \mu_1, \cdots, \mu_k$ 的特性函数. 注意在这样一个特性函数的关系中,所有的变数都是强度量.

最后我们讨论一个普遍复相系的情形. 一个复相系分为许多相,其中第 α 相有物理量 $U^\alpha, S^\alpha, V^\alpha, N_i^\alpha$ 等,适合下列微分方程

$$dU^a = T^a dS^a - p^a dV^a + \sum_i \mu_i^a dN_i^a, \tag{30}$$

其中 T^a, p^a, μ_i^a 是 α 相的温度、压强及化学势，这些都可认为是 S^a, V^a, N_i^a 的函数. 今 U^a, S^a, V^a, N_i^a 都是广延量，应用欧勒关于齐次函数的定理，得

$$U^a = T^a S^a - p^a V^a + \sum_i \mu_i^a N_i^a. \tag{31}$$

这就是(29)式加上 α 相的标志，不过是用另外一法证明的.

对于整个复相系说，也有 U, S, V, N_i，等于各相中相应的量之和：

$$U = \sum_a U^a, \quad S = \sum_a S^a, \quad V = \sum_a V^a, \quad N_i = \sum_a N_i^a. \tag{32}$$

在一般的情形下，整个复相系不能有 H, F, G，虽然每一相有 H^a, F^a, G^a. 但是当各相的压强相同时，总的焓有意义，等于各相的焓之和，即 $H = \sum_a H^a$；当各相的温度相同时，总的自由能有意义，等于各相的自由能之和，即 $F = \sum_a F^a$；当压强和温度在各相都相同时，总的吉布斯函数有意义，等于各相的吉布斯函数之和，即 $G = \sum_a G^a$.

在有普遍复相化学反应进行时，采用导出(19)式的方法也可得到化学平衡条件. 设普遍复相化学反应为

$$\sum_{i,a} \nu_{ia} A_i^a = 0. \tag{33}$$

在平衡时有 $T^a = T$，应用(30)及(32)，得

$$dU = \sum_a dU^a = T \sum_a dS^a - \sum_a p^a dV^a + \sum_{i,a} \mu_i^a dN_i^a.$$

但 $\sum_a dS^a = dS$, $dN_i^a = \nu_{ia} \varepsilon$，故

$$dU = T dS - \sum_a p^a dV^a + \left(\sum_{i,a} \nu_{ia} \mu_i^a \right) \varepsilon. \tag{34}$$

现在，对于整个复相系说来，物质是固定的，22 节公式(16)可以适用，必有

$$dU = T dS - \sum_a p^a dV^a, \tag{35}$$

这时候 p^a 相当于 22 节(16)式中的 $-Y_l$. 比较(34)与(35)，得

$$\sum_{i,a} \nu_{ia} \mu_i^a = 0. \tag{36}$$

这是普遍复相化学反应(33)达到平衡的条件，它包含(8)式作为相变平衡的特殊情形，也包含(19)作为单相化学反应平衡的特殊情形.

36. 复相系的普遍平衡条件

在 26 节已经讲到，一个复相系的热动平衡条件有四种，这就是 (一) 热平衡条

件,(二) 力学平衡条件,(三) 相变平衡条件,(四) 化学平衡条件.前三种条件已经在 26 节讨论了,结果是:

（一）热平衡条件是物体系的各部分温度相等.

（二）力学平衡条件是物体系的各部分压强相等.

（三）相变平衡条件是物体系的各部分化学势相等.

上面所说的力学平衡条件,是在没有表面张力和没有远距离作用力及各向异性的固体情形下的条件.关于表面张力起作用时的力学平衡条件,已经在 30 节讨论过了.关于有远距离作用力及各向异性的固体时的力学平衡条件将在 61 节和 64 节讨论.在本章中各节不拟考虑这些情形.

相变可以认为是化学反应的一种特殊情形,这在 34 节已经说明了.在 34 节所讲的相变是一个多元系(即包含两个或两个以上独立组元的系)中一个组元 i 由 β 相变到 α 相的过程,这种相变比一个单元系的相变更普遍些,而包括单元系的相变作为一个特殊情形.

在 35 节已经求得了普遍的相变平衡条件,也求得了单相化学反应和普遍复相化学反应的平衡条件.现在我们要用另一个方法,即应用 26 节的平衡判据,来求一个普遍复相化学反应的平衡条件.我们将假设温度和压强都是均匀的,而应用吉布斯函数最小这一判据.

设所讨论的普遍复相化学反应由下列方程表示

$$\sum_{i,a} \nu_{ia} A_i^a = 0. \tag{1}$$

当化学反应进行时,A_i^a 的克分子数 N_i^a 的改变必与系数 ν_{ia} 成比例,即

$$\delta N_i^a = \varepsilon \nu_{ia}, \tag{2}$$

其中 ε 为无穷小量.假定化学反应在温度和压强不变的情形下进行,那么总的吉布斯函数的改变是

$$\delta G = \sum_a \delta G^a = \sum_a \sum_i \mu_i^a \delta N_i^a = \sum_{i,a} \nu_{ia} \mu_i^a \varepsilon, \tag{3}$$

其中我们用了 35 节(24)式到每一相 α 并注意在温度和压强不变的情况下 $\delta T = \delta p = 0$.应用吉布斯函数判据,需要 G 最小才到达平衡,故必须 $\delta G = 0$.由(3)得

$$\sum_{i,a} \nu_{ia} \mu_i^a = 0. \tag{4}$$

这就是关于化学反应(1)的**化学平衡条件**,与 35 节(36)式相同.

假如有数个化学反应同时进行,则到达平衡时必有同样数目的平衡条件需要满足.

如果条件(4)不满足,则平衡不成立,而反应要进行.反应进行的方向必使吉布斯函数减少.由(3)得

$$\left(\sum_{i,a}\nu_{ia}\mu_i^a\right)\varepsilon < 0. \tag{5}$$

由此可知,若 $\sum\limits_{i,a}\nu_{ia}\mu_i^a < 0$ 则反应向正的方向进行($\varepsilon > 0$),若 $\sum\limits_{i,a}\nu_{ia}\mu_i^a > 0$ 则反应向反的方向进行($\varepsilon < 0$).

反应(1)的一个重要特殊情形是单相化学反应:

$$\sum_i \nu_i A_i = 0. \tag{6}$$

在这个情形下平衡条件(4)化为

$$\sum_i \nu_i \mu_i = 0. \tag{7}$$

反应(1)的另一个重要特殊情形是相变:

$$A_i^\alpha - A_i^\beta = 0. \tag{8}$$

在这个情形下平衡条件(4)化为

$$\mu_i^\alpha = \mu_i^\beta. \tag{9}$$

这两个方程(7)和(9)都是上节已经得到的结果(见 35 节(19)及(8)两式).

37. 相　　律

要一个复相系达到平衡,必须它的每一均匀部分,即每一相,都达到平衡.但是,反过来说,当每一相都已经各自达到平衡时,并不保证总的复相系达到平衡.在每一相都已达到平衡之后,要总的复相系达到平衡,必须有一些额外的条件,这就是上节所讲的几种平衡条件.这一节的目的是讨论由这些条件所得到的一个定理,名为**相律**,它的内容在下面再解释.

假定复相系的每一相都已经达到平衡.设共有 σ 个相,第 α 相的平衡态可用 $k+2$ 个变数描写,设这些变数为 $T^\alpha, p^\alpha, N_1^\alpha, \cdots, N_k^\alpha$,并假设这 k 个组元都是独立组元.我们由广延量和强度量的性质知道,要是所有的强度量,包括各个克分子数的比例在内,都不改变时,单是某一相或数相的总质量有所改变是不会引起平衡态性质的改变的.所以在决定平衡态的性质时只需要强度量就够了.现在所用的变数 T^α 和 p^α 是强度量,但 N_i^α 是广延量,需要换为强度量 x_i^α:

$$x_i^\alpha = N_i^\alpha / N^\alpha, \tag{1}$$

其中 $N^\alpha = \sum\limits_i N_i^\alpha$. 这些克分子分数之间有下列关系

$$\sum_{i=1}^k x_i^\alpha = 1. \tag{2}$$

所以 k 个 x_i^α 中只有 $k-1$ 个是独立变数,因而每一相的平衡性质可由 $k+1$ 个独立的强度量来描写,即 $T^\alpha, p^\alpha, x_i^\alpha$.

假定每一相都有 k 个独立组元,则每一相都有 $k+1$ 个独立的强度量.总的复相系有 σ 相,共有 $(k+1)\sigma$ 个强度量变数.这些变数必须满足三种平衡条件,即热平衡条件,力学平衡条件,相变平衡条件.

热平衡条件是温度相等:

$$T' = T'' = \cdots = T^{(\sigma)}. \tag{3}$$

力学平衡条件是压强相等:

$$p' = p'' = \cdots = p^{(\sigma)}. \tag{4}$$

相变平衡条件是化学势相等:

$$\mu_i' = \mu_i'' = \cdots = \mu_i^{(\sigma)} \quad (i = 1, 2, \cdots, k). \tag{5}$$

由于我们假定 k 个组元是独立的,它们之间不能再有单相化学反应.一个普遍的复相化学反应可以当作是单相化学反应和相变这两种过程所组成的,所以现在除了相变平衡条件(5)以外,再没有其他化学平衡条件了.

以上平衡条件(3),(4),(5)共有 $(k+2)(\sigma-1)$ 个方程.因此总数 $(k+1)\sigma$ 个强度量中只有 f 个是能独立变的:

$$f = (k+1)\sigma - (k+2)(\sigma-1) = k + 2 - \sigma. \tag{6}$$

这个公式就是相律的数学表达式. f 可名为复相系的自由度,这就是复相系的能独立改变的强度量的数目.相律可用文字表达为:一个复相系在平衡时的自由度等于独立组元数减去相数再加 2.这个结果是吉布斯首先获得的,所以相律又名为吉布斯相律.

在以上的证明中,我们假定每一相都有 k 个独立组元.如果某一相的独立组元少了一个,那么平衡条件(5)必定也同时减少一个,结果总的自由度数不变,(6)式仍然是正确的.不过现在 k 的意义改变了,它现在不是每一相的独立组元数了,而是复相系的总独立组元数.

当整个复相系没有达到完全平衡,或是不容易达到完全平衡时,相律需要作一些修改.这种情形在有半透膜时产生,这个时候的平衡只能认为是局部平衡,而为表明有半透膜存在,可名为**膜平衡**.假如有刚壁存在,在刚壁两边的压强是没有关系的,因此力学平衡条件就要减去.在有半透膜存在时,或有任何壁或膜时,在壁或膜两边的压强是不相等的,这时力学平衡条件(4)也要减去.假如半透膜隔开 α 相与 β 相,只让组元 j 通过,不让其他组元通过,这时候化学平衡条件对这两相说就只有一个方程 $\mu_j^\alpha = \mu_j^\beta$ 而不是 k 个了.今假如由于半透膜及其他种膜和壁的存在而使力学平衡条件共减少 ρ_1 个,使化学平衡条件共减少 ρ_2 个,则相律应改为

$$f = k + 2 - \sigma + \rho_1 + \rho_2. \tag{7}$$

因为 ρ_1 和 ρ_2 都不可能是负数,这个公式说明(6)实在是最少的自由度数.

相律公式(6)中的数字 2 可以认为是代表温度及压强两个变数的数目.因此,

这个公式只能适用于有均匀压强的情形. 在有扭转力作用于固体的情形时, 最多可能有六个胁强. 这时候应当把一个压强换为六个胁强, 而把(6)式中的数字 2 改为 7. 假如有电磁现象发生时, 还要增加电磁变数, (6)式中的数字 2 也就要相应地增加.

现在让我们来讨论相律的几个特殊例子. 首先讨论一个单元系的情形. 这时候, $k=1$, (6)式化为

$$f = 3 - \sigma. \tag{8}$$

如果只有一相存在, 则 $\sigma=1$, $f=2$. 这时候有两个自由度, 温度和压强可以在某种范围内独立地改变, 而单元系仍然保持是均匀的一相.

假定有两相同时存在, 则 $\sigma=2$, $f=1$. 这时候只有一个自由度, 温度和压强两个变数中只能有一个可以独立地改变. 这时的平衡态可以在 $T\text{-}p$ 图上用一曲线表示, 这就是我们在 27 节所讨论的相图.

假定有三相同时存在, 则 $\sigma=3$, $f=0$. 这时候没有自由度, 就是说, 温度和压强都有固定值, 不能改变. 这时的平衡态在相图上是一点, 这就是我们在 27 节所说的三相点.

自由度不可能是负的, 所以对于单元系说, 同时共存的相数不能超过三个. 但是这并不是说, 一个单元系能够具有的不同的相数不能超过三个, 而是说, 在某一固定的温度和压强下(即三相点), 这个单元系的各种不同的相中只能有三个同时存在, 而其他各相则在另外别的条件下存在. 这在 27 节水在高压下的相图(图 10)中可以看出.

其次讨论一个含有两个独立组元的系, 名为二元系. 这时候, $k=2$, (6)式化为

$$f = 4 - \sigma. \tag{9}$$

从这个式子看出, 一个二元系的同时共存的相数最多是四. 关于二元系的复相平衡问题将在 41 节及 42 节详细讨论.

在普遍情形时有 k 个独立组元, 同时共存的相数最多是 $k+2$, 将在 44 节详细讨论.

注意自由度指能独立改变的强度量的数目, 因此在强度量不能改变时不能说没有任何改变的可能. 例如一个单元系在三相点时, 每一相的质量仍然可以改变而不影响到温度及压强.

38. 混合理想气体的性质

一个包含有多种组元的气体叫做混合气体. 一个混合理想气体可以认为是实际混合气体在压强极低时的极限情形, 而可以作为实际混合气体在通常压强下的

近似代表.我们将先讨论混合理想气体的性质.要掌握混合理想气体的全部平衡性质,必须得到三个基本热力学函数,即物态方程,内能,熵.

首先讨论物态方程.实验结果是

$$pV = (N_1 + N_2 + \cdots + N_k)RT, \tag{1}$$

其中 $N_1, \cdots, N_k$ 是第一种到第 k 种分子的克分子数.这个结果是由 1801 年道尔顿所发现的**分压律**推论而得的.分压律说:**混合气体的压强等于各组元的分压之和**.所谓一个组元的分压是指这个组元在单独以化学纯的状态存在时在与混合气体相同的温度和体积并且与混合气体所包含的这个组元的克分子数相等的条件下所具有的压强.这个定律对于实际气体并不是完全正确的,只是代表低压时的极限性质.因此这个定律只适用于理想气体.根据分压的定义得第 i 种组元的分压 p_i 为

$$p_i = \frac{N_i RT}{V}. \tag{2}$$

道尔顿的分压律的数学表达式是

$$p = \sum_i p_i. \tag{3}$$

把(2)式代入(3)式,即得(1).因此由分压律的数学表达式(3)就推出混合理想气体的物态方程(1).

分压律的结果也可由另一定律得到,这个定律名为**分体积定律**.这个定律说:**混合气体的体积等于各组元的分体积之和**.所谓一个组元的分体积,是指这个组元在单独以化学纯的状态存在时,在与混合气体相同的温度和压强并且与混合气体所包含的这个组元的克分子数相等的条件下所具有的体积.设 V_i 为第 i 个组元的分体积,依定义得

$$V_i = N_i RT/p. \tag{4}$$

分体积定律的数学表达式是

$$V = \sum_i V_i. \tag{5}$$

把(4)式代入(5)式,即得(1).由此可见,分体积定律与分压律是等效的.但是对于实际气体说,这两个定律都不真,而且它们也不是等效的.必须注意,在气体混合以后,每个组元都要占据全部体积,而不能局限于它们原有的分体积里面.由于这个原因,通常只讲分压律而不讲分体积定律.

根据分压律可得到分压与混合气体的总压强的关系.从(1)和(2)两式消去 V,得

$$p_i = x_i p, \tag{6}$$

其中 $x_i = N_i/N$,而 $N = N_1 + \cdots + N_k$ 是总克分子数,x_i 是组元 i 的克分子分数.分压可以认为是每个组元对总压强的贡献,分压律可以了解为各个组元在混合气体中独立地产生压强,好像其他组元不存在似的.

从物态方程(1)看来,混合气体很像一个化学纯的气体,具有克分子数 N $\left(N = \sum_i N_i\right)$. 这个气体表现好像有一个分子量,可以名为**表观分子量** $m^\dagger$,有

$$m^\dagger = M/N, \tag{7}$$

其中 M 为混合气体的质量. 设 M_i 为组元 i 的质量,$m_i^\dagger$ 为它的分子量,则 $N_i = M_i/m_i^\dagger$,于是上式化为

$$\frac{M}{m^\dagger} = \frac{M_1}{m_1^\dagger} + \cdots + \frac{M_k}{m_k^\dagger}, \tag{8}$$

其中 $M = \sum_i M_i$. 这是计算表观分子量的公式,它显示表观分子量是一种平均分子量,一种加权重的调和平均. 作为公式(8)的应用例子我们计算空气的表观分子量. 按质量百分比来说,空气中含有:氮气(包括少量氩气在内)$M_1 = 76.9$,氧气 $M_2 = 23.1$. 今 $m_1^\dagger = 28$,$m_2^\dagger = 32$,用(8)式求得 $m^\dagger = 28.9$,这就是空气的表观分子量. (参阅本章习题 9.)

现在讨论混合理想气体的内能和熵. 这两者都可根据一个实验结果求出,这就是:**一个能通过半透壁的组元,它在壁两边的分压在平衡时相等**. 今假定半透壁的一边是所讨论的混合气体,另一边是化学纯的组元 i,则平衡条件是

$$\mu_i = \mu', \tag{9}$$

其中 μ_i 是组元 i 在混合气体的化学势,μ' 是纯 i 的化学势. 应用 22 节(31)式,加上脚注 i 表示是化学纯的组元,得 μ' 的式子为

$$\mu' = RT(\varphi_i + \ln p_i),$$

其中 p_i 为组元 i 的分压,φ_i 由 22 节(32)式或(41)式表达为

$$\varphi_i = \frac{h_{i0}}{RT} - \int \frac{\mathrm{d}T}{RT^2} \int c_{pi}\,\mathrm{d}T - \frac{s_{i0}}{R}, \tag{10}$$

或

$$\varphi_i = \frac{h_{i0}}{RT} - \frac{c_{pi}^0}{R}\ln T - \int_0^T \frac{\mathrm{d}T}{RT^2} \int_0^T (c_{pi} - c_{pi}^0)\,\mathrm{d}T + \frac{c_{pi}^0 - s_{i0}}{R}, \tag{11}$$

其中 c_{pi} 为纯 i 的定压比热(指一个克分子),$c_{pi}^0 = \lim_{T \to 0} c_{pi}$,$h_{i0}$ 和 s_{i0} 为纯 i 的焓常数和熵常数. 根据上述实验结果,分压 p_i 应等于混合气体的分压,故由(6)得 $p_i = x_i p$. 把 μ' 的公式代入(9),得混合理想气体的化学势为

$$\mu_i = RT\{\varphi_i + \ln(x_i p)\}, \tag{12}$$

其中 φ_i 是温度的函数,由(10)或(11)式表达. 假如气体的比热可以认为是常数时,我们可以用 22 节(37)式来表达 φ_i,得

$$\varphi_i = \frac{a_i}{RT} - \frac{c_{pi}}{R}\ln T + \frac{c_{pi} - b_i}{R}, \tag{13}$$

其中 a_i 是焓常数,b_i 是熵常数.

由(12)式应用 35 节(26)式得混合理想气体的吉布斯函数为

$$G = \sum N_i \mu_i = \sum_i N_i RT \{\varphi_i + \ln(x_i p)\}. \tag{14}$$

根据 22 节和 35 节的理论,当 G 作为 $T,p,N_1,\cdots,N_k$ 的函数已知时,G 是一个特性函数,一切热力学函数都可从 G 用微分方法求得. 首先物态方程是

$$V = \frac{\partial G}{\partial p} = \sum_i \frac{N_i RT}{p}.$$

这个结果与(1)相同,说明理论没有矛盾. 其次,熵是

$$S = -\frac{\partial G}{\partial T} = \sum_i N_i \left\{ \int c_{pi} \frac{\mathrm{d}T}{T} - R\ln(x_i p) + s_{i0} \right\}, \tag{15}$$

其中关于 φ_i 用了(10)式. 最后内能和焓是(见 22 节(14)式及(15)式)

$$U = G - T\frac{\partial G}{\partial T} - p\frac{\partial G}{\partial p} = H - pV$$

$$= \sum N_i \left(\int c_{pi}\,\mathrm{d}T + h_{i0} \right) - pV$$

$$= \sum N_i \left(\int c_{vi}\,\mathrm{d}T + u_{i0} \right), \tag{16}$$

$$H = G - T\frac{\partial G}{\partial T} = \sum N_i \left(\int c_{pi}\,\mathrm{d}T + h_{i0} \right), \tag{17}$$

其中我们应用了 12 节(18)式：$c_{pi} - c_{vi} = R$,c_{vi} 为化学纯的组元 i 的定体比热, $u_{i0} = h_{i0} - RT_0$,T_0 为积分的下限. 此外,由 $F = G - pV$,利用物态方程(1),可把 F 表为 $T,V,N_1,\cdots,N_k$ 的函数如下：

$$F = \sum_i N_i RT \left\{ \varphi_i - 1 + \ln\frac{N_i RT}{V} \right\}. \tag{18}$$

现在已经全部解决了混合理想气体的性质.

公式(17)说明混合理想气体在混合的过程中不吸收也不放出热量,因为混合前的总焓与混合后的焓(17)式相等.

现在对混合理想气体的熵作进一步的讨论. 公式(15)可写为

$$S = \sum_i N_i \left\{ \int c_{pi}\frac{\mathrm{d}T}{T} - R\ln p + s_{i0} \right\} + C, \tag{19}$$

其中

$$C = -R\sum_i N_i \ln x_i. \tag{20}$$

由于 $x_i < 1$,必有 $C > 0$. (19)式右方第一项可以解释为各种纯气体未混合前在相同温度及压强下的熵之和,因此,第二项 C 则是混合后由于不可逆的扩散过程而使熵增加的数值.

由 C 的式子可推论出一个矛盾,名为**吉布斯佯谬**. 为说明简单起见,假定有两种化学纯的气体,克分子数各为 $\frac{1}{2}N$,则混合后熵增加

$$C = NR\ln 2. \tag{21}$$

不论这两种气体的性质如何,只要它们有所不同,这个结果(21)都是正确的. 但是如果两种气体根本就是一种气体,丝毫没有分别时,那么根据熵是广延量的性质,混合后的熵应当是未混合时两熵之和,即 $C=0$. 这个结果与(21)式矛盾. 这就是吉布斯佯谬. 关于这个佯谬的解释是,当两种气体有所不同时,不论不同的程度如何,在原则上是可能有办法把两种气体分开的,因此在混合时有不可逆的扩散过程发生. 但是,如果两种气体本来就是一种气体的两部分,那么在混合以后是完全不能再分开而恢复原状的. 这说明在理论上并没有什么矛盾,因为在理论上得到公式(20)时必须假定不同的组元是可以分辨的. 从这里看出,物质的全同性与可分辨性对于熵的数值有决定性的意义.

总结起来,理想气体有下列各项性质:

(一)玻意尔定律:pV 是温度的函数.

(二)焦耳定律:U 是温度的函数.

(三)阿氏定律:在相同温度和压强下,一个克分子的各种气体的体积相等.

(四)分压律:混合气体的压强等于分压之和.

(五)混合气体的内能等于分内能之和(即公式(16)).

(六)混合气体的熵等于分熵之和(即公式(15)).

在最后三条中所说的分压,分内能,分熵都是指各组元以化学纯的状态单独存在时,在与混合气体相同的温度和体积并且与混合气体所包含的这个组元的克分子数相等的条件下所具有的压强,内能,熵.

以上六项性质都是互相独立的. 五和六两项可从一个实验结果导出,这就是在半透壁两边的分压相等. 因此最后三条可以归纳为两个独立的实验规律[1]. 但是也可把这最后三条归纳为一个实验规律——吉布斯-道尔顿定律. 这是吉布斯的理论,下面详细讨论这个问题.

吉布斯的理论

以上所讨论的混合理想气体的性质是最初由吉布斯得到的,随后普朗克又根据不同的实验事实推出同样的结果. 现在我们把这两个方法陈述于下. 先说吉布斯的方法[2]. 吉布斯所根据的实验事实可名为吉布斯-道尔顿定律:

吉布斯-道尔顿定律——几种气体所组成的混合气体的压强等于各种气体单独存在时各自的压强之和,在确定各气体单独存在时的压强时必须这个气体的温度与混合气体的温度相同,而且它的化学势也必须等于它在混合气体中的化学势.

---

[1] 假如把分压的定义改为 $p_i = x_i p$,则只要一个实验规律,即半透壁两边的分压相等,就可导出最后三条.

[2] J. W. Gibbs, *Collected Works*, vol. I, pp. 154—156.

这个定律与道尔顿的分压律不同,主要的差别是在现在这个定律中给化学势加了一个条件,而对体积没有作任何规定.这个定律可由下述的实验来证明.设有甲乙两种化学纯的物质,处于固态或液态.把这两种物质置于一个山字形的管中,使这管的一支只有甲的蒸气,一支只有乙的蒸气,一支有甲和乙的混合蒸气.由于纯甲气和在混合气体中的甲气同时与物质甲达到平衡,根据相变平衡时化学势应相等的条件,知道纯甲气的化学势必等于甲气在混合气体中的化学势.对于乙气也有同样的情形.在分别测得平衡时纯甲气、纯乙气和混合气体的压强之后,就可得到上述实验定律[①].

吉布斯根据上述定律,选温度 T 及化学势 μ_i 为独立变数,求得混合气体的压强作为一个特性函数(参阅 35 节(28)式).设 p_i 为第 i 种气体单独存在时的压强,p 为混合气体的压强,则上述定律为

$$p = \sum_i p_i,$$ (22)

其中 p_i 必须表为 T 及 μ_i 的函数.应用 22 节(31)式,加上化学势在纯 i 与混合中相等的条件,这就等于应用本节(12)式而用 p_i 代替 $x_i p$:

$$\mu_i = RT\{\varphi_i + \ln p_i\},$$ (23)

其中 φ_i 由本节公式(10),(11)或(13)表示.解出 p_i,得

$$p_i = e^{-\varphi_i + \mu_i/RT}.$$ (23′)

代入(22),得

$$p = \sum_i e^{-\varphi_i + \frac{\mu_i}{RT}}.$$ (24)

求偏微商,应用 35 节(28)式,得(用本节(10)式的 φ_i)

$$\frac{S}{V} = \frac{\partial p}{\partial T} = \frac{1}{RT^2}\sum_i e^{-\varphi_i + \frac{\mu_i}{RT}}\left(\int c_{pi}\,\mathrm{d}T + h_{i0} - \mu_i\right),$$ (25)

$$\frac{N_i}{V} = \frac{\partial p}{\partial \mu_i} = \frac{1}{RT}e^{-\varphi_i + \frac{\mu_i}{RT}}.$$ (26)

由(24)和(26)中消去 μ_i 即得物态方程(1):

$$pV = \sum_i N_i RT.$$

由(23′)和(26)中消去 μ_i 即得分压公式(2):

$$p_i = N_i RT/V.$$

由(25)和(26)中消去 μ_i,再用物态方程消去 V,即得熵的公式(15):

$$S = \sum_i N_i\left\{\int c_{pi}\frac{\mathrm{d}T}{T} - R\ln(x_i p) + s_{i0}\right\}.$$

---

① 这个实验方法不能十分准确地证明吉布斯-道尔顿定律.由于甲的凝聚相在与混合气体接触处的压强大于它与纯甲气接触处的压强,它的性质不会是均匀的,而在与混合气体平衡的化学势将略大于与纯甲气平衡的化学势(因为 $\partial\mu/\partial p = v > 0$).

其他热力学函数可由 $G = \sum N_i \mu_i$ 导出，不细说了.

从以上的讨论可以看出，由吉布斯-道尔顿定律可导出混合理想气体的全部性质，就是说，可以导出总结的四、五、六各项.这是吉布斯方法的优点.

普朗克的理论

现在再讲普朗克的理论[①].普朗克的理论中用了三个实验事实：一是分压律，由此得物态方程，这与本节开始所讲的一样.二是在使气体混合的等温过程中没有吸收或放出热量，假如在混合以前各气体的温度和压强都相等的话.这样，在混合的过程中总体积不变，外界对物体系不作功.因此内能不变，而有相加的性质，即 (16) 式

$$U = \sum_i N_i \left\{ \int c_{vi}\, dT + u_{i0} \right\}.$$

这就是总结的第五项.

普朗克用的第三个实验事实是在半透壁两边的分压相等.他假想有两种气体甲和乙，另有两个半透壁 A 和 B'. A 只有让甲透过，不能让乙透过；B' 只能让乙透过，不能让甲透过.假想 A 及 A' 静止，B 及 B' 可移动，但保持 B 和 B' 之间的距离等于 A 和 A' 之间的距离（见图 19）.当 B 与 A 接触，同时 B' 与 A' 接触时，甲乙两种气体完全混合. 当 B 和 B' 移动到 B' 与 A 接触时，两种气体就完全分离了.当 B 和 B' 移动时，B 的一边是真空，另一边受有甲的压力，压强为 p_1；B' 的一边受有乙的压力，压强为 p_2，另一边受有

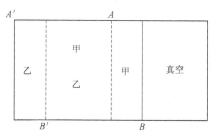

图 19　两种气体的可逆混合过程

混合气体的压力，压强为 p.根据实验事实，甲的分压在 A 壁两边相等，乙的分压在 B' 壁两边相等，并且混合气体的压强等于分压之和（即分压律），故 $p = p_1 + p_2$.由此得知，当 B 和 B' 移动时，它们两边所受力的总和为零，故在移动 B 和 B' 使甲乙两气体进行可逆的混合与分离过程中，外界不作功.假设这个过程是绝热的，则外界既不作功，又不交换热量，所以气体的内能应保持不变.根据内能的相加性质，得知温度也不变（用公式 (16) 证明）.这个过程既是一个可逆绝热过程，熵应当也不变.因此，混合气体的熵等于两气体分开时各个气体的熵之和；在分开之后，每个气体所占的体积都等于混合气体的体积.这个结论可简单地说：混合气体的熵等于分熵之和.这个结果显然可推广到不止两种气体的情形.普遍的结果就是总结的第六项.

① 　 M. Planck, *Thermodynamik*, § 235, § 236.

普朗克的方法的优点是不需要用化学势的理论，所以这个方法是比较浅易的．不过他的方法多用了一个实验事实，这就是关于内能的相加性质．所以，在这个方法中，看不出总结的五、六两项可以从半透壁两边的分压相等这一事实导出．

39. 理想气体的化学平衡

在研究气体的化学反应时，我们可以用理想气体的理论作为第一级近似．设有一化学反应，由下列方程表示：

$$\sum_i \nu_i A_i = 0. \tag{1}$$

在反应达到平衡时必有
$$\sum_i \nu_i \mu_i = 0.$$

用上节(12)式关于理想气体的化学势 μ_i 的公式代入，得

$$RT \sum_i \nu_i (\varphi_i + \ln p_i) = 0,$$

其中 $p_i = x_i p$ 是分压．这个式子可写为

$$\prod_i p_i^{\nu_i} = K_p, \tag{2}$$

其中 K_p 由下式规定
$$\ln K_p = - \sum_i \nu_i \varphi_i. \tag{3}$$

(3)式指明，K_p 是一个温度的函数．K_p 名为**定压平衡恒量**，简称平衡恒量．

公式(2)是**质量作用律**的一种表达形式．这个定律是最初在 1867 年由顾德伯(Guldberg)和瓦格(Waage)两人在实验中发现的．根据这个定律可以求出在化学反应进行中在平衡态时各个组元的数量之间的关系．

质量作用律的又一种表达形式是浓度 $c_i = N_i/V$ 之间的关系．用 $p_i = N_i RT/V$ 代入(2)式，得

$$\prod_i c_i^{\nu_i} = \prod_i (N_i/V)^{\nu_i} = K_c, \tag{4}$$

其中
$$K_c = (RT)^{-\nu} K_p \quad \left(\nu = \sum_i \nu_i\right). \tag{5}$$

K_c 只是温度的函数，名为**定容平衡恒量**．

质量作用律的又一种表达形式是克分子分数 x_i 之间的关系．用 $p_i = x_i p$ 代入(2)式，得

$$\prod_i x_i^{\nu_i} = K, \tag{6}$$

其中 $x_i = N_i/N$ 是克分子分数 $\left(N = \sum N_i\right)$，而 K 与 K_p 的关系是

$$K = p^{-\nu} K_p \quad \left(\nu = \sum \nu_i\right). \tag{7}$$

K 是温度和压强的函数，名为**平衡恒量**．在 $\nu = 0$ 的特殊情形时，K 只是温度的

函数.

假如平衡条件(2)不满足,则化学反应(1)就要进行.根据 36 节的理论,反应向正向进行的条件是(见 36 节(5)式)

$$\sum \nu_i \mu_i < 0,$$

即

$$\sum \nu_i (\varphi_i + \ln p_i) < 0,$$

即

$$\prod_i p_i^{\nu_i} < K_p. \tag{8}$$

关于平衡恒量的热力学公式,我们可以把上节(11)式的 φ_i 代入(3)式而得到:

$$\ln K_p = -\frac{\sum \nu_i h_{i0}}{RT} + \frac{\sum \nu_i c_{pi}^0}{R} \ln T$$

$$+ \int_0^T \frac{\mathrm{d}T}{RT^2} \int_0^T \sum \nu_i (c_{pi} - c_{pi}^0) \mathrm{d}T + \frac{\sum \nu_i (s_{i0} - c_{pi}^0)}{R}. \tag{9}$$

当温度变化的范围不太大时,气体的比热可以认为是常数,而用上节(13)式的 φ_i 代入(3)式,结果是

$$\ln K_p = -\frac{A}{T} + C \ln T + B, \tag{10}$$

其中

$$A = \sum \nu_i a_i / R, \quad B = \sum \nu_i (b_i - c_{pi}) / R, \quad C = \sum \nu_i c_{pi} / R.$$

在温度范围较大时,必须用较准确的公式(9),而在计算(9)式中的积分时可假设(参阅 22 节(42)式)

$$\sum \nu_i (c_{pi} - c_{pi}^0) = \alpha T + \beta T^2 + \gamma T^3, \tag{11}$$

代入(9)式,求积分,得(参阅 22 节(43)式)

$$\ln K_p = -\frac{\sum \nu_i h_{i0}}{RT} + \frac{\sum \nu_i c_{pi}^0}{R} \ln T + \frac{\alpha}{2R} T + \frac{\beta}{6R} T^2$$

$$+ \frac{\gamma}{12R} T^3 + \frac{\sum \nu_i (s_{i0} - c_{pi}^0)}{R}. \tag{12}$$

现在举几个例子来说明理论的应用.碘化氢的分解是:

$$H_2 + I_2 - 2HI = 0.$$

在这个例子中令 $A_1 = H_2, A_2 = I_2, A_3 = HI$,则有 $\nu_1 = \nu_2 = 1, \nu_3 = -2, \nu = \nu_1 + \nu_2 + \nu_3 = 0$.在这个例子中,三种平衡恒量都相等,故

$$\frac{p_1 p_2}{p_3^2} = \frac{c_1 c_2}{c_3^2} = \frac{x_1 x_2}{x_3^2} = K. \tag{13}$$

实验测得的 K 值用下式表示[1]

$$\log K = -\frac{540.4}{T} + 0.503\log T - 2.350, \tag{13'}$$

其中 log 是常用对数 $\log_{10}$.

下面的例子说明如何应用物态方程来测定化学反应的分解度. 四氧化氮分解为二氧化氮的反应方程是

$$2NO_2 - N_2O_4 = 0.$$

令 $A_1 = NO_2$，$A_2 = N_2O_4$，则 $\nu_1 = 2$，$\nu_2 = -1$，平衡条件是

$$K_p = \frac{p_1^2}{p_2} = \frac{x_1^2}{x_2}p. \tag{14}$$

设气体的总质量为 M，N_2O_4 的分子量为 $m_2^{\dagger}$（$m_2^{\dagger} = 92$）. 令 $N_0 = M/m_2^{\dagger}$，N_0 可解释为没有分解时 N_2O_4 的克分子数. 今假定有一部分 N_2O_4 分解了，令这一部分的克分子数为 $N_0\xi$，则实际上存在的没有分解的 N_2O_4 的克分子数为 $N_0(1-\xi)$. 由于一个克分子 N_2O_4 分解为两个克分子 NO_2，故

$$N_1 = 2N_0\xi, \quad N_2 = N_0(1-\xi), \tag{15}$$

其中 N_1 是 NO_2 的克分子数，N_2 是 N_2O_4 的克分子数. 这里所引进的变数 ξ 名为**分解度**，它的数值在 0 与 1 之间.

从 (15) 得

$$N = N_1 + N_2 = N_0(1+\xi), \quad x_1 = \frac{N_1}{N} = \frac{2\xi}{1+\xi},$$

$$x_2 = \frac{N_2}{N} = \frac{1-\xi}{1+\xi}. \tag{16}$$

代入 (14)，得

$$K_p = \frac{4\xi^2}{1-\xi^2}p. \tag{17}$$

假如平衡恒量 K_p 已知，这个方程规定分解度随温度及压强改变的情形. 反过来，如果能测定分解度，则 (17) 式可用来定平衡恒量. 事实上，在现在所讨论的问题里，分解度可从气体的密度求出. 应用 (16) 式到物态方程，得

$$pV = N_0(1+\xi)RT.$$

引进密度 $\rho = M/V$，应用 N_0 与 M 的关系 $N_0 = M/m_2^{\dagger}$，得

$$1 + \xi = \frac{m_2^{\dagger}p}{\rho RT}. \tag{18}$$

这个式子指出如何从测得的密度求出分解度. 玻登斯坦[2]由实验定出 K_p 的数值可

① W. Nernst, *Zeit. f. Elektrochem.* **18**(1909)，p. 687；K. Vogel u. Falkenstein, *Zeit. f. Phys. Chem.* **12**(1910)，p. 113.

② M. Bodenstein, *Zeit. f. Phys. Chem.* **100**(1922)，p. 78.

用下式表示(log 指 $\log_{10}$):

$$\log K_p = -\frac{2692}{T} + 1.75\log T + 0.00483T$$
$$- 7.144 \times 10^{-6} T^2 + 3.062,$$

其中压强的单位是大气压. 在 $0℃$, $T=273.2$, 求出 $\log K_p = \overline{2}\cdot 256$, 得 $K_p = 0.01803$. 代入(17), 算出在一个大气压时 $\xi=0.067$, 在 5 厘米汞时 $\xi=0.253$. 在 $100℃$, $T=373.2$, 求出 $\log K_p = 1.155$, 得 $K_p = 14.29$. 代入(17), 算出在一个大气压时 $\xi=0.884$, 在 5 厘米汞时 $\xi=0.982$. 我们看出在高温和低压时分解度较大. 这是一个普遍的现象.

　　上面所引进的分解度是标志化学分解进行的一个变数. 在一个普遍化学反应(1)中相应的变数可以名为**反应度**, 它的定义为[①]

$$N_i = N_0 \nu_i \xi + \overline{N}_i, \tag{19}$$

其中 ξ 为反应度, N_0 及 $\overline{N}_i$ 都有相当的任意性, 但在化学反应中不改变. 与(15)式比较, 看出在(15)式的例子中, $\overline{N}_1 = 0$, $\overline{N}_2 = N_0$. 在实际问题中如何确定 N_0 及 $\overline{N}_i$ 需要对每个问题作具体的考虑, 现在不去细说.

　　以上所讨论的是一个化学反应的情形. 现在讨论几个化学反应同时进行的情形. 假如有 r 个化学反应同时进行:

$$\sum_i \nu_i^{(l)} A_i = 0 \quad (l = 1, 2, \cdots, r), \tag{20}$$

则应同时有 r 个平衡条件:

$$\sum_i \nu_i^{(l)} \ln p_i = \ln K_p^{(l)} = -\sum_i \nu_i^{(l)} \varphi_i \quad (l = 1, 2, \cdots, r). \tag{21}$$

如果(1)式所代表的化学反应是 r 个化学反应(20)的组合:

$$\nu_i = \sum_i \alpha_l \nu_i^{(l)}, \tag{22}$$

其中系数 α_l 为正负整数或分数, 则由(3)及(21)得

$$\ln K_p = \sum_l \alpha_l \ln K_p^{(l)}. \tag{23}$$

这个式子说明一个平衡恒量 K_p 如何从其他平衡恒量 $K_p^{(l)}$ 算出. 这个结果与热化学中的赫斯定律相似(见 34 节(19)式).

　　例如下列两个化学反应

$$2H_2 + O_2 - 2H_2O = 0, \quad 2CO + O_2 - 2CO_2 = 0.$$

可组合成

$$H_2 + CO_2 - H_2O - CO = 0.$$

令 $A_1 = H_2$, $A_2 = O_2$, $A_3 = H_2O$, $A_4 = CO$, $A_5 = CO_2$; 则 $\nu_1^{(1)} = 2$, $\nu_2^{(1)} = 1$, $\nu_3^{(1)} = -2$,

----

[①]　见王竹溪, *Science Record*(科学记录)**1**(1946), p. 369.

$\nu_4^{(1)} = \nu_5^{(1)} = 0$；$\nu_1^{(2)} = \nu_3^{(2)} = 0$，$\nu_2^{(2)} = 1$，$\nu_4^{(2)} = 2$，$\nu_5^{(2)} = -2$；$\alpha_1 = \dfrac{1}{2}$，$\alpha_2 = -\dfrac{1}{2}$；$\nu_1 = 1$，$\nu_2 = 0$，$\nu_3 = -1$，$\nu_4 = -1$，$\nu_5 = 1$.（23）式化为

$$\ln K_p = \frac{1}{2} \ln(K_p^{(1)}/K_p^{(2)}).$$

在 r 个化学反应同时进行之下，如果这 r 个反应是互相独立的，则 r 个平衡条件也是互相独立的. 这时候，k 个组元的数量受了 r 个平衡条件的限制，只有 $k-r$ 个是独立的. 下面讨论有两个化学反应同时进行的例子.

设同时进行的两个化学反应为

$$H_2 + I_2 - 2HI = 0, \quad 2I - I_2 = 0.$$

令 $A_1 = H_2$，$A_2 = I_2$，$A_3 = HI$，$A_4 = I$；令 HI 的分解度为 ξ_1，I_2 的分解度为 ξ_2. 假定最初只有 N_0 克分子 HI，一部分分解为 H_2 及 I_2，而 I_2 又有一部分分解为 I. 在这个假定之下，$N_0 = M/m_3^\dagger$，其中 M 为总质量，$m_3^\dagger$ 为 HI 的分子量. 很显然可求得

$$N_1 = \frac{1}{2} N_0 \xi_1, \quad N_2 = \frac{1}{2} N_0 \xi_1 (1 - \xi_2), \quad N_3 = N_0 (1 - \xi_1),$$

$$N_4 = N_0 \xi_1 \xi_2, \quad N = \sum N_i = N_0 \left(1 + \frac{1}{2} \xi_1 \xi_2\right).$$

平衡条件为
$$K_p^{(1)} = \frac{x_1 x_2}{x_3^2} = \frac{\xi_1^2 (1 - \xi_2)}{4(1 - \xi_1)^2},$$

$$\frac{K_p^{(2)}}{p} = \frac{x_4^2}{x_2} = \frac{2 \xi_1 \xi_2^2}{(1 - \xi_2)\left(1 + \dfrac{1}{2} \xi_1 \xi_2\right)}.$$

实验平衡恒量的数据，关于 $K_p^{(1)}$ 已见（13′），关于 $K_p^{(2)}$ 是[①]

$$\log K_p^{(2)} = -\frac{7550}{T} + 1.75 \log T - 4.09 \times 10^{-4} T + 4.726 \times 10^{-8} T^2 + 0.162,$$

其中所用压强单位为大气压，log 为 $\log_{10}$. 根据平衡条件可确定在任何温度及压强时的两个分解度. 现在把计算的一些数字列表于下，其中 ξ_1^* 为在 I_2 不分解的假定下所应有的 HI 的分解度：

T/K	$p=1$ atm		$p=0.1$ atm		ξ_1^*
	ξ_1	ξ_2	ξ_1	ξ_2	
273.2	0.0532	6.70×10^{-12}	0.0532	2.12×10^{-11}	0.0532
373.2	0.1007	3.10×10^{-8}	0.1007	9.80×10^{-8}	0.1007
1000	0.2973	0.0707	0.3136	0.2036	0.2896
2000	0.7892	0.9687	0.9687	0.9964	0.3985

① M. Bodenstein, *Zeit. f. Elektrochem.* **22**(1916)，p. 338.

从表上数字可看出,在 1000 K 以下,I_2 的分解度很小,可以忽略不计.

平衡恒量随温度变化的情形

关于平衡恒量随温度变化的情形已经可以从公式(9)或(10)或(12)看出.现在讨论平衡恒量随温度而变的改变率,即对温度的微商.由(9)式对 T 求微商,得

$$\frac{\mathrm{d}}{\mathrm{d}T}\ln K_p = \frac{1}{RT^2}\sum_i \nu_i\left(\int_0^T c_{pi}\,\mathrm{d}T + h_{i0}\right) = \frac{\Delta H}{RT^2}, \tag{24}$$

其中,$\Delta H = \sum_i \nu_i h_i$ 是反应热.这个方程把反应热与平衡恒量联系起来了,这是在 1877 年首先为范托夫(Van't Hoff)所求得的.

从(24)看出,假如反应是吸热的(即 $\Delta H > 0$),则当温度增加时,K_p 随着增加.若原来质量作用律是符合的,那么在 K_p 增加之后就要有不等式(8)了,这就说明化学反应将向正向进行.假如反应是放热的,则增加温度将使反应反向进行.总起来说,增加温度将使反应向吸热方向进行.这是勒夏特列(Le Chatelier)原理的一个例子.这个原理说:**把平衡态的某一因素加以改变之后,将使平衡态向抵消原来因素改变的效果的方向转移**(见 50 节).

平衡恒量 K 是温度及压强的函数.由(7)可求得

$$\left(\frac{\partial}{\partial T}\ln K\right)_p = \frac{\Delta H}{RT^2}, \quad \left(\frac{\partial}{\partial p}\ln K\right)_T = -\frac{\nu}{p} = -\frac{\Delta V}{RT}, \tag{25}$$

其中 $\Delta V = \sum \nu_i v_i = \left(\sum \nu_i\right)v = \nu RT/p$(因为 $v_i = v = RT/p$).由(25)的第二式看出,增加压强将使反应向减少体积方向进行.这也是勒夏特列原理的一个例子.

对反应热求微商,得

$$\frac{\mathrm{d}}{\mathrm{d}T}\Delta H = \sum_i \nu_i c_{pi}. \tag{26}$$

这是曾经讲过的基尔霍夫方程(见 34 节(23)式).求积分,得

$$\Delta H = \Delta H_0 + \int_0^T \sum_i \nu_i c_{pi}\,\mathrm{d}T, \tag{27}$$

其中 ΔH_0 为积分常数,等于 ΔH 在 $T \to 0$ 时的极限值,可从某一温度所测定的 ΔH 值求得.应用恒等式 $c_{pi} = c_{pi}^0 + (c_{pi} - c_{pi}^0)$,并把(27)代入(24),求积分,得

$$\ln K_p = -\frac{\Delta H_0}{RT} + \frac{\sum \nu_i c_{pi}^0}{R}\ln T + \int_0^T \frac{\mathrm{d}T}{RT^2}\int_0^T \sum \nu_i(c_{pi} - c_{pi}^0)\,\mathrm{d}T + I, \tag{28}$$

其中 I 为积分常数,可从某一温度所测的 K_p 值求得.比较(9)和(28)两式,得

$$\Delta H_0 = \sum \nu_i h_{i0}, \tag{29}$$

$$I = \sum \nu_i(s_{i0} - c_{pi}^0)/R. \tag{30}$$

这两个式子说明两个积分常数 ΔH_0 及 I 与焓常数(即能量常数)和熵常数的关系.

关于内能常数与熵常数

由于 ΔH 和 K_p 是完全可以由实验确定的数,(29)及(30)式说明,虽然内能常数 h_{i0} 和熵常数 s_{i0} 是任意的,但是各个不同的物质的常数必须互有关系而使 $\sum \nu_i h_{i0}$ 及 $\sum \nu_i s_{i0}$ 有一定的数值. 现在来讨论这些常数之间的关系. 假如根据两个不同的标准确定了两组内能常数 h_{i0} 及 h_{i0}^* ,则它们必满足下列关系

$$\sum_i \nu_i (h_{i0} - h_{i0}^*) = 0, \tag{31}$$

其中系数 ν_i 为任意化学反应的系数. 但是 ν_i 不是完全任意的,因为它们必须满足一个条件,使得在化学反应中包含在各个分子里的化学元素的总和不变. 设共有 ρ 种元素,设分子 A_i 包含 $\tau_{i\lambda}$ 个第 λ 种原子($\lambda = 1, 2, \cdots, \rho$). 则显然 ν_i 必满足下列关系

$$\sum_{i=1}^{k} \nu_i \tau_{i\lambda} = 0 \quad (\lambda = 1, 2, \cdots \rho). \tag{32}$$

这就是 ν_i 所受到的条件,也只有这些条件,所以可有 $k - \rho$ 个 ν_i 是任意的. 引进拉格朗日(Lagrange)乘子 a_λ ,以 a_λ 乘(32),加入(31),并应用拉氏乘子的理论(见 45 节),得

$$h_{i0}^* = h_{i0} + \sum_{\lambda=1}^{\rho} \tau_{i\lambda} a_\lambda \quad (i = 1, 2, \cdots, k). \tag{33}$$

在这个方程里 a_λ 可以当作是元素 λ 的内能常数,而 a_λ 的数值可以任意选择. 同样的考虑可以看到两组熵常数 s_{i0} 和 s_{i0}^* 之间有下列关系

$$s_{i0}^* = s_{i0} + \sum_{\lambda} \tau_{i\lambda} b_\lambda, \tag{34}$$

其中 b_λ 是任意的而且可以当作是元素 λ 的熵常数.

不参加化学反应的组元所起的影响

假设只有前 j 种组元参加化学反应($j < k$),则化学反应方程为

$$\sum_{i=1}^{j} \nu_i A_i = 0, \tag{35}$$

相应的平衡条件为
$$K_p = \prod_{i=1}^{j} p_i^{\nu_i} = p^\nu \prod_{i=1}^{j} x_i^{\nu_i}, \tag{36}$$

其中 $\nu = \sum_{i=1}^{j} \nu_i$. 设令

$$N' = \sum_{i=1}^{j} N_i, \quad x_i' = N_i / N', \tag{37}$$

则
$$\frac{N'}{N} = \frac{\sum\limits_{i=1}^{j} N_i}{\sum\limits_{i=1}^{k} N_i} = 1 - \frac{1}{N} \sum_{i=j+1}^{k} N_i = 1 - \sum_{l=j+1}^{k} x_l,$$

$$x_i = \Big(1 - \sum_{l>j} x_l\Big)x_i'. \tag{38}$$

若令

$$p' = \Big(1 - \sum_{l>j} x_l\Big)p, \tag{39}$$

则(36)化为

$$K_p = p' \prod_{i \leqslant j} x_i'^{v_i}. \tag{40}$$

这个式子说明,化学平衡条件与中立组元 $i>j$ 不存在的情形相同,只要我们用 p' 代替 p,而 p' 显然就是参加化学反应的各个组元的分压的总和.

有凝聚相在场的影响

假设当 $i>j$ 时,组元 i 有它的凝聚相(液相或固相)在场与气相达到平衡. 这时气相的化学势 μ_i 必等于凝聚相的化学势 μ_i'. 由于在凝聚相的一个克分子的体积远较在气相中为小,下列方程

$$\frac{\partial \mu_i'}{\partial p} = v_i', \tag{41}$$

指出在凝聚相的 μ_i' 可以近似地认为与压强无关,而只是温度的函数. 因此,气相与凝聚相的化学势相等的条件,需要分压 p_i 只是温度的函数而与压强无关. 假如把平衡条件表为下列形式

$$\prod_{i=1}^{j} p_i^{v_i} = K_p', \tag{42}$$

其中

$$K_p' = K_p \Big/ \prod_{i>j} p_i^{v_i}, \tag{43}$$

则由于 K_p 只是温度的函数,p_i 在 $i>j$ 时可近似地当作温度的函数,故 K_p' 也近似地是温度的函数,与压强及化学成分无关. 这就是说,在有凝聚相存在时,平衡条件简化为(42),在其中有凝聚相在场的各组元都不出现. 有凝聚相在场的化学反应称为**复相化学反应**,而(42)称为**复相化学平衡条件**.

*40. 混合非理想气体

一个混合非理想气体的物态方程仍然可以用级数的形式表示

$$pV = A + \frac{B'}{V} + \frac{C'}{V^2} + \frac{D'}{V^3} + \cdots, \tag{1}$$

其中 $A, B', C', \cdots$ 是温度及克分子数的函数. 根据 $V \to \infty$ 时(1)式趋于理想气体的物态方程这一事实,可得 A 为

$$A = \sum_{i=1}^{k} N_i RT, \tag{2}$$

其中 $N_1, N_2, \cdots, N_k$ 为 k 个组元的克分子数. 至于第二、第三维里系数 B', C' 等与 N_i 的关系,却不能从 $V \to \infty$ 的极限性质求出,而必须直接用实验来定. 实验证明 B'

是 N_i 的二次齐式,这与统计力学的理论相合. C' 及以下的维里系数不容易测准,因之也不容易用实验来定它们与 N_i 的关系. 统计力学理论证明[1] C' 是 N_i 的三次齐式,并且普遍说来,第 m 个维里系数是 N_i 的 m 次齐式. 这个结果可表为

$$B' = \sum_{i,j} B_{ij} N_i N_j, \quad C' = \sum_{i,j,l} C_{ijl} N_i N_j N_l, \quad \cdots, \tag{3}$$

其中 B_{ij}, C_{ijl} 等是温度的函数,而且对于指数 i, j, l 等是对称的,即

$$B_{ij} = B_{ji}, \quad C_{ijl} = C_{jil} = C_{lji}, \quad \cdots. \tag{4}$$

应用物态方程可以研究实际混合气体不遵守道尔顿分压律的情形. 依照分压的定义,p_i 是化学纯的组元 i 单独存在时,在温度 T 和体积 V 及克分子数 N_i 的情形下所具有的压强. 显然,物态方程(1)也可用到化学纯的情形,只要在 $j \neq i$ 时令 $N_j = 0$ 就行了. 这样就得到

$$p_i V = N_i RT + \frac{B_{ii} N_i^2}{V} + \frac{C_{iii} N_i^3}{V^2} + \cdots. \tag{5}$$

从(1)及(5)可得

$$p - \sum_i p_i = \frac{1}{V^2} \Big(\sum_{i,j} B_{ij} N_i N_j - \sum_i B_{ii} N_i^2 \Big)$$
$$+ \frac{1}{V^3} \Big(\sum_{i,j,l} C_{ijl} N_i N_j N_l - \sum_i C_{iii} N_i^3 \Big) + \cdots. \tag{6}$$

这就是实际气体不遵守分压律的数学表达式.

以上所说的物态方程是一个体积倒数的级数. 假如换为压强的级数,则新的维里系数将仍然是温度和克分子数的函数,不过与克分子数的函数关系比(3)式所表达的要复杂得多. 从维里系数与克分子数的关系看来,用体积作为物态方程中的独立变数要方便些.

现在讨论混合非理想气体的各种热力学函数. 根据 35 节的理论得知,在用 T, $V, N_1, \cdots, N_k$ 为独立变数时,只要有了特性函数 F,其他热力学函数都可求得. 现在我们可以利用气体在 $V \to \infty$ 时趋于理想气体这一极限性质,应用下列微分方程的关系

$$\frac{\partial F}{\partial V} = -p,$$

把物态方程(1)的 p 代入,然后求积分,而求得 F:

$$F = \sum_i N_i RT \Big\{ \varphi_i - 1 + \ln \frac{N_i RT}{V} \Big\}$$
$$+ \sum_{i,j} \frac{B_{ij} N_i N_j}{V} + \sum_{ijl} \frac{C_{ijl} N_i N_j N_l}{2V^2} + \cdots, \tag{7}$$

---

[1] 见 K. Fuchs, *Proc. Roy. Soc.*, A **179**(1941), p. 408.

其中 φ_i 为(见 38 节(10)式)

$$\varphi_i = \frac{h_{i0}}{RT} - \int \frac{dT}{RT^2} \int c_{pi}^* \, dT - \frac{s_{i0}}{R}, \tag{8}$$

而 c_{pi}^* 是实际纯 i 气体的 c_{pi} 在压强趋于零时的极限值:

$$c_{pi}^* = \lim_{p \to 0} c_{pi}. \tag{9}$$

这些结果(7),(8),(9)是根据 38 节公式(18)和(10)应用极限性质而得到的.

设 c_{vi} 是实际纯 i 气体的定体比热,令

$$c_{vi}^* = \lim_{p \to 0} c_{vi}, \tag{10}$$

则由极限性质,用 12 节(18)式得

$$c_{pi}^* - c_{vi}^* = R. \tag{11}$$

从 F 可导出内能、熵及化学势如下:

$$U = F - T \frac{\partial F}{\partial T} = -T^2 \frac{\partial}{\partial T} \frac{F}{T}$$

$$= \sum_i N_i \left\{ \int c_{pi}^* \, dT - RT + h_{i0} \right\} - \sum_{ij} \frac{N_i N_j}{V} T^2 \frac{d}{dT} \frac{B_{ij}}{T}$$

$$- \sum_{ijl} \frac{N_i N_j N_l}{2V^2} T^2 \frac{d}{dT} \frac{C_{ijl}}{T} - \cdots = \sum_i N_i \left\{ \int c_{vi}^* \, dT + u_{i0} \right\}$$

$$- \sum_{ij} \frac{N_i N_j}{V} T^2 \frac{d}{dT} \frac{B_{ij}}{T} - \sum \frac{N_i N_j N_l}{2V^2} T^2 \frac{d}{dT} \frac{C_{ijl}}{T} - \cdots, \tag{12}$$

$$S = -\frac{\partial F}{\partial T} = \sum_i N_i \left\{ \int c_{pi}^* \frac{dT}{T} - R\ln \frac{N_i RT}{V} + s_{i0} \right\}$$

$$- \sum_{ij} \frac{N_i N_j}{V} \frac{dB_{ij}}{dT} - \sum_{ijl} \frac{N_i N_j N_l}{2V^2} \frac{dC_{ijl}}{dT} - \cdots, \tag{13}$$

$$\mu_i = \frac{\partial F}{\partial N_i} = RT \left\{ \varphi_i + \ln \frac{N_i RT}{V} \right\} + 2 \sum_j \frac{B_{ij} N_j}{V}$$

$$+ 3 \sum_{jl} \frac{C_{ijl} N_j N_l}{2V^2} + \cdots. \tag{14}$$

化学势的公式可简写为

$$\mu_i = RT \{ \varphi_i + \ln p_i^* \}, \tag{14'}$$

其中

$$RT \ln p_i^* = RT \ln \frac{N_i RT}{V} + 2 \sum_j \frac{B_{ij} N_j}{V} + 3 \sum_{jl} \frac{C_{ijl} N_j N_l}{2V^2} + \cdots. \tag{14''}$$

现在化学势的公式(14′)与理想气体情形下的公式在形式上很相像,只是 p_i^* 代替了分压 p_i. 这里所引进的 p_i^* 叫做**易逸度**,代表气体与凝聚相达到平衡时凝聚相中组元 i 向气相逃逸的程度. 若对于两组元 i 与 j,有 $p_i^* > p_j^*$,则组元 i 在气相中的

浓度大于组元 j，因此组元 i 逃逸到气相去的要多些. 易逸度的概念是路易斯(G. N. Lewis)引进的.

现在讨论非理想气体的化学反应问题. 设有一化学反应

$$\sum_i \nu_i A_i = 0. \tag{15}$$

平衡条件是

$$\sum_i \nu_i \mu_i = 0. \tag{16}$$

把(14′)的 μ_i 代入, 得

$$\prod_i (p_i^*)^{\nu_i} = K_p, \tag{17}$$

其中 K_p 是温度的函数, 由下式确定

$$\ln K_p = -\sum_i \nu_i \varphi_i . \tag{18}$$

(17)式代表质量作用律的改正.

令

$$c_{pi}^0 = \lim_{T \to 0} c_{pi}^*, \tag{19}$$

则(8)式可变为(参阅 38 节(11)式)

$$\varphi_i = \frac{h_{i0}}{RT} - \frac{c_{pi}^0}{R} \ln T - \int_0^T \frac{dT}{RT^2} \int_0^T (c_{pi}^* - c_{pi}^0) dT + \frac{c_{pi}^0 - s_{i0}}{R}. \tag{20}$$

代入(18), 得

$$\ln K_p = -\frac{\Delta H_0}{RT} + \frac{\sum_i \nu_i c_{pi}^0}{R} \ln T + \int_0^T \frac{dT}{RT^2} \int_0^T \sum_i \nu_i (c_{pi}^* - c_{pi}^0) dT + I, \tag{21}$$

其中 ΔH_0 与 I 与上节(29)和(30)式的一样, 即

$$\Delta H_0 = \sum_i \nu_i h_{i0}, \quad I = \sum_i \nu_i (s_{i0} - c_{pi}^0)/R.$$

对(18)式或(21)式求微商, 得 $\dfrac{d}{dT} \ln K_p = \dfrac{\Delta H^*}{RT^2},$ (22)

其中

$$\Delta H^* = \sum_i \nu_i h_i^* = \sum_i \nu_i \left\{ \int c_{pi}^* dT + h_{i0} \right\} \tag{23}$$

是反应热 ΔH 在 $p \to 0$ 时的极限值. 对(23)式求微商, 得

$$\frac{d}{dT} \Delta H^* = \sum_i \nu_i c_{pi}^*. \tag{24}$$

41. 二元系的相图

一个二元系是有两个组元的物体, 因此这个物体的每一相都需要三个强度量变数来描写它的平衡态. 这三个独立变数可选为温度 T, 压强 p, 及第二组元的克分子分数 x. 设 A 为第一组元, B 为第二组元, A 和 B 的克分子数各为 N_1 及 N_2, 则 B 的克分子分数为

$$x = x_2 = \frac{N_2}{N_1 + N_2},$$

而 A 的克分子分数为 $x_1 = 1 - x$.

　　在有多相同时存在而达到平衡时,温度和压强对各相都是一样的,化学势也是一样的,但是克分子分数在各相一般是不相等的.因此各相的 x 必须加以区别,而令 α 相的 x 为 x^α.

　　用图像来表示一个二元系的平衡态,需要一个三维空间的图像,才能表示完全.可以用 T, p, x 作为这个三维空间的直角坐标,在这个空间的一点代表二元系的一个平衡态.因为 T 和 p 都必须大于零,而 x 又必须在 0 与 1 之间,故这个空间的图形只能存在于满足这些条件的范围之内.在这个范围内,二元系将有许多不同的相存在,各相都有一定的区域,各个区域之间有曲面分开,每个曲面上的点代表两相共存的平衡态.两个曲面相交的曲线代表三相共存的平衡态,三个曲面相交的一点代表四相共存的平衡态,称为**四相点**.

　　上面说的图形表示法虽然很完全,但在实用上不方便,因为在纸上不容易画三维空间的图形.因此,在实用上采用第二种图形表示法,这就是选三个独立变数中的两个作为平面直角坐标,而在固定第三个变数的数值时作平面曲线以代表两相平衡.这第二种图形表示法中的曲线就是第一种表示法中垂直于第三个变数坐标轴的平面与两相平衡曲面的相交线.通常的二元系相图就是这第二种表示法的图形,通常用 T 和 x 为变数而使 p 固定,这是在气相不出现时的情形.当有气相存在时,可用 T 和 x 为变数而使 p 固定.也可使 T 固定而选 p 和 x 为变数.

　　现在讨论二元系相图的几种简单的类型[①].

　　(一) 图 20 是金银合金相图.纵坐标是温度,横坐标是金的质量百分比,即(x 为横坐标)

$$x = \frac{100 M_2}{M_1 + M_2}. \tag{1}$$

在实际的二元系相图中 x 大都是质量百分比,不是克分子分数.相图上有两条曲线,把平面分为三个区域.一个区域代表液相 α,一个区域代表固相 β,在这两个区域之间的区域代表液固两相的混合物.考虑从液相冷却到固相的情形.开始从 P 点冷却,合金的状态变化将沿着 PQ 直线下降,到达 Q 点时,固相开始出现;由 Q 经 O 到 R 这一段都是液固两相共存的情形,到 R 点以后就完全变为固相了.在 QR 段时,由于固相的出现放出潜热,故冷却的速率较 PQ 段为慢;到 R 以后,全为固相了,冷却又将加快.在冷却的过程中,在 QR 的一段内,共存的液相和固相的化学成分都在连续地改变.当温度降到 Q 点的温度时,固相开始出现,液相的成分由 Q 点

---

①　这些图形多数采取自 Landolt-Börnstein, *Physikalisch-Chemische Tabellen*.

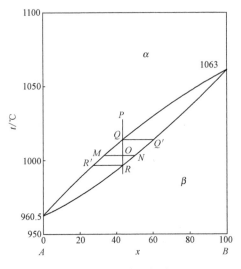

图 20　金银合金相图
A 银（Ag），B 金（Au），α 液，β 固

确定，但固相的成分则由 Q' 点确定，Q' 点为与 Q 点同温度同压强（整个相图都代表同一压强下的情形）而位在固相曲线上的一点．当温度再降低，比如说，到达 QR 线段中的某一点 O 时，液相的成分将由 M 点代表，固相的成分由 N 点代表，M 和 N 是与 O 点同温度而分别位在液相曲线和固相曲线上的两点．线段的长 MO 与 ON 的比例应当等于共存的固相与液相的质量比例．这可证明如下．设 M 点的 x 值为 x^{α}，N 点的 x 值为 x^{β}，O 点的 x 值为 x．则 MO 与 ON 线段之比显然是

$$\overline{MO} : \overline{ON} = (x - x^{\alpha})/(x^{\beta} - x). \tag{2}$$

设 M_1^{α}，M_1^{β} 为第一种组元在 α 相及 β 相的质量；M_2^{α}，M_2^{β} 为第二种组元在 α 相及 β 相的质量；M^{α}，M^{β} 为 α 相及 β 相的总质量．显然有 $M^{\alpha} = M_1^{\alpha} + M_2^{\alpha}$，$M^{\beta} = M_1^{\beta} + M_2^{\beta}$．设 M_1 为第一种组元的总质量，M_2 为第二种组元的总质量，M 为二元系的总质量．显然有

$$M_1 = M_1^{\alpha} + M_1^{\beta}, \quad M_2 = M_2^{\alpha} + M_2^{\beta},$$
$$M = M_1 + M_2 = M^{\alpha} + M^{\beta}.$$

根据 x 的定义得

$$x^{\alpha} = \frac{100M_2^{\alpha}}{M^{\alpha}}, \quad x^{\beta} = \frac{100M_2^{\beta}}{M^{\beta}}, \quad x = \frac{100M_2}{M}.$$

代入（2）式，得

$$\overline{MO} : \overline{ON} = M^{\beta}/M^{\alpha}. \tag{3}$$

从这个公式可以看出，当二元系从 Q 点经 O 点冷却到 R 点时，固相的质量由零变到全部二元系的质量，而液相正好相反，由全部二元系的质量变到零．

假若 x 不是质量百分比，而是克分子分数，则（3）应改为

$$\overline{MO}:\overline{ON}=N^\beta/N^\alpha,\tag{4}$$

其中 $N^\alpha=N_1^\alpha+N_2^\alpha$，$N^\beta=N_1^\beta+N_2^\beta$ 是 α 和 β 两相的总克分子数.

这一种类型的相图的特点是：（甲）二元系的两种组元在 α 和 β 两相都能在一切成分情形下构成，（乙）相图的曲线没有极大和极小.

图 21 显示这一种类型的相图相应的 p-x 图的一般形式.可以看出，与 T-x 图的形状相同，但方向相反，高温与低压相对应.

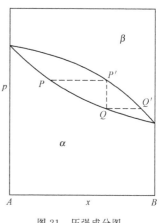

图 21　压强成分图

假若 α 相是气相，β 相是液相，则从图 20 和图 21 可以看出：在二元系中，若增加某一组元的相对数量到液相后，使总蒸气压升高，或是在总压强不变下使沸点降低，则该组元在蒸气中的相对含量多于在与蒸气平衡的液相中的相对含量.这名为柯诺瓦洛夫（Коновалов）定律.

根据图 20 和图 21，在 α 相是气相而 β 相是液相的情形下，可以说明**分馏法**的作用.分馏法的目的是要从二元系中蒸馏出几乎是纯的组元 A 和 B 来.分馏法有两种：一种是在恒压下升高温度或降低温度，这可用图 20 来说明（注意，用的不是真正图 20，而是与图 20 相类似的，其中 α 代表气相，β 代表液相）；一种是在恒温下升高或降低压强，这可用图 21 来说明.这两种分馏法的说明在原则上相同，我们只说后一种.假如我们的目的是要在恒温下蒸馏而得到纯的组元 B，那么我们可把气体完全抽走，只剩下液体（见图 21 中的 PP' 线）.在气体还没有抽走时，二元系的压强由 PP' 线代表，P 点代表气相，P' 点代表液相，液相中含 B 较气相中为多.在气体抽走以后，压强将降低，液体将由 P' 点蒸发.假如把在 P 点所代表的气体完全抽走，而令在 P' 点所代表的液体全部蒸发，则最后到达 Q 点.与 Q 点达到平衡的液相由 Q' 点代表，在 Q' 点的液相中含 B 更多.事实上，在到达 Q 点时，液体已经全部蒸发，并不剩下 Q' 点的液体.不过假如在接近 Q 点时，我们又把气体抽走，则剩下来的液体将接近于 Q' 点.对于这所剩下的液体，再进行蒸发并把气体抽走，我们将得到含 B 更多的液体.把这个手续连续进行多次以后，就可得到相当纯的 B.当然，用这种分馏法的手续所得到的纯 B 的数量是很少的.但是，把抽走的气体再施行多次的分馏手续，将可得到相当数量的纯 B.

假如要想得到纯 A，我们可以把上面的分馏法过程反过来进行.从 QQ' 线开始，把 Q 点的气体拿来加压使它液化，到达 P' 点，这样就得到比 Q' 点含 A 多些的液体，而这时候相当的气相 P 点含 A 还要多些.然后把接近于 P 点的气体取出来加压使它液化，这样就得到含 A 更多的气体.把这个手续连续进行多次以后，就可

得到相当纯的 A.

（二）图 22 是镍锰合金相图. 这一种类型的相图的特点是：（甲）二元系的两种组元在 α 和 β 两相都能在一切成分情形下构成，（乙）相图的曲线有一个极小点，在这个极小点 α 和 β 两相的两个曲线相切.

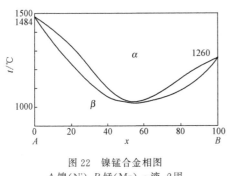

图 22　镍锰合金相图
A 镍(Ni)，B 锰(Mn)，α 液，β 固

这两个特点中的第一个特点（甲）与第一种类型（即图 20 所代表的）的第一个特点相同，而第二个特点（乙）与第一种类型的第二个特点不同. 在第一种类型中达到平衡的 α 相和 β 相的成分总是不同的，除了纯 A 和纯 B 的两个极端情形以外. 在现在所讨论的第二种类型中，共存相 α 和 β 的成分在极小点相同. 这个事实也叫做柯诺瓦诺夫第二定律.

另外有一种类型的相图，与这一种类型的不同只是在把极小点换为极大点. 我们也把这一种类型的相图归入到第二种类型之中，这样就需要把这种类型的相图的第二个特点（乙）中的"极小点"改为"极小点或极大点". 这种有极大点的相图的一个例子是硝酸的溶液与蒸气达到平衡的相图.

以上所说的是 T-x 图. 与它相应的 p-x 图也有极大点或极小点，p-x 图中的极大点对应于 T-x 图中的极小点，p-x 图中的极小点对应于 T-x 图中的极大点.

在第一种类型的相图（即图 20）中所说明的分馏法，也可适用于第二种类型的相图，但是不能同时得到纯 A 和纯 B. 假如蒸馏开始于极大点或极小点的左方，则只能得到纯 A，及极大点或极小点的二元系，而不能得到纯 B，因为分馏的过程只能到极大点或极小点为止，不能超越这一点而到右方去. 同理，假如蒸馏开始于极大点或极小点的右方，则只能得到纯 B，及极大点或极小点的二元系.

（三）图 23 是第三种简单类型的相图例子，镉铋合金相图. 这一种类型的相图的特点是：（甲）二元系的两种组元 A 和 B 只有一相 α 能在一切成分情形下构成，（乙）另外的相是纯 A 或是纯 B. 图 23 中的 α 相是液相，纯 A 和纯 B 是固相. 液相的凝固曲线有两条，一条代表液相 α 与固体纯 A 的平衡，一条代表液相 α 与固体纯 B 的平衡. 固体 A 和 B 不能构成合金，也就是说，不能合起来构成一个单一的固态均匀系. 因此，液相 α 只能分别与固体 A 及 B 达到平衡. 两条平衡曲线相交于一点 C，在这一点有三相共存，这三相是液相 α、固体 A 及固体 B. 这一点 C 名为**低共熔点**(eutectic point)，因为这一点的温度是液相能够存在的最低温度. 在相图上有一与 x 坐标轴平行的线经过 C 点，在这一条线以下是两种固体 A 和 B 同时存在的区域,而这两种固体的数量没有任何限制.在这一条线以上,左方是液相 α 与固体 A 共存的区域,在图上用 $\alpha+A$ 表示,其中液相的质量与纯 A 的质量在图中某一点 O 的比例等于 $MO:ON$(见图 23).当液体冷却而凝固时,要经过两个熔点,一个是液相的凝固曲线上的一点(见图 23 中的 Q 点),在这一点固体 A 开始凝固出来;另一个是经过 C 点的横线上的一点(见图 23 中的 R 点),这一点的温度是低共熔点的温度,在这一点继续冷却将使液体完全凝固成为两种固体 A 和 B.但是在温度还没有低到低共熔点时,凝固出来的固体只有 A 一种,而没有 B;只有到低共熔点后,B 才凝固出来.同样的讨论适用于液相 α 与固体 B 的平衡情形,这里就不重复了.

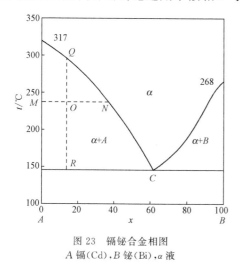

图 23 镉铋合金相图
A 镉(Cd),B 铋(Bi),α 液

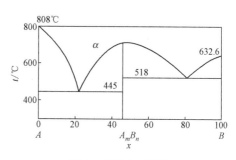

图 24 钙镁合金相图
A 钙(Ca),B 镁(Mg),α 液,$m=3$,$n=4$(Ca$_3$Mg$_4$)

(四)图 24 是第四种简单类型的相图例子,钙镁合金相图.这一种类型的相图的特点是:(甲)二元系的两种组元 A 和 B 只有一相 α 能在一切成分情形下构成,(乙)另外的相是纯 A 和纯 B,此外还有一个化合物 A_mB_n,(丙)化合物 A_mB_n 熔解时不变成分.图 24 中的 α 相是液相,纯 A 和纯 B 和化合物 A_mB_n 都是固相.这一种类型的相图很像是两个第三种类型的相图(图 23)并排在一起一样.当中一段代表 α 相与化合物平衡的曲线在化合物的成分时有一极大.

(五)图 25 是第五种简单类型的相图例子,钾钠合金相图.这一种类型的相图的特点是:(甲)二元系的两种组元 A 和 B 只有一相 α 能在一切成分情形下构成,(乙)另外的相是纯 A 和纯 B,此外还有一个化合物 A_mB_n,(丙)化合物 A_mB_n 熔解不能完全变为液相,而最后变为液体与固体纯 B 的混合物,因此液体中含组元 A 的比例比化合物中的比例要高.从 α 的凝固曲线看来,这种相图与第四种相图的区别在,α 与纯 B 的平衡曲线与 α 与化合物的平衡曲线相交于后者的极大点的左方,使后者的极大点成为一个亚稳平衡态而不容易观测到(在图 25 中用虚线表示).至于第四种相图,上面所说的两条曲线的相交点位于极大点的右方,所以化合物能够完全熔解为成分相同的液体.图 25 中的 α 相是液相,纯 A 和纯 B 和化合物都是固相.

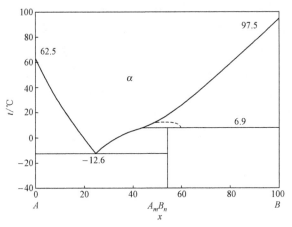

图 25　钾钠合金相图
A 钾(K),B 纳(Na),α 液,$m=1$,$n=2$(Na$_2$K)

(六)图 26 和图 27 是第六种简单类型的相图例子,铋铅合金相图和汞镉合金相图.这一种类型的相图的特点是:(甲)二元系的两种组元 A 和 B 只有一相 α 能在一切成分情形下构成,(乙)有两相 β 和 γ 能在有限成分范围内存在,β 相的存在范围为 $0 \leqslant x \leqslant x'$,$\gamma$ 相的存在范围为 $x'' \leqslant x \leqslant 100$,而 $x' < x''$.这两个图的分别是,在图 26 中熔解曲线在 x 接近于 0 时下降,在 x 接近于 1 时上升;在图 27 中熔解曲线只有上升,没有下降.这两个图中的 α 相都是液相,β 和 γ 两相都是固相.

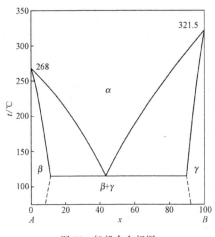

图 26　铋铅合金相图
A 铋(Bi),B 铅(Pb);α 液;β,γ 固

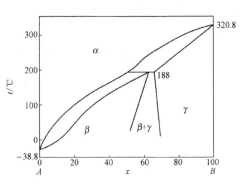

图 27　汞镉合金相图
A 汞(Hg),B 镉(Cd);α 液;β,γ 固

除了以上所说的六种简单类型的相图以外,还有比较复杂的相图,这些复杂的相图可以认为是六种简单类型的相图所组合而成的.图 28 所显示的黄铜的相图就是一个比较复杂的相图的例子,图中 $\alpha, \beta, \beta', \gamma, \delta, \varepsilon, \eta$ 代表各种成分不同的黄铜,他们都是固相.

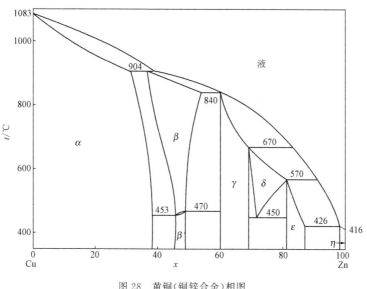

图 28 黄铜(铜锌合金)相图
A 铜(Cu), B 锌(Zn)

上面所举的各种类型的相图例子,除了关于分馏法的讨论外,都是属于二元合金的.明了了合金的相图性质,对于金属的冶炼与热处理的实际操作过程有重要的指导意义.苏联的金属学家和化学家库尔那科夫(Курнаков)研究了物质的其他性质随成分 x 改变的情形,这些性质包括合金的电导率,硬度等;把这些性质,特别是电导率,随成分改变的情形作成图,并把图形分类以与合金的**固溶体**(固溶体是指一个单相的固体而包含可变成分说的,如图 20,22,26,27,28 中的 β 及 γ 等)及化合物(如图 24 及 25 中的 A_mB_n)的构成相联系,因而创立了物理化学的一个新部门,称为物理化学分析法[①].

*42. 二元系复相平衡的热力学理论

前一节中对二元系的平衡性质作了一般性的描述.本节中将应用热力学理

---

① 见科学通报,1953,第 4 期,第 74 页,乌拉佐夫的介绍.又见卡申柯,金属学原理,上册,第 108 页(中译本).

论[①]去求平衡曲线的斜率与潜热及体积改变的关系,这些关系相当于单元系的克拉珀龙方程. 我们选温度 T, 压强 p, 及第二组元 B 的克分子分数 x 为独立变数(注意这一节的 x 与前一节图中的 x 不同).

先讨论两相 α 和 β 达到平衡. 在 α 相中的变数是 T, p, x^α, 而两个组元的化学势 $\mu_1^\alpha, \mu_2^\alpha$ 是这三个变数的函数. 在 β 相中的变数是 T, p, x^β, 而两个组元的化学势 μ_1^β, μ_2^β 是这三个变数的函数. 化学平衡条件是

$$\mu_1^\alpha(T, p, x^\alpha) = \mu_1^\beta(T, p, x^\beta), \quad \mu_2^\alpha(T, p, x^\alpha) = \mu_2^\beta(T, p, x^\beta). \tag{1}$$

这两个方程给四个变数 T, p, x^α, x^β 两个关系,使得它们之中只有两个可以独立地改变. 这是符合相律的要求的. 假使我们想象由方程(1)把 x^α 和 x^β 解出,使各为 T, p 的函数,则这两个函数引导使下列方程

$$x = x^\alpha(T, p), \quad x = x^\beta(T, p) \tag{2}$$

在 (T, p, x) 三维空间中代表两个曲面. 前一节中图 20 的两个曲线就是这两个曲面与平面 $p = p_0$ 的交线. 当曲面上的点在曲面上作无穷小的移动时,因为平衡态仍然保持,得

$$\mathrm{d}\mu_1^\alpha = \mathrm{d}\mu_1^\beta, \quad \mathrm{d}\mu_2^\alpha = \mathrm{d}\mu_2^\beta. \tag{3}$$

对于任何一个均匀的二元系说,有

$$\mathrm{d}\mu_1 = \frac{\partial \mu_1}{\partial T}\mathrm{d}T + \frac{\partial \mu_1}{\partial p}\mathrm{d}p + \frac{\partial \mu_1}{\partial N_1}\mathrm{d}N_1 + \frac{\partial \mu_1}{\partial N_2}\mathrm{d}N_2, \tag{4}$$

也有关于 μ_2 的同样微分式,这些式子对于任何相 α, β 等都是适用的,只要把 μ_1 改为 μ_1^α, N_1 和 N_2 改为 N_1^α 和 N_2^α 就行了. 由 μ_1 与吉布斯函数 G 的关系: $\mu_1 = \partial G/\partial N_1$, 求得

$$\begin{cases} \dfrac{\partial \mu_1}{\partial T} = \dfrac{\partial^2 G}{\partial T \partial N_1} = -\dfrac{\partial S}{\partial N_1} = -s_1, \\[3mm] \dfrac{\partial \mu_1}{\partial p} = \dfrac{\partial^2 G}{\partial p \partial N_1} = +\dfrac{\partial V}{\partial N_1} = v_1, \end{cases} \tag{5}$$

其中 s_1 是第一组元的偏克分子熵, v_1 是第一组元的偏克分子体积. 同样,有 $\partial \mu_2/\partial T = -s_2, \partial \mu_2/\partial p = v_2$.

又由 $\mu_1 = \partial G/\partial N_1$ 得知 μ_1 是 N_1 和 N_2 的零次齐次函数,也就是说, μ_1 只与 N_1/N_2 有关,这一点已经在方程(1)中把 μ_1 作为 T, p, x 的函数时表现出来了. 根据 μ_1 是 N_1 和 N_2 的零次齐次函数这一性质,应用欧拉定理(见 33 节(20)式),得

$$N_1 \frac{\partial \mu_1}{\partial N_1} + N_2 \frac{\partial \mu_1}{\partial N_2} = 0. \tag{6}$$

同样有

$$N_1 \frac{\partial \mu_2}{\partial N_1} + N_2 \frac{\partial \mu_2}{\partial N_2} = 0. \tag{7}$$

---

① 本节的理论见王竹溪, 中国物理学报, **7**(1948), 第 153—156 页.

另外还有一个关系：
$$\frac{\partial \mu_1}{\partial N_2} = \frac{\partial^2 G}{\partial N_1 \partial N_2} = \frac{\partial \mu_2}{\partial N_1}.$$

根据这个关系，我们可以引进一个函数 φ，使它满足：
$$\frac{\partial \mu_1}{\partial N_2} = \frac{\partial \mu_2}{\partial N_1} = -\frac{x(1-x)}{N}\varphi, \tag{8}$$

其中 $N = N_1 + N_2$. 代入(6)和(7)，并记着 $x = N_2/N$，解得
$$\frac{\partial \mu_1}{\partial N_1} = \frac{x^2}{N}\varphi, \qquad \frac{\partial \mu_2}{\partial N_2} = \frac{(1-x)^2}{N}\varphi. \tag{9}$$

这两组公式(8)和(9)把四个偏微商 $\partial \mu_i/\partial N_j\,(i,j=1,2)$ 用一个函数 φ 表示出来.

把(5),(8),(9)代入(4)式，得
$$d\mu_1 = -s_1 dT + v_1 dp + \frac{x\varphi}{N}[x\,dN_1 - (1-x)dN_2].$$

但
$$dx = d\left(\frac{N_2}{N_1+N_2}\right) = \frac{dN_2}{N} - \frac{N_2(dN_1+dN_2)}{N^2}$$
$$= \frac{N_1\,dN_2 - N_2\,dN_1}{N^2} = \frac{1}{N}[(1-x)dN_2 - x\,dN_1],$$

故
$$d\mu_1 = -s_1 dT + v_1 dp - x\varphi\,dx. \tag{10}$$

同样，求得
$$d\mu_2 = -s_2 dT + v_2 dp + (1-x)\varphi\,dx. \tag{11}$$

这是可以用到任何相的普遍公式，要用到 α 相，就需要把所有出现的变数和函数（除 T 和 p 外）都在右肩上加上 α 标志.

把(10)和(11)加上 α 和 β 的标志，代入(3)式，并移项，得
$$\begin{cases} (s_1^\alpha - s_1^\beta)dT - (v_1^\alpha - v_1^\beta)dp + x^\alpha \varphi^\alpha dx^\alpha - x^\beta \varphi^\beta dx^\beta = 0, \\ (s_2^\alpha - s_2^\beta)dT - (v_2^\alpha - v_2^\beta)dp - (1-x^\alpha)\varphi^\alpha dx^\alpha \\ \qquad + (1-x^\beta)\varphi^\beta dx^\beta = 0, \end{cases} \tag{12}$$

由此解出 dx^α：
$$(x^\alpha - x^\beta)\varphi^\alpha dx^\alpha = -[(1-x^\beta)(s_1^\alpha - s_1^\beta) + x^\beta(s_2^\alpha - s_2^\beta)]dT$$
$$+ [(1-x^\beta)(v_1^\alpha - v_1^\beta) + x^\beta(v_2^\alpha - v_2^\beta)]dp. \tag{13}$$

在这个方程中把 α 换为 β，β 换为 α，就得到 dx^β 的式子. 方程(12)和(13)就是单元系中克拉珀龙方程在二元系中相当的方程. 在方程(13)的右方第一项的系数，方括号中的全体相当于潜热被 T 除，在 α 是液相 β 是固相时是正的. 第二项代表体积的改变，一般说来，在 α 是液相 β 是固相时是正的. 由于(13)的右方第一项与第二项系数前面的符号不同，说明前一节中所提到的事实，就是 T-x 图中曲线的斜率与 p-x 图中的相反.

在引进平均克分子熵 s 和平均克分子体积 v 之后,方程(13)可以简化.根据 33 节的公式(27),β 相的平均克分子熵和平均克分子体积是

$$s^\beta = (1-x^\beta)s_1^\beta + x^\beta s_2^\beta, \quad v^\beta = (1-x^\beta)v_1^\beta + x^\beta v_2^\beta. \tag{14}$$

代入(13),得

$$\begin{aligned}
(x^\alpha - x^\beta)\varphi^\alpha \mathrm{d}x^\alpha =& -[(1-x^\beta)s_1^\alpha + x^\beta s_2^\alpha - s^\beta]\mathrm{d}T \\
& + [(1-x^\beta)v_1^\alpha + x^\beta v_2^\alpha - v^\beta]\mathrm{d}p.
\end{aligned} \tag{15}$$

现在应用(15)来讨论前一节中所讲的各种类型的相图.在讨论中我们需要引用平衡稳定理论的结果 $\varphi > 0$(见 48 节(19)式),因此 φ^α 和 φ^β 都是正的.

第一种类型(图 20)的特点是公式(15)在 $0 \leqslant x \leqslant 1$ 的全部范围内都适用,而且在这全部范围内 x^α 与 x^β 没有相等的时候,就是说,或者是 $x^\alpha < x^\beta$,或者是 $x^\alpha > x^\beta$.把 A 和 B 两组元互换,就可从 $x^\alpha > x^\beta$ 改为 $x^\alpha < x^\beta$.根据 $\varphi^\alpha > 0$ 及(15)式右方两个方括号都是正的事实,可以看出,在 $x^\alpha < x^\beta$ 的情形下,

$$\frac{\partial x^\alpha}{\partial T} > 0, \quad \frac{\partial x^\alpha}{\partial p} < 0.$$

这就说明 $x^\alpha\text{-}T$ 曲线随 x 增加而上升,相应的 $x^\alpha\text{-}p$ 曲线则下降.把(15)中的 α 与 β 交换,可证明在 $x^\alpha < x^\beta$ 的情形下(因为 $\varphi^\beta > 0$),

$$\frac{\partial x^\beta}{\partial T} > 0, \quad \frac{\partial x^\beta}{\partial p} < 0.$$

这说明 β 相的曲线与 α 相的曲线是同升降的.

第二种类型(图 22)与第一种类型的区别在 x^α 与 x^β 有一处相等.从(15)式看出,在 $x^\alpha = x^\beta$ 处,

$$\frac{\partial T}{\partial x^\alpha} = 0, \quad \frac{\partial p}{\partial x^\alpha} = 0.$$

在(15)式中把 α 与 β 交换后,得

$$\frac{\partial T}{\partial x^\beta} = 0, \quad \frac{\partial p}{\partial x^\beta} = 0.$$

这个结果说明,在 $x^\alpha = x^\beta$ 处,曲线有极大或极小,可以证明,$T\text{-}x$ 图中的极大相当于 $p\text{-}x$ 图中的极小(见习题 29).

第三种类型(图 23)的特点是 α 相与纯 A 或纯 B 平衡,那就是说,β 相只有两种可能,一种可能是纯 A 固体,一种是纯 B 固体.当 β 相是纯 A 时,$x^\beta = 0, s^\beta = s_A$,$v^\beta = v_A$,由(15)得

$$x^\alpha \varphi^\alpha \mathrm{d}x^\alpha = -(s_1^\alpha - s_A)\mathrm{d}T + (v_1^\alpha - v_A)\mathrm{d}p. \tag{16}$$

由此可见 $\partial x^\alpha / \partial T < 0$.这说明图 23 中左方曲线下降的性质.

当 β 相是纯 B 时,$x^\beta = 1, s^\beta = s_B, v^\beta = v_B$,由(15)得

$$(1-x^\alpha)\varphi^\alpha \mathrm{d}x^\alpha = (s_2^\alpha - s_B)\mathrm{d}T - (v_2^\alpha - v_B)\mathrm{d}p. \tag{17}$$

由此可见 $\partial x^a/\partial T>0$. 这说明图 23 中右方曲线上升的性质.

第四种类型(图 24)的特点是 α 与三个固相中的一个平衡,这三个是纯 A,纯 B,和一个化合物 A_mB_n. 当 β 相是纯 A 或纯 B 时,曲线的微分方程是(16)或(17),与第三种类型相同. 当 β 相是化合物 A_mB_n 时,我们用一星号来表示,$x^\beta=x^*=n/(m+n)$,$s^\beta=s^*$,$v^\beta=v^*$. 由(15)得

$$(x^a-x^*)\varphi^a\mathrm{d}x^a=-[(1-x^*)s_1^a+x^*s_2^a-s^*]\mathrm{d}T$$
$$+[(1-x^*)v_1^a+x^*v_2^a-v^*]\mathrm{d}p. \tag{18}$$

由此可见,当 $x^a<x^*$ 时,$\partial x^a/\partial T>0$;当 $x^a>x^*$ 时,$\partial x^a/\partial T<0$;因此,在 $x^a=x^*$ 时,$T\text{-}x^a$ 曲线有一极大.

第五种类型(图 25)的理论与第四种类型的一样,唯一的不同是,在图 25 中 α 与 B 平衡的曲线和 α 与化合物平衡的曲线相交于极大点的左方,因而使极大点不出现,并且使化合物不能全部熔化为液态.

第六种类型(图 26 和图 27)的理论不需要新的数学公式. 更复杂的相图,如图 28 所示者,也不需要新的数学公式,公式(15),(16),(17),(18)就可包括一切情形了.

现在讨论三相共存的情形. 设 α,β,γ 三相同时达到平衡,我们将有三组平衡条件的方程,一组代表 α 相与 β 相的平衡,如(1)中的两个方程;一组代表 α 相与 γ 相的平衡;最后还有一组代表 β 相与 γ 相的平衡,但是这一组可由前两组得到,可以不必讨论. 由 α 相与 β 相的平衡条件可求得(15)式,把(15)式中的 β 改为 γ 就得到 α 相与 γ 相平衡时的微分关系:

$$(x^a-x^\gamma)\varphi^a\mathrm{d}x^a=-[(1-x^\gamma)s_1^a+x^\gamma s_2^a-s^\gamma]\mathrm{d}T$$
$$+[(1-x^\gamma)v_1^a+x^\gamma v_2^a-v^\gamma]\mathrm{d}p. \tag{19}$$

从(15)和(19)两式中消去 $\mathrm{d}x^a$,得

$$\begin{vmatrix} 1 & x^a & v^a \\ 1 & x^\beta & v^\beta \\ 1 & x^\gamma & v^\gamma \end{vmatrix}\mathrm{d}p = \begin{vmatrix} 1 & x^a & s^a \\ 1 & x^\beta & s^\beta \\ 1 & x^\gamma & s^\gamma \end{vmatrix}\mathrm{d}T. \tag{20}$$

这个方程显然是克拉珀龙方程在二元系的推广. 这个方程还可以用另外一个方法导出如下. 由 35 节的吉布斯关系(27)应用于三相中的每一项,并用各相的总克分子数除,得

$$\begin{cases} s^a\mathrm{d}T-v^a\mathrm{d}p+(1-x^a)\mathrm{d}\mu_1+x^a\mathrm{d}\mu_2=0, \\ s^\beta\mathrm{d}T-v^\beta\mathrm{d}p+(1-x^\beta)\mathrm{d}\mu_1+x^\beta\mathrm{d}\mu_2=0, \\ s^\gamma\mathrm{d}T-v^\gamma\mathrm{d}p+(1-x^\gamma)\mathrm{d}\mu_1+x^\gamma\mathrm{d}\mu_2=0. \end{cases} \tag{21}$$

从这三个方程中消去 $\mathrm{d}\mu_1$ 和 $\mathrm{d}\mu_2$,得

$$\begin{vmatrix} s^\alpha dT - v^\alpha dp & 1-x^\alpha & x^\alpha \\ s^\beta dT - v^\beta dp & 1-x^\beta & x^\beta \\ s^\gamma dT - v^\gamma dp & 1-x^\gamma & x^\gamma \end{vmatrix} = 0.$$

经过演算即得(20).

从(15)和(19)两式中消去 dp, 得

$$\begin{vmatrix} 1 & x^\alpha & v^\alpha \\ 1 & x^\beta & v^\beta \\ 1 & x^\gamma & v^\gamma \end{vmatrix} \varphi^\alpha x^\alpha dx^\alpha = \begin{vmatrix} 1 & 0 & v_1^\alpha & s_1^\alpha \\ 1 & x^\alpha & v^\alpha & s^\alpha \\ 1 & x^\beta & v^\beta & s^\beta \\ 1 & x^\gamma & v^\gamma & s^\gamma \end{vmatrix} dT. \tag{22}$$

这个方程给 x^α 随温度的改变率. 在这个方程中, 若把 α 分别与 β 及 γ 交换, 则得 dx^β/dT 和 dx^γ/dT 的式子.

第三种类型中的低共熔点(图 23)相当于在(20)和(22)中令 $x^\beta = 0, x^\gamma = 1$ 的情形.

*43. 三元系的相图

三元系是包含有三个独立组元的体系. 三元系的每一相, 比如说 α 相, 都是由四个独立的强度量变数来描写的, 这些强度量变数可选为温度 T, 压强 p, 克分子分数 $x_1^\alpha, x_2^\alpha, x_3^\alpha$, 这些受下列关系的限制

$$x_1^\alpha + x_2^\alpha + x_3^\alpha = 1. \tag{1}$$

要把三元系的平衡性质用几何图形来表示, 一个完全的图形需要一个四维空间, 而这不仅不能在纸上画出图形, 而且也没有办法在思想中构成一个具体的形象. 因此, 在三元系的平衡问题上要作图形, 只能采取 41 节中的第二种方法, 这就是固定四个变数中的两个, 而把其余两个作为平面坐标而作图. 这种图形相当于地图上的等高线. 当然, 我们也可以只固定一个变数, 而把其余三个变数作为三维空间的坐标而作立体图形. 不过这种立体图形不好在纸上画, 所以这种方法的实用价值不大.

现在讨论平面图形. 通常把化学成分作为平面坐标, 而画等温线, 代表在固定压强和温度时两相平衡的某一相中化学成分之间的关系. 通常把压强固定在 1 大气压, 而在不同的确定的温度下画各个不同的等温线. 为了使三个组元在平面坐标的化学成分中占同等的地位, 平面图采用等边三角形. 图 29 中 ABC 为等边三角形, 每边的长等于 1, 即

$$\overline{AB} = \overline{BC} = \overline{CA} = 1. \tag{1}$$

把每边分为十等分, 顺着 ABC 的循环次序标明 $\cdot 1, \cdot 2$, 等, 然后作与各边平行的线

通过这些标数的点,这些线就构成坐标的基线(为简单起见图 29 中各边只分成五等分). A 点代表纯粹第一组元,B 点代表纯粹第二组元,C 点代表纯粹第三组元. 设有一点 m,位于三角形的里面. 作 ma 线与 BC 边平行而与 CA 边相交于 a 点,作 mb 线与 CA 边平行而与 AB 边相交于 b 点,作 mc 线与 AB 边平行而与 BC 边相交于 c 点. 我们令 a 点在 CA 边上的坐标为 x_1,即 $\overline{Ca}=x_1$;令 b 点的坐标为 x_2,即 $\overline{Ab}=x_2$;令 c 点的坐标为 x_3,即 $\overline{Bc}=x_3$. 很容易证明,这样所定的 x_1,

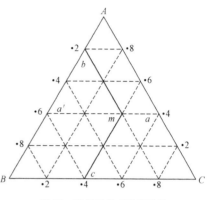

图 29 三元系的成分表示法

x_2,x_3 满足(1)式. 为了证明这一点,设 ma 线与 AB 边相交于 a' 点. 显然有 $\overline{Ca}=\overline{a'B}$,$\overline{Bc}=\overline{mb}$. 又由等边三角形 $ba'm$ 得 $\overline{ba'}=\overline{mb}=\overline{Bc}$. 由此得

$$\overline{Ca}+\overline{Ab}+\overline{Bc}=\overline{a'B}+\overline{Ab}+\overline{ba'}=\overline{AB}=1.$$

但 $\overline{Ca}=x_1$,$\overline{Ab}=x_2$,$\overline{Bc}=x_3$,故(1)式得到证明. 当 m 点在三角形的边上时,只有两个组元,成为二元系;当 m 点在三角形的顶点时,就只有一个组元了.

以上解释了如何在平面上把三元系的成分表示出来. 有了这个表示法以后,就可作出等温线来,代表在固定压强下在某一温度时两相平衡的某一相的成分,这样就构成了三元系的相图.

图 30 是一个三元系的相图例子[①]. 三个组元是 CaF_2,MgF_2,NaF. 在三角形的三边上都画有二元系的相图,这在三元系的相图上并不是必需的. 图上的一些等温线代表液相与固相平衡时液相的成分. 液相只有一相,固相有四相,即 CaF_2,MgF_2,NaF 和 $MgF_2 \cdot NaF$,但是没有固溶体. 有两个低共熔点 E 和 F,E 点的温度约 720℃,F 点的温度约 900℃. 图中 AEB 线好像一个山谷,由 A 和 B 两端向下到最低点 E,而沿着这条线的温度比两旁要低些. 同样,CF 和 DFE 也像山谷. 假使把图上的等温线当作等高线来想象,那么可以说图 30 中有四座山,有三个山峰在三角形的三个顶点,有一个山峰在三角形的一边的中间,每一座山面都代表液相与一个固相平衡.

关于三元系复相平衡的热力学理论,可以完全包含在下一节的普遍理论中,将不再特别加以讨论.

---

① 见 Landolt-Börnstein,*Physikalisch-Chemische Tabellen*,Ⅲ,p.472.

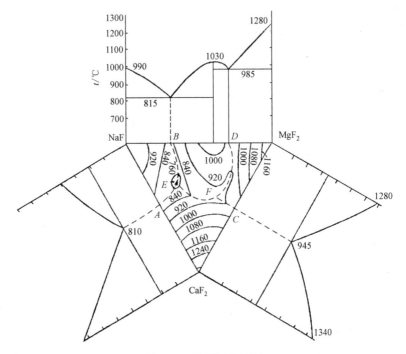

图 30 三元系的相图例子
（注意图上的单位是质量分数，不是克分子分数）

*44. 多元系复相平衡理论

现在我们讨论 k 个组元所构成的物体系有 σ 个相同时达到平衡的问题[1]. 平衡条件可以写成下列形式

$$\mu_i^a = \mu_i \quad (i = 1, 2, \cdots, k; \alpha = 1, 2, \cdots, \sigma). \tag{1}$$

在这些方程中 μ_i^a 是第 i 个组元在 α 相中的化学势，它是 $T, p, N_1^a, N_2^a, \cdots, N_k^a$ 的函数；μ_i 是 k 个辅助变数，引进 μ_i 的目的是使方程(1)表现得更对称些，μ_i 的意义是第 i 个组元的化学势在各相的共同值. 设 $x_i^a = N_i^a / N^a \left(N^a = \sum_i N_i^a \right)$ 为第 i 个组元在 α 相的克分子分数，则对任一固定的 α 有

$$\sum_{i=1}^{k} x_i^a = 1 \quad (\alpha = 1, 2, \cdots, \sigma). \tag{2}$$

这 k 个变数 x_i^a(α 固定，i 由 1 到 k)中只有 $k-1$ 个是独立的. 变数 T, p, x_i^a, μ_i 的总

---

① 见王竹溪，中国物理学报 **7**(1948)，第 156—160 页.

数是 $2+k(\sigma+1)$，方程(1)和(2)的总数是 $(k+1)\sigma$，两者相减得

$$2+k(\sigma+1)-(k+1)\sigma=k-\sigma+2.$$

这说明可有 $k-\sigma+2$ 个独立的强度量变数，这与相律符合.

现在讨论平衡态的微分关系. 由(1)取微分得

$$\mathrm{d}\mu_i=\mathrm{d}\mu_i^\alpha=\frac{\partial\mu_i^\alpha}{\partial T}\mathrm{d}T+\frac{\partial\mu_i^\alpha}{\partial p}\mathrm{d}p+\sum_{j=1}^k\frac{\partial\mu_i^\alpha}{\partial N_j^\alpha}\mathrm{d}N_j^\alpha. \tag{3}$$

但

$$\mu_i^\alpha=\frac{\partial G^\alpha}{\partial N_i^\alpha}, \tag{4}$$

故

$$\begin{cases}\dfrac{\partial\mu_i^\alpha}{\partial T}=\dfrac{\partial^2 G^\alpha}{\partial T\partial N_i^\alpha}=-\dfrac{\partial S^\alpha}{\partial N_i^\alpha}=-s_i^\alpha,\\[3mm]\dfrac{\partial\mu_i^\alpha}{\partial p}=\dfrac{\partial^2 G^\alpha}{\partial p\partial N_i^\alpha}=\dfrac{\partial V^\alpha}{\partial N_i^\alpha}=v_i^\alpha,\end{cases} \tag{5}$$

其中 s_i^α 为 α 相中组元 i 的偏克分子熵，v_i^α 是它的偏克分子体积. 又由(4)得

$$\frac{\partial\mu_i^\alpha}{\partial N_j^\alpha}=\frac{\partial^2 G^\alpha}{\partial N_i^\alpha\partial N_j^\alpha}=\frac{\partial\mu_j^\alpha}{\partial N_i^\alpha}. \tag{6}$$

由于 G^α 是广延量，则 G^α 是 N_i^α 的一次齐次函数，因而 G^α 对 N_i^α 的偏微商将是 N_i^α 的零次齐次函数(读者可试证明这一点). 既然 μ_i^α 是 N_i^α 的零次齐次函数，则应用欧拉定理(见 33 节(20)式)得

$$\sum_{j=1}^k N_j^\alpha\frac{\partial\mu_i^\alpha}{\partial N_j^\alpha}=0. \tag{7}$$

应用(6)式，这个方程可变为

$$\sum_{j=1}^k N_j^\alpha\frac{\partial\mu_j^\alpha}{\partial N_i^\alpha}=0. \tag{7'}$$

用 $\mathrm{d}N_i^\alpha$ 乘并对 i 加，得

$$\sum_{j=1}^k N_j^\alpha\mathrm{d}\mu_j^\alpha=0. \tag{8}$$

其中

$$\mathrm{d}\mu_j^\alpha=\sum_{i=1}^k\frac{\partial\mu_j^\alpha}{\partial N_i^\alpha}\mathrm{d}N_i^\alpha,$$

这是在 T 和 p 不变的情形下 μ_j^α 的微分. 这个方程(8)名为吉布斯-杜安(Gibbs-Duhem)关系. 这个关系是吉布斯关系(见 35 节(27)式)在 T 和 p 不变时的特殊情形. (7')式可由(8)式得到，而(8)式又可由吉布斯关系得到，因此(7)式也可由吉布斯关系得到. 这是很容易理解的，因为吉布斯关系就是利用了 G 是广延量的性质导出的.

为了使公式中只出现强度量，我们将引进新的变数 ψ_{ij}^α 来替代 $\partial\mu_i^\alpha/\partial N_j^\alpha$，而令

$$\psi_{ij}^a = N^a \frac{\partial \mu_i^a}{\partial N_j^a} \quad \left(N^a = \sum_i N_i^a\right). \tag{9}$$

代入(6)和(7),得
$$\psi_{ij}^a = \psi_{ji}^a, \quad \sum_j x_j^a \psi_{ji}^a = 0. \tag{10}$$

在(3)式中把 dN_i^a 化为 $dN_i^a = d(N^a x_i^a) = x_i^a dN^a + N^a dx_i^a$,应用(5)式及(10)式,得

$$d\mu_i = -s_i^a dT + v_i^a dp + \sum_j \psi_{ij}^a dx_j^a. \tag{11}$$

这就是所寻求的普遍微分方程. 此外还必须补一个由(2)式求微分而得到的关系:

$$\sum_i dx_i^a = 0. \tag{12}$$

在任何具体问题中都可利用行列式把微分方程(11)和(12)解出为所需要的微分式子.

先考虑把每一相 a 的微分 dx_i^a 和 dp 解出,用 $d\mu_i$ 和 dT 表示. 引进行列式 D^a:

$$D^a = \begin{vmatrix} \psi_{11}^a & \psi_{12}^a & \cdots & \psi_{1k}^a & v_1^a \\ \psi_{21}^a & \psi_{22}^a & \cdots & \psi_{2k}^a & v_2^a \\ \vdots & \vdots & & \vdots & \vdots \\ \psi_{k1}^a & \psi_{k2}^a & \cdots & \psi_{kk}^a & v_k^a \\ 1 & 1 & \cdots & 1 & 0 \end{vmatrix}, \tag{13}$$

并令 $D^a \tau_{ij}^a$ 为 ψ_{ij}^a 在 D^a 中的余因子(cofactor),则(11)和(12)可解得为

$$dx_i^a = \sum_{j=1}^k (d\mu_j + s_j^a dT) \tau_{ji}^a, \tag{14}$$

$$v^a dp = s^a dT + \sum_i x_i^a d\mu_i, \tag{15}$$

其中 v^a 和 s^a 为 a 相的平均克分子体积和熵,由下式规定

$$v^a = \sum_i x_i^a v_i^a, \quad s^a = \sum_i x_i^a s_i^a. \tag{16}$$

我们可以注意到,(15)式就是早已知道的吉布斯关系(见 35 节(27)式). 在目前,得到这个关系的最简单的方法是用 x_i^a 乘(11)式并对 i 相加.

应当指出,(13)式的 D^a 可以简化为下列形式

$$D^a = -v^a \Phi^a, \tag{17}$$

其中

$$\Phi^a = \frac{1}{(x_k^a)^2} \begin{vmatrix} \psi_{11}^a & \cdots & \psi_{1,k-1}^a \\ \vdots & & \vdots \\ \psi_{k-1,1}^a & \cdots & \psi_{k-1,k-1}^a \end{vmatrix} = \frac{1}{(x_1^a)^2} \begin{vmatrix} \psi_{22}^a & \cdots & \psi_{2k}^a \\ \vdots & & \vdots \\ \psi_{k2}^a & \cdots & \psi_{kk}^a \end{vmatrix}.$$

在二元系的情形下,$x_1^a = 1 - x^a$,$x_2^a = x^a$,$\psi_{11}^a = (x^a)^2 \varphi^a$,$\psi_{12}^a = -x^a(1-x^a)\varphi^a$,$\psi_{22}^a = (1-x^a)^2 \varphi^a$,由此得 $\Phi^a = \varphi^a$.

　　方程(14)和(15)给予完全的解，它们比(11)和(12)更方便，因为把 $\mathrm{d}x_i^\alpha$ 解出来了．再要进一步求(14)和(15)的解，就必须确定共存相的数 σ．当 σ 给定之后，我们可以先解方程(15)，求出那些非独立的微分来，然后代入(14)，就可求得 $\mathrm{d}x_i^\alpha$．方程(15)中的微分共有 $k+2$ 个，其中有 $k+2-\sigma$ 个是独立的．究竟选哪些为独立的，要看实际情况而定．下面讨论几个简单情形．

　　共存相数不能超过 $k+2$．当 $\sigma=k+2$ 时，平衡只能在某一固定点成立，各个变数都有确定的不变的数值，一切微分都等于零．

　　当 $\sigma=k+1$ 时，只有一个独立变数，比如说是温度．在这个情形下，可把一切微分用 $\mathrm{d}T$ 表示出来．为了要得到(15)在 $\sigma=k+1$ 时的解，我们引进一个行列式 Ω：

$$\Omega=\begin{vmatrix} x_1' & x_1'' & \cdots & x_1^{(k+1)} \\ x_2' & x_2'' & \cdots & x_2^{(k+1)} \\ \vdots & \vdots & & \vdots \\ x_k' & x_k'' & \cdots & x_k^{(k+1)} \\ v' & v'' & \cdots & v^{(k+1)} \end{vmatrix},\tag{18}$$

其中 $x_i'，x_i''，\cdots，x_i^{(k+1)}$ 代表在 $\alpha=1,2,\cdots,k+1$ 时的 x_i^α．令 $\Omega\eta_i^\alpha$ 为 x_i^α 在 Ω 中的余因子，$\Omega\omega^\alpha$ 为 v^α 在 Ω 中的余因子，则由(15)式解得

$$\mathrm{d}\mu_i=-\sum_{\alpha=1}^{k+1}\eta_i^\alpha s^\alpha\mathrm{d}T,\tag{19}$$

$$\mathrm{d}p=\sum_{\alpha=1}^{k+1}\omega^\alpha s^\alpha\mathrm{d}T.\tag{20}$$

这两个方程也可用行列式表示如下：

$$\begin{vmatrix} x_1' & x_1'' & \cdots & x_1^{(k+1)} \\ x_2' & x_2'' & \cdots & x_2^{(k+1)} \\ \vdots & \vdots & & \vdots \\ x_k' & x_k'' & \cdots & x_k^{(k+1)} \\ v' & v'' & \cdots & v^{(k+1)} \end{vmatrix}\mathrm{d}\mu_i=-\begin{vmatrix} x_1' & x_1'' & \cdots & x_1^{(k+1)} \\ s' & s'' & \cdots & s^{(k+1)} \\ \vdots & \vdots & & \vdots \\ x_k' & x_k'' & \cdots & x_k^{(k+1)} \\ v' & v'' & \cdots & v^{(k+1)} \end{vmatrix}\mathrm{d}T,\tag{19'}$$

$$\begin{vmatrix} x_1' & x_1'' & \cdots & x_1^{(k+1)} \\ x_2' & x_2'' & \cdots & x_2^{(k+1)} \\ \vdots & \vdots & & \vdots \\ x_k' & x_k'' & \cdots & x_k^{(k+1)} \\ v' & v'' & \cdots & v^{(k+1)} \end{vmatrix}\mathrm{d}p=\begin{vmatrix} x_1' & x_1'' & \cdots & x_1^{(k+1)} \\ x_2' & x_2'' & \cdots & x_2^{(k+1)} \\ \vdots & \vdots & & \vdots \\ x_k' & x_k'' & \cdots & x_k^{(k+1)} \\ s' & s'' & \cdots & s^{(k+1)} \end{vmatrix}\mathrm{d}T.\tag{20'}$$

在(19′)式的右方，s^α 出现于行列式的第 i 行．42 节的(20)式是本节(20′)式的一个特殊情形．方程(20′)是首先由吉布斯得到的．

把(19)式代入(14)，得

$$\mathrm{d}x_i^\alpha = \sum_j \left(s_j^\alpha - \sum_\beta \eta_j^\beta s^\beta\right)\tau_{ji}^\alpha\,\mathrm{d}T. \tag{21}$$

经过一番演算，可把(21)式化为下列形式

$$\Omega D^\alpha x_i^\alpha\,\mathrm{d}x_i^\alpha = \Lambda_i^\alpha v^\alpha\,\mathrm{d}T, \tag{22}$$

其中 Λ_i^α 是 ψ_{ii}^α 在行列式 Λ^α 中的余因子，Λ^α 是

$$\Lambda^\alpha =
\begin{vmatrix}
1 & \psi_{11}^\alpha & \psi_{12}^\alpha & \cdots & \psi_{1k}^\alpha & 0 & 0 & \cdots & 0 \\
1 & \psi_{21}^\alpha & \psi_{22}^\alpha & \cdots & \psi_{2k}^\alpha & 0 & 0 & \cdots & 0 \\
\vdots & \vdots & \vdots & & \vdots & \vdots & \vdots & & \vdots \\
1 & \psi_{k1}^\alpha & \psi_{k2}^\alpha & \cdots & \psi_{kk}^\alpha & 0 & 0 & \cdots & 0 \\
0 & 1 & 0 & \cdots & 0 & x_1' & x_1'' & \cdots & x_1^{(k+1)} \\
0 & 0 & 1 & \cdots & 0 & x_2' & x_2'' & \cdots & x_2^{(k+1)} \\
\vdots & \vdots & \vdots & & \vdots & \vdots & \vdots & & \vdots \\
0 & 0 & 0 & \cdots & 1 & x_k' & x_k'' & \cdots & x_k^{(k+1)} \\
0 & v_1^\alpha & v_2^\alpha & \cdots & v_k^\alpha & v' & v'' & \cdots & v^{(k+1)} \\
0 & s_1^\alpha & s_2^\alpha & \cdots & s_k^\alpha & s' & s'' & \cdots & s^{(k+1)}
\end{vmatrix}.$$

可以证明，42 节(22)式是本节(22)式在二元系情形下的特殊形式。

当 $\sigma = k$ 时，有两个独立变数，比如说是温度和压强。引进行列式 Γ：

$$\Gamma =
\begin{vmatrix}
x_1' & \cdots & x_1^{(k)} \\
\vdots & & \vdots \\
x_k' & \cdots & x_k^{(k)}
\end{vmatrix}, \tag{23}$$

并令 $\Gamma\gamma_i^\alpha$ 为 x_i^α 在 Γ 中的余因子，则由(15)式解得

$$\mathrm{d}\mu_i = \sum_{\alpha=1}^k \gamma_i^\alpha(v^\alpha\,\mathrm{d}p - s^\alpha\,\mathrm{d}T). \tag{24}$$

代入(14)，得

$$\mathrm{d}x^\alpha = \sum_{j,\beta}\gamma_j^\beta v^\beta\tau_{ji}^\alpha\,\mathrm{d}p + \sum_j\left(s_j^\alpha - \sum_\beta\gamma_j^\beta s^\beta\right)\tau_{ji}^\alpha\,\mathrm{d}T. \tag{25}$$

这两个方程(24)和(25)也可仿照(22)用行列式表达。用 Γ 乘(24)，显然 $\mathrm{d}p$ 和 $-\mathrm{d}T$ 的系数是在行列式 Γ 中把第 i 行的 x_i^α 分别换为 v^α 和 s^α 后的行列式。至于(25)式则可化为下列形式

$$\Gamma D^\alpha x_i^\alpha\,\mathrm{d}x_i^\alpha = \Sigma_i^\alpha\,\mathrm{d}T - \Phi_i^\alpha\,\mathrm{d}p, \tag{26}$$

其中 Σ_i^α 和 Φ_i^α 是 ψ_{ii}^α 在行列式 Σ 和 Φ 中的余因子，Σ 是在 Λ^α 中取消了最后一列和倒数第二行之后的行列式，Φ 是在 Λ^α 中取消了最后一列和最后一行之后的行列式。42 节的(15)式是本节的(25)或(26)在二元系情形下的特殊形式。

在共存相数为任意一个小于 $k+2$ 的数字的普遍情形下,独立变数的选择要看实际的需要来确定,但是总可以用行列式求得所需要的解.

第五章习题

1. 若把 U 作为独立变数 $\vartheta,V,N_1,\cdots,N_k$ 的函数,证明

$$u_i = \frac{\partial U}{\partial N_i} + v_i \frac{\partial U}{\partial V},$$

其中 u_i 及 v_i 为偏克分子内能及偏克分子体积.由此导出欧拉定理的结果:

$$\sum_i N_i \frac{\partial U}{\partial N_i} + V \frac{\partial U}{\partial V} = U.$$

2. 假设在加入化学纯的组元 i 到一均匀系去时维持均匀系的体积不变,证明能量方程应为

$$U(\vartheta,V,N_1,\cdots,N_i+N',\cdots,N_k)=U(\vartheta,V,N_1,\cdots,N_i,\cdots,N_k)+U'+\bar{p}V'$$
$$-\int_\vartheta^{\theta'} C_V(\vartheta,V,N_1,\cdots,N_i+N',\cdots,N_k)\mathrm{d}\vartheta,$$

其中 U' 及 V' 为纯 i 的内能及体积,$\bar{p}$ 为在过程进行中的一种平均压强.

3. 证明 μ_i 是 $N_1,N_2,\cdots,N_k$ 的零次齐次函数,并导出

$$\sum_j N_j \left(\frac{\partial \mu_i}{\partial N_j}\right)_{T,p} = 0 \quad \text{及} \quad \sum_j N_j \left(\frac{\partial \mu_j}{\partial N_i}\right)_{T,p} = 0.$$

4. 应用微分学的方法,根据 H,F,G 的定义(即 $H=U+pV,F=U-TS,G=U+pV-TS$),由 $\mu_i=(\partial U/\partial N_i)_{S,V}$ 导出

$$\mu_i = \left(\frac{\partial H}{\partial N_i}\right)_{S,p} = \left(\frac{\partial F}{\partial N_i}\right)_{T,V} = \left(\frac{\partial G}{\partial N_i}\right)_{T,p}.$$

5. 证明 $\Xi(=pV)$ 是对于独立变数 $T,V,\mu_1,\cdots,\mu_k$ 的特性函数,并求得

$$\mathrm{d}\Xi = S\mathrm{d}T + p\mathrm{d}V + \sum_i N_i \mathrm{d}\mu_i.$$

6. 证明 $Z(=pV/T)$ 是对于独立变数 $T,V,\zeta_1,\cdots,\zeta_k$ 的特性函数,并求得

$$\mathrm{d}Z = \frac{U}{T^2}\mathrm{d}T + \frac{p}{T}\mathrm{d}V + \sum_i N_i \mathrm{d}\zeta_i,$$

其中 $\zeta_i = \mu_i/T$.

7. 证明 TS 是对于独立变数 $S,p,\mu_1,\cdots,\mu_k$ 的特性函数,并求得

$$\mathrm{d}(TS) = T\mathrm{d}S + V\mathrm{d}p - \sum_i N_i \mathrm{d}\mu_i.$$

8. 求大气氮气的表观分子量.大气氮气是一种混合气体,包含两种气体,氮气和氩气,它们的质量百分比是 $M_1:M_2=98.326:1.674$,它们的分子量是 $m_1^\dagger=28.016, m_2^\dagger=39.944$.

9. 干燥空气所含各种气体的质量百分比为:(1)氮气 $M_1=75.526$,(2)氧气 $M_2=23.140$,(3)氩气 $M_3=1.286$,(4)二氧化碳 $M_4=0.047$,(5)氖气 $M_5=0.001$.已知这些气体的分子量为 $m_1^\dagger=28.016, m_2^\dagger=32, m_3^\dagger=39.944, m_4^\dagger=44.01, m_5^\dagger=20.183$,求空气的表观分子量,并求各种气体在空气中的体积百分比.

10. 用 38 节的(18)式所给的 F 为特性函数导出混合理想气体的物态方程及其他热力学函数.

11. **范托夫反应匣**　39 节的理想气体的化学平衡条件(2)可以应用范托夫反应匣证明如下(参考 Fermi, *Thermodynamics* (1937)，pp. 101—106). 范托夫反应匣是一个很大的容器，装有很大数量的混合气体，匣的周围配备有 k 个半透壁，每个半透壁都只让一种气体透过. 考虑一可逆等温过程，把反应物气体通过半透壁用活塞压进容器中去，然后把生成物通过半透壁从容器中取出来. 令在这个可逆等温过程中外界所作的功等于整个物体系的自由能增加(这个步骤根据 23 节(10)式后面的讨论)，就得到化学平衡条件的质量作用律. 在计算功的时候需要应用一个实验定律，即在半透壁的两边气体的分压相等. 设化学反应方程为

$$\sum_{i=1}^{k} \nu_i A_i = 0,$$

并假设前 j 个组元(即 $i=1,2,\cdots,j$)为反应物，因而 $\nu_i < 0 (i=1,2,\cdots,j)$；后面 $k-j$ 个组元(即 $i>j$)为生成物，因而 $\nu_i > 0 (i=j+1,j+2,\cdots,k)$. 证明压缩所有各个 $|\nu_i| = -\nu_i$ 克分子反应物 $i(i \leqslant j)$ 进入容器的功为 $W_1 = -RT \sum_{i=1}^{j} \nu_i$，而取出各个 ν_i 克分子生成物 $i(i>j)$ 的功为 $W_2 = -RT \sum_{i>j} \nu_i$. 证明物体系的自由能增加完全是由于反应物和生成物的改变，而容器内的自由能不变，并且自由能增加值为

$$\Delta F = \sum_i \nu_i RT \left\{ \varphi_i - 1 + \ln \frac{N_i RT}{V} \right\}.$$

由此导出质量作用律.

12. 在一定的温度与压强下，某一气体的密度与空气密度的比例有一定的数值，名为此气体对空气的比重. 今测得在一个大气压下，在 26.7℃ 及 111.3℃ 时，四氧化氮(N_2O_4)对空气的比重各为 2.65 及 1.65. 试应用热力学公式及 39 节所给的平衡恒量的数值公式，计算在上述二温度及一个大气压下四氧化氮对空气的比重，看是否与量得的数据相合.(用 $T_0 = 273.2$，所有的计算用四位对数表).

13. 计算水蒸气的分解度在 1 大气压及下列四个温度情形下的数值:

$$T = 500\,\text{K}, 1000\,\text{K}, 1500\,\text{K}, 3000\,\text{K},$$

已知

$$\log K_p = -\frac{24900}{T} + 2.335 \log T - 9.65 \times 10^{-5} T + 1.37 \times 10^{-7} T^2$$
$$- 6.65 \times 10^{-11} T^3 + 1.907 \times 10^{-13} T^5 - 2.17,$$

其中压强的单位是大气压，$K_p = p_{H_2}^2 p_{O_2} / p_{H_2O}^2$.

14. 讨论 HI 和 I_2 同时分解的问题，假设最初 HI 和 I_2 的克分子数各为 N_0 及 αN_0.

15. 讨论 HI 和 HBr 同时分解的情形，假设它们的克分子数在开始时各为 N_0 及 αN_0，已知 HBr 的平衡恒量 K' 为(HI 的平衡恒量见 39 节(13′)式)

$$\log K' = \log \frac{p_{H_2} p_{Br_2}}{p_{HBr}^2} = -\frac{5223}{T} + 0.553 \log T - 2.72.$$

计算当 $\alpha = 1$ 时在 $T = 273.2\,\text{K}$ 及 $1000\,\text{K}$ 情形下，HI 及 HBr 各自的分解度，并与 39 节所算得的在 $\alpha = 0$ 时的结果比较.

16. 讨论在有多余氢气情形下 HI 的分解问题(假设 I_2 不分解)，令多余氢气的克分子数为

αN_0,其中 N_0 为 HI 的最初未分解的克分子数. 比较 $\alpha=0$ 和 $\alpha=1$ 两种情形在 $T=500\ \text{K}, 1000\ \text{K}$, $1500\ \text{K}$ 时的分解度.

17. 证明
$$\frac{\mathrm{d}}{\mathrm{d}T}\ln K_c = \frac{\Delta U}{RT^2}.$$

18. 用对平衡恒量求微商法计算下列各化学反应的反应热(ΔH)随温度变化的公式(即求出 ΔH 作为 T 的函数),并求出在冰点的数值(单位用卡/克分子):

(1) $2NO_2 - N_2O_4 = 0$,(2) $2I - I_2 = 0$,(3) $H_2 + I_2 - 2HI = 0$,(4) $H_2 + Br_2 - 2HBr = 0$,(5) $2H_2 + O_2 - 2H_2O = 0$.

19. 把混合非理想气体的物态方程依压强的幂级数展开,求各级维里系数与化学成分的关系.

20. 应用上题 19 的结果讨论实际混合气体不遵守分体积定律的情形.

21. 应用题 19 的结果求混合非理想气体的吉布斯函数 G 作为 $T, p, N_1, N_2, \cdots$ 的函数.

22. 证
$$\left(\frac{\partial}{\partial p}\ln p^*\right)_T = \frac{v}{RT}, \quad \left(\frac{\partial}{\partial p}\ln p_i^*\right)_T = \frac{v_i}{RT},$$

其中 p_i^* 是易逸度,p^* 是化学纯的气体的易逸度.

23. 求 $\ln p_i^*$ 展开为 p 的级数形式.[可由 40 节中(14″)式用变数变换法求,或应用题 21 的结果.]

24. 证
$$\left(\frac{\partial}{\partial T}\ln p_i^*\right)_p = \frac{h_i^* - h_i}{RT^2}, \quad \text{其中 } h_i^* = \lim_{p \to 0} h_i.$$

25. 气体的活度系数 α_i 的定义是 $\alpha_i = p_i^*/(x_i p)$. 求 $\ln \alpha_i$ 展开为 p 级数的形式.

26. 气体的活度系数 α_i 的定义是 $\alpha_i = p_i^* V/N_i RT$. 求 $\ln \alpha_i$ 展开为 $1/V$ 级数的形式.

27. 若把二元系的 μ_1 和 μ_2 当作 T, p, x 的函数,证明
$$\frac{\partial \mu_1}{\partial x} = -x\varphi, \quad \frac{\partial \mu_2}{\partial x} = (1-x)\varphi,$$

其中 φ 由下式规定:
$$\frac{\partial \mu_1}{\partial N_2} = -\frac{x(1-x)}{N}\varphi.$$

28. 证明二元系的下列各式($g = G/N, x = N_2/N$):

(1) $g = (1-x)\mu_1 + x\mu_2$, (2) $\dfrac{\partial g}{\partial x} = \mu_2 - \mu_1$, (3) $\dfrac{\partial^2 g}{\partial x^2} = \varphi$.

29. 在二元系的两相 α 及 β 达到平衡时,计算求得 $(\partial^2 T/\partial x^2)_\sigma$ 和 $(\partial^2 p/\partial x^2)_\sigma$ 的公式,并求在 $x^\alpha = x^\beta$ 是可能时,上面两个二级偏微商的数值,由此推论 T-x 图中的极大点相当于 p-x 图中的极小点.

30. 用热力学公式(42 节(15)式)证明柯诺瓦洛夫定律:若增加某一组元的相对数量到液态后,使总蒸气压升高,或是在总压强不变下使沸点降低,则该组元在蒸气中的相对含量多于在与蒸气平衡的液态中的相对含量.

31. 求低共熔点的方程.

32. 若二元系两相平衡时,一相是气体,一相是凝聚相,而凝聚相的化学势为 $\mu_i = g_i(T, p) + RT\ln x_i (i=1,2)$,求两相中 x 与 T, p 的关系.

33. 证明二元系在两相平衡时若 $x^\alpha = x^\beta$,则两个曲面 $x^\alpha(T, p)$ 和 $x^\beta(T, p)$ 在相接处有一共

同的切面：

$$(s^\alpha - s^\beta)(T - T_0) - (v^\alpha - v^\beta)(p - p_0) = 0,$$

其中(T_0, p_0, x_0)是相切点(此处 $x_0 = x^\alpha = x^\beta$).

34. 讨论二元系的三相平衡问题,第一相是液态,是水溶液,它的各种物理量如 s, v, x 等都不加以额外的标记(就是说,不写成 $s^\alpha, v^\alpha, x^\alpha$,而简单写成 s, v, x),而且水是第一个组元;第二相是气态,是水蒸气(这在实际问题中只能是近似的,因为总有少量的第二组元气体存在),它的各种物理量都加上一撇,如 $s', v', (x'=0)$;第三相是固态,是纯的第二组元(这在实际问题中也只能是近似的),它的各种物理量都加上两撇,如 $s'', v'', (x''=1)$. 设 q 为一个克分子水蒸发而同时有适当数量 c 克分子第二组元凝固而使溶液的成分不变时所吸收的热量.显然 $c = x/(1-x)$. 设 ρ 为一个克分子第二组元凝固时所吸收的热量,这就是第二组元的溶解热. 证明

$$s' - s_1 = (q - c_\rho)/T, \quad s'' - s_2 = \rho/T,$$

$$\frac{q}{T}\frac{\mathrm{d}T}{\mathrm{d}p} = v' + cv'' - (1+c)v \approx v' = \frac{RT}{p},$$

$$Tx\varphi\frac{\mathrm{d}x}{\mathrm{d}T} = -c_\rho + \frac{(v'' - v_2)cq}{v' + cv'' - (1+c)v} \approx -c_\rho + \frac{(v'' - v_2)cq}{v'}.$$

35. 设在前题 34 中一个克分子水的汽化潜热为 λ,而令 $r = \int_0^c \rho \mathrm{d}c$, $\lambda_0 = \lim_{c \to 0}\lambda$. r 是总溶解热,是把 c 克分子第二组元缓慢地加入到一个克分子水中所放出的热量. λ_0 是一个克分子纯水的汽化潜热. 证明

$$q = \lambda + c_\rho = \lambda_0 + r.$$

又若 p_0 为在同温度时的纯水的饱和蒸气压,证明下面的近似公式：

$$r = RT^2 \frac{\mathrm{d}}{\mathrm{d}T}\ln\frac{p}{p_0}.$$

36. 利用下述循环过程,由 $\sum \Delta H = 0$ 导出前题 35 的结果 $q = \lambda_0 + r$:（甲）使一个克分子水蒸发,同时使适当数量(即 c 克分子)第二组元凝固;（乙）等温压缩水蒸气使由压强 p 增至 p_0, p_0 为纯水的饱和蒸气压;（丙）使水蒸气液化;（丁）使原来凝固的第二组元重新溶解,并使压强回到 p. ［注：（丁）步的 ΔH 只是近似地等于 $-r$. 这个计算见 Planck, *Thermodynamik*, §215,普朗克计算 ΔU. ］

37. 设 Ψ_{ij} 为 ψ_{ij} 在行列式 $|\psi_{ij}|$ 中的余因子. 证明 $\Psi_{ij} = x_i x_j \Phi$, $\Phi = \sum_{i,j}\Psi_{ij}$,并由此导出 $D = -v\Phi$［D 和 Φ 是 44 节(13)式和(17)式中的 D^α 和 Φ^α 省去了记号 α 的］.

38. 应用行列式简化法直接证明 $D = -v\Phi$.

39. 设 $D\omega_i$ 为 v_i 在行列式 D 中的余因子. 证明 $\omega_i = x_i/v$.

40. 证明 44 节(26)式.

41. 证明 $\mathrm{d}u_i = T\mathrm{d}s_i - p\mathrm{d}v_i + \sum_j \psi_{ij}\mathrm{d}x_j$.

第六章　平衡的稳定性

＊45. 总　　论

在 26 节中我们根据那节所给的平衡判据证明了,一个物体系在达到平衡时,它的温度、压强和化学势必须是均匀的. 在 36 节中又推广了这个结果到一个包含多种组元的物体系. 应当指出,这个结论无论是对于均匀系还是对于复相系说,都是适用的,因为在两种情形下都可以把物体系分为够小的部分,使每一小部分可以认为有确定的温度、压强和化学势. 在 26 节中曾经提到,这些平衡条件只是平衡的必需条件,它们并不够保证平衡一定实现. 理由是,这些平衡条件是由某些热力学函数的第一级微分等于零得到的,它们只能表明这个热力学函数在这些条件满足下是稳定的,而不能断定这个函数究竟是极大还是极小. 在本章中我们将从热力学函数的第二级微分来研究而得出一些新的平衡条件来. 这些条件将叫做平衡的稳定条件. 为了使理论简化,我们只应用一个平衡判据,这就是 26 节中最后的能量判据. 在本章中我们将只应用能量判据的特殊情形,就是总能量只包含内能一种,而外表几何位形不变的条件简化为体积不变的条件. 在这个特殊情形下能量判据可陈述如下:

一物体系在熵和体积不变的情形下,对于各种可能的变动说,平衡态的内能最小.

这个判据在使用上的优点是它所牵涉到的物理量,熵、体积和内能都有相加的性质,就是说,物体系的总熵、总体积和总内能都是各部分的相应的物理量之和. 熵判据同样有这个优点,但是在数学演算上要麻烦些,因为 T 出现在分母中. 不过熵判据有另外一个优点,是它所需要的内能和体积不变的条件与孤立系的概念相合,在实际上比较容易理解. 但是,既然我们已经在 26 节中证明了这两个判据的等效性,那么我们就自然要挑选在数学演算上较为简单的判据.

在讨论能量函数极小的条件时需要两个数学定理,一是关于恒正二次齐式的,一是关于拉格朗日乘子的. 下面讨论这两个问题.

甲、恒正二次齐式

定理　给定二次齐式 ξ:

$$\xi = \sum_{i,j=1}^{n} a_{ij} x_i x_j \quad (a_{ij} = a_{ji}).$$

要 ξ 是恒正的,就是说,对于任意的正的或负的 x_i 恒有 $\xi \geqslant 0$,而 $\xi = 0$ 只有在全体 $x_i = 0$ 时才可能,则系数 a_{ij} 必须而且只须满足下列条件

$$a_{11} > 0, \quad \begin{vmatrix} a_{11} & a_{12} \\ a_{21} & a_{22} \end{vmatrix} > 0, \quad \cdots, \quad \begin{vmatrix} a_{11} & \cdots & a_{1n} \\ \vdots & & \vdots \\ a_{n1} & \cdots & a_{nn} \end{vmatrix} > 0. \tag{1}$$

证 首先假设 $a_{11} \neq 0$. 于是二次齐式可表为下列形式

$$\xi = \frac{1}{a_{11}} \Big(\sum_{i=1}^{n} a_{1i} x_i \Big)^2 + \frac{1}{a_{11}} \xi_1,$$

$$\xi_1 = \sum_{i,j=2}^{n} b_{ij} x_i x_j, \quad b_{ij} = a_{11} a_{ij} - a_{i1} a_{1j}.$$

要使得对于任意的不全等于零的 x_i 都有 $\xi > 0$,必需而充足的条件是 $a_{11} > 0$ 和对于任意的不全等于零的 $x_i (i \geqslant 2)$ 都有 $\xi_1 > 0$. 这样就把包含 n 个独立变数的二次齐式 ξ 的问题归到包含 $n-1$ 个独立变数的二次齐式 ξ_1 的问题了. 因此我们可以用数学归纳法来证明这个定理. 假如条件(1)对于 $n-1$ 个变数是真的,则 $\xi_1 > 0$ 的条件是

$$b_{22} > 0, \quad \begin{vmatrix} b_{22} & b_{23} \\ b_{32} & b_{33} \end{vmatrix} > 0, \quad \cdots, \quad \begin{vmatrix} b_{22} & \cdots & b_{2n} \\ \vdots & & \vdots \\ b_{n2} & \cdots & b_{nn} \end{vmatrix} > 0. \tag{2}$$

对于一个数 m 满足条件 $2 \leqslant m \leqslant n$ 时,有

$$\begin{vmatrix} b_{22} & \cdots & b_{2m} \\ \vdots & & \vdots \\ b_{m2} & \cdots & b_{mm} \end{vmatrix} = \begin{vmatrix} a_{11} a_{22} - a_{21} a_{12} & \cdots & a_{11} a_{2m} - a_{21} a_{1m} \\ \vdots & & \vdots \\ a_{11} a_{m2} - a_{m1} a_{12} & \cdots & a_{11} a_{mm} - a_{m1} a_{1m} \end{vmatrix}$$

$$= \frac{1}{a_{11}} \begin{vmatrix} a_{11} & 0 & \cdots & 0 \\ a_{21} & a_{11} a_{22} - a_{21} a_{12} & \cdots & a_{11} a_{2m} - a_{21} a_{1m} \\ \vdots & \vdots & & \vdots \\ a_{m1} & a_{11} a_{m2} - a_{m1} a_{12} & \cdots & a_{11} a_{mm} - a_{m1} a_{1m} \end{vmatrix}$$

$$= \frac{1}{a_{11}} \begin{vmatrix} a_{11} & a_{11} a_{12} & \cdots & a_{11} a_{1m} \\ a_{21} & a_{11} a_{22} & \cdots & a_{11} a_{2m} \\ \vdots & \vdots & & \vdots \\ a_{m1} & a_{11} a_{m2} & \cdots & a_{11} a_{mm} \end{vmatrix}$$

$$= a_{11}^{m-2} \begin{vmatrix} a_{11} & \cdots & a_{1m} \\ \vdots & & \vdots \\ a_{m1} & \cdots & a_{mm} \end{vmatrix}.$$

以上计算说明由 $a_{11} > 0$ 及(2)就可得到(1). 因此, 假如(1)对 $n-1$ 个变数是真的话, 那么它对于 n 个变数也就是真的. 显然对于 $n=1$ 说(1)是真的, 故(1)对于任何整数 n 都是真的.

现在定理的证明还没有完成, 因为还需要讨论 $a_{11} \neq 0$ 的假设. 假如 $a_{11} = 0$, 则在 $x_i = 0 (i > 1)$ 而 x_1 是任意的时将有 $\xi = 0$. 这是与定理所给的前提, 即只有在全部 $x_i = 0$ 时才有 $\xi = 0$, 相矛盾的. 因此, 必须 $a_{11} \neq 0$. 这样, 定理就得到了完全的证明.

假如我们把 x_i 的次序重新安排, 比如说, 把 x_1 换为 x_2, 把 x_2 换为 x_1, 我们可以从(1)式看出, 行列式 $|a_{ij}|$ 的所有主子式都必须是正的. 这个结论的一个特殊情形是, 对于一切 i 说, 都有

$$a_{ij} > 0. \tag{3}$$

这些条件(3)虽然也有 n 个, 但它们不够决定是否 $\xi > 0$, 因此它们不能用来代替(1).

乙、拉格朗日乘子在有附加条件的极大和极小问题上的应用

问题　在有 m 个附加条件下: $\varphi_\nu(x_1, x_2, \cdots, x_n) = 0 (\nu = 1, 2, \cdots, m)$, 寻求函数 $f(x_1, x_2, \cdots, x_n)$ 是极值的条件.

一个函数的极大值或极小值称为它的极值. 由于函数 f 的极大就是函数 $-f$ 的极小, 我们只需要讨论极小就够了. 一个函数 $f(x_1, x_2, \cdots, x_n)$ 对某一组数值 $x_i = x_i^0$ 是极小, 假如对于任意的正的或负的 δ_i 都有

$$\Delta f = f(x_1^0 + \delta_1, \cdots, x_n^0 + \delta_n) - f(x_1^0, \cdots, x_n^0) > 0. \tag{4}$$

假如(4)只是在 δ_i 变动于一个小的范围内时成立, 则 f 在 x_i^0 处是一个相对极小; 假如 δ_i 的变动范围没有限制, 则满足(4)式的 f 在 x_i^0 处是一个绝对极小. 凡绝对极小必同时也是相对极小. 在全部 x_i 存在的范围内可能有好几个相对极小, 但是只有其中最小的一个才是绝对极小. 下面将只讨论相对极小问题, 因为这有普遍的方法. 至于绝对极小问题需要在不同情况下应用不同的方法. 在 29 节讨论范氏气体性质时会遇到绝对极小问题. 将来在 47 节和 49 节要遇到同类问题.

现在讨论相对极小问题, 可以假定 δ_i 非常小, 并为简单起见把 x_i^0 写成 x_i. 假设 f 能展开为泰勒级数, 则

$$\Delta f = f(x_1 + \delta_1, \cdots, x_n + \delta_n) - f(x_1, \cdots, x_n) = \delta f + \frac{1}{2} \delta^2 f + \varepsilon,$$

其中 ε 是一数量级为 δ_i^3 的小量, δf 和 $\delta^2 f$ 为

$$\delta f = \sum_{i=1}^n \frac{\partial f}{\partial x_i} \delta_i, \quad \delta^2 f = \sum_{i,j} \frac{\partial^2 f}{\partial x_i \partial x_j} \delta_i \delta_j.$$

我们把附加条件也用泰勒级数展开为

$$\Delta \varphi_\nu = \delta \varphi_\nu + \frac{1}{2} \delta^2 \varphi_\nu + \eta_\nu = 0 \quad (\nu = 1, 2, \cdots, m), \tag{5}$$

其中 η_ν 的数量级为 δ_i^3，而

$$\delta\varphi_\nu = \sum_i \frac{\partial\varphi_\nu}{\partial x_i}\delta_i, \quad \delta^2\varphi_\nu = \sum_{i,j}\frac{\partial^2\varphi_\nu}{\partial x_i\partial x_j}\delta_i\delta_j.$$

现在的问题是在附加条件(5)的情形下求 $\Delta f>0$ 的条件．引进 m 个乘子 λ_ν，乘(5)并加到 Δf 上去．由于 $\Delta\varphi_\nu=0$，有

$$\Delta f + \sum_\nu \lambda_\nu\Delta\varphi_\nu > 0, \tag{6}$$

其中 δ_i 是任意的正的或负的小数，同时满足(5)．显然，(6)式在任意的 λ_ν 的情形下都是真的，只要 $\Delta f>0$．这些任意的乘子 λ_ν 名为拉格朗日乘子．

我们已经假定 δ_i 很小，那么(6)式左方的符号应当主要地由 δ_i 的一次项来决定，假如这些项不等于零的话．如果 x_i 的数值不在边界，则 δ_i 可正可负，那么为了要保证(6)式左方是正的，必须 δ_i 的一次项等于零．故

$$\delta f + \sum_{\nu=1}^m \lambda_\nu\delta\varphi_\nu = 0,$$

或

$$\sum_i \left\{\frac{\partial f}{\partial x_i} + \sum_\nu \lambda_\nu\frac{\partial\varphi_\nu}{\partial x_i}\right\}\delta_i = 0. \tag{7}$$

这些 δ_i 受 m 个条件(5)的限制，因此只有 $n-m$ 个是可以任意变的，比如说是最后的 $n-m$ 个：$\delta_{m+1},\delta_{m+2},\cdots,\delta_n$．现在这些 λ_ν 仍然是任意的，我们可以选择它们使(7)式中前 m 个系数为零，即

$$\frac{\partial f}{\partial x_i} + \sum_\nu \lambda_\nu\frac{\partial\varphi_\nu}{\partial x_i} = 0 \quad (i=1,2,\cdots,m). \tag{8}$$

由于 φ_ν 是 m 个独立的函数，我们可以安排 x_i 的次序使得

$$\frac{\partial(\varphi_1,\cdots,\varphi_m)}{\partial(x_1,\cdots,x_m)}$$

不等于零．在这个情形下就可从(8)式中解出 m 个 λ_ν 来而把 λ_ν 完全确定．当 λ_ν 如此选定之后，(7)式化为只含 $\delta_{m+1},\cdots,\delta_n$ 的线性方程．由于这些 δ_i 是完全任意的，它们的系数必等于零，得

$$\frac{\partial f}{\partial x_i} + \sum_\nu \lambda_\nu\frac{\partial\varphi_\nu}{\partial x_i} = 0 \quad (i=m+1,\cdots,n). \tag{8$'$}$$

方程(8)和(8$'$)可以从方程(7)中令每一个 δ_i 的系数为零而得到，这就等于说，用了拉格朗日乘子之后，可以认为全部 δ_i 都好像是任意的．

方程(8)和(8$'$)还只是使 f 为稳定的条件，是极小的必需条件，但还不够决定 f 是否真正是极小．为了要判断 f 究竟是否极小，我们必须回到不等式(6)．现在 δ_i 的一次项已经等于零，(6)式左方的符号主要地由 δ_i 的二次项决定．故

$$\delta^2 f + \sum_\nu \lambda_\nu\delta^2\varphi_\nu > 0, \tag{9}$$

其中 δ_i 是满足(5)式的任意小量，而 λ_ν 是由(8)式所规定的．假如把(9)式左方中的

δ_i 用独立的 δ_i 表示出来,就可应用(1)式而求得所需要的条件.但是在以后应用到热力学的问题中,我们不采取选独立 δ_i 的办法,因为这个办法比较麻烦.我们在 48 节中将采用一个特殊的方法来求多元系平衡的稳定条件.关于单元系平衡的稳定条件,也需要采取类似的办法,见 46 节.

*46. 单元系的稳定条件

一个单元系最多只能有三个共存相,因此我们假定所讨论的单元系有三相存在: $\alpha=1,2,3$. 设 s^α 和 v^α 为 α 相的一个克分子的熵和体积, N^α 为 α 相的克分子数,则总的熵、体积和克分子数为

$$S = \sum_\alpha N^\alpha s^\alpha, \quad V = \sum_\alpha N^\alpha v^\alpha, \quad N = \sum_\alpha N^\alpha. \tag{1}$$

设 u^α 为 α 相的一个克分子的内能,则 u^α 是 s^α 和 v^α 的函数,而总内能为

$$U = \sum_\alpha N^\alpha u^\alpha.$$

我们的目的是求在 S,V,N 不变的情形下, U 是极小的条件.

根据 45 节的理论, U 是极小的条件是

$$\delta U - T\delta S + p\delta V - \mu\delta N = 0, \tag{2}$$

$$\delta^2 U - T\delta^2 S + p\delta^2 V - \mu\delta^2 N > 0, \tag{3}$$

其中 T,p,μ 都是拉格朗日乘子,它们的物理意义是温度,压强和化学势.

由于 u^α 是 s^α 和 v^α 的函数,根据热力学第二定律有

$$\delta u^\alpha = T^\alpha \delta s^\alpha - p^\alpha \delta v^\alpha, \tag{4}$$

其中 T^α 和 p^α 是 α 相的温度和压强.

今

$$\delta U = \sum N^\alpha \delta u^\alpha + \sum u^\alpha \delta N^\alpha, \quad \delta S = \sum N^\alpha \delta s^\alpha + \sum s^\alpha \delta N^\alpha, \quad \cdots,$$

故在应用(4)到(2)之后,得

$$\sum_\alpha N^\alpha \big[(T^\alpha - T)\delta s^\alpha - (p^\alpha - p)\delta v^\alpha \big]$$
$$+ \sum_\alpha (u^\alpha - Ts^\alpha + pv^\alpha - \mu)\delta N^\alpha = 0.$$

由此得平衡条件为(即每个微分的系数都等于零)

$$T^\alpha = T, \quad p^\alpha = p, \quad u^\alpha - Ts^\alpha - pv^\alpha = \mu \quad (\alpha = 1,2,3). \tag{5}$$

最后一组方程可以写为 $\qquad\qquad \mu^\alpha = \mu. \tag{5'}$

这些方程就是我们熟悉的热平衡、力学平衡和相变平衡条件.在 26 节中这些条件是从三个不同的平衡判据导出的,而现在则从单一个平衡判据应用拉格朗日乘子得到.拉格朗日乘子 T,p,μ 的物理意义从(5)和(5')中很明显地看出.

其次从不等式(3)来研究稳定条件. 现在有

$$\delta^2 U = \sum N^a \delta^2 u^a + 2 \sum \delta N^a \delta u^a + \sum u^a \delta^2 N^a,\text{等},$$

又由(4)求微分得

$$\delta^2 u^a = T^a \delta^2 s^a - p^a \delta^2 v^a + \delta T^a \delta s^a - \delta p^a \delta v^a,$$

故(3)可化为

$$\sum N^a [(T^a - T)\delta^2 s^a - (p^a - p)\delta^2 v^a] + \sum N^a (\delta T^a \delta s^a - \delta p^a \delta v^a)$$
$$+ 2 \sum \delta N^a [(T^a - T)\delta s^a - (p^a - p)\delta v^a]$$
$$+ \sum (u^a - Ts^a + pv^a - \mu)\delta^2 N^a > 0.$$

应用(5)式之后, 可简化为

$$\sum_a N^a (\delta T^a \delta s^a - \delta p^a \delta v^a) > 0. \tag{6}$$

　　要进一步研究(6)式, 我们将不采取利用(1)而消去非独立微分的方法, 因为这个方法是很复杂的, 而将采取另一步骤.

　　首先我们从平衡条件(5)看出, 平衡态完全由强度量决定, 因此假如在改变总的熵、体积和克分子数时, 单单只改变了广延量 N^a, 那么原来的平衡态将依然保持. 所以(6)式对任意的正数 N^a 都应该是适合的. 这样就必须(6)式中每一项(指 α 为一确定值的一项)都不能是负的(见 48 节中更详细的讨论), 所以对每一 α 都有

$$\delta T^a \delta s^a - \delta p^a \delta v^a \geqslant 0. \tag{7}$$

现在(7)式中的变动就是完全任意的了, 所以如果我们只考虑(7)式中不等号, 就可直接应用 45 节的条件(1). (7)式中的等号也还是可能的, 只是不能使所有各相同时有等号, 这是由于(6)式中没有等号的缘故. 关于(7)式中等号的问题研究起来比较麻烦, 而且问题也比较特殊, 我们不准备讨论.

　　为简化以后的讨论起见, 我们将省去(7)式中的标记 α, 而了解所牵涉到的物理量都是指一个均匀系的, 并且我们只讨论不等号. 因此(7)简化为

$$\delta T \delta s - \delta p \delta v > 0. \tag{7'}$$

　　假如选 T 和 v 为独立变数, 则

$$\delta s = \frac{\partial s}{\partial T}\delta T + \frac{\partial s}{\partial v}\delta v, \quad \delta p = \frac{\partial p}{\partial T}\delta T + \frac{\partial p}{\partial v}\delta v.$$

代入(7'), 得

$$\frac{\partial s}{\partial T}(\delta T)^2 + \left(\frac{\partial s}{\partial v} - \frac{\partial p}{\partial T}\right)\delta T \delta v - \frac{\partial p}{\partial v}(\delta v)^2 > 0.$$

应用麦氏关系(18 节(7)式)$\dfrac{\partial s}{\partial v} = \dfrac{\partial p}{\partial T}$, 及(18 节(15)式)$\dfrac{\partial s}{\partial T} = \dfrac{c_v}{T}$, 可把不等式化为

$$\frac{c_v}{T}(\delta T)^2 - \frac{\partial p}{\partial v}(\delta v)^2 > 0. \tag{8}$$

要使(8)式对任意的 δT 和 δv 都适合,必有(因为 $T>0$)

$$c_v > 0, \qquad \frac{\partial p}{\partial v} < 0. \tag{9}$$

这两个关系名为平衡的**稳定条件**.第一个条件是,定体比热是正的;第二个条件是,压缩系数是正的.关于第二个条件,曾经在 29 节从力学的考虑方面讨论过.

假如(9)中两个条件都已经满足,那么内能一定是极小,而平衡态将是稳定的,或是亚稳的.亚稳态是在有更稳定的平衡态的情形下,也就是说有更小的内能值时,才是可能的.

稳定条件还可表为其他形式.假如选 s 和 p 为独立变数时,(7′)化为

$$\left(\frac{\partial T}{\partial s}\right)_p (\delta s)^2 - \left(\frac{\partial v}{\partial p}\right)_s (\delta p)^2 > 0, \tag{10}$$

而稳定条件为(因为 $(\partial T/\partial s)_p = T/c_p$)

$$c_p > 0, \qquad \left(\frac{\partial v}{\partial p}\right)_s < 0. \tag{11}$$

假如选 T 和 p 为独立变数时,(7′)化为

$$\frac{c_p}{T}(\delta T)^2 - 2\frac{\partial v}{\partial T}\delta T \delta p - \frac{\partial v}{\partial p}(\delta p)^2 > 0, \tag{12}$$

而稳定条件为

$$c_p > 0, \qquad \frac{c_p}{T}\frac{\partial v}{\partial p} + \left(\frac{\partial v}{\partial T}\right)^2 < 0. \tag{13}$$

*47. 单元系的共存相的个数

当总的熵、体积和克分子数给定之后,上节中的方程(1)和(5)足够确定未知数 $N^\alpha, s^\alpha, v^\alpha, T, p, \mu$,而 u^α 则认为是 s^α 和 v^α 的函数.但是这样求得的解不是唯一的,因为共存相的个数可以由 1 到 3 都行.本节的目的是研究各个不同的共存相数的解中,哪一个解相当于稳定平衡,也就是说,哪一个解相当于内能的绝对极小值[1].

要使求得的解有实际意义,求得的 N^α 必须不是负的.显然只有一相的解,从这一点看来,总是可能的.在这个情形下,假如物体系完全处在 α 相,则

$$N^a = N, \quad s^a = S/N = s, \quad v^a = V/N = v. \tag{1}$$

把(1)式中的 s^a 和 v^a 代入平衡条件就定出了 T, p, μ.假如物体系完全处在 β 相,则 $N^\beta, s^\beta, v^\beta$ 将与(1)式所给的相同,但 T, p, μ 的数值将不一样,因为 u^β 函数与 u^a 函数不同.

假如有两相 α 和 β,则给定条件为

---

[1] 本节的理论是根据普朗克的理论改写的,见 Planck, *Thermodynamik*, §193—§196.

$$n^\alpha s^\alpha + n^\beta s^\beta = s, \quad n^\alpha v^\alpha + n^\beta v^\beta = v, \quad n^\alpha + n^\beta = 1, \tag{2}$$

其中 $n^\alpha = N^\alpha/N, n^\beta = N^\beta/N, s = S/N, v = V/N$. 平衡条件为

$$T^\alpha = T^\beta = T, \quad p^\alpha = p^\beta = p, \quad \mu^\alpha = \mu^\beta = \mu. \tag{3}$$

由(3)式可确定 $s^\alpha, s^\beta, v^\alpha, v^\beta, p, \mu$ 为单一变数 T 的函数,然后 T 及 n^α, n^β 则由给定条件(2)确定. 但是只有在所求得的 n^α 和 n^β 不是负数时才是允许的,因此 s 和 v 的数值不能任意地给定. 由(2)式看出, s 的数值必须介于 s^α 与 s^β 之间, v 的数值必须介于 v^α 和 v^β 之间. 现在,根据(3), $s^\alpha, s^\beta, v^\alpha, v^\beta$ 都是一个变数 T 的函数,所以 s 和 v 的许可值必在下列两曲线之间:

$$s = s^\alpha, \quad v = v^\alpha; \tag{4a}$$

$$s = s^\beta, \quad v = v^\beta. \tag{4b}$$

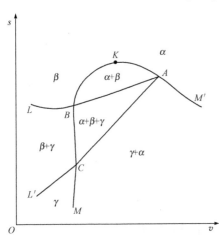

图 31　单元系的熵、体积图

这两个曲线的方程都是参数方程,以 T 为参数,而曲线是在用 s 和 v 为坐标的平面上的曲线. 图 31 中的 AK 代表曲线(4a), BK 代表曲线(4b). 在 AKB 区域内,物体系可有两相存在,而在这个区域之外就只有一相存在. 我们故意把 AK 和 BK 两条曲线在 K 点接起来,这一点 K 就是 α 相与 β 相转变的临界点. 当 α 是气相而 β 是液相时,实际情形正是如此. 同样的考虑也得到了另外几条曲线 BL, CL', CM, AM',当 s 和 v 处在 BL 和 CL' 之间时,物体系可有两相 β 和 γ 存在;当 s 和 v 处在 CM 和 AM' 之间时,物体系可有两相 γ 和 α 存在.

现在假设物体系有三相 α, β, γ. 给定条件及平衡条件各为

$$n^\alpha s^\alpha + n^\beta s^\beta + n^\gamma s^\gamma = s, \quad n^\alpha v^\alpha + n^\beta v^\beta + n^\gamma v^\gamma = v,$$

$$n^\alpha + n^\beta + n^\gamma = 1; \tag{5}$$

$$T^\alpha = T^\beta = T^\gamma = T, \quad p^\alpha = p^\beta = p^\gamma = p, \quad \mu^\alpha = \mu^\beta = \mu^\gamma = \mu, \tag{6}$$

其中 $n^\alpha = N^\alpha/N, n^\beta = N^\beta/N, n^\gamma = N^\gamma/N, s = S/N, v = V/N$. 在(6)中的九个方程把九个变数 $s^\alpha, v^\alpha, T, p, \mu$ 等的数值完全确定,然后(5)式确定 $n^\alpha, n^\beta, n^\gamma$ 的数值.(5)式可利用行列式解出为

$$\begin{vmatrix} s & v & 1 \\ s^\beta & v^\beta & 1 \\ s^\gamma & v^\gamma & 1 \end{vmatrix} \frac{1}{n^\alpha} = \begin{vmatrix} s^\alpha & v^\alpha & 1 \\ s & v & 1 \\ s^\gamma & v^\gamma & 1 \end{vmatrix} \frac{1}{n^\beta} = \begin{vmatrix} s^\alpha & v^\alpha & 1 \\ s^\beta & v^\beta & 1 \\ s & v & 1 \end{vmatrix} \frac{1}{n^\gamma} = \begin{vmatrix} s^\alpha & v^\alpha & 1 \\ s^\beta & v^\beta & 1 \\ s^\gamma & v^\gamma & 1 \end{vmatrix}. \tag{7}$$

在最右方的行列式等于三角形 ABC 的面积的二倍, ABC 三点的坐标各为 (s^α, v^α),

$(s^\beta, v^\beta), (s^\gamma, v^\gamma)$. 当 ABC 的次序是顺时针的时, 行列式的值是正的, 否则是负的. 由此从 (7) 式可以看出, 当一点 P 的坐标 s, v 使 n^α 为正时, 必须 P 与 A 处在 BC 线的同一边. 所以, 只有在三角形 ABC 里面的那些点才能使所有 $n^\alpha, n^\beta, n^\gamma$ 同时都是正的.

现在可以看出, 整个 s-v 平面分为七个区域, 其中有三个区域只能有一相存在, 有另外三个区域能有两相存在, 只有一个区域 (在三角形 ABC 内) 能有三相共存. 相当于一相的解 (1) 在所有七个区域都是可能的; 由于 α, β, γ 三个区域是互相隔离的, 我们假设这个解在这三个区域是一个统一的解在不同地区的具体表现, 这一个统一的解是连续的. 相当于两相的解 (2) 在三角形内也是可能的. 我们必须确定在一给定区域内, 究竟哪一个解相当于稳定平衡.

设相当于三种解 (1), (2), (5) 的一个克分子内能分别为 u_1, u_2, u_3, 则

$$u_1 = u^\alpha, \quad u_2 = n^\alpha u^\alpha + n^\beta u^\beta, \quad u_3 = n^\alpha u^\alpha + n^\beta u^\beta + n^\gamma u^\gamma. \tag{8}$$

我们将证明, 当 u_1 和 u_2 在某一区域同时是可能的时, u_2 永远比 u_1 小, 因而有两相共存的解相当于比一相更稳定的平衡. 其次将证明, 在三角形 ABC 内, 三个解虽然都是可能的, 但有 $u_1 > u_2 > u_3$, 故三相共存的解相当于最稳定的平衡.

让我们首先来比较 u_1 和 u_2. 显然, u_1 和 u_2 作为 (u, s, v) 空间的两个曲面, 只能在边界线 AK 等上相交. 假如能证明在 AK 附近的点有 $u_1 > u_2$, 那么由于 u_1 和 u_2 不再相交, 在其他地点必然也是 $u_1 > u_2$. 因此我们只需要计算在离 AK 无限近的点处 $u_1 - u_2$ 的数值. 由于在 AK 上 $u_1 = u_2$, 故在 $(s^\alpha + \delta s, v^\alpha + \delta v)$ 点, 有

$$u_1 - u_2 = \delta u_1 - \delta u_2 + \frac{1}{2}(\delta^2 u_1 - \delta^2 u_2) + \cdots. \tag{9}$$

先计算第一级微分. 可证明

$$\delta u_1 = \delta u^\alpha = T^\alpha \delta s - p^\alpha \delta v = T_1 \delta s - p_1 \delta v,$$

其中 T_1 和 p_1 是解 (1) 的温度和压强. 现在计算 δu_2. 由 (2) 得

$$\begin{cases} n^\alpha \delta s^\alpha + n^\beta \delta s^\beta + s^\alpha \delta n^\alpha + s^\beta \delta n^\beta = \delta s, \\ n^\alpha \delta v^\alpha + n^\beta \delta v^\beta + v^\alpha \delta n^\alpha + v^\beta \delta n^\beta = \delta v, \\ \delta n^\alpha + \delta n^\beta = 0. \end{cases} \tag{10}$$

假如给 (3) 式中的 T, p, μ 脚注 2, 用 T_2 乘 (10) 的第一方程, 用 $-p_2$ 乘第二方程, 用 μ_2 乘第三方程, 相加, 并用 (3) 式化简, 得

$$\delta u_2 = n^\alpha \delta u^\alpha + n^\beta \delta u^\beta + u^\alpha \delta n^\alpha + u^\beta \delta n^\beta = T_2 \delta s - p_2 \delta v. \tag{11}$$

与 δu_1 比较, 并注意在 AK 上有 $T_1 = T_2, p_1 = p_2$, 看出 $\delta u_1 = \delta u_2$. 这个结果说明两个曲面 u_1 和 u_2 在相交线 AK 上相切.

其次计算第二级微分. 为计算简单起见, 选 s 和 v 为独立变数, 因之 $\delta^2 s = 0, \delta^2 v = 0$. 于是得

$$\delta^2 u_1 = \delta T_1 \delta s - \delta p_1 \delta v.$$

我们将把一切微分通过 δT_1 和 δv 表达出来. 因此, 对于 u_1 这个解说, 有

$$\delta s = \frac{c_v^a}{T}\delta T_1 + \frac{\partial p^a}{\partial T^a}\delta v, \tag{12}$$

也还有类似的式子 δp_1. 代入 $\delta^2 u_1$(参考前节(8)式), 得

$$\delta^2 u_1 = \frac{c_v^a}{T}(\delta T_1)^2 - \frac{\partial p^a}{\partial v^a}(\delta v)^2.$$

关于 u_2 的第二级微分, 我们由(11)求得

$$\delta^2 u_2 = \delta T_2 \delta s - \delta p_2 \delta v.$$

我们将把一切微分通过 δT_2 和 δv 表达出来. 由(3)的最后方程可求得(这就是克拉珀龙方程)

$$(s^a - s^\beta)\delta T_2 = (v^a - v^\beta)\delta p_2.$$

由(3)得知 $s^a, s^\beta, v^a, v^\beta, T_2, p_2, \mu_2$ 中只有一个是独立变数, 这可选为 T_2, 并令

$$\delta v^a = \omega \delta T_2. \tag{13}$$

于是得

$$\delta p_2 = \delta p^a = \frac{\partial p}{\partial T^a}\delta T^a + \frac{\partial p^a}{\partial v^a}\delta v^a = \left(\frac{\partial p^a}{\partial T^a} + \frac{\partial p^a}{\partial v^a}\omega\right)\delta T_2,$$

由此利用克拉珀龙方程得

$$\frac{s^a - s^\beta}{v^a - v^\beta} = \frac{\partial p^a}{\partial T^a} + \frac{\partial p^a}{\partial v^a}\omega. \tag{13$'$}$$

这是确定 ω 的方程. 同样计算求得

$$\delta s^a = \frac{\partial s^a}{\partial T^a}\delta T_2 + \frac{\partial s^a}{\partial v^a}\delta v^a = \left(\frac{c_v^a}{T} + \frac{\partial p^a}{\partial T^a}\omega\right)\delta T_2.$$

由于在 AK 上 $n^a = 1, n^\beta = 0$, 故由(10)得

$$\frac{\delta s - \delta s^a}{s^a - s^\beta} = \frac{\delta v - \delta v^a}{v^a - v^\beta} = \delta n^a = -\delta n^\beta. \tag{14}$$

由此求得

$$\delta s - \frac{s^a - s^\beta}{v^a - v^\beta}\delta v = \left(\frac{c_v^a}{T} - \frac{\partial p^a}{\partial v^a}\omega^2\right)\delta T_2, \tag{15}$$

$$\delta^2 u_2 = \left(\frac{c_v^a}{T} - \frac{\partial p^a}{\partial v^a}\omega^2\right)(\delta T_2)^2.$$

由(12)和(15)中消去 δs, 得 δT_1 与 δT_2 的关系为

$$\delta T_1 = \left(1 - \frac{\omega^2 T}{c_v^a}\frac{\partial p^a}{\partial v^a}\right)\delta T_2 + \frac{\omega T}{c_v^a}\frac{\partial p^a}{\partial v^a}\delta v.$$

代入 u_1 的第二级微分, 然后减去 $\delta^2 u_2$, 得

$$\delta^2 u_1 - \delta^2 u_2 = -\frac{\partial p^a}{\partial v^a}\left(1 - \frac{\omega^2 T}{c_v^a}\frac{\partial p^a}{\partial v^a}\right)(\omega\delta T_2 - \delta v)^2.$$

由平衡的稳定条件(见上节(9)式)得知这个方程的右方永远是正的, 因此在 AK 的

附近恒有 $u_1 > u_2$.同样的证明也适用于曲线 BK,BL 等的附近,也得到相同的结论 $u_1 > u_2$.由此可得出结论,凡是 u_2 存在的区域,都有 $u_1 > u_2$,因此两相共存的情形如果是可能时,总比一相要更稳定.

曲面 u_2 是下列单参数族的直线所构成的:

$$\frac{s - s^a}{s^a - s^\beta} = \frac{v - v^a}{v^a - v^\beta} = \frac{u - u^a}{u^a - u^\beta}. \tag{16}$$

这些方程可以从(2)中消去 n^a 和 n^β 而得到.这条直线把 AK 和 BK 两个曲线上的相同温度和压强的点联结起来.由(3)式可知这条直线只依赖于一个单一参数 T_2.方程(2)和(8)中的第二个方程是曲面(2)的参数方程,以 n^a 及 T_2 为参数.在 T_2 不变时,这些方程也是直线(16)的参数方程,以 n^a 为参数.可证明 u_2 是可展曲面,也就是说,它是单参数族的平面的包络面.这个结论可从(16)式改为下列两个方程得到

$$u - u^a - T(s - s^a) + p(v - v^a) = 0, \tag{17}$$
$$(v^a - v^\beta)(s - s^a) - (s^a - s^\beta)(v - v^a) = 0. \tag{18}$$

第一个方程(17)可由(16)或(2)利用(3)而得到,但是为了简单起见,用 T 和 p 代替 T_2 和 p_2.第二个方程(18)可由(16)得到.这两个方程代表两个单参数族的平面,以 T 为参数.因为

$$\delta u^a = T \delta s^a - p \delta v^a \quad 及 \quad (s^a - s^\beta)\delta T = (v^a - v^\beta)\delta p,$$

故(18)式是由(17)式对参数微分而得到的,所以从(17)和(18)消去参数 T 而得到的曲面就是(17)平面族的包络面.

最后比较 u_2 和 u_3.在三角形 ABC 之内,这两个解 u_2 和 u_3 都是可能的.我们要证明 $u_2 > u_3$,与证明 $u_1 > u_2$ 一样,只需要计算在 AB 边附近 $\delta u_2 - \delta u_3$ 及 $\delta^2 u_2 - \delta^2 u_3$ 就够了.设三相点的 T, p, μ 用一脚注 3 表示,则由于 T_3 等都是常数,得

$$\delta u_3 = T_3 \delta s - p_3 \delta v.$$

在 AB 边上有 $n^\gamma = 0$,故由(3)及(6)得 $T_2 = T_3$,$p_2 = p_3$.故 $\delta u_2 = \delta u_3$.今 T_3 及 p_3 均为常数,故 $\delta^2 u_3 = 0$,而

$$\delta^2 u_2 - \delta^2 u_3 = \delta T_2 \delta s - \delta p_2 \delta v.$$

这个式子的右方可照前法化简,而把 $\delta p_2, \delta s^a, \delta v^a$ 均用 δT_2 表示出来,引进一量 ω',其定义为 $\delta v^\beta = \omega' \delta T_2$,则 δs^β 可表成类似于前所得到的 δs^a 的式子.代入(10)求得

$$\delta s - \frac{s^a - s^\beta}{v^a - v^\beta} \delta v = \eta \delta T_2,$$

其中

$$\eta = n^a \left(\frac{c_v^a}{T} - \frac{\partial p^a}{\partial v^a} \omega^2 \right) + n^\beta \left(\frac{c_v^\beta}{T} - \frac{\partial p^\beta}{\partial v^\beta} \omega'^2 \right).$$

于是有

$$\delta^2 u_2 - \delta^2 u_3 = \eta (\delta T_2)^2.$$

由稳定条件得知 η 永远是正的,因此得 $u_2 > u_3$.由此得出结论,在三角形 ABC 内三

相共存较两相为更稳定.

解 u_3 代表一平面通过三点 $(s^a, v^a, u^a), (s^\beta, v^\beta, u^\beta), (s^\gamma, v^\gamma, u^\gamma)$. 这个平面的参数方程是(5)及(8)的第三式,以 n^a, n^β, n^γ 为参数. 这个平面与 u_2 曲面相切的线在 (s, v) 平面上的投影就是三角形 ABC 的三边. 利用(6)消去这些 n^a, 得平面方程为 (省去脚注 3)

$$u - Ts + pv = \mu. \tag{19}$$

*48. 多元系的稳定条件

考虑一个普遍的复相系,含有 k 个组元同 σ 个相[1]. 要物体系在平衡态,需要在 S, V, N_i 不变的情形下,U 是极小. S, V, N_i 由下式规定:

$$S = \sum_a S^a, \quad V = \sum_a V^a, \quad N_i = \sum_a N_i^a \quad (i = 1, 2, \cdots, k). \tag{1}$$

根据 45 节的理论,U 是极小的条件是

$$\delta U - T\delta S + p\delta V - \sum \mu_i \delta N_i = 0, \tag{2}$$

$$\delta^2 U - T\delta^2 S + p\delta^2 V - \sum \mu_i \delta^2 N_i > 0, \tag{3}$$

其中 T, p, μ_i 是拉格朗日乘子,等于平衡态的温度,压强及化学势. 由 $U = \sum_a U^a$ 得 $\delta U = \sum_a \delta U^a$. 但

$$\delta U^a = T^a \delta S^a - p^a \delta V^a + \sum_i \mu_i^a \delta N_i^a. \tag{4}$$

代入(2)式,得

$$\sum_a \{(T^a - T)\delta S^a - (p^a - p)\delta V^a\} + \sum_{a, i} (\mu_i^a - \mu_i)\delta N_i^a = 0.$$

由此得平衡条件为

$$T^a = T, \quad p^a = p, \quad \mu_i^a = \mu_i \quad (i = 1, 2, \cdots, k; \alpha = 1, 2, \cdots, \sigma). \tag{5}$$

这些条件与 26 节和 36 节所得到的相同,但是以前是由几种不同的平衡判据得到的,而现在则是由单一平衡判据得到的.

现在讨论如何由(3)求稳定条件. 引进平均克分子变数 u^a, s^a, v^a, 其定义为 $u^a = U^a/N^a$ 等,其中 $N^a = \sum_i N_i^a$. 在(4)式中令 $U^a = N^a u^a, S^a = N^a s^a, \cdots$,并应用齐次函数条件:

$$U^a = T^a S^a - p^a V^a + \sum_i \mu_i^a N_i^a,$$

---

① 本节理论见王竹溪,中国物理学报,7(1948),第 144—153 页.

得
$$\delta u^a = T^a \delta s^a - p^a \delta v^a + \sum_i \mu_i^a \delta x_i^a, \tag{6}$$

其中 $x_i^a = N_i^a / N^a$ 是组元 i 在 α 相的克分子分数. 由(6)式得第二级微分为
$$\delta^2 u^a = T^a \delta^2 s^a - p^a \delta^2 v^a + \sum_i \mu_i^a \delta^2 x_i^a + \delta T^a \delta s^a - \delta p^a \delta v^a + \sum \delta \mu_i^a \delta x_i^a. \tag{7}$$

今
$$\delta^2 U = \sum_a \delta^2 (N^a u^a) = \sum_a (N^a \delta^2 u^a + 2\delta N^a \delta u^a + u^a \delta^2 N^a),$$
$$\delta^2 S = \sum_a (N^a \delta^2 s^a + 2\delta N^a \delta s^a + s^a \delta^2 N^a), \quad \cdots.$$

代入(3),并应用(5),(6),(7),得
$$\sum_a N^a (\delta T^a \delta s^a - \delta p^a \delta v^a + \sum_i \delta \mu_i^a \delta x_i^a) > 0. \tag{8}$$

现在,和在 46 节一样,由平衡条件(5)只牵涉到强度量的事实,看出当强度量不变,而在改变条件(1)的数值时只变广延量 N^a,平衡仍然能保持. 因此,条件(8)应对任意的 N^a 都是正确的,所以对于任一相 α 必有
$$\delta T^a \delta s^a - \delta p^a \delta v^a + \sum_i \delta \mu_i^a \delta x_i^a \geqslant 0. \tag{8'}$$

在这个式子中的等号不能同时出现于所有各相. 显然由(8′)马上可推出(8),所以(8′)是(8)的充足条件(包含有等号不同时出现的条件在内). 要严格证明(8′)是(8)的必需条件,我们可以采取下述方法. 假如(8′)对于某一相 β 不真,我们可以选 $N^a = 0$ 对 $\alpha \neq \beta$ 和 $\alpha \neq \gamma$ 都适合,就是说只有两相的 N,即 N^β 和 N^γ 不等于零,γ 是任一不同于 β 的相. 当所有的 N^a 都不变时,由(1)是常数的条件得
$$N^\beta \delta s^\beta + N^\gamma \delta s^\gamma = 0, \quad N^\beta \delta v^\beta + N^\gamma \delta v^\gamma = 0, \quad N^\beta \delta x_i^\beta + N^\gamma \delta x_i^\gamma = 0.$$
把(8′)式的左方在 $\alpha = \beta$ 时写成 $(N^\gamma \rho)^2 \xi^\beta$,其中 ρ 是无穷小量,ξ^β 是 $\delta s^\beta / N^\gamma \rho$,$\delta v^\beta / N^\gamma \rho$,$\delta x_i^\beta / N^\gamma \rho$ 的二次齐式. 这样,(8)式的左方就变为
$$N^\beta N^\gamma \rho^2 (N^\beta \xi^\gamma + N^\gamma \xi^\beta),$$
其中 ξ^γ 是 $\delta s^\gamma / N^\beta \rho$,$\delta v^\gamma / N^\beta \rho$,$\delta x_i^\gamma / N^\beta \rho$ 的二次齐式. 假如对于某一组数值 $\delta s^\beta / N^\gamma \rho = -\delta s^\gamma / N^\beta \rho$,$\delta v^\beta / N^\gamma \rho = -\delta v^\gamma / N^\beta \rho$,$\delta x_i^\beta / N^\gamma \rho = -\delta x_i^\gamma / N^\beta \rho$,有 $\xi^\beta < 0$,则有两种可能:一种是 $\xi^\gamma > 0$,在这种情形下可选 $N^\beta = -\frac{1}{2} N^\gamma \xi^\beta / \xi^\gamma$ 使(8)式左方成为负的. 一种是 $\xi^\gamma \leqslant 0$,在这种情形下,(8)式左方也是负的. 因此,假如(8′)不真,(8)也不能成立. 所以(8′)是(8)的必需条件.

在只有一相时上面的论据不能成立. 但是当我们注意到在一个均匀系还没有达到内部平衡时,必须把它分为许多小部分,使每一小部分可以认为近似地达到了内部平衡,这些小部分就构成不同的相. 这样看来,上面的论据是普遍适用的.

现在讨论如何从(8′)导出稳定条件. 我们将仅仅考虑不等号,并且为简单起见,省去 α 标记. 因此从下式出发:

$$\delta T\delta s - \delta p\delta v + \sum_i \delta\mu_i\delta x_i > 0, \tag{9}$$

其中各变数都是指均匀系的. 我们把 $\delta s, \delta v, \delta\mu_i$ 通过 $\delta T, \delta p, \delta x_i$ 表达出来. 由

$$\delta S = \frac{\partial S}{\partial T}\delta T + \frac{\partial S}{\partial p}\delta p + \sum_i \frac{\partial S}{\partial N_i}\delta N_i,$$

应用 $S = Ns, N_i = Nx_i, \partial S/\partial N_i = s_i$ 及下列各关系

$$\left(\frac{\partial S}{\partial T}\right)_p = \frac{C_p}{T} = \frac{Nc_p}{T}, \quad \left(\frac{\partial S}{\partial p}\right)_T = -\left(\frac{\partial V}{\partial T}\right)_p = -N\left(\frac{\partial v}{\partial T}\right)_p,$$

$$s = \sum_i x_i s_i,$$

得

$$\delta s = \frac{c_p}{T}\delta T - \frac{\partial v}{\partial T}\delta p + \sum_i s_i\delta x_i. \tag{10}$$

同样由 δV 的式子, 应用 $V = Nv$ 等关系, 得

$$\delta v = \frac{\partial v}{\partial T}\delta T + \frac{\partial v}{\partial p}\delta p + \sum_i v_i\delta x_i. \tag{11}$$

最后有

$$\delta\mu_i = \frac{\partial\mu_i}{\partial T}\delta T + \frac{\partial\mu_i}{\partial p}\delta p + \sum_j \frac{\partial\mu_i}{\partial N_j}\delta N_j.$$

在 44 节中证明了这个式子可以化成下列形式 (44 节 (11) 式)

$$\delta\mu_i = -s_i\delta T + v_i\delta p + \sum_j \psi_{ij}\delta x_j, \tag{12}$$

其中 $\psi_{ij} = N\partial\mu_i/\partial N_j \left(N = \sum N_i\right)$, 满足下列关系

$$\psi_{ij} = \psi_{ji}, \quad \sum_j x_j\psi_{ji} = 0. \tag{13}$$

把 (10), (11), (12) 代入 (9) 式, 得

$$\frac{c_p}{T}(\delta T)^2 - 2\frac{\partial v}{\partial T}\delta T\delta p - \frac{\partial v}{\partial p}(\delta p)^2 + \Psi > 0, \tag{14}$$

其中

$$\Psi = \sum_{i,j=1}^k \psi_{ij}\delta x_i\delta x_j.$$

由于 $\delta T, \delta p$ 与 δx_i 是互相独立的, (14) 可分为两部分:

$$\frac{c_p}{T}(\delta T)^2 - 2\frac{\partial v}{\partial T}\delta T\delta p - \frac{\partial v}{\partial p}(\delta p)^2 > 0, \tag{15}$$

$$\Psi = \sum_{i,j=1}^k \psi_{ij}\delta x_i\delta x_j > 0. \tag{16}$$

第一个式子 (15) 与单元系的公式一样 (见 46 节 (12) 式), 因此得到同样的稳定条件 (见 46 节 (13) 式)

$$c_p > 0, \quad \frac{c_p}{T}\frac{\partial v}{\partial p} + \left(\frac{\partial v}{\partial T}\right)^2 < 0. \tag{17}$$

现在讨论第二个式子 (16). 先考虑二元系. 在这个情形下有 (见 42 节)

$$\begin{cases} x_1 = 1-x, \quad x_2 = x, \quad \psi_{11} = x^2\varphi, \\ \psi_{12} = \psi_{21} = -x(1-x)\varphi, \quad \psi_{22} = (1-x)^2\varphi. \end{cases} \quad (18)$$

代入(16),得
$$\Psi = \varphi(\delta x)^2 > 0.$$

由此得
$$\varphi > 0. \quad (19)$$

这是二元系比单元系多有的一个稳定条件,这个条件在 42 节讨论二元系的相图时曾经应用过.

现在讨论有 k 个组元的普遍情形.在普遍情形下,由于 δx_i 之间有下列关系
$$\sum_i \delta x_i = 0, \quad (20)$$

它们之中只有 $k-1$ 个是独立的,因此在(16)式我们不能直接应用 45 节关于恒正二次齐式的定理.但是我们不准备应用(20)式消去 δx_i 中的一个,因为这样做会引到很复杂的结果.我们将采用克罗内克的方法[①]来简化(16)式.由于 ψ_{ij} 要满足(13)式,故方阵(ψ_{ij})的秩最多是 $k-1$,因而可以应用克罗内克的方法.这个方法是引进一组新的变数 $\eta_1, \eta_2, \cdots, \eta_{k-1}$,和 η 来代替 δx_i,使得 Ψ 变为只含有 $k-1$ 个变数 $\eta_1, \cdots, \eta_{k-1}$ 的二次齐式.假设 $x_k \neq 0$,可以令
$$\delta x_k = x_k\eta, \quad \delta x_i = \eta_i + x_i\eta \quad (i < k). \quad (21)$$

代入(16),经过演算,并应用(13)式,得
$$\Psi = \sum_{i,j=1}^{k-1} \psi_{ij}\eta_i\eta_j > 0. \quad (22)$$

现在 η_i 都是独立的了,可以应用 45 节关于恒正二次齐次的定理,得
$$\psi_{11} > 0, \quad \begin{vmatrix} \psi_{11} & \psi_{12} \\ \psi_{21} & \psi_{22} \end{vmatrix} > 0, \quad \cdots, \quad \begin{vmatrix} \psi_{11} & \cdots & \psi_{1,k-1} \\ \vdots & & \vdots \\ \psi_{k-1,1} & \cdots & \psi_{k-1,k-1} \end{vmatrix} > 0. \quad (23)$$

这些条件就是多元系比单元系多有的稳定条件.很显然,由于(13)的条件,ψ_{ij} 是线性相关的,因而有
$$\begin{vmatrix} \psi_{11} & \cdots & \psi_{1k} \\ \vdots & & \vdots \\ \psi_{k1} & \cdots & \psi_{kk} \end{vmatrix} = 0. \quad (24)$$

条件(23)又可写成下列形式
$$\frac{\partial \mu_1}{\partial N_1} > 0, \quad \frac{\partial(\mu_1, \mu_2)}{\partial(N_1, N_2)} > 0, \quad \cdots, \quad \frac{\partial(\mu_1, \cdots, \mu_{k-1})}{\partial(N_1, \cdots, N_{k-1})} > 0. \quad (25)$$

显然任何一个组元都可称为第一组元,那么由(25)的第一式就可得到,对于每一个 i 说都有

---

① 见 M. Bôcher, *Higher Algebra*, p. 139.

$$\left(\frac{\partial \mu_i}{\partial N_i}\right)_{T,p,N_1,\cdots,N_k} > 0 \quad (i = 1,2,\cdots,k). \tag{26}$$

但是这些条件,虽然有 k 个,却不足以使 $\Psi > 0$,因此它们不能代替(25)而成为稳定条件.

现在把稳定条件表为其他形式.引进简化符号 Ψ_l:

$$\Psi_l = \frac{\partial(\mu_1,\cdots,\mu_l)}{\partial(N_1,\cdots,N_l)}. \tag{27}$$

于是(25)可简写为

$$\Psi_l > 0 \quad (l = 1,2,\cdots,k-1). \tag{25'}$$

在下列方程中(设 T 和 p 都固定不变)

$$\mathrm{d}\mu_i = \sum_{j=1}^k \frac{\partial \mu_i}{\partial N_j}\mathrm{d}N_j \quad (i = 1,2,\cdots,l),$$

解出 $\mathrm{d}N_l$,得

$$\Psi_l \mathrm{d}N_l = \begin{vmatrix} \dfrac{\partial \mu_1}{\partial N_1} & \cdots & \dfrac{\partial \mu_1}{\partial N_{l-1}} & \mathrm{d}\mu_1 - \displaystyle\sum_{j>l} \dfrac{\partial \mu_1}{\partial N_j}\mathrm{d}N_j \\ \vdots & & \vdots & \vdots \\ \dfrac{\partial \mu_l}{\partial N_1} & \cdots & \dfrac{\partial \mu_l}{\partial N_{l-1}} & \mathrm{d}\mu_l - \displaystyle\sum_{j>l} \dfrac{\partial \mu_l}{\partial N_j}\mathrm{d}N_j \end{vmatrix}.$$

把行列式展开以后,可把 $\mathrm{d}\mu_l$ 表为 $\mathrm{d}\mu_1,\cdots,\mathrm{d}\mu_{l-1},\mathrm{d}N_l,\mathrm{d}N_{l+1},\cdots,\mathrm{d}N_k$ 的线性组合,这样就可把 μ_l 作为 $\mu_1,\mu_2,\cdots,\mu_{l-1},N_l,\cdots,N_k$ 的函数.由此得

$$\left(\frac{\partial \mu_l}{\partial N_l}\right)_{\mu_1,\cdots,\mu_{l-1},N_{l+1},\cdots,N_k} = \frac{\Psi_l}{\Psi_{l-1}}. \tag{28}$$

由此可见条件(25′)可由下列条件来替代:

$$\left(\frac{\partial \mu_l}{\partial N_l}\right)_{T,p,\mu_1,\cdots,\mu_{l-1},N_{l+1},\cdots,N_l} > 0 \quad (l = 1,2,\cdots,k-1), \tag{29}$$

其中第一个关系与(25)式的第一个关系完全一样.

普遍说来,假如有

$$\delta^2 f = \sum_{i,j=1}^n a_{ij}\delta x_i \delta x_j = \sum_i \delta y_i \delta x_i > 0, \tag{30}$$

其中

$$y_i = \frac{\partial f}{\partial x_i}, \quad a_{ij} = \frac{\partial^2 f}{\partial x_i \partial x_j} = \frac{\partial y_i}{\partial x_j},$$

则 45 节的条件(1)可以应用上面把(25)变到(29)的演算而化为

$$\left(\frac{\partial y_i}{\partial x_i}\right)_{y_1,\cdots,y_{i-1},x_{i+1},\cdots,x_n} > 0 \quad (i = 1,2,\cdots,n). \tag{31}$$

现在把我们所求得的全部稳定条件,即 46 节(9)式和本节(29)式,写为

$$\left(\frac{\partial T}{\partial S}\right)_{V,N_1,\cdots,N_k} > 0, \quad \left(\frac{\partial p}{\partial V}\right)_{T,N_1,\cdots,N_k} < 0,$$

$$\left(\frac{\partial \mu_l}{\partial N_l}\right)_{T,p,\mu_1,\cdots,\mu_{l-1},N_{l+1},\cdots,N_k} > 0 \quad (l = 1,2,\cdots,k-1). \tag{32}$$

这些条件可以认为是由(30)所得到的(31)的形式,因为(9)可用下式代替:

$$\delta T\delta S - \delta p\delta V + \sum_i \delta\mu_i\delta N_i > 0. \tag{33}$$

若在(33)式中令 $S=Ns,V=Nv,N_i=Nx_i$,并应用吉布斯关系(见 35 节(27)式,用 N 除之后的形式)

$$s\delta T - v\delta p + \sum_i x_i\delta\mu_i = 0, \tag{34}$$

就得到(9)式.(33)式是(30)式的形式,x_i 就是 $S,V,N_1,\cdots$;y_i 就是 $T,-p,\mu_1,\cdots$;f 就是 U.这样就可明显地看出(32)正好是(31)在多元系情形下的具体形式.现在,由于平衡态只牵涉到强度量,所以(32)式的最后一式只到 $l=k-1$ 为止,而当 $l=k$ 时,$(\partial\mu_k/\partial N_k)_{T,p,\mu_1,\cdots,\mu_{k-1}}$ 恒等于零.

吉布斯是第一个人得到这些稳定条件的.他把稳定条件写成下面的形式[1]:

$$\left(\frac{\partial T}{\partial S}\right)_{V,N_1,\cdots,N_k} > 0, \quad \left(\frac{\partial \mu_l}{\partial N_l}\right)_{T,V,\mu_1,\cdots,\mu_{l-1},N_{l+1},\cdots,N_k} > 0$$
$$(l = 1,2,\cdots,k). \tag{35}$$

这些条件也可仿照由(30)到(31)的办法,从(33)得到,只需要把变数的次序改变,把(33)式中第二项 $-\delta p\delta V$ 移到最末项去就行了.在这个情形下,平衡态只牵涉到强度量这一事实表现在相当于(31)中的最后一式$(\partial p/\partial V)_{T,\mu_1,\cdots,\mu_k}$ 恒等于零.这个结果与上面的$(\partial\mu_k/\partial N_k)_{T,p,\mu_1,\cdots,\mu_{k-1}}$ 恒等于零是一致的,它们都是吉布斯关系(34)的直接结果,因为 $T,p,\mu_1,\cdots,\mu_k$ 之间有一个关系.

最后应当提到,在混合理想气体的情形下,(23)和(25)中的行列式都可计算出来.在 38 节(12)式有混合理想气体的 μ_i:

$$\mu_i = RT\{\varphi_i + \ln(x_ip)\}. \tag{36}$$

于是有
$$\psi_{ij} = N\frac{\partial\mu_i}{\partial N_j} = -RT \quad (i \neq j),$$

$$\psi_{ii} = N\frac{\partial\mu_i}{\partial N_i} = RT\left(\frac{1}{x_i} - 1\right). \tag{37}$$

由此得
$$\Psi_l = (RT/N)^l \left(1 - \sum_{i=1}^l x_i\right)\bigg/ \prod_{i=1}^l x_i. \tag{38}$$

这个结果(38)对于理想溶液也是适用的(理想溶液的 μ_i 见 52 节).由(38)式看出 $\Psi_l>0$,因为 $1 - \sum_{i=1}^l x_i = \sum_{i=l+1}^k x_i > 0$.同时也看出 $\Psi_k=0$.

---

[1]　见 J. W. Gibbs, *Collected Works*, I, p.110(Longmans, 1928).

*49. 多元系的共存相的个数

本节将推广 47 节的理论到一个有任意多个组元和任意多个共存相的物体系，只要组元数与相数符合相律的要求[①]. 设 k 为组元数，σ 为共存相数，给定的条件是

$$S = \sum_{\alpha=1}^{\sigma} N^\alpha s^\alpha, \quad V = \sum_\alpha N^\alpha v^\alpha, \quad N_i = \sum_\alpha N^\alpha x_i^\alpha \tag{1}$$

都有一定的数值. 相律要求 σ 不大于 $k+2$. 平衡条件是

$$T^\alpha = T, \quad p^\alpha = p, \quad \mu_i^\alpha = \mu_i$$
$$(i = 1, 2, \cdots, k; \alpha = 1, 2, \cdots, \sigma). \tag{2}$$

设相当于 σ 相的总内能，即 $U = \sum_{\alpha=1}^{\sigma} N^\alpha u^\alpha$，是 U_σ. 假如有可能在给定 S, V, N_i 后，从 (1) 和 (2) 中把 σ 改为 $\sigma+1$ 也还有解，这样就将得到不同于 U_σ 的总内能，令它为 $U_{\sigma+1}$. 我们希望证明 $U_{\sigma+1} < U_\sigma$，那就是说，有 $\sigma+1$ 个共存相的解比有 σ 个共存相的解相当于更稳定的平衡.

为了研究这个问题，我们用 N 除 (1) 中各量及 U 得 $\left(N = \sum_i N_i\right)$:

$$u = U/N, \quad s = S/N, \quad v = V/N, \quad x_i = N_i/N. \tag{3}$$

令 $N^\alpha/N = n^\alpha$，则

$$u = \sum_\alpha n^\alpha u^\alpha, \quad s = \sum n^\alpha s^\alpha, \quad v = \sum n^\alpha v^\alpha, \quad x_i = \sum n^\alpha x_i^\alpha, \tag{4}$$

$$\sum_\alpha n^\alpha = 1. \tag{5}$$

对于一组确定的值 $s^\alpha, v^\alpha, x_i^\alpha$ 说，方程 (4) 是一些参数方程，以 n^α 为参数，代表 $(\sigma-1)$ 维的超平面，或 $(\sigma-1)$ 维的线性簇，因为有 $\sigma-1$ 个独立的 n^α. 由 (2) 得知 $s^\alpha, v^\alpha, x_i^\alpha$ 可以有 $k+2-\sigma$ 个独立的改变（这就是相律）. 所以，当 $s^\alpha, v^\alpha, x_i^\alpha$ 改变时，由 (4) 所代表的超平面将在以 u, s, v, x_i $\left(\text{注意} \sum x_i = 1\right)$ 为坐标的 $(k+2)$ 维空间产生一个 $(k+1)$ 维曲面. 这个曲面将标明为 u_σ. 这个曲面只存在于有限区域内，在这个区域里各个 n^α 由 0 变到 1.

假如可能有 $\sigma+1$ 个相，则 $s^\alpha, v^\alpha, x_i^\alpha$ 将只能有 $k+1-\sigma$ 个独立的改变，因而相应的曲面 $u_{\sigma+1}$ 只能存在于更小的区域内，这个区域是 u_σ 存在的区域的一部分. 在这里我们了解 u_σ 的区域为在 $\sigma+1$ 相中挑出 σ 个相的各种组合的区域的总和，同时

[①] 本节理论见王竹溪，中国物理学报，**7** (1948)，第 163—175 页.

把相当于各种不同组合的 u_σ 作为一个单一曲面 u_σ 的不同部分.

为了证明在 $u_{\sigma+1}$ 存在的区域中恒有 $u_\sigma > u_{\sigma+1}$,我们首先注意到在 $u_{\sigma+1}$ 存在的边界上 u_σ 与 $u_{\sigma+1}$ 相等. 这个边界是 k 维簇所组成的,这个 k 维簇是在 $u_{\sigma+1}$ 上($u_{\sigma+1}$ 是 $(k+1)$ 维簇)在 $\alpha = 1, 2, \cdots, \sigma+1$ 中令一个 $n^\alpha = 0$. 我们已经把不同组合的 u_σ 作为一个单一曲面的不同部分,那么 $u_{\sigma+1}$ 就是 u_σ 曲面上沿着 $u_{\sigma+1}$ 的边界上的共同切面所构成的,因为这些切面将与 u_σ 曲面在 $\sigma+1$ 个边界上同时接触(这是为什么叫做共同切面的缘故). 曲面 u_σ 与 $u_{\sigma+1}$ 在边界之内不再相交,因此假如我们证明了在边界附近 u_σ 大于 $u_{\sigma+1}$,则在 $u_{\sigma+1}$ 存在的全部区域内 u_σ 将永远大于 $u_{\sigma+1}$.

为使讨论明确起见,我们将考虑由 $n^{(\sigma+1)} = 0$ 所确定的边界. 在边界上的任一点,相当于 u_σ 的温度,压强和化学势将等于相当于 $u_{\sigma+1}$ 的相应的物理量. 设相当于 u_σ,为(2)所确定的温度等写为 $T_\sigma, p_\sigma, \mu_{i\sigma}$,而相当于 $u_{\sigma+1}$ 的用脚注 $\sigma+1$,则在边界上有

$$T_\sigma = T_{\sigma+1}, \quad p_\sigma = p_{\sigma+1}, \quad \mu_{i\sigma} = \mu_{i,\sigma+1}. \tag{6}$$

但是当给定的 s, v, x_i 不在边界时,它们将不再相等,因此对于离开边界的微小变动说,应有

$$\delta T_\sigma \neq \delta T_{\sigma+1}, \quad \delta p_\sigma \neq \delta p_{\sigma+1}, \quad \delta \mu_{i\sigma} \neq \delta \mu_{i,\sigma+1}.$$

为了证明在边界附近 $u_\sigma > u_{\sigma+1}$,我们必须证明,对于离开边界的任意微小变动说有

$$\delta u_\sigma - \delta u_{\sigma+1} + \frac{1}{2}(\delta^2 u_\sigma - \delta^2 u_{\sigma+1}) > 0.$$

今有

$$\delta u_\sigma = \sum_\alpha n^\alpha \delta u^\alpha + \sum_\alpha u^\alpha \delta n^\alpha,$$

而 $\delta s, \delta v, \delta x_i$ 也有同样的公式. 应用(2)可求得

$$\delta u_\sigma = T_\sigma \delta s - p_\sigma \delta v + \sum_i \mu_{i\sigma} \delta x_i. \tag{7}$$

同样有

$$\delta u_{\sigma+1} = T_{\sigma+1} \delta s - p_{\sigma+1} \delta v + \sum_i \mu_{i,\sigma+1} \delta x_i. \tag{8}$$

应用(6)得

$$\delta u_\sigma = \delta u_{\sigma+1}.$$

这说明 u_σ 和 $u_{\sigma+1}$ 两个曲面在边界相切.

其次求第二级微分. 由(7)得

$$\delta^2 u_\sigma = T_\sigma \delta^2 s - p_\sigma \delta^2 v + \sum_i \mu_{i\sigma} \delta^2 x_i + \delta T_\sigma \delta s - \delta p_\sigma \delta v + \sum_i \delta \mu_{i\sigma} \delta x_i.$$

由(8)可得同样的 $\delta^2 u_{\sigma+1}$ 的式子. 两者相减得

$$\delta^2 u_\sigma - \delta^2 u_{\sigma+1} = (\delta T_\sigma - \delta T_{\sigma+1}) \delta s - (\delta p_\sigma - \delta p_{\sigma+1}) \delta v$$
$$+ \sum_i (\delta \mu_{i\sigma} - \delta \mu_{i,\sigma+1}) \delta x_i. \tag{9}$$

为了要证明此式的右方为正,我们需要把 $\delta T_\sigma, \delta T_{\sigma+1}, \delta p_\sigma, \delta p_{\sigma+1}$ 等用 $\delta s, \delta v, \delta x_i$ 表出.我们将采取下列步骤.第一步把 δx_i^α 用 $\delta T_\sigma, \delta p_\sigma, \delta \mu_{i\sigma}$ 表出.第二步代入 48 节 (10)和(11)把 δs^α 和 δv^α 用 $\delta T_\sigma, \delta p_\sigma, \delta \mu_{i\sigma}$ 表出.第三步把所求得的 $\delta s^\alpha, \delta v^\alpha, \delta x_i^\alpha$ 代入 (4)式的微分.第四步从这些方程解出 $\delta T_\sigma, \delta p_\sigma, \delta \mu_{i\sigma}$ 用 $\delta s, \delta v, \delta x_i$ 表出.

第一步需要解下列方程(为简单起见略去脚注 σ):

$$\delta \mu_i = - s_i^\alpha \delta T + v_i^\alpha \delta p + \sum_j \psi_{ij}^\alpha \delta x_j^\alpha.$$

以前在 44 节曾经应用行列式 D^α 解出 δx_i^α(见 44 节(14)式),但是那时所用的行列式不合我们现在的需要.我们现在将应用行列式 X^α 来解前 $k-1$ 个方程,而把 δx_i^α 用 $\delta T, \delta p$, 和 $\delta \mu_1, \cdots, \delta \mu_{k-1}$ 表出. X^α 是

$$X^\alpha = \begin{vmatrix} \psi_{11}^\alpha & \cdots & \psi_{1,k-1}^\alpha \\ \psi_{k-1,1}^\alpha & \cdots & \psi_{k-1,k-1}^\alpha \end{vmatrix}.$$

令 $X^\alpha \chi_{ij}^\alpha$ 为 ψ_{ij}^α 在 X^α 中的余因子.这样引进的 χ_{ij}^α 只在 $i, j < k$ 时才有意义.假如 i, j 中有一个是 k,或两个都是 k,则可形式上令 $\chi_{ij}^\alpha = 0$,作为定义:

$$\chi_{ik}^\alpha = \chi_{ki}^\alpha = 0, \quad \chi_{kk}^\alpha = 0. \tag{10}$$

引进 χ_{ij}^α 以后,可以证明 44 节的 τ_{ij}^α 由末行末列展开,能化成下列形式

$$\tau_{ij}^\alpha = \chi_{ij}^\alpha - x_j^\alpha \sum_l \chi_{il}^\alpha - \frac{x_i^\alpha}{v^\alpha} \sum_l \chi_{jl}^\alpha v_l^\alpha + \frac{x_i^\alpha x_j^\alpha}{v^\alpha} \sum_{l,m} v_l^\alpha \chi_{lm}^\alpha. \tag{11}$$

应用行列式 X^α 解前 $k-1$ 个方程 $\delta \mu_i$,得

$$\delta x_i^\alpha = \sum_j \chi_{ij}^\alpha s_j^\alpha \delta T - \sum_j \chi_{ij}^\alpha v_j^\alpha \delta p + \sum_j \chi_{ij}^\alpha \delta \mu_j - x_i^\alpha \eta^\alpha, \tag{12}$$

其中

$$\eta^\alpha = \sum_{l,j} \chi_{lj}^\alpha (s_j^\alpha \delta T - v_j^\alpha \delta p + \delta \mu_j) = - \delta x_k^\alpha / x_k^\alpha.$$

第二步把(12)代入 48 节(10)和(11)式,得

$$\delta s^\alpha = \left(\frac{c_p^\alpha}{T^\alpha} + \sum_{i,j} \chi_{ij}^\alpha s_i^\alpha s_j^\alpha \right) \delta T - \left(\frac{\partial v^\alpha}{\partial T^\alpha} + \sum_{i,j} \chi_{ij}^\alpha s_i^\alpha v_j^\alpha \right) \delta p$$
$$+ \sum_{i,j} \chi_{ij}^\alpha s_j^\alpha \delta \mu_i - s^\alpha \eta^\alpha, \tag{13}$$

$$\delta v^\alpha = \left(\frac{\partial v^\alpha}{\partial T^\alpha} + \sum_{i,j} \chi_{ij}^\alpha s_i^\alpha v_j^\alpha \right) \delta T - \left(-\frac{\partial v^\alpha}{\partial p^\alpha} + \sum_{i,j} \chi_{ij}^\alpha v_i^\alpha v_j^\alpha \right) \delta p$$
$$+ \sum_{i,j} \chi_{ij}^\alpha v_j^\alpha \delta \mu_i - v^\alpha \eta^\alpha. \tag{14}$$

第三步把(12),(13),(14)代入(4)式的微分,得

$$
\begin{cases}
\delta s + \sum_{\alpha} n^{\alpha} s^{\alpha} \eta^{\alpha} = \sum_{\alpha} n^{\alpha} \left(\frac{c_p^{\alpha}}{T^{\alpha}} + \sum_{i,j} \chi_{ij}^{\alpha} s_i^{\alpha} s_j^{\alpha} \right) \delta T \\
\qquad\qquad\qquad - \sum_{\alpha} n^{\alpha} \left(\frac{\partial v^{\alpha}}{\partial T^{\alpha}} + \sum_{i,j} \chi_{ij}^{\alpha} s_i^{\alpha} v_j^{\alpha} \right) \delta p \\
\qquad\qquad\qquad + \sum_{\alpha} n^{\alpha} \sum_{i,j} \chi_{ij}^{\alpha} s_j^{\alpha} \delta \mu_i + \sum_{\alpha} s^{\alpha} \delta n^{\alpha}, \\[4pt]
\delta v + \sum_{\alpha} n^{\alpha} v^{\alpha} \eta^{\alpha} = \sum_{\alpha} n^{\alpha} \left(\frac{\partial v^{\alpha}}{\partial T^{\alpha}} + \sum_{i,j} \chi_{ij}^{\alpha} s_i^{\alpha} v_j^{\alpha} \right) \delta T \\
\qquad\qquad\qquad - \sum_{\alpha} n^{\alpha} \left(-\frac{\partial v^{\alpha}}{\partial p^{\alpha}} + \sum_{i,j} \chi_{ij}^{\alpha} v_i^{\alpha} v_j^{\alpha} \right) \delta p \\
\qquad\qquad\qquad + \sum_{\alpha} n^{\alpha} \sum_{i,j} \chi_{ij}^{\alpha} v_j^{\alpha} \delta \mu_i + \sum_{\alpha} v^{\alpha} \delta n^{\alpha}, \\[4pt]
\delta x_i + \sum_{\alpha} n^{\alpha} x_i^{\alpha} \eta^{\alpha} = \sum_{\alpha} n^{\alpha} \sum_{j} \chi_{ij}^{\alpha} s_j^{\alpha} \delta T - \sum_{\alpha} n^{\alpha} \sum_{j} \chi_{ij}^{\alpha} v_j^{\alpha} \delta p \\
\qquad\qquad\qquad + \sum_{\alpha} n^{\alpha} \sum_{j} \chi_{ij}^{\alpha} \delta \mu_j + \sum_{\alpha} x_i^{\alpha} \delta n^{\alpha}, \\[4pt]
\delta x_k + \sum_{\alpha} n^{\alpha} x_k^{\alpha} \eta^{\alpha} = \sum_{\alpha} x_k^{\alpha} \delta n^{\alpha}.
\end{cases}
\tag{15}
$$

第四步从这些方程解出 $\delta T, \delta p, \delta \mu_i$. 但这些方程中缺少 $\delta \mu_k$, 所以还必须加上吉布斯关系

$$
0 = s^{\alpha} \delta T - v^{\alpha} \delta p + \sum_{i} x_i^{\alpha} \delta \mu_i. \tag{16}
$$

由 $k+2+\sigma$ 个微分 $\delta T, -\delta p, \delta \mu_i, \delta n^{\alpha}$ 在方程(15)和(16)中的系数所构成的行列式可写成 $D_{\sigma} = |a_{\nu\rho}|$, 其中 ν 和 ρ 的数值为 $-1, 0, 1, 2, \cdots, k, k+1, \cdots, k+\sigma$, 而 $a_{\nu\rho}$ 是对称的, $a_{\nu\rho} = a_{\rho\nu}$:

$$
\begin{cases}
a_{-1,-1} = \sum_{\alpha} n^{\alpha} \left(\frac{c_p^{\alpha}}{T^{\alpha}} + \sum_{i,j} \chi_{ij}^{\alpha} s_i^{\alpha} s_j^{\alpha} \right), \\[4pt]
a_{-1,0} = \sum_{\alpha} n^{\alpha} \left(\frac{\partial v^{\alpha}}{\partial T^{\alpha}} + \sum_{i,j} \chi_{ij}^{\alpha} s_i^{\alpha} v_j^{\alpha} \right), \\[4pt]
a_{-1,i} = \sum_{\alpha,j} n^{\alpha} \chi_{ij}^{\alpha} s_j^{\alpha}, \quad a_{-1,k+\alpha} = s^{\alpha}, \\[4pt]
a_{0,0} = \sum_{\alpha} n^{\alpha} \left(-\frac{\partial v^{\alpha}}{\partial p^{\alpha}} + \sum_{i,j} \chi_{ij}^{\alpha} v_i^{\alpha} v_j^{\alpha} \right), \\[4pt]
a_{0,i} = \sum_{\alpha,j} n^{\alpha} \chi_{ij}^{\alpha} v_j^{\alpha}, \quad a_{0,k+\alpha} = v^{\alpha}, \\[4pt]
a_{i,j} = \sum_{\alpha} n^{\alpha} \chi_{ij}^{\alpha}, \quad a_{i,k+\alpha} = x_i^{\alpha}, \quad a_{k+\alpha,k+\beta} = 0.
\end{cases}
\tag{17}
$$

解出 $\delta T, \delta p, \delta \mu_i$, 并代入下列形式的公式中:

$$\mathscr{S}\delta T - \mathscr{V}\delta p + \sum_i \mathscr{N}_i \delta\mu_i,$$

最后对 $\delta T, \delta p, \delta\mu_i, \eta^\alpha$ 加上脚注 σ，得

$$D_\sigma\left\{\mathscr{S}\delta T_\sigma - \mathscr{V}\delta p_\sigma + \sum_i \mathscr{N}_i\ \delta\mu_{i\sigma}\right\} = - \left| \begin{array}{c} D_\sigma \\ \mathscr{S}\,\mathscr{V}\mathscr{N}_1\ \cdots\mathscr{N}_k\ 0\cdots \end{array} \begin{array}{c} \delta s + \sum n^\alpha s^\alpha \eta_\sigma^\alpha \\ \delta v + \sum n^\alpha v^\alpha \eta_\sigma^\alpha \\ \delta x_1 + \sum n^\alpha x_1^\alpha \eta_\sigma^\alpha \\ \delta x_k + \sum n^\alpha x_k^\alpha \eta_\sigma^\alpha \\ 0 \\ \vdots \\ 0 \end{array} \right|$$

$$= - \left| \begin{array}{c} D_\sigma \\ \mathscr{S}\,\mathscr{V}\mathscr{N}_1\ \cdots\mathscr{N}_k\ 0\cdots \end{array} \begin{array}{c} \delta s \\ \delta v \\ \delta x_1 \\ \vdots \\ \delta x_k \\ 0 \\ \vdots \\ 0 \end{array} \right|, \qquad (18)$$

因为含 η_σ^α 的各项可以用 $n^\alpha\eta_\sigma^\alpha$ 乘 $k+\alpha$ 列，对 α 相加，然后从末列减去.

关于 $u_{\sigma+1}$ 在边界 $n^{(\sigma+1)}=0$ 的情形，计算方法与 u_σ 相同，也得到方程（15）和 （16），不过（16）中多一方程相当于 $\alpha=\sigma+1$，而在（15）中又多了一个微分 $\delta n^{(\sigma+1)}$. 为 了要把 $\delta T_{\sigma+1}, \delta p_{\sigma+1}, \delta\mu_{i,\sigma+1}$ 表为容易与 $\delta T_\sigma, \delta p_\sigma, \delta\mu_{i\sigma}$ 比较的形式，我们将暂不用 （16）中最后一个方程. 因此得

$$D_\sigma\left\{\mathscr{S}\delta T_{\sigma+1} - \mathscr{V}\delta p_{\sigma+1} + \sum_i \mathscr{N}_i\ \delta\mu_{i,\sigma+1}\right\}$$

$$= - \left| \begin{array}{c} D_\sigma \\ \mathscr{S}\,\mathscr{V}\mathscr{N}_1\ \cdots\mathscr{N}_k\ 0\cdots \end{array} \begin{array}{c} \delta s + \sum n^\alpha s^\alpha \eta_{\sigma+1}^\alpha - s^{(\sigma+1)}\delta n^{(\sigma+1)} \\ \delta v + \sum n^\alpha v^\alpha \eta_{\sigma+1}^\alpha - v^{(\sigma+1)}\delta n^{(\sigma+1)} \\ \delta x_1 + \sum n^\alpha x_1^\alpha \eta_{\sigma+1}^\alpha - x_1^{(\sigma+1)}\delta n^{(\sigma+1)} \\ \delta x_k + \sum n^\alpha x_k^\alpha \eta_{\sigma+1}^\alpha - x_k^{(\sigma+1)}\delta n^{(\sigma+1)} \\ 0 \\ \vdots \\ 0 \end{array} \right|$$

$$
= -\begin{vmatrix} D_\sigma & \begin{array}{l} \delta s - s^{(\sigma+1)}\,\delta n^{(\sigma+1)} \\ \delta v - v^{(\sigma+1)}\,\delta n^{(\sigma+1)} \\ \delta x_1 - x_1^{(\sigma+1)}\,\delta n^{(\sigma+1)} \\ \delta x_k - x_k^{(\sigma+1)}\,\delta n^{(\sigma+1)} \\ 0 \\ \vdots \\ 0 \end{array} \\ \mathscr{S}\,\mathscr{V}\,\mathscr{N}_1 \ \cdots\mathscr{N}_k \ 0\cdots & 0 \end{vmatrix}. \tag{19}
$$

把(18)和(19)两式相减,令 $\mathscr{S},\mathscr{V},\mathscr{N}_i$ 等于 $\delta s,\delta v,\delta x_i$,代入(9),得

$$
\delta^2 u_\sigma - \delta^2 u_{\sigma+1} = -\frac{\delta n^{(\sigma+1)}}{D_\sigma}\begin{vmatrix} D_\sigma & \begin{array}{l} s^{(\sigma+1)} \\ v^{(\sigma+1)} \\ x_1^{(\sigma+1)} \\ \vdots \\ x_k^{(\sigma+1)} \\ 0 \\ \vdots \\ 0 \end{array} \\ \delta s\,\delta v\delta x_1\cdots\delta x_k 0\cdots & 0 \end{vmatrix}. \tag{20}
$$

假如在(19)中令 $\mathscr{S},\mathscr{V},\mathscr{N}_i$ 等于 $s^{(\sigma+1)},v^{(\sigma+1)},x_i^{(\sigma+1)}$,则由(16)式的最后方程得到一个定 $\delta n^{(\sigma+1)}$ 的方程如下:

$$
\delta n^{(\sigma+1)} = \frac{1}{D'_{\sigma+1}}\begin{vmatrix} D_\sigma & \begin{array}{l} \delta s \\ \delta v \\ \delta x_1 \\ \vdots \\ \delta x_k \\ 0 \\ \vdots \\ 0 \end{array} \\ s^{(\sigma+1)}\,v^{(\sigma+1)}\,x_1^{(\sigma+1)}\cdots x_k^{(\sigma+1)}0\cdots & 0 \end{vmatrix}, \tag{21}
$$

其中 $D'_{\sigma+1}$ 是一个对称的行列式,是由 D_σ 加上一行与一列所作成的,其所加的是 $s^{(\sigma+1)},v^{(\sigma+1)},x_i^{(\sigma+1)}$. 行列式 $D'_{\sigma+1}$ 是在(15)和(16)对 $u_{\sigma+1}$ 的方程的完全行列式,因此(21)式可由(15)和(16)直接解得. 行列式 $D'_{\sigma+1}$ 与行列式 $D_{\sigma+1}$ 是不同的,因为在 $D_{\sigma+1}$ 中 $n^{(\sigma+1)}$ 不等于零,而在 $D'_{\sigma+1}$ 中它等于零.

把(21)式代入(20),注意 D_σ 是对称的,得

$$\delta^2 u_\sigma - \delta^2 u_{\sigma+1} = -\frac{1}{D_\sigma D'_{\sigma+1}}\begin{vmatrix} & & & s^{(\sigma+1)} \\ & & & v^{(\sigma+1)} \\ & & & x_1^{(\sigma+1)} \\ & D_\sigma & & \vdots \\ & & & x_k^{(\sigma+1)} \\ & & & 0 \\ & & & \vdots \\ & & & 0 \\ \delta s\, \delta v\, \delta x_1 \cdots \delta x_k\, 0 \cdots & & & 0 \end{vmatrix}. \tag{22}$$

假如我们能证明 $\qquad\qquad D_\sigma D'_{\sigma+1} < 0,$ $\qquad\qquad\qquad\qquad (23)$

则可由(22)得到 $\qquad\qquad \delta^2 u_\sigma - \delta^2 u_{\sigma+1} > 0,$

那么我们就证明了我们的主题,那就是,$u_{\sigma+1}$ 比 u_σ 相当于更稳定的平衡态. 下面将进行证明(23)式.

　　设 $A_{\nu\rho}$ 为 $a_{\nu\rho}$ 在行列式 D_σ 中的余因子. 今 $a_{\nu\rho}$ 对 ν 和 ρ 是对称的,所以 $A_{\nu\rho}$ 也是对称的. 把 $D'_{\sigma+1}$ 由末行和末列展开,得

$$D'_{\sigma+1} = -(s^{(\sigma+1)})^2 A_{-1,-1} - (v^{(\sigma+1)})^2 A_{0,0} - \sum_{i,j} x_i^{(\sigma+1)} x_j^{(\sigma+1)} A_{ij}$$

$$-2 s^{(\sigma+1)} v^{(\sigma+1)} A_{-1,0} - 2\sum_i s^{(\sigma+1)} x_i^{(\sigma+1)} A_{-1,i}$$

$$-2\sum_i v^{(\sigma+1)} x_i^{(\sigma+1)} A_{0,i}.$$

为简化起见,引进下列符号

$$z_{-1} = s^{(\sigma+1)}, \quad z_0 = v^{(\sigma+1)}, \quad z_i = x_i^{(\sigma+1)}, \quad z_{k+a} = 0. \tag{24}$$

应用 $D'_{\sigma+1}$ 的展开式可把(23)表为

$$D_\sigma \sum_{\nu,\rho=-1}^{k} A_{\nu\rho} z_\nu z_\rho > 0. \tag{25}$$

为了证明(25),我们作一变换由 z_ν 到 ξ_ν,由下式规定:

$$D_\sigma \xi_\nu = \sum_{\rho=-1}^{k} A_{\nu\rho} z_\rho. \tag{26}$$

这些 ξ_ν 共有 $k+2+\sigma$ 个($\nu=-1,0,1,2,\cdots,k+\sigma$). 反过来,$z_\rho$ 可由 ξ_ν 表达如下:

$$z_\rho = \sum_{\nu=-1}^{k+\sigma} a_{\rho\nu} \xi_\nu. \tag{27}$$

由(17)式的 $a_{\rho\nu}$ 和(26)式的 ξ_ν 可以证明(27)式所定的 z_ρ 在 $\rho > k$ 时等于零. 这说明计算中没有矛盾. 应用(26)可把(25)化为

$$D_\sigma^2 \sum_{\nu=-1}^{k} \xi_\nu z_\nu = D_\sigma^2 \sum_{\nu=-1}^{k} \xi_\nu \sum_{\rho=-1}^{k+\sigma} a_{\nu\rho} \xi_\rho = D_\sigma^2 \sum_{\nu,\rho=-1}^{k} a_{\nu\rho} \xi_\nu \xi_\rho.$$

最后一步演算用了(17)中在 $\nu>k$ 和 $\rho>k$ 时 $a_{\nu\rho}=0$ 的事实,和在 $\rho>k$ 时 $z_\rho=\sum a_{\rho\nu}\xi_\nu=0$ 的事实.因此,消去一个正的因子 D_σ^2 后,(25)式变为

$$\sum_{\nu,\rho=-1}^{k} a_{\nu\rho}\xi_\nu\xi_\rho>0. \tag{28}$$

把(17)式中的 $a_{\nu\rho}$ 代入,(28)式的左方成为

$$\sum_\alpha n^\alpha\left(\frac{c_p^\alpha}{T^\alpha}+\sum_{i,j}\chi_{ij}^\alpha s_i^\alpha s_j^\alpha\right)\xi_{-1}^2+2\sum n^\alpha\left(\frac{\partial v^\alpha}{\partial T^\alpha}+\sum\chi_{ij}^\alpha s_i^\alpha v_j^\alpha\right)\xi_{-1}\xi_0$$

$$+\sum n^\alpha\left(-\frac{\partial v^\alpha}{\partial p^\alpha}+\sum\chi_{ij}^\alpha v_i^\alpha v_j^\alpha\right)\xi_0^2+\sum n^\alpha\chi_{ij}^\alpha\xi_i\xi_j$$

$$+\sum n^\alpha\chi_{ij}^\alpha(s_j^\alpha\xi_i+s_i^\alpha\xi_j)\xi_{-1}+\sum n^\alpha\chi_{ij}^\alpha(v_j^\alpha\xi_i+v_i^\alpha\xi_j)\xi_0$$

$$=\sum n^\alpha\left(\frac{c_p^\alpha}{T^\alpha}\xi_{-1}^2+2\frac{\partial v^\alpha}{\partial T^\alpha}\xi_{-1}\xi_0-\frac{\partial v^\alpha}{\partial p^\alpha}\xi_0^2\right)$$

$$+\sum n^\alpha\chi_{ij}^\alpha(\xi_i+s_i^\alpha\xi_{-1}+v_i^\alpha\xi_0)(\xi_j+s_j^\alpha\xi_{-1}+v_j^\alpha\xi_0).$$

在第二项中作一类似于(26)的变换由 ξ_i 到 y_i^α,由下式规定:

$$y_i^\alpha=\sum_j\chi_{ij}^\alpha(\xi_j+s_j^\alpha\xi_{-1}+v_j^\alpha\xi_0). \tag{29}$$

这样所规定的 y_i^α 在 α 固定下只有 $k-1$ 个,但可令 $y_k^\alpha=0$,则可有 k 个.反过来得

$$\xi_i+s_i^\alpha\xi_{-1}+v_i^\alpha\xi_0=\sum_{j=1}^{k-1}\psi_{ij}^\alpha y_j^\alpha \quad (i<k). \tag{30}$$

引进 y_i^α 之后,(28)式的左方化为

$$\sum_\alpha n^\alpha\left\{\frac{c_p^\alpha}{T}\xi_{-1}^2+2\frac{\partial v^\alpha}{\partial T^\alpha}\xi_{-1}\xi_0-\frac{\partial v^\alpha}{\partial p^\alpha}\xi_0^2+\sum_{i,j}\psi_{ij}^\alpha y_i^\alpha y_j^\alpha\right\}. \tag{31}$$

根据 48 节(14)式的稳定条件得知(31)式总是正的.

这样就完成了我们的证明.结果是 $\sigma+1$ 相比 σ 相更稳定.当然 σ 相在 $u_{\sigma+1}$ 的边界附近是可以作为亚稳平衡态而出现的.

*50. 勒夏特列原理

在讨论 39 节(24)式时,曾经提到勒夏特列原理,那里所讨论的是这个原理的特殊例子.这个原理是在 1884 年由勒夏特列(Le Chatelier)总结外界对平衡态的影响的各种例子而得到的.在 1887 年布劳恩(F. Braun)对这原理作了一些推广.这原理可陈述如下:

把平衡态的某一因素加以改变之后,将使平衡态向抵消原来因素改变的效果的方向转移.

这是模仿电磁学的楞次定律而表述的,但是却不如楞次定律那样明确,并且在

实际应用时容易引起混淆. 爱泼斯坦(Epstein)指出[1]要使原理明确, 必须分别为两个不同的规则. 本节将把这个原理分为三类来讨论[2].

第一类是关于麦氏关系的, 这一类是由于均匀系在平衡态有热力学函数存在的条件而引起的关于各种变数之间的互相变化的关系. 第二类是物体系在平衡态时变数之间的互相变化的关系, 特别是在化学反应达到平衡时的情形. 这一类是勒夏特列原理的主要部分, 在 39 节已经提到. 第三类是比较在不同条件下的同样变化的大小, 例如比较定压比热与定体比热. 这一类的结果表达为不等式, 与稳定条件在形式上相似.

应当指出, 所有这三类的结论都是依赖于稳定条件的.

第一类　麦氏关系

在 18 节中我们看到, 麦氏关系是一个均匀系的 dU 是完整微分的条件, 这些条件在有两个独立变数时有四个方程. 假如有 n 个独立变数时, 总的麦氏关系应该包含有 2^n 组方程, 每一组方程有 $\frac{1}{2}n(n-1)$ 个. 这是由于 dU 的每一项的独立变数都有两种可能的选择的缘故, 例如 $-pdV$ 一项的相关独立变数可以是 V, 也可以是 p. 一个均匀系的 dU 的普遍形式可以写成

$$dU = Y_1 dy_1 + Y_2 dy_2 + \cdots + Y_n dy_n. \tag{1}$$

我们可以把 Y_i 叫做广义力, y_i 叫做广义坐标. 独立变数可以选作 y_i, 也可选作 Y_i. 在独立变数选择之后, 麦氏关系将包含 $\frac{1}{2}n(n-1)$ 个下列形式的方程:

$$\frac{\partial Y_1}{\partial y_2} = \frac{\partial Y_2}{\partial y_1}. \tag{2}$$

现在举一例来说明勒夏特列原理. 设 $y_1 = S, y_2 = V$, 则 $Y_1 = T, Y_2 = -p$. 方程 (2) 化为

$$\left(\frac{\partial T}{\partial V}\right)_S = -\left(\frac{\partial p}{\partial S}\right)_V. \tag{3}$$

左方可变为

$$\left(\frac{\partial T}{\partial V}\right)_S = -\left(\frac{\partial S}{\partial V}\right)_T \Big/ \left(\frac{\partial S}{\partial T}\right)_V = -\frac{T}{C_v}\left(\frac{\partial S}{\partial V}\right)_T.$$

代入 (3) 式, 得

$$\left(\frac{\partial S}{\partial V}\right)_T = \frac{C_v}{T}\left(\frac{\partial p}{\partial S}\right)_V. \tag{4}$$

假定在体积不变时吸收热量使压强增加, 则 $(\partial p/\partial S)_V > 0$. 根据稳定条件有 $C_v > 0$,

[1]　见 P. S. Epstein, *Thermodynamics*, Ch. XXI (Wiley, 1937).
[2]　本节理论见王竹溪, 科学记录 **1**(1946), 第 364—374 页.

故由(4)得$(\partial S/\partial V)_T>0$. 这就是说,在这个假定下,等温增加体积时必吸收热量.
但等温增加体积时,根据稳定条件$(\partial p/\partial V)_T<0$,得知压强必减少.现在吸收热量,
如果体积不变时,将使压强增加,那就是向着抵消原来减少压强的方向.如果换一
个假定,令$(\partial p/\partial S)_V<0$,也可得到同样的结论.

同样的结论也可由下列麦氏关系得到:

$$\left(\frac{\partial S}{\partial V}\right)_T=\left(\frac{\partial p}{\partial T}\right)_V.$$

作为第二个例子,讨论下列麦氏关系

$$\left(\frac{\partial T}{\partial p}\right)_S=\left(\frac{\partial V}{\partial S}\right)_p. \tag{5}$$

假定在压强不变下吸热增加温度使体积膨胀,则$(\partial V/\partial S)_p>0$. 由(5)式看出,在绝
热增加压强时必使温度升高,这将产生体积膨胀的效果,如果压强不变的话,这种
效果是与原来增加压强的步骤相反的.同样结论也可由下列麦氏关系得到:

$$\left(\frac{\partial S}{\partial p}\right)_T=-\left(\frac{\partial V}{\partial T}\right)_p,$$

只要把左方化为

$$-\frac{C_p}{T}\left(\frac{\partial T}{\partial p}\right)_S.$$

上面由四个麦氏关系得到了两个符合于勒夏特列原理的推论.假如把变数交
换,我们将得到另外两个与勒夏特列原理相反的推论如下:

假定等压吸热使体积膨胀,则在等温增加压强时将放出热量,这将使体积缩
小,如果压强不变的话.

假定等体积升高温度时使压强增加,则在绝热增加体积时将使温度降低,这将
使压强减少,假如体积不变的话.

上面第一个推论中体积减少并不反抗压强增加,第二个推论中压强减少并不
反抗体积增加,因此这两个结论是不符合勒夏特列原理的.由此可见,在应用勒夏
特列原理时必须十分小心.最好是在麦氏关系上不用这个原理.

第二类　化学平衡

一个普遍复相化学反应$\sum_{i,a}\nu_{ia}A_i^a=0$的平衡条件是

$$\sum_{i,a}\nu_{ia}\mu_i^a=0. \tag{6}$$

现在问,当T和p改变时,化学反应要向哪个方向转移? 也就是说,在平衡时,N_i^a
如何随着T和p改变? 当T和p改变时,若平衡继续维持,则(6)式在$T+dT$和
$p+dp$时仍然是适合的,因此有

$$\sum_{i,a} \nu_{ia} \, d\mu_i^a = 0. \tag{7}$$

在 44 节曾经得到下列式子(44 节(3)式)

$$d\mu_i^a = - s_i^a dT + v_i^a dp + \sum_j \psi_{ij}^a \, dN_j^a / N^a. \tag{8}$$

这个式子是把 44 节的(5)和(9)直接代入 44 节的(3)式所得的结果. 现在我们要用 N_i^a 为独立变数,不用克分子分数 x_i^a. 把(8)代入(7),得

$$- \sum_{i,a} \nu_{ia} s_i^a dT + \sum_{i,a} \nu_{ia} v_i^a dp + \sum_{i,j,a} \psi_{ij}^a \nu_{ia} \, dN_j^a / N^a = 0. \tag{9}$$

为了给这个方程一个简单的解释,我们引进一个新的物理量 ξ,叫做**反应度**,由下式规定:

$$N_i^a = N_0 \nu_{ia} \xi + \overline{N}_i^a, \tag{10}$$

其中 N_0 和 $\overline{N}_i^a$ 中之一是任意的. 这是 39 节(19)式的推广. 为讨论简单起见,可以令 $N_0 = 1$,这等于对物质的总数量作一适宜选择. 所有的 $\overline{N}_i^a$ 和 N_i^a 都不能是负的,而在化学反应进行时,N_i^a 的改变完全由 ξ 的改变决定,所有的 $\overline{N}_i^a$ 都是常数. 当 ξ 增加时,反应在正向进行;当 ξ 减少时,反应在负向进行.

假如有 r 个独立的化学反应同时进行:

$$\sum_{i,a} \nu_{ia}^{(l)} A_i^a = 0 \quad (l = 1, 2, \cdots, r),$$

则可引进 r 个反应度 $\xi_1, \cdots, \xi_r$,由下式规定:

$$N_i^a = N_{01} \nu_{ia}^{(1)} \xi_1 + \cdots + N_{0r} \nu_{ia}^{(r)} \xi_r + \overline{N}_i^a, \tag{11}$$

其中 $N_{01}, \cdots, N_{0r}, \overline{N}_i^a$ 都是常数,而且都不是负的. N_{0l} 等也可以选择得与 ξ_l 等有关,不一定选为常数,看具体情形如何而定. 在 39 节我们为了要使 ξ_1 和 ξ_2 等每个都由 0 变到 1,就必须选 N_{0l} 与 ξ_l 有关.

为简单起见,我们只讨论一个化学反应的情形,并选 $N_0 = 1$. 于是得 $dN_i^a = \nu_{ia} d\xi$,而(9)式可简写为

$$- \Delta S dT + \Delta V dp + \psi d\xi = 0, \tag{12}$$

其中

$$\Delta S = \sum_{i,a} \nu_{ia} s_i^a, \quad \Delta V = \sum_{i,a} \nu_{ia} v_i^a, \quad \psi = \sum_{i,j,a} \psi_{ij}^a \nu_{ia} \nu_{ja} / N^a. \tag{13}$$

由平衡条件(6)得

$$\sum_{i,a} \nu_{ia} \mu_i^a = \Delta G = \Delta H - T \Delta S = 0,$$

故

$$\Delta S = \frac{\Delta H}{T}.$$

ΔH 是定压反应热. 由(12)式得

$$\psi \left(\frac{\partial \xi}{\partial T} \right)_p = \Delta S = \frac{\Delta H}{T}, \quad \psi \left(\frac{\partial \xi}{\partial p} \right)_T = - \Delta V. \tag{14}$$

　　根据 48 节的稳定条件(16)得知 $\psi>0$. 由(14)的第一个方程得出结论,升高温度将使反应向吸热方向进行(即当 $\Delta H>0$ 时有 $\mathrm{d}\xi>0$). 这是符合勒夏特列原理的. 因为温度的升高需要有热量供给,现在反应既然吸收热量,假如不供给热量,它的效果将使温度降低,这是与原来升高温度相反的.

　　由(14)的第二个方程得出结论,增加压强将使反应向体积减少方向进行. 这也是符合勒夏特列原理的. 因为当化学反应在压强不变下进行使体积减少,与没有化学反应时体积减少必使压强增加相比较,可见有化学反应时相对地使压强减少了,这正好抵消原来增加压强的效果.

　　在气体化学反应情形下有(见 39 节(25)式)

$$\left(\frac{\partial}{\partial T}\ln K\right)_p = \frac{\Delta H}{RT^2}, \quad \left(\frac{\partial}{\partial p}\ln K\right)_T = -\frac{\Delta V}{RT}, \tag{15}$$

其中
$$\ln K = \sum_i \nu_i \ln x_i.$$

比较(14)和(15),看出 K 的变化方向与 ξ 的相同. 实际上,只要用 48 节(37)式的 ψ_{ij},并用 $\mathrm{d}N_i=\nu_i\mathrm{d}\xi$,就可证明(14)式在气体化学反应情形下引导到(15)式.

　　由(12),令 ξ 不变,还可得另一方程如下

$$\left(\frac{\partial p}{\partial T}\right)_\xi = \frac{\Delta S}{\Delta V} = \frac{\Delta H}{T\Delta V}. \tag{16}$$

这个方程是克拉珀龙方程的形式.

　　很有趣味的是这一类化学平衡问题可以在数学形式上化到第一类麦氏关系去,只要我们引进一个新的变数 Ξ 作为 ξ 的共轭力,而把 ξ 当作一个坐标. Ξ 的定义是

$$\Xi = \sum_{i,a} \nu_{ia}\mu_i^a. \tag{17}$$

在引进这个新的变数之后,内能的全微分化为

$$\mathrm{d}U = T\mathrm{d}S - p\mathrm{d}V + \Xi\mathrm{d}\xi. \tag{18}$$

对于吉布斯函数 $G=U-Ts+pV$ 说,麦氏关系是

$$\left(\frac{\partial S}{\partial \xi}\right)_{T,p} = -\left(\frac{\partial \Xi}{\partial T}\right)_{p,\xi}, \quad \left(\frac{\partial V}{\partial \xi}\right)_{T,p} = \left(\frac{\partial \Xi}{\partial p}\right)_{T,\xi}. \tag{19}$$

很容易看出

$$\left(\frac{\partial S}{\partial \xi}\right)_{T,p} = \Delta S = \frac{\Delta H}{T}, \quad \left(\frac{\partial V}{\partial \xi}\right)_{T,p} = \Delta V, \quad \left(\frac{\partial \Xi}{\partial \xi}\right)_{T,p} = \psi.$$

由于
$$\left(\frac{\partial \Xi}{\partial T}\right)_{p,\xi} = -\left(\frac{\partial \Xi}{\partial \xi}\right)_{T,p}\left(\frac{\partial \xi}{\partial T}\right)_{p,\Xi} = -\psi\left(\frac{\partial \xi}{\partial T}\right)_{p,\Xi},$$

可以看出,(19)中第一个方程与(14)中第一个方程是一样的. 同样,(19)和(14)的第二个方程互相是一样的. 现在 Ξ 所具有的常数值是零.

第三类 副"力"的衰减作用

这一类的简单例子是：定压比热大于定体比热. 在体积不变时加热, 主要的"力"是温度, 副"力"是压强. 在体积不变时, 压强改变, 因此副"力"发生作用, 它的作用是减少熵随温度的改变, 也就是说, 使得定体比热小于定压比热.

另外一个简单例子是：等温压缩系数大于绝热压缩系数. 在绝热过程中熵不变而副"力"温度变, 其效果是降低体积随压强的变化率. 利用公式 (见 11 节 (22) 式)

$$/\quad_s = C_p/C_v,$$

这两个例子联系起来了.

普遍说来是：**力 Y_2 的改变降低坐标 y_1 随力 Y_1 的变化率.** 数学公式是

$$\left(\frac{\partial y_1}{\partial Y_1}\right)_{y_2} < \left(\frac{\partial y_1}{\partial Y_1}\right)_{Y_2}. \tag{20}$$

把力与坐标交换之后得：**坐标 y_2 的改变降低力 Y_1 随坐标 y_1 的变化率.** 数学公式是

$$\left(\frac{\partial Y_1}{\partial y_1}\right)_{Y_2} < \left(\frac{\partial Y_1}{\partial y_1}\right)_{y_2}. \tag{21}$$

现在给 (21) 一个证明. 用变数变换得

$$\left(\frac{\partial Y_1}{\partial y_1}\right)_{Y_2} = \frac{\partial(Y_1,Y_2)}{\partial(y_1,y_2)} \bigg/ \frac{\partial Y_2}{\partial y_2} = \frac{\partial Y_1}{\partial y_1} - \left(\frac{\partial Y_1}{\partial y_2}\right)^2 \bigg/ \frac{\partial Y_2}{\partial y_2}.$$

由于 $\partial Y_2/\partial y_2 > 0$ 是稳定条件所要求的, 自然 (21) 得到证明. 显然 (20) 可同样证明.

总结以上的讨论, 在三类的问题中应用勒夏特列原理都不是十分简单而明确的, 因此最好不用这个原理.

第六章习题

1. 应用变数变换法证明 46 节的三组稳定条件 (9), (11), (13) 是等效的.

2. 证明：(一) $\left(\dfrac{\partial T}{\partial p}\right)_v \left(\dfrac{\partial S}{\partial p}\right)_v > 0$, (二) $\left(\dfrac{\partial T}{\partial v}\right)_p \left(\dfrac{\partial S}{\partial v}\right)_p > 0$,

   (三) $\left(\dfrac{\partial p}{\partial s}\right)_T \left(\dfrac{\partial v}{\partial s}\right)_T < 0$, (四) $\left(\dfrac{\partial p}{\partial T}\right)_s \left(\dfrac{\partial v}{\partial T}\right)_s < 0$.

3. 证明在选 s 和 v 为独立变数时有

$$\frac{\partial T}{\partial s}(\delta s)^2 - 2\frac{\partial p}{\partial s}\delta s\delta v - \frac{\partial p}{\partial v}(\delta v)^2 > 0,$$

由此得 $\qquad\qquad \dfrac{\partial T}{\partial s} > 0, \qquad \dfrac{\partial(T,p)}{\partial(s,v)} < 0.$

4. 不采取 46 节由多相的公式(6)到单相的公式(7)的办法,而直接利用(1)消去非独立微分的办法,导出稳定条件.

5. 求 47 节 AK 曲线在 s-v 平面上的斜率,即求 ds/dv.

6. 把 47 节的 $\delta^2 u_1 - \delta^2 u_2$ 用 δs 和 δv 表达.

7. 求 47 节中可展曲面 u_2 的脊线(edge of regression)的参数方程.

8. 用一个克分子的变数 u^a, s^a 等及克分子分数 x_i^a 来导出多元系的复相平衡条件(即 48 节(5)式).

9. 假设两相 α 和 β 达到平衡时两相的性质只有无穷小的差别,分别考虑热过程,力学过程,及化学过程(指某一种组元的相变过程),应用过程进行方向受 $T^a > T^\beta$ 等条件的限制这一事实,导出稳定条件:$c_v > 0$,$\left(\dfrac{\partial p}{\partial v}\right)_T < 0$,$\left(\dfrac{\partial \mu_i}{\partial N_i}\right)_{T,p,N_1,\cdots} > 0$.[参阅 Guggenheim, *Modern Thermodynamics* (1934),p.23.]

10. 用 T, v, x_i 作为独立变数求多元系的稳定条件,并证明这些稳定条件与 48 节用 T, p, x_i 为独立变数所得到的结果是等效的.

11. 用 s, v, x_i 作为独立变数重复前题 10 的计算.

12. 证明理想气体的稳定条件中行列式 Ψ_l 的数值等于 48 节(38)式所给的.

13. 在化学反应问题中求某一组元的克分子数改变所引起的效果.[参阅 Schottky, Ulich, Wagner: *Thermodynamik* (1929),p.495.]

14. 当有两个化学反应同时进行时,如何把 50 节(11)式所引进的反应度具体规定? 以 39 节所讨论的特殊例子,HI 和 I_2 同时分解的化学反应,来说明这个问题.[无须讨论普遍情形.]

第七章　溶　液　理　论

*51. 溶液的普遍理论

溶液是液态溶体,溶体是一个含有多种组元的均匀系的别名.当溶体是气相时,通常叫做混合气体.混合气体的性质已经在第五章中详细讨论过了.当溶体是固相时,叫做固溶体,通常把金属固溶体叫合金,把非金属固溶体叫和晶.本章专讨论液态溶体——溶液.

溶体的一般理论已经包含在第五章的普遍理论中了.本章将着重讨论一种特殊溶液的性质,所谓稀溶液的性质;但在本节中将讨论溶液的一般性质,不限制在稀溶液.本节将着重讨论两相平衡问题,其中一相是溶液,另一相是化学纯的物质.这些问题可以归纳为渗透现象,包括渗透压,凝固点降低,沸点升高等现象.这些现象的热力学理论是普朗克[①]所建立的,但是普朗克的理论限制在二元溶液,即只有两个组元的溶液.本节的理论是普朗克理论的推广[②],可适用于多元溶液.

在溶液的理论中最重要的是稀溶液理论.在稀溶液里数量占得最多的那种组元叫做溶剂,其他组元叫做溶质.若溶液不稀,就不能分别溶剂与溶质.在下面讨论一般的溶液理论时,虽然不能严格分别溶剂与溶质,但是使用这两个名词也还有方便处,因为可以把结果与稀溶液的结果比较.

令构成溶剂的组元为第一组元,并考虑溶液与纯物质达到平衡的问题,设这个纯物质在溶液中是某一组元 j ;$j=1$ 时纯物质就是构成溶剂的物质,$j>1$ 时纯物质是构成溶质的物质.对纯物质的各热力学变数及函数都加一撇,对溶液相不给任何特别标志.纯物质 j 与溶液达到平衡的问题可分两种情形讨论,一是两相压强相等,一是两相压强不相等.压强不相等的情形在纯 j 是液体时发生,因为当纯 j 是液体时必须有一半透膜把纯 j 与溶液隔开,因而使两相的压强不相等.

先讨论两相压强相等的情形.平衡条件是

$$\mu_j(T,p,N_1,\cdots,N_k)=\mu'(T,p), \tag{1}$$

其中 μ' 是纯 j 的化学势.当平衡态有一微小的改变时有

---

①　见 Planck, *Thermodynamik*, §§ 223—226.

②　见王竹溪,中国物理学报,**7**(1948),第 161—163 页.

$$- s_j dT + v_j dp + \sum_i \frac{\partial \mu_j}{\partial N_i} dN_i = - s' dT + v' dp. \tag{2}$$

我们将只讨论纯 j 与溶液达到平衡的问题,假设没有他种物质参加进来,那么将只有 N_j 能改变,其他 N_i 在 $i \neq j$ 时都将固定不变.在这个情形下,(2)式简化为

$$(s' - s_j) dT - (v' - v_j) dp + \frac{\partial \mu_j}{\partial N_j} dN_j = 0. \tag{3}$$

这个方程的第一项的系数还可用相变热 λ_j 表示出来,λ_j 与焓的关系是 $\lambda_j = h' - h_j$.方程(1)又可写为

$$h_j - T s_j = h' - T s',$$

由此得
$$\lambda_j = h' - h_j = T(s' - s_j). \tag{4}$$

现在讨论方程(3).先假设 $j > 1$,即纯 j 为溶质.这时方程(3)给溶解度(这由 N_j 的数值决定)随温度和压强变化的情形.由(3)式得

$$\left(\frac{\partial N_j}{\partial T} \right)_p = - \frac{\lambda_j}{T} \Big/ \frac{\partial \mu_j}{\partial N_j}, \quad \left(\frac{\partial N_j}{\partial p} \right)_T = (v' - v_j) \Big/ \frac{\partial \mu_j}{\partial N_j}. \tag{3$'$}$$

第一个方程指出,若 $\lambda_j > 0$ 时,温度升高将使溶解度降低,因为根据稳定条件有 $\partial \mu_j / \partial N_j > 0$.$\lambda_j > 0$ 表示溶解时放出热量.若 $\lambda_j < 0$ 时,温度升高将使溶解度增加.类似的结论也可由(3$'$)的第二个方程得出.由(3)还可得另一方程

$$\left(\frac{\partial p}{\partial T} \right)_{N_j} = \frac{s' - s_j}{v' - v_j} = \frac{\lambda_j}{T(v' - v_j)}. \tag{3$''$}$$

这个方程给出在溶解度不变的情形下平衡压强随温度变化的关系.

在 $j > 1$ 的情形下,λ_j 叫做溶解热,是一克物质 j 溶解后所放出的热量.若纯 j 是气体时,通常有 $\lambda_j > 0$,故气体的溶解度通常随温度升高而减少.若纯 j 是固体时,λ_j 大都是负的,因此溶解度随温度升高而增加.

其次讨论 $j = 1$ 的情形.由(3),令 $j = 1$,得

$$\left(\frac{\partial T}{\partial N_1} \right)_p = - \frac{\partial \mu_1}{\partial N_1} \frac{1}{s' - s_1} = - \frac{\partial \mu_1}{\partial N_1} \frac{T}{\lambda_1}, \tag{5}$$

$$\left(\frac{\partial p}{\partial N_1} \right)_T = \frac{\partial \mu_1}{\partial N_1} \frac{1}{v' - v_1}. \tag{6}$$

当纯溶剂存在于气态时,λ_1 是汽化潜热,$\lambda_1 > 0$.方程(5)指出,在压强不变时,沸点随 N_1 增加而降低.但 N_1 增加将使溶液冲淡.所以在溶液的浓度增加时,N_1 必减少,因而沸点必升高.

当纯溶剂存在于液态时,λ_1 是稀化热,是一个克分子纯溶剂加入到大量溶液后所放出的热量.

当纯溶剂存在于固态时,λ_1 是负的,$-\lambda_1$ 是熔解热.方程(5)指出,在压强不变时,凝固点随 N_1 增加而升高.也就是说,在溶液的浓度增加时,凝固点必降低.

当纯溶剂存在于气态时,必有 $v' \gg v_1$,由(6)看出,在温度不变时,当溶液的浓

度增加因而使 N_1 减少时,蒸气压必降低.

渗透压——现在讨论有半透膜隔开两相使两相的压强不相等的情形.平衡条件(1)要改为

$$\mu_1(T,p,N_1,N_2,\cdots) = \mu'(T,p'). \tag{7}$$

现在我们只讨论溶剂能透过半透膜,而一切溶质都不能透过的情形.在这种情形下,两相的压强差 $p-p'$,名为**渗透压**.在(7)中给以微小变动,得

$$-s_1\mathrm{d}T + v_1\mathrm{d}p + \frac{\partial\mu_1}{\partial N_1}\mathrm{d}N_1 = -s'\mathrm{d}T + v'\mathrm{d}p'. \tag{8}$$

在温度 T 和纯溶剂的压强 p' 不变的情形下,渗透压随溶质浓度的改变由下式表达:

$$v_1\mathrm{d}p = -\frac{\partial\mu_1}{\partial N_1}\mathrm{d}N_1. \tag{9}$$

当溶质浓度增加时,N_1 必相对地减少,故由方程(9)得知渗透压随溶质浓度增加.但在溶质浓度为零时,p 应与 p' 相等,即渗透压等于零,故在任何不等于零的溶质浓度,渗透压必是正的.

溶液的化学势——确定溶液的化学势的一个方法是测与溶液达到平衡的气体的分压.假设气体可近似地当作混合理想气体,则气体的化学势是(见 38 节(12)式)

$$\mu_i = RT\{\varphi_i + \ln p_i\}, \tag{10}$$

其中 p_i 是平衡蒸气的分压.根据化学平衡条件,这个化学势应等于溶液的化学势.但必须注意,在把(10)作为溶液的化学势之后,p_i 必须认为是实测的平衡分压,它的数值是与温度 T,总压强 p,及溶液的化学成分 N_i 有关的.至于 φ_i 则是一个已知的温度函数,由 38 节(10)式或(11)式表达.把(10)式代入下列吉布斯-杜安关系(见 44 节(8)式)

$$\sum_i N_i\mathrm{d}\mu_i = 0 \quad (T,p\ \text{不变}), \tag{11}$$

得
$$\sum_i N_i\mathrm{d}\ln p_i = 0 \quad (\mathrm{d}T = \mathrm{d}p = 0). \tag{12}$$

方程(12)名为杜安-马居尔(Duhem-Margules)关系.

应用(10)式可以把渗透压表达出来.把(10)式代入(7),得

$$RT(\varphi_1 + \ln p_1) = \mu'(T,p'), \tag{13}$$

其中 p_1 是溶液在 T,p 时的蒸气中溶剂的分压.设 p_1^0 为纯溶剂在 T,p 时的蒸气中溶剂的分压,这时候蒸气中还有其他气体以维持纯溶剂上的总压强为 p.注意 p_1^0 大于纯溶剂在 T 时的饱和蒸气压 p_0.根据 p_1^0 的意义得

$$RT(\varphi_1 + \ln p_1^0) = \mu'(T,p). \tag{14}$$

根据 p_0 的意义得

$$RT(\varphi_1 + \ln p_0) = \mu'(T, p_0). \tag{15}$$

从(14)和(15)可看出,p_1^0 不等于 p_0. 在(13)和(14)中消去 φ_1,得

$$RT\ln(p_1^0/p_1) = \mu'(T, p) - \mu'(T, p'). \tag{16}$$

由下列关系

$$\frac{\partial \mu'}{\partial p} = v',$$

应用中值公式,得

$$\mu'(T, p) - \mu'(T, p') = \overline{v'}(p - p'),$$

其中 $\overline{v'}$ 为 v' 的一种平均值. 代入(16),并令渗透压 $p - p'$ 为 P,得

$$P\overline{v'} = RT\ln(p_1^0/p_1). \tag{17}$$

*52. 理 想 溶 液

本节讨论稀溶液理论,然后引进理想溶液的概念. 现在讲普朗克的稀溶液的热力学理论[1].

先讨论稀溶液的内能. 稀溶液的特点是 N_1 特别大,其他 $N_i (i>1)$ 都比 N_1 小得多. 由于内能 U 是广延量,U/N_1 将只是 $N_i/N_1 (i>1)$ 的函数. 现在既然 $N_i/N_1 \ll 1$,我们可以假定 U/N_1 可按 N_i/N_1 的幂级数展开,而只保留到一次项为止,所有的高次项都省略. 这样就得到

$$\frac{U}{N_1} = u_1 + \frac{N_2}{N_1}u_2 + \frac{N_3}{N_1}u_3 + \cdots + \frac{N_k}{N_1}u_k,$$

其中 $u_1, u_2, \cdots$ 是 T 和 p 的函数,与 N_i 无关. 用 N_1 乘,得

$$U = \sum_{i=1}^{k} N_i u_i. \tag{1}$$

从这个式子可看出,u_i 的物理意义是偏克分子内能. 由于(1)式是近似的,严格说来,u_i 是偏克分子内能在无限稀时的极限值.

同样可得到

$$V = \sum_{i=1}^{k} N_i v_i, \tag{2}$$

其中 v_i 是偏克分子体积,是 T 和 p 的函数,与 N_i 无关.

有了内能和体积函数以后,就可应用热力学第二定律的基本微分方程求熵. 假设所有 N_i 都固定不变,则有

$$TdS = dU + pdV = \sum_i N_i(du_i + pdv_i).$$

这个微分方程的解是

$$S = \sum_i N_i s_i^* + C, \tag{3}$$

---

[1] 见 Planck, *Thermodynamik*, §§ 249—254.

其中 s_i^* 是下列微分方程的解:

$$Tds_i^* = du_i + pdv_i, \tag{4}$$

而 C 是一个未定的 N_i 等的函数. 由(4)求出的解 s_i^* 是 T 和 p 的函数, 与 N_i 无关. 因为 dS 对任何 N_i 数值说都是完整微分, 所以 ds_i^* 是完整微分, 因而(4)式是有解的. 现在的问题是如何确定 C 与 N_i 的关系. 为了这个目的, 普朗克假想温度变得很高, 同时压强变得很低, 使溶液变成混合理想气体, 并且假想在改变的过程中溶液的性质是连续改变的. 由液体连续变为气体可以采取绕过临界点的办法, 也可假想经过不稳定的平衡态(见 29 节). 在这个改变过程中 N_i 都是不变的, 因此 C 也不变. 假如在理想气体状态的 C 已知, 则溶液的 C 也就知道了. 但是在混合理想气体的情形, 我们知道(见 38 节(20)式)

$$C = -R\sum_i N_i \ln x_i, \tag{5}$$

其中 $x_i = N_i/N \left(N = \sum N_i\right)$, 是组元 i 的克分子分数. 所以溶液的 C 也应当是这样. 对于 C 可以有与混合气体相同的解释, 这是不可逆的扩散过程所引起的熵增加值. 把(5)代入(3), 得溶液的熵为

$$S = \sum_i N_i(s_i^* - R\ln x_i). \tag{6}$$

由(1), (2)和(6)求得溶液的吉布斯函数为

$$G = \sum_i N_i(g_i + RT\ln x_i), \tag{7}$$

其中 $$g_i = u_i - Ts_i^* + pv_i.$$

由(7)可求出溶液的化学势为(记着 $\mu_i = \partial G/\partial N_i$)

$$\mu_i = g_i + RT\ln x_i. \tag{8}$$

反过来, 假如已知化学势由(8)式确定, 则可求得吉布斯函数 $G = \sum_i N_i\mu_i$, 然后把 G 作为在以 $T, p, N_1, N_2, \cdots, N_k$ 为独立变数时的特性函数, 由 G 对 T 和 p 求偏微商就可求出溶液的熵和物态方程, 又可求出内能(见 22 节(13)和(14)两式). 因此(8)或(7)确定了溶液的全部平衡性质.

一个溶液, 它的化学势的函数形式是(8)的, 叫做**理想溶液**. 根据上面所讲的普朗克的理论, 理想溶液是稀溶液在无限稀时的极限情形. 实际上, 对于一般非电解质溶液说, 当 $x_i < 0.01$ ($i > 1$), 就可认为是理想溶液. 对于电解质溶液说, 特别是强电解质, 有时在 $x_i > 10^{-6}$ ($i > 1$), 就不能作为理想溶液处理了(见后 54 和 55 节). 但是也有一些溶液, 例如溴苯和氯苯混合所成的溶液, 在任何浓度都是理想溶液.

理想溶液的一个重要性质是混合性, 这就是: **同一溶剂的两个理想溶液在温度和压强不变的情形下混合时没有体积的改变也不吸收或放出热量**. 这是方程(1)

和(2)的必然结果,可由(1)和(2)证明如下. 设两个理想溶液的克分子数各为 N_i' 及 N_i'',则混合后的克分子数为 $N_i' + N_i''$. 假如这两个溶液的体积各为 V' 及 V'',它们的内能各为 U' 及 U'',则根据(1)和(2),这些都是 N_i 的线性函数,因此混合后的体积和内能应是 $V = V' + V''$ 和 $U = U' + U''$. 这就说明混合后没有体积的改变,也不吸收或放出热量. 由此可见,理想溶液的稀化热等于零.

应用(8)式可得到蒸气分压与溶液的克分子分数的关系. 令(8)式等于前节(10)式,得

$$RT(\varphi_i + \ln p_i) = g_i + RT \ln x_i.$$

由此得
$$p_i = k_i x_i, \tag{9}$$

其中 k_i 叫做**亨利系数**,是温度和压强的函数,由下式规定

$$RT \ln k_i = g_i - RT \varphi_i. \tag{10}$$

(9)式对于溶质说($i > 1$)表示**亨利定律**,这个定律说,在一定的温度和压强下,溶质的蒸气分压与它在溶液中的克分子分数成正比. 这是亨利(Henry)在 1803 年发现的实验定律.

对于溶剂说($i = 1$),(9)表示溶剂的蒸气分压与溶剂的克分子分数成正比,这名为拉乌尔定律,是拉乌尔(Raoult)在 1886 年所发现的实验定律. 设 p_1^0 为纯溶剂在 T, p 时的蒸气分压,则在此时有 $x_i = 0, x_1 = 1$,故由(9)得

$$p_1^0 = k_1. \tag{11}$$

引进 p_1^0 之后,拉乌尔定律可表为

$$(p_1^0 - p_1)/p_1^0 = x_2 + x_3 + \cdots. \tag{12}$$

这说明溶液的溶剂蒸气压的降低与各溶质的克分子分数之和成正比.

在理论上可从亨利定律导出拉乌尔定律. 因为假如亨利定律是真的,则把(9)式中的 $p_i (i > 1)$ 代入前节(12)式杜安-马居尔关系,得

$$N_1 \mathrm{d} \ln p_1 + \sum_{i>1} N_i \mathrm{d} \ln(k_i x_i) = 0 \quad (\mathrm{d}T = \mathrm{d}p = 0).$$

由于 k_i 只与 T 和 p 有关,在 T 和 p 不变时得

$$\sum_{i>1} N_1 \mathrm{d} \ln(k_i x_i) = \sum_{i>1} N_i \mathrm{d} \ln x_i = \sum_{i>1} \frac{N_i}{x_i} \mathrm{d}x_i = N \sum_{i>1} \mathrm{d}x_i = - N \mathrm{d}x_1.$$

代入上式,得
$$\mathrm{d} \ln p_1 = \frac{N \mathrm{d}x_1}{N_1} = \frac{\mathrm{d}x_1}{x_1}.$$

由此求积分即得拉乌尔定律. 由此可见,有了亨利定律之后,可导出拉乌尔定律,然后把这两个定律的公式(9)代入前节(10)式,即得溶液的化学势如本节的(8)式. 因此,亨利定律就完全决定了理想溶液的性质.

把拉乌尔定律代入前节(17)式关于渗透压的公式,得理想溶液的渗透压 P 为

$$P \overline{v'} = RT \ln(k_1/p_1) = RT \ln(1/x_1). \tag{13}$$

对于非常稀的溶液说，有

$$\ln(1/x_1) = -\ln(1 - x_2 - x_3 - \cdots) \approx x_2 + x_3 + \cdots \approx \sum_{i>1} N_i/N_1.$$

同时 $\overline{v'} \approx v_1 \approx V/N_1$. 代入(13)，得非常稀的溶液的渗透压为

$$PV = \sum_{i>1} N_i RT. \tag{14}$$

这个方程是范托夫最初由分子学说导出的. 这个方程的形式与混合理想气体的物态方程形式一样，溶质就好像理想气体一样，各自贡献分压到总的渗透压. 这个方程在电解质的理论的发展上起过重要的作用.

*53. 理想溶液的化学反应

考虑几个不同的理想溶液在一起发生化学反应，这些不同的溶液是些不同的相. 设 α 相溶液的化学势为

$$\mu_i^\alpha = g_i^\alpha + RT\ln x_i^\alpha. \tag{1}$$

设这些溶液全在同一温度和压强之下，并假设有一化学反应进行，由下列方程代表

$$\sum_{i,\alpha} \nu_{i\alpha} A_i^\alpha = 0. \tag{2}$$

平衡条件是

$$\sum_{i,\alpha} \nu_{i\alpha} \mu_i^\alpha = 0. \tag{3}$$

把(1)式的化学势代入，经过演算，得

$$\prod_{i,\alpha} (x_i^\alpha)^{\nu_{i\alpha}} = K, \tag{4}$$

其中 K 名为平衡恒量，是 T 和 p 的函数，由下式规定

$$\ln K = -\sum_{i,\alpha} \nu_{i\alpha} g_i^\alpha / RT. \tag{5}$$

方程(4)表达溶液的质量作用律，它的形式与理想气体的相同.

上面说的理想溶液的化学反应可以包括混合理想气体在内，因为混合理想气体的化学势也是(1)式那种形式，不过 $g_i = RT(\varphi_i + \ln p)$ 而已. 所以混合理想气体在热力学的性质上也可以认为是一种理想溶液. 这样看来，亨利定律和拉乌尔定律（见上节(9)式）都可以认为是公式(4)的特殊情形，适用于特殊的化学反应——相变：$A_i' - A_i = 0$，其中 A_i 是溶液的组元 i，A_i' 是气相的组元 i.

平衡恒量随温度和压强而变的改变率可从(5)式求微分得到：

$$\left(\frac{\partial}{\partial T}\ln K\right)_p = \frac{\Delta H}{RT^2}, \tag{6}$$

$$\left(\frac{\partial}{\partial p}\ln K\right)_T = -\frac{\Delta V}{RT}, \tag{7}$$

其中 $\Delta H = \sum_{i,a} \nu_{ia} h_i^a$ 是反应热,$\Delta V = \sum_{i,a} \nu_{ia} v_i^a$ 是体积的改变.

现在把上面的普遍理论应用到 51 节所讲的特殊化学反应,即溶液与纯物质 j 之间的相变.先讨论 $j=1$ 的情形.应用溶液的化学势公式,求得

$$\frac{\partial \mu_1}{\partial N_1} = RT \frac{\partial}{\partial N_1} \ln x_1 = RT \frac{\partial}{\partial N_1} \ln \frac{N_1}{N}$$

$$= RT \left(\frac{1}{N_1} - \frac{1}{N} \right) = \frac{RT}{N_1 N} \sum_{i>1} N_i.$$

代入 51 节(5)式和(6)式,得

$$N_1 \left(\frac{\partial T}{\partial N_1} \right)_p = -\frac{RT^2}{N\lambda_1} \sum_{i>1} N_i,$$

$$N_1 \left(\frac{\partial p}{\partial N_1} \right)_T = \frac{RT}{N(v'-v_1)} \sum_{i>1} N_i. \tag{8}$$

这两个方程表达平衡温度和压强随溶液浓度的改变率.

在很稀的溶液情形下,通常引用**克分子溶度**来表达溶液的浓度,溶质 i 的克分子溶度 m_i 是在一千克溶剂中组元 i 的克分子数.设 m_1 为一千克溶剂的克分子数,$m_1^\dagger$ 为溶剂的分子量,则 $m_1 = 1000/m_1^\dagger$.对于水溶剂说,$m_1^\dagger = 18.016$,故 $m_1 = 55.51$. 显然 $m_i/m_1 = N_i/N_1$.令 m 为总克分子溶度:

$$m = \sum_{i>1} m_i = \sum_{i>1} N_i m_1/N_1. \tag{9}$$

把(8)式中变数 N_1 利用(9)式换为变数 m,注意在(8)式中 N_i 是不变的($i>1$),得

$$\left(\frac{\partial T}{\partial m} \right)_p = \frac{RT^2}{(m_1+m)\lambda_1}, \quad \left(\frac{\partial p}{\partial m} \right)_T = -\frac{RT}{(m_1+m)(v'-v_1)}. \tag{10}$$

在稀溶液的情形下,$m \ll m_1$,(10)式右方的 m_1+m 可用 m_1 代替,得

$$\left(\frac{\partial T}{\partial m} \right)_p = \frac{RT^2}{m_1 \lambda_1}, \quad \left(\frac{\partial p}{\partial m} \right)_T = -\frac{RT}{m_1(v'-v_1)}. \tag{11}$$

这两个方程是由范托夫最初由分子学说得到的.

现在应用(11)式来讨论水溶液的凝固点降低现象.水在 0℃ 及一个大气压时,$m_1\lambda_1 = -79.72 \times 10^3$ 卡,$T=273.15$,代入(11)式的第一个方程,得

$$\left(\frac{\partial T}{\partial m} \right)_p = -1.860.$$

这是理论上求得的凝固点在增加一个克分子溶度时应当降低的度数,这个结果与实验观测的相符.在 0℃ 及一个大气压下溶解在水中的空气的总克分子溶度为 $m=0.00130$,得冰点降低数为 $0.00130 \times 1.860 = 0.00242$℃.这个结果在 27 节讨论水的三相点时曾经用过.

其次应用(11)式来讨论水溶液的沸点升高现象.水在 100℃ 及一个大气压时,$m_1\lambda_1 = 539.14 \times 10^3$ 卡,$T=373.15$,代入(11)式的第一个方程,得

$$\left(\frac{\partial T}{\partial m}\right)_p = 0.513.$$

这是理论上求得的沸点在增加一个克分子溶度时应当升高的度数,这个结果与实验观测的相符.

应用(11)式的第一个方程到蒸气压降低现象时,可假设蒸气是理想气体,得 $v' = RT/p$,并略去 v_1,化方程为

$$\left(\frac{\partial p}{\partial m}\right)_T = -\frac{p}{m_1}.\tag{12}$$

设 p_0 为 p 在 $m=0$ 时的极限值,则当 m 很小时,(12)式给出

$$\frac{p_0 - p}{p_0} = \frac{m}{m_1}.\tag{13}$$

这是拉乌尔定律的另一种形式(比较上节(12)式).

现在讨论 $j>1$ 的情形. 在 51 节方程(3)之中最末一项在理想溶液时可写为

$$\frac{\partial \mu_i}{\partial N_j}dN_j = RT\frac{\partial}{\partial N_j}(\ln x_j)dN_j = RT\,d\ln x_j.$$

因此由 51 节(3)式得下列两个方程

$$\left(\frac{\partial}{\partial T}\ln x_j\right)_p = -\frac{\lambda_j}{RT^2}, \quad \left(\frac{\partial}{\partial p}\ln x_j\right)_T = \frac{v' - v_j}{RT},\tag{14}$$

其中 $\lambda_j = T(s' - s_j)$ 是溶解热. 由克分子溶度的定义可以看出

$$x_j = \frac{N_j}{N} = \frac{m_j}{m_1 + m},\tag{15}$$

其中 $m = \sum_{i>1} m_i$. 在很稀的溶液情形下,$m \ll m_1$,可近似地令 $x_j = m_j/m_1$. 由于 m_1 是常数,在很稀的溶液时(14)化为

$$\left(\frac{\partial}{\partial T}\ln m_j\right)_p = -\frac{\lambda_j}{RT^2}, \quad \left(\frac{\partial}{\partial p}\ln m_j\right)_T = \frac{v' - v_j}{RT}.\tag{16}$$

这两个方程给克分子溶度随温度和压强而改变的改变率.

再讨论一种特殊的化学反应例子——相变. 设某一组元 i 由 α 相到 β 相:

$$A_i^\beta - A_i^\alpha = 0.$$

平衡条件为 $\qquad\qquad\qquad \mu_i^\alpha = \mu_i^\beta.$

把(1)式代入,经过演算,得

$$x_i^\beta / x_i^\alpha = l_i \quad (i>1),\tag{17}$$

其中 l_i 为 T 和 p 的函数,由下式规定

$$RT\ln l_i = g_i^\alpha - g_i^\beta;\tag{18}$$

l_i 名为溶质 i 在两个溶液 α 和 β 中的**分配系数**. 方程(17)确定溶质 i 在两个溶液 α 和 β 的克分子分数的比例在温度和压强固定时是常数,这叫做能斯特(Nernst)分

配定律.

现在讨论理想溶液的单相化学反应. 我们只讨论两个简单的例子. 第一个例子是水的分解, 水分子 H_2O 分解为阳离子 H^+ 和阴离子 OH^-. 化学反应为

$$H^+ + OH^- - H_2O = 0.$$

设 H_2O, H^+, OH^- 的克分子数分别为 N_1, N_2, N_3; 克分子分数分别为 x_1, x_2, x_3. 平衡条件(4)简化为

$$x_2 x_3 / x_1 = K. \tag{19}$$

设 ξ 为水分子的分解度, 设 $N_0 = M/m_1^\dagger$ 是水在不分解时总克分子数, 则

$$N_1 = N_0(1-\xi), \quad N_2 = N_3 = N_0\xi, \quad x_1 = \frac{1-\xi}{1+\xi},$$

$$x_2 = x_3 = \frac{\xi}{1+\xi}.$$

代入(19), 得

$$\frac{\xi^2}{1-\xi^2} = K. \tag{20}$$

由水的电导率可测定分解度, 测得的 ξ 数值在 18℃ 为 14.3×10^{-10}. 由于 ξ 的数值很小, (20)式可简化为

$$\xi = \sqrt{K}. \tag{20'}$$

平衡恒量 K 随温度改变的关系可由(6)式求积分而得, (6)式中的反应热 ΔH 可利用赫斯定律由酸与碱的中和热求得如下:

$$\Delta H = (H^+, Cl^-, aq) + (Na^+, OH^-, aq) - (Na^+, Cl^-, aq).$$

结果是[1]

$$\Delta H = 27857 - 48.5T \text{ 卡}.$$

代入(6)式, 求积分, 并用在 18℃ 时的 ξ 数值定积分常数, 得

$$\log\xi = \frac{1}{2}\log K = -\frac{3045}{T} - 12.21\log T + 31.698,$$

其中 $\log$ 是常用对数 $\log_{10}$. 由这个公式所求出的在各个温度的分解度与由电导率所测定的相合.

第二个例子是四氧化氮(N_2O_4)在有机溶液里分解为二氧化氮(NO_2):

$$2NO_2 - N_2O_4 = 0.$$

设 N_2 和 N_3 分别为 N_2O_4 和 NO_2 的克分子数, 设 N_0 为 N_2O_4 不分解时应有的克分子数, ξ 为 N_2O_4 的分解度, 则

$$N_2 = N_0(1-\xi), \quad N_3 = 2N_0\xi.$$

设 N_1 为溶剂的克分子数, 令 $c = N_0/N_1$, 则得

$$N = N_1 + N_2 + N_3 = N_1[1 + c(1+\xi)].$$

---

[1] 见 Planck, *Thermodynamik*, § 260.

由此求得

$$x_1 = \frac{1}{1+c(1+\xi)}, \quad x_2 = \frac{c(1-\xi)}{1+c(1+\xi)}, \quad x_3 = \frac{2c\xi}{1+c(1+\xi)}.$$

代入平衡条件(4),得

$$K = \frac{x_3^2}{x_2} = \frac{4c\xi^2}{(1-\xi)[1+c(1+\xi)]}. \tag{21}$$

从这个式子看出,分解度与溶液的浓度 c 有关.由(21)式可解出 c,得

$$\frac{K}{4c} = \frac{1}{1-\xi} - \left(1+\frac{K}{4}\right)(1+\xi). \tag{22}$$

对 ξ 求微商,令 T 和 p 不变,故 K 也不变,得

$$\frac{K}{4c^2}\frac{\partial c}{\partial \xi} = 1 + \frac{K}{4} - \frac{1}{(1-\xi)^2}. \tag{23}$$

引进一辅助量 ξ_0,令

$$1 + \frac{K}{4} = \frac{1}{(1-\xi_0)^2}.$$

则(22)式的右方为

$$\frac{1}{1-\xi} - \frac{1+\xi}{(1-\xi_0)^2} = \frac{\xi^2 - \xi_0^2 - 2\xi_0(1-\xi_0)}{(1-\xi)(1-\xi_0)^2}.$$

今(22)式的左方是正的,故必有 $\xi<\xi_0$. 由于 $\xi>\xi_0$,(23)式指明 $\partial c/\partial \xi<0$,就是说,**越是稀的溶液,分解度越高**.当 $c\rightarrow0$ 时得 $\xi\rightarrow1$.这是一种普遍的情形.

*54. 电 解 质

电解质是导电的溶液.酸类,碱类和盐类的水溶液都是电解质,它们的导电性是由于溶质分子在水中分解为阴阳离子的缘故.每个离子所带的电荷等于离子的价乘电子的电荷.

根据 1832 年法拉第(Faraday)所发现的电解定律,在 1880 年亥姆霍兹提出离子的假说,以后阿伦尼乌斯(Arrhenius)根据范托夫的稀溶液理论证明了离子的存在.法拉第的电解定律可用下列数学公式表达

$$M = \frac{m^\dagger I}{z\mathscr{F}}, \tag{1}$$

其中 M 是在单位时间内所分解出的或淀积的质量,$m^\dagger$ 是它的分子量,I 是电流强度,z 是化学价(离子的价),$\mathscr{F}$ 是法拉第常数. $m^\dagger/z\mathscr{F}$ 叫做**电化当量**.银的电化当量是 0.00111800 克,它的原子量是 $m^\dagger = 107.880, z=1$,故 $\mathscr{F}$ 是 96494 库仑.

根据范托夫的稀溶液理论,渗透压和凝固点降低的公式(见 52 节(14)式及 53 节(11)式)指明这个效应与溶质的克分子数成正比.阿伦尼乌斯假设一个克分子溶质分解为 ν 个克分子,若分解度为 ξ,则分解后的溶质总克分子数应等于分解前的

克分子数乘以下列因子

$$1 - \xi + \nu\xi = 1 + (\nu - 1)\xi. \tag{2}$$

这叫做**范托夫因子**. 在 ν 的数值已知之后, 比较实验观测的渗透现象 (包括凝固点降低) 与公式 (2), 即可求得分解度 ξ. 关于 ν 的数值的例子是: KCl 的 ν 为 2, H_2SO_4 的 ν 为 3, $La(NO_3)_3$ 的 ν 为 4; 总之, ν 的数值可以从离子的价来确定.

另一个测定分解度的方法是量溶液的电导率. 由于导电性是离子所产生的, 所以溶液的电导率应近似地与分解度成正比. 设 Λ 为一个克分子溶质所有的电导率, Λ_0 为 Λ 在无穷稀溶液的极限值, 则由于 ξ 的极限值是 1, 得

$$\xi = \Lambda/\Lambda_0. \tag{3}$$

这个公式只有在溶液很稀时, 离子相互间的作用可以忽略的情形下, 才是适用的.

实验证明, 由 (2) 和 (3) 两式所测定的分解度相符合.

通常把电解质分为强弱两类. 凡分解度接近于 1 的叫做**强电解质**, 凡分解度接近于零的叫做**弱电解质**. 在本节中只着重讨论弱电解质, 在下节中再讨论强电解质.

为简单起见, 只讨论一种溶质的情形. 设溶质 A 分解为 ν_+ 个阳离子 A^+, ν_- 个阴离子 A^-:

$$\nu_+ A^+ + \nu_- A^- - A = 0.$$

设 x_2, x_+, x_- 分别为 A, A^+, A^- 的克分子分数, 则平衡条件为

$$x_+^{\nu_+} x_-^{\nu_-} / x_2 = K. \tag{4}$$

设 N_1 为溶剂的克分子数, N_0 为溶质未分解时的克分子数, $c = N_0/N_1$. 设 ξ 为分解度, N_2, N_+, N_- 分别为 A, A_+, A_- 的克分子数, 则 $N_2 = N_0(1-\xi)$, $N_+ = N_0\nu_+\xi$, $N_- = N_0\nu_-\xi$, $N = N_1 + N_2 + N_+ + N_- = N_1[1 + c(1 - \xi + \nu\xi)]$, 其中 $\nu = \nu_+ + \nu_-$. 由此求出 x_2, x_+, x_-, 代入 (4), 得

$$\frac{c^{\nu-1}\xi^\nu}{(1-\xi)[1 + c(1 - \xi + \nu\xi)]^{\nu-1}} = \frac{K}{(\nu_+)^{\nu_+}(\nu_-)^{\nu_-}}. \tag{5}$$

在很稀的溶液情形下, 在分母中的 c 可略去, 得

$$\frac{c^{\nu-1}\xi^\nu}{1-\xi} = \frac{K}{(\nu_+)^{\nu_+}(\nu_-)^{\nu_-}}. \tag{5'}$$

令 m 为克分子溶度, 则 $c = m/m_1$. 代入 (5'), 并用 (3), 得

$$\frac{m^{\nu-1}\Lambda^\nu}{\Lambda_0^{\nu-1}(\Lambda_0 - \Lambda)} = \frac{m_1^{\nu-1}K}{(\nu_+)^{\nu_+}(\nu_-)^{\nu_-}} = K_m. \tag{6}$$

这个公式表达**奥斯特瓦尔德稀溶律**.

现在讨论几个弱电解质的例子.

醋酸在水中的分解. 化学反应是

$$H^+ + CH_3COO^- - CH_3COOH = 0.$$

现在 $\nu_+ = \nu_- = 1$，故(6)式化为

$$\frac{m\Lambda^2}{\Lambda_0(\Lambda_0 - \Lambda)} = K_m. \tag{7}$$

当 m 在 10^{-4} 到 1 之间，这个公式与实验结果符合，并求出在 18℃时 $K_m = 1.52 \times 10^{-5}$，在 25℃时 $K_m = 1.80 \times 10^{-5}$. 在 18℃时，$\Lambda_0 = 349.5$（厘米）^{2}/欧姆，而当 m 由 10^{-4} 变到 1 时，$\xi = \Lambda/\Lambda_0$ 由 0.321 到 0.0038. 在 25℃时，$\Lambda_0 = 392$（厘米）^{2}/欧姆，而当 m 由 10^{-4} 变到 1 时，ξ 由 0.344 到 0.0042.

氨在水中的分解. 化学反应是

$$NH_4^+ + OH^- - NH_4OH = 0.$$

现在(7)式仍然可用. 在 18℃时求得 $\Lambda_0 = 238.4$（厘米）^{2}/欧姆，$K_m = 1.51 \times 10^{-5}$. 当 m 由 10^{-4} 变到 1 时，理论公式(7)与实验符合，而 $\xi = \Lambda/\Lambda_0$ 由 0.320 到 0.0039.

碳酸在水中的分解. 二氧化碳溶解在水中时成为碳酸，化学反应是

(i) $H_2CO_3 - CO_2 - H_2O = 0$.

碳酸的分解是

(ii) $H^+ + HCO_3^- - H_2CO_3 = 0$.

在溶液非常稀的情形下，HCO_3^- 还要再分解：

(iii) $H^+ + CO_3^{2-} - HCO_3^- = 0$.

第一个反应(i)不能由范托夫方程确定反应程度，因为 CO_2 和 H_2CO_3 的总克分子数等于最初溶解的 CO_2 的克分子数. 第二个反应(ii)的分解度可从电导率求出. 在 25℃时，由(7)式求得 K_m 为 3.50×10^{-7}. 当 CO_2 的 $m = 0.007$ 时，$\xi = 0.0070$；当 $m = 0.03$ 时，$\xi = 0.0034$. 这两个 m 的数值低于在 25℃和一个大气压下 CO_2 的溶解度 $m = 0.0338$. 第三个反应(iii)不容易测定. 路易斯和兰多尔[1]由间接法求得在 25℃时 $K_m = 5.4 \times 10^{-11}$. 由此可见，反应(iii)的分解是非常小的，可以忽略. 由于反应(ii)的分解度也很小，所以亨利定律可以适用于二氧化碳溶解于水中的现象.

分解对于溶解度的影响. 纯溶质 A 与溶液达到平衡的条件是

$$x_A = K', \tag{8}$$

其中 x_A 是在溶液中没有分解的 A 的克分子分数，而 K' 是温度和压强的函数. 假如有一部分 A 分子分解为 ν_+ 个阳离子和 ν_- 个阴离子，则应满足平衡条件(4)（其中 $x_2 = x_A$）. 由(4)和(8)消去 $x_A(=x_2)$，得

$$x_+^{\nu_+} x_-^{\nu_-} = KK'. \tag{9}$$

引进克分子溶度 $m_A = m_1 N_2/N_1, m_+ = m_1 N_+/N_1, m_- = m_1 N_-/N_1, m = m_1 N_0/N_1 = m_1 c$，其中 N_0 是假设 A 不分解而求得的 A 溶解的克分子数. 这些 m 之间的关

---

[1] G. N. Lewis and M. Randall, *Thermodynamics* (New York, 1923), pp. 312,578.

系是

$$m_A = m(1 - \xi), \quad m_\pm = m\nu_\pm \xi.$$

在 $c \ll 1$ 时,(8)和(9)可化为

$$m_A = m(1 - \xi) = K' m_1 = K'_m, \tag{10}$$

$$m_+^{\nu} m_-^{\nu} = KK' m_1^{\nu} = P, \tag{11}$$

或

$$m^{\nu} \xi^{\nu} = P/(\nu_+^{\nu} \quad \nu_-^{\nu}) = P_\xi. \tag{11'}$$

方程(10)指出,溶解度 m 在分解后增加了.方程(11)中的 P 名为溶度乘积,P_ξ 也叫做溶度乘积.由(10)及(11′)可确定溶解度 m 及分解度 ξ.

*55. 强 电 解 质

把上节阿伦尼乌斯的理论应用到强电解质,用上节的公式(2)和(3)所定的分解度都接近于 1,但不完全符合,而且质量作用律的理论与实验结果更不符合.就一种溶质的分解来讨论,上节的质量作用律公式(6)是(注意 $\xi = \Lambda/\Lambda_0$)

$$\frac{m^{\nu-1} \xi^{\nu}}{1 - \xi} = K_m. \tag{1}$$

在 $\xi \approx 1$ 的情形下,(1)式近似地化为

$$1 - \xi = m^{\nu-1}/K_m. \tag{2}$$

在研究质量作用律时,引进**渗透系数**比较方便,这是别鲁姆(Bjerrum)引进的. **渗透系数是实际观测的渗透压或凝固点降低值与理论上无限稀的溶液在完全分解的情形下的数值的比**.设渗透系数为 g,则上节公式(2)的范托夫因子应等于 νg,故

$$\nu g = 1 + (\nu - 1)\xi,$$

由此得

$$\nu(1 - g) = (\nu - 1)(1 - \xi). \tag{3}$$

代入(2)式,得

$$1 - g = \frac{\nu - 1}{\nu K_m} m^{\nu-1}. \tag{4}$$

这是非常稀的理想溶液的质量作用律用渗透系数表达的公式.这个公式用到强电解质,与实验不合.

路易斯和林哈尔(Linhart)由凝固点降低值的数据所得的经验公式是

$$1 - g = Bm^A, \tag{5}$$

其中 A 和 B 是常数.对于一价的离子说,$A = \frac{1}{2}$;对于较高价的离子说,A 的数值略小些,最小的数值是 $A = 0.364$.比较(4)与(5),看出 m 的指数大不同.在(4)式中 m 的指数是 $\nu - 1$,这比 A 大的多.例如,对一价的离子说,像 NaCl 分解为 Na^+ 及 Cl^-,有 $\nu_+ = \nu_- = 1, \nu = 2, \nu - 1 = 1$.因此,理论的公式(4)与实际结果(5)不相符.

这种理论与实验不符合的情形在与更准确的公式(1)比较时同样地表示得很

明显. 下面的数据显示在 18℃时, NaCl 的分解度 ξ 和平衡恒量 K_m. ξ 是由凝固点降低值所定的, K_m 是由(1)计算得的.

m	0	10^{-4}	2×10^{-4}	5×10^{-4}	10^{-3}	2×10^{-3}	5×10^{-3}	10^{-2}	2×10^{-2}	5×10^{-2}	10^{-1}
ξ	1	0.9921	0.9895	0.9836	0.9772	0.9686	0.9523	0.9355	0.9141	0.8784	0.8444
K_m		0.0123	0.0185	0.0294	0.0419	0.0598	0.0952	0.1358	0.1947	0.3173	0.4584

从表上数据看出 K_m 不是常数, 因此质量作用律不适用.

在电导率的测量数值上也表现有同样的理论与实验不合的情形. 根据理论, $\xi = \Lambda/\Lambda_0$, 则由(2)式得 Λ 为 $m^{\nu-1}$ 的线性函数. 但科耳老士(Kohlrausch)在 1900 年求得的经验公式是

$$\Lambda = \Lambda_0 - am^{\frac{1}{2}}. \tag{6}$$

这个结果与(2)式不合.

上面所说的理论与实验不符合的原因是在强电解质的情形下, 由于分解度高, 阴阳离子的静电作用力很强, 使得理想溶液定律不能遵守. 在 1923 年德拜和许克耳[1]用统计物理方法得到了成功的理论, 下面将引用这个理论的结果.

根据德拜和休克尔的理论, 当分解是完全的时, 溶液的吉布斯函数为

$$G = \sum_i N_i(g_i + RT\ln x_i) - \frac{kTV}{12\pi}\quad^3, \tag{7}$$

其中前一项是理想溶液的吉布斯函数, 后一项是由于离子的静电作用所引起的改正项. k 是玻尔兹曼常数,

$$k = \frac{R}{N_A} = 1.3804 \times 10^{-16} \text{ 尔格 / 度},$$

N_A 是阿氏数($N_A = 6.023 \times 10^{23}$), V 是体积, 由下式规定

$$^2 = \frac{4\pi N_A^2}{DRTV}\sum_i N_i e_i^2, \tag{8}$$

D 是溶液的电容率, N_i 是第 i 种离子的克分子数, e_i 是一个离子 i 所带的电荷. 设 z_i 为离子 i 的离子价, 阳离子的 z_i 是正的, 阴离子的 z_i 是负的, 则

$$N_A e_i = z_i \mathscr{F},$$

其中 $\mathscr{F}$ 是法拉第常数($\mathscr{F} = 96494$ 库仑). 代入(8), 得

$$^2 = \frac{4\pi \mathscr{F}^2}{DRTV}\sum_i N_i z_i^2. \tag{9}$$

令溶剂为 $i=1$, 由于溶剂不是离子, 故 $z_1 = 0$.

由(7)式求微商, 得溶液的化学势为

---

[1]　P. Debye und E. Hückel, *Phys. Zeit.* **24**(1923), pp. 185, 305.

$$\mu_i = g_i + RT\ln x_i + \frac{kTv_i}{24\pi}\kappa^3 - \frac{\mathscr{F}^2 z_i^2}{2N_A D}\kappa \quad, \tag{10}$$

其中 v_i 是偏克分子体积. 在求微商时,我们假设电容率 D 与 N_i 无关,这在稀溶液的情形下是对的. 对于溶剂说,$i=1,z_1=0$,(10)式给出

$$\mu_1 = g_1 + RT\ln x_1 + \frac{kTv_1}{24\pi}\kappa^3. \tag{11}$$

对于离子说,$i>1$,(10)式的末项较前一项大得多,因为两项的比例的大小决定于

$$\frac{DRTv_i}{4\pi\mathscr{F}^2 z_i^2}\kappa^2 = \frac{\sum_j N_j z_j^2 v_i}{V z_i^2} = \frac{\sum N_j z_j^2 v_i}{\sum N_j v_j z_j^2}.$$

在分数的分子中没有 N_1,在分母中有 N_1,由于 $N_i/N_1 \ll 1$,故(10)式的末项较前一项大得多. 因此在 $i>1$ 时有

$$\mu_i = g_i + RT\ln x_i - \frac{\mathscr{F}^2 z_i^2}{2N_A D}\kappa \quad. \tag{12}$$

讨论一个特殊化学反应如(1)式所代表的,假设溶质 A 已经完全分解为 ν_+ 个阳离子和 ν_- 个阴离子,则

$$N_+ = N_1\nu_+ m/m_1, \quad N_- = N_1\nu_- m/m_1,$$

$$\sum_i N_i z_i^2 = N_+ z_+^2 + N_- z_-^2 = N_1(\nu_+ z_+^2 + \nu_- z_-^2)m/m_1.$$

路易斯和兰多尔引进**离子强度** J:

$$J = \frac{1}{2}(\nu_+ z_+^2 + \nu_- z_-^2)m. \tag{13}$$

用 $N_1 v_1$ 代替 V,得($\mathscr{F}$ 用静电单位)

$$\kappa = \mathscr{F}\left(\frac{4\pi}{Rm_1 v_1}\right)^{\frac{1}{2}}\left(\frac{2J}{DT}\right)^{\frac{1}{2}} = 3.556\times10^9\left(\frac{1000}{m_1 v_1}\right)^{\frac{1}{2}}\left(\frac{2J}{DT}\right)^{\frac{1}{2}}. \tag{14}$$

κ 的量纲是长度的倒数,单位是(厘米)$^{-1}$. 在水的情形下

$$1/\kappa = 2.812\times10^{-10}(DT/2J)^{\frac{1}{2}} \text{ 厘米.}$$

在 0℃时,$D=88.2$,得 　　$1/\kappa = 4.365\times10^{-8}(2J)^{-\frac{1}{2}}$ 厘米.

在 18℃时,$D=81.3$,得 　　$1/\kappa = 4.326\times10^{-8}(2J)^{-\frac{1}{2}}$ 厘米.

现在应用德拜和休克尔的理论公式(11)来讨论凝固点降低问题. 首先我们求凝固点降低的普遍公式. 由 51 节的普遍公式(5),对 N_1 求积分,由无限稀的状态($N_1=\infty$)到实际浓度,得凝固点的改变为

$$\Delta T = \int_\infty^{N_1}\left(\frac{\partial T}{\partial N_1}\right)_p dN_1 = -\int_\infty^{N_1}\frac{\partial\mu_1}{\partial N_1}\frac{T}{\lambda_1}dN_1.$$

在浓度不高时,T 和 λ_1 的改变都很小,可以提出积分号外,故

$$\Delta T =-\frac{T}{\lambda_1}\int_{\infty}^{N_1}\frac{\partial\mu_1}{\partial N_1}\mathrm{d}N_1 =-\frac{T}{\lambda_1}(\mu_1-\mu_{10}),$$

其中 μ_{10} 为 μ_1 在无限稀时的极限值. 根据 52 节的理论, 在无限稀时, μ_1 应趋于 g_1, 故 $\mu_{10}=g_1$. 因此得

$$\Delta T =-\frac{T}{\lambda_1}(\mu_1-g_1). \tag{15}$$

这是凝固点降低的普遍公式.

对于理想溶液说, 应用 52 节的公式 (8) 中的化学势到 (15), 得

$$\Delta T =-\frac{RT^2}{\lambda_1}\ln x_1. \tag{16}$$

假如溶液很稀, 则根据 52 节 (14) 的证明, 有

$$\ln\frac{1}{x_1} =\frac{1}{N_1}\sum_{i>1}N_i =\frac{1}{m_1}\sum_{i>1}m_i. \tag{17}$$

在我们现在所讨论的特殊反应 (1) 的情形下, 假如已完全分解, 则 $\sum_{i>1}m_i=\nu m$, 而 (17) 式化为

$$\ln\frac{1}{x_1} =\frac{\nu m}{m_1}. \tag{17'}$$

代入 (16), 得

$$\Delta T =\frac{\nu m R T^2}{m_1\lambda_1}. \tag{18}$$

这就是 53 节 (11) 中第一个方程的另一种表达形式.

根据渗透系数 g 的定义, 实际凝固点降低的数值应等于 g 乘 (18), 即

$$\Delta T =\frac{\nu m R T^2}{m_1\lambda_1}g. \tag{19}$$

令 (15) 与 (19) 相等, 就得到理论上定 g 的公式:

$$\mu_1-g_1 =-\frac{\nu m}{m_1}RTg. \tag{20}$$

把理论上的化学势公式 (11) 代入 (20), 得

$$\ln x_1+\frac{v_1{}^3}{24\pi N_A} =-\frac{\nu m}{m_1}g. \tag{21}$$

把 (17′) 的 x_1 代入, 得

$$1-g=\frac{m_1 v_1{}^3}{24\pi N_A\nu m}. \tag{22}$$

用 (14) 式的　代入, 得

$$1-g=Bm^{\frac{1}{2}}, \tag{23}$$

其中

$$B=\frac{\pi^{\frac{1}{2}}\mathscr{F}^3}{3N_A(10R)^{\frac{3}{2}}\nu}\left(\frac{1000}{m_1 v_1}\right)^{\frac{1}{2}}\left(\frac{2J}{DTm}\right)^{\frac{3}{2}}$$

$$=9.903\times10^5\,\frac{1}{\nu}\left(\frac{1000}{m_1 v_1}\right)^{\frac{1}{2}}\left(\frac{2J}{DTm}\right)^{\frac{3}{2}}. \tag{24}$$

理论公式(23)与经验公式(5)在 $A=\dfrac{1}{2}$ 时相符合,而且系数 B 的数值两者也是符合的.

对于水说,在0℃及18℃时,(24)所给 B 值是 0.2648 及 0.2722 乘以 $\nu^{\frac{1}{2}}(2J/\nu m)^{\frac{3}{2}}$.

第七章习题

1. 证明51节的普遍公式(5)和(6)在二元溶液的情形下为

$$\left(\frac{\partial T}{\partial x}\right)_p = \frac{T\varphi x}{\lambda_1}, \quad \left(\frac{\partial p}{\partial x}\right)_T = -\frac{\varphi x}{v'-v_1}.$$

2. 证明51节的普遍公式(3′)在二元溶液的情形下为

$$\left(\frac{\partial T}{\partial x}\right)_p = -\frac{T\varphi(1-x)}{\lambda_2}, \quad \left(\frac{\partial p}{\partial x}\right)_T = \frac{\varphi(1-x)}{v'-v_2}.$$

3. 证明51节关于渗透压的公式(9)在二元溶液的情形下为

$$\left(\frac{\partial p}{\partial x}\right)_{T,p'} = \frac{\varphi x}{v_1}.$$

4. 设 λ_1 为稀化热,λ_1' 为溶剂在溶液状态下的蒸发热,λ_0 为纯溶剂的汽化热,三者都指同一温度.证明 $\lambda_1=\lambda_1'-\lambda_0$ 并导出基尔霍夫公式

$$\lambda_1 = RT^2\left(\frac{\partial}{\partial T}\ln\frac{p}{p_0}\right)_{N_1},$$

其中 p 和 p_0 是溶剂在溶液状态下和纯时的蒸气压,而对 T 的微商是在浓度不变的情形下计算的.

5. 利用下列循环过程,计算每一步的功与热量,导出51节的渗透压公式(17):

（甲）一定数量的溶剂由溶液中蒸发出来;

（乙）等温压缩蒸气由压强 p 到 p_0;

（丙）使蒸气凝结为纯溶剂;

（丁）令纯溶剂通过半透膜回到溶液中去.

6. 从理论上说明一个完全化学纯的物质是不可能得到的,一个完全的半透膜是不可能存在的.[参阅 Planck, *Thermodynamik*, § 259.]

7. 证明亨利系数 k_i 满足下列偏微分方程

$$\left(\frac{\partial}{\partial T}\ln k_i\right)_p = \frac{\lambda_i}{RT^2}, \quad \left(\frac{\partial}{\partial p}\ln k_i\right)_T = \frac{v_i}{RT},$$

其中 $\lambda_i=h_i'-h_i$ 是组元 i 由溶液到蒸气的蒸发热.

8. **本生吸收系数** α 是表示气体溶解度的一个数量,它是当气体的分压在一个大气压时溶解在 1(厘米)³ 溶剂中的气体的体积,这个体积必须化为在标准温度(0℃)和气压下(1 大气压)用 (厘米)³ 为单位所表示的数值.已知氮气和氧气在 0℃时溶解在水中的本生吸收系数各为

$$\alpha_{N_2} = 0.02354, \quad \alpha_{O_2} = 0.04889,$$

若空气中氮气与氧气的分压之比为 79:21,求空气的本生吸收系数.[答:$\alpha=0.02886$.]

9. 根据上题本生吸收系数 α 的定义,证明 α 与亨利系数 k 及克分子溶度 m 的关系各为(假设是稀溶液)

$$k = \frac{760 \times 22.414 m_1 \rho_1}{\alpha}, \quad m = \frac{p m_0}{760} = \frac{p}{760} \cdot \frac{\alpha}{22.414 \rho_1},$$

其中 ρ_1 是溶剂的密度，$m_1 = 10^3 / m_1^\dagger$ 是 1000 克溶剂的克分子数，p 是气体的分压，m_0 是 m 在气体的分压为 1 大气压时的数值，k 和 p 的单位都是毫米汞．把所求得的公式应用到上题，求出氮气和氧气的亨利系数和克分子溶度，及空气的克分子溶度(指在 0℃ 时水中)．

10. 给定在 0℃ 时水中的本生吸收系数为

$$\alpha_{N_2} = 0.02320, \quad \alpha_{O_2} = 0.04891, \quad \alpha_A = 0.05784, \quad \alpha_{CO_2} = 1.7114,$$

同时给干燥空气中所含各种气体的体积百分比为

$$N_2: 78.095, \quad O_2: 20.939, \quad A: 0.935, \quad CO_2: 0.031.$$

求各种气体的亨利系数，并求在一个大气压下空气中含有饱和水蒸气时各种气体及空气的克分子溶度．已知纯水在 0℃ 时的蒸气压为 4.579 毫米汞．[注意应先证明在题目所给的条件下水蒸气的分压是 4.583 毫米汞．]

[答数：顺序为 $k \times 10^{-7}$：4.077，1.9336，1.635，0.05526；$m \times 10^5$：80.32，45.41，2.40，2.35.空气的 α, k 和 m 各为 0.02925，3.233×10^7，0.0013048.]

11. 大气氮气是氮气和氩气的混合物，混合的体积百分比是：氮为 98.8%，氩为 1.2%．应用上题 10 所给氮气和氩气溶解在水中在 0℃ 时的本生吸收系数，求大气氮气的本生吸收系数和亨利系数．

12. 液体的体积随压强的改变可以近似地用线性关系表达：

$$v'(p) = v'(p')\{1 - \kappa(p - p')\},$$

其中 κ 为压缩系数，取在 p' 时的数值．应用这个关系证明 52 节的渗透压公式(13)或 51 节公式(17)中的 $\overline{v'}$ 等于

$$\overline{v'} = v'\left(1 - \frac{1}{2}\kappa P\right),$$

其中 P 为渗透压，v' 为 $v'(p')$ 的简写．

13. 应用理想稀溶液的渗透压公式(52 节(14)式)计算下面各溶液的渗透压，单位用大气压(M 指溶解于 1000 克水中的质量，$m^\dagger$ 是分子量，温度为 0℃)：(甲) 退热药(antipyrine，$C_{11}H_{12}N_2O$，$m^\dagger = 188.11$)，$M = 10$ 克；(乙) 糖精(saccharin，$C_7H_5NO_3S$，$m^\dagger = 183.11$)，$M = 2$ 克；(丙) 葡萄糖(glucose，$C_6H_{12}O_6$，$m^\dagger = 180.09$)，$M = 100$ 克．

14. 应用理想溶液的渗透压公式(52 节(13)式)计算蔗糖(sucrose，$C_{12}H_{22}O_{11}$，$m^\dagger = 342.17$)溶解在水中的渗透压，单位用大气压，温度为 0℃，并假设一个蔗糖分子溶解后与 5 个水分子结合成为一个分子，得公式

$$P = -2865 \log x_1, \quad \frac{1}{x_1} = 1 + \frac{m}{55.51 - 5m},$$

其中 m 为蔗糖的克分子溶度．应用这个公式计算下面三种溶度时的渗透压，M 指溶解于 1000 克水中的质量：(甲) $M = 250$ 克，(乙) $M = 500$ 克，(丙) $M = 1000$ 克．

15. 由下列观测的沸点升高数据计算溶剂的汽化潜热：

溶剂	沸点/K	沸点升高[①]/K
乙醇 C_2H_5OH	351.6	1.17
乙醚 $(C_2H_5)_2O$	307.6	2.18
苯 C_6H_6	353.35	2.62
丙酮 C_3H_6O	329.2	1.76
醋酸 CH_3COOH	391.2	3.11

16. 由下列观测的相当于溶解于 1000 克溶剂中 M 克溶质所引起的沸点升高数据,计算溶质的分子量(利用上题 15 所给的数据):

溶剂	溶质	M/克	沸点升高
乙醇	碘(I_2)	25.4	0.121
苯	碘	12.7	0.132
丙酮	$HgCl_2$	54.3	0.362
醋酸	苦酸 $C_6H_2(NO_2)_3OH$	11.45	0.155

17. 由下列观测的相当于溶解于 1000 克溶剂中 1 克溶质所引起的蒸气压降低数据,计算溶质的分子量:

溶剂	溶质	温度/℃	$10^4(p_0-p)/p_0$
水	甘露蜜醇 $C_6H_8(OH)_6$	20	0.978
水	甘油 $C_3H_5(OH)_3$	0	1.935
溴(Br_2)	碘化溴 BrI		8.70
苯	萘 $C_{10}H_8$		4.92

18. 证明理想溶液的化学反应 $\sum_{i,\alpha}\nu_{i\alpha}A_i^\alpha = 0$ 有下列公式:

$$\sum_{i,\alpha}\nu_{i\alpha}\left(\frac{\partial}{\partial T}\ln x_i^\alpha\right)_p = \frac{\Delta H}{RT^2}, \quad \sum_{i,\alpha}\nu_{i\alpha}\left(\frac{\partial}{\partial p}\ln x_i^\alpha\right)_T = -\frac{\Delta V}{RT}.$$

在引进反应度 ξ 后(见 50 节(10)式),证明 ξ 随温度和压强的改变率由下列方程确定:

$$\left\{\sum_{i,\alpha}\frac{\nu_{i\alpha}^2}{N_i^\alpha} - \sum_\alpha\frac{\left(\sum_i\nu_{i\alpha}\right)^2}{N^\alpha}\right\}\frac{\partial\xi}{\partial T} = \frac{\Delta H}{RT^2},$$

$$\left\{\sum_{i,\alpha}\frac{\nu_{i\alpha}^2}{N_i^\alpha} - \sum_\alpha\frac{\left(\sum_i\nu_{i\alpha}\right)^2}{N^\alpha}\right\}\frac{\partial\xi}{\partial p} = -\frac{\Delta V}{RT}.$$

并证明花括号中的量是正的,因而说明勒夏特列原理.

19. 证明 53 节(18)式的分配系数 l_i 满足下列关系:

$$l_i = \frac{k_i^\alpha}{k_i^\beta}, \quad \frac{\partial}{\partial T}\ln l_i = \frac{\lambda_i}{RT^2}, \quad \frac{\partial}{\partial p}\ln l_i = \frac{v_i^\alpha - v_i^\beta}{RT},$$

---

① 沸点升高数值指一个克分子浓度所引起的.

其中 k_i^a 是 α 溶液的亨利系数，$\lambda_i = h_i^\beta - h_i^a$.

20. 若组元 i 的分子量在两个溶液中不相等，一个是 m_i^a，一个是 m_i^β，则能斯特分配定律应改为

$$(x_i^\beta)^{1/m_i^\beta}/(x_i^a)^{1/m_i^a} = l_i,$$

并求 l_i 与 g_i^a 和 g_i^β 的关系. 假如 β 相是气态，证明亨利定律应改为

$$p_i^{m_i^a/m_i^\beta} = k_i x_i^\beta,$$

并求出 k_i 的公式.

21. 讨论一个溶质 A_2 在理想溶液中分解的问题，假设的方程是

$$\sum_{i>1} \nu_i A_i = 0,$$

其中 $\nu_2 < 0$，而 $\nu_i > 0$，$(i > 2)$. 令 $\nu = \sum_{i>1} \nu_i$，$c = N_0/N_1$，N_0 是 A_2 不分解时所应有的克分子数. 证明质量作用律的公式是

$$\frac{c^\nu \xi^{\nu - \nu_2} (1-\xi)^{\nu_2}}{[1 + c(\nu\xi - \nu_2)]^\nu} = K,$$

其中 ξ 是分解度. 证明当浓度 c 减低时，ξ 增加，最后在 $c \to 0$ 时，$\xi \to 1$.

22. 在研究非理想溶液的性质时，路易斯在 1901 年引进活度及活度系数的概念. 组元 i 在溶液中的活度 a_i 和活度系数 a_i 的定义是：

$$\mu_i = g_i + RT\ln a_i, \quad a_i = a_i x_i,$$

其中 g_i 与理想溶液的 g_i 一样. 根据活度的定义证明

$$P\bar{v}' = -RT\ln a_1$$

及

$$\Delta T = -\frac{RT^2}{\lambda_1}\ln a_1.$$

23. 证明非理想溶液的质量作用律和亨利定律为

$$\prod_{i,a} a_i^{\nu_{ia}} = K, \quad \text{及} \quad p_i = k_i a_i.$$

24. 讨论强电解质分解问题，假设溶质 A_2 分解为

$$\nu_+ A^+ + \nu_- A^- - A_2 = 0.$$

引进离子的平均活度 a，由下式规定（$\nu = \nu_+ + \nu_-$）：

$$a^\nu = a_+^{\nu_+} a_-^{\nu_-},$$

其中 a_+ 为 A^+ 的活度，a_- 为 A^- 的活度. 设 $c = N_0/N_1 = m/m_1$ 为浓度. 引进平均活度系数 α：

$$\alpha = \frac{a}{c(\nu_+^{\nu_+} \nu_-^{\nu_-})^{1/\nu}}$$

由吉布斯-杜安关系证明

$$\ln\alpha = -\int_0^m \left(\frac{m_1}{\nu m}\mathrm{d}\ln a_1 + \frac{\mathrm{d}m}{m}\right).$$

根据 a_1 的定义证明 $m_1\ln a_1 = -\nu m g$，其中 g 是渗透系数. 应用渗透系数的经验公式（55 节（5）式）证明

$$\ln\alpha = -\left(1 + \frac{1}{A}\right)Bm^A = -\left(1 + \frac{1}{A}\right)(1 - g).$$

第八章　热力学第三定律

56. 热力学第三定律

热力学第三定律是由低温现象的研究而得到的一个普遍定律. 它的主要内容是能氏定理和绝对零度不能达到原理. 1906 年能斯特从研究各种化学反应在低温的性质中得到一个结果, 我们叫它作**能氏定理**, 它的内容是：

凝聚系的熵在等温过程中的改变随绝对温度趋于零, 即
$$\lim_{T \to 0} (\Delta S)_T = 0,$$
其中$(\Delta S)_T$指一个等温过程中熵的改变.

到 1912 年能斯特根据他的定理推出一个原理, 名为**绝对零度不能达到原理**, 这个原理是：

不可能使一个物体冷到绝对温度的零度.

我们将采取绝对零度不能达到原理为热力学第三定律的标准说法, 而由此导出能氏定理[①]. 这样, 热力学第三定律的说法就与热力学第一定律和第二定律的说法采取了同样的形式, 都是说有某种事情做不到. 但是在实际意义上, 第三定律与第一第二两定律却很不同：头两个定律明白告诉我们, 必须完全放弃那种企图制造第一种永动机和第二种永动机的梦想；但是第三定律却不阻止人们去想法尽可能地接近绝对零度. 当然, 温度越低, 降低温度的工作就越困难. 但是, 只要温度不是绝对零度, 总是有可能使它再降低的. 现在我们能够达到的最低温度是 0.005 K. 没有任何理由说, 这就是我们所能达到的最低温度了. 在技术进一步发展下, 应当有可能使温度再低一些, 使它更接近于绝对零度.

显然, 绝对零度不能达到原理不可能直接由实验证明, 它的正确性是由它的一切推论都与实际观测相合而得到保证. 它的各种推论的核心是能氏定理. 下面说明如何从绝对零度不能达到原理导出能氏定理.

为了要证明能氏定理, 我们先求出熵的一个普遍公式. 由(见 18 节(15)式)
$$C_v = T\left(\frac{\partial S}{\partial T}\right)_v,$$

---

① 参阅 Fowler and Guggenheim, *Statistical Thermodynamics* (1939), pp. 223—237.

求积分,得
$$S = S_0 + \int_{T_0}^T C_v \frac{\mathrm{d}T}{T}, \tag{1}$$

其中 S_0 是 S 在某一标准温度 T_0 时的数值,S_0 是 V 的函数,在取积分时必须维持 V 不变.

下面我们将要证明的能氏定理是一个普遍的定理,适用于任何等温过程.因此,除了变数 T 和 V 之外,还要考虑其他变数,如电磁变数和其他几何变数等,并且应当不限制在均匀系.这样,就需要把熵的公式(1)推广到包括复相系和其他变数的普遍情形.今假定,在考虑了这些因素之后,准静态过程中微功的公式是 $\sum Y_l \mathrm{d}y_l$,而有

$$\mathrm{d}U = T\mathrm{d}S + \sum_l Y_l \mathrm{d}y_l,$$

令 C_y 为 $y_1, y_2, \cdots$ 不变时的热容量,则

$$C_y = \left(\frac{\partial U}{\partial T}\right)_y = T\left(\frac{\partial S}{\partial T}\right)_y. \tag{2}$$

求积分,得
$$S = S_0 + \int_{T_0}^T C_y \frac{\mathrm{d}T}{T}, \tag{3}$$

其中 S_0 是 S 在某一标准温度 T_0 时的数值,S_0 是 $y_1, y_2, \cdots$ 等的函数,在取积分时必须维持 $y_1, y_2, \cdots$ 不变.

由(1)式及(3)式可以看出,假如当 $T \to 0$ 时,C_y 不趋于零,则当积分的上限 T 趋于零时,积分将变为负的无穷大,因之熵将不会趋于一个有限数值.在这个情形下,显然能氏定理是没有意义的,因为这个定理牵涉到熵在温度趋于绝对零度时的变化问题.因此,在 C_y 不随 T 趋于零的情形下,证明能氏定理是不可能的.在这里发生一个问题,在上述情形下,绝对零度不能达到原理是否还有意义呢?下面我们要证明,在这个情形下,根据热力学第二定律可以证明绝对零度不能达到,因之不能有一个独立的绝对零度不能达到原理,也就不会有独立于热力学第一和第二定律之外的所谓热力学第三定律.但是我们也要证明,在 C_y 随 T 趋于零的情形下,能氏定理可以从绝对零度不能达到原理导出,而且这个原理是独立于热力学第一和第二定律之外的另一新的定律,因之可名为热力学第三定律.

现在我们来讨论绝对零度不能达到的问题.首先我们必须考虑利用一个过程使物体的温度降低.这个过程可以是多种多样的,但是真正有效的只能是绝热过程.假如不是绝热过程,比如说是等温过程,那么显然不能使温度降低,当然无须讨论.假如不是等温过程,而是能使物体降低温度的过程,那么就只有两种情形了:一种是绝热的,一种是不绝热的.在不绝热的过程中,如果物体在降低温度的同时还要吸收热量,那显然是效率很低的.最好当然是在降低温度时又放出热量,但是这必须外界的温度比物体的温度低才有可能.现在我们的问题是如何使我们的物

体温度最低,它将要比它的周围一切物体都要更冷些,那么我们就不可能找到一个能让它放热的过程.因此,在我们现在所要讨论的问题中,最有效的产生低温的过程是绝热过程.假如绝热过程不能达到绝对零度,那么任何过程都不可能达到绝对零度.

现在讨论一个绝热过程,使物体的温度由 T_1 降到 T_2,同时 y_l 等的数值由 y_l' 到 y_l'',相应的 S 由 S_1 到 S_2,S_0 由 S_0' 到 S_0'',而 C_y 由 C_y' 到 C_y''.由(3)得

$$S_2 - S_1 = S_0'' - S_0' + \int_{T_0}^{T_2} C_y'' \frac{\mathrm{d}T}{T} - \int_{T_0}^{T_1} C_y' \frac{\mathrm{d}T}{T}. \tag{4}$$

依照热力学第二定律,在绝热过程后熵不减少,故

$$S_2 - S_1 \geqslant 0. \tag{5}$$

反过来,如果(5)式不能成立,而有

$$S_2 - S_1 < 0. \tag{6}$$

则 T_2 就不可能达到.

假设

$$\lim_{T \to 0} C_y = C > 0, \tag{7}$$

则当 $T_2 \to 0$ 时有

$$\int_{T_0}^{T_2} C_y'' \frac{\mathrm{d}T}{T} \to -\infty.$$

代入(4)式,注意(4)式中其他各项的数值都是有限的,得

$$S_2 - S_1 \to -\infty.$$

这个结果与(5)式违背,因此绝对零度不能达到.这样就证明了,当 C_y 不随 T 趋于零时,由热力学第二定律即可断定绝对零度不能达到.在证明中我们应用了平衡的稳定条件:在 $T > 0$ 时 $C_y > 0$(参阅 46 节和 48 节).

现在假设 $\lim_{T \to 0} C_y = 0$.这个假设与实验测得的固体比热的性质是相合的.比热在 $T \to 0$ 时趋于零的事实不能用经典统计力学解释,到量子论建立以后才得到理论的解释.量子统计理论得到关于固体的热容量 C_v 在最低温度时的性质是:

(甲)金属固体 $\qquad\qquad C_v = AT,$

(乙)非金属固体 $\qquad\qquad C_v = BT^3,$

这个结果与实验测得的完全符合.至于气体和液体的比热,实验观测的结果并没有趋于零的迹象.这是由于观测的温度不够低,或是由于在温度很低时气体和液体都变为固体了.量子统计理论证明,一切物质,包括气体和液体在内,当温度趋于绝对零度时,它的比热一定趋于零.所以我们认为 C_y 随 T 趋于零是一个自然界的规律.

既然 $C_y \to 0$,那么可选(1)和(3)式中的积分下限 $T_0 = 0$ 而使公式简化:

$$S = S_0 + \int_0^T C_y \frac{\mathrm{d}T}{T}. \tag{8}$$

这时候(4)式化为

$$S_2 - S_1 = S_0'' - S_0' + \int_0^{T_2} C_y'' \frac{\mathrm{d}T}{T} - \int_0^{T_1} C_y' \frac{\mathrm{d}T}{T}.$$

令 $T_2 = 0$，得

$$S_2 - S_1 = S_0'' - S_0' - \int_0^{T_1} C_y' \frac{\mathrm{d}T}{T}.$$

要 $T_2 = 0$ 不能达到，必须(6)式成立，故

$$S_0'' - S_0' - \int_0^{T_1} C_y' \frac{\mathrm{d}T}{T} < 0. \tag{9}$$

(9)式是根据热力学第二定律而得到的绝对零度不能达到的条件.在(9)式中 T_1 的数值是一个任意的正数，又根据平衡的稳定条件 $C_y' > 0$，所以要使得(9)式满足，必须

$$S_0'' - S_0' \leqslant 0. \tag{10}$$

这就是说，单从热力学第二定律不能作结论说，绝对零度不能达到；而要想得到这个结论，还必须外加一个条件(10).现在我们进一步证明只能有等式

$$S_0'' - S_0' = 0, \tag{11}$$

不能有不等式： $\qquad\qquad S_0'' - S_0' < 0. \tag{12}$

在证明中我们将引用下列结论：若物体系的两态 1 和 2 的熵之差为 $S_2 - S_1 \geqslant 0$，则必有绝热过程使物体系由 1 态到达 2 态.这个结论是由熵增加原理得到的(参阅 24 节).下面我们证明的方法是：假如(12)式真，则可用绝热过程达到绝对零度.今设 1 态的变数为 T_1, y_l''；2 态的变数为 T_2, y_l'，而且 $T_2 = 0$.由公式(8)求得

$$S_2 - S_1 = S_0' - S_0'' - \int_0^{T_1} C_y'' \frac{\mathrm{d}T}{T}.$$

假如(12)式真，则由于 T_1 是任意的，我们可以选 T_1 够小，使得上式的右方大于零，即 $S_2 - S_1 \geqslant 0$.根据上面所提到的结论，2 态必可从 1 态经绝热过程达到.但 $T_2 = 0$，所以绝对零度就达到了.这违反了绝对零度不能达到原理，因此(12)式不能成立.我们在前面已经证明了(10)式，既然(12)式不能成立，那么就只能有(11)式了.

方程(11)可以表达为：

$$\lim_{T \to 0} (\Delta S)_T = 0, \tag{13}$$

其中 $(\Delta S)_T$ 为等温过程中熵的改变.因为，假如有一等温过程从初态 T, y_l' 到终态 T, y_l''，而维持温度为 T 不变，则由(8)式得

$$(\Delta S)_T = S_0'' - S_0' + \int_0^T (C_y'' - C_y') \frac{\mathrm{d}T}{T}.$$

令 $T \to 0$，得 $\qquad\qquad \lim_{T \to 0} (\Delta S)_T = S_0'' - S_0'.$

代入(11)式即得(13).公式(13)就是能氏定理.这样我们就完成了由绝对零度不能达到原理导出能氏定理的任务.

应当指出,在应用能氏定理到实际的等温过程时,由于初态 T,y_l' 有可能不是完全的平衡态,而是亚稳平衡态,有时会得到(12)式的不等式.这是因为只能从初态 T,y_l' 到终态 T,y_l'',而不能反回来,这个过程是不可逆的[①].

可以证明,用可逆绝热过程降低温度,比在 y_l 改变相同时的不可逆绝热过程所降的更低(读者试自行证明).因此可以利用可逆绝热过程来导出能氏定理.现在叙述这个导出方法.

在一个无穷小的可逆过程中熵的改变 dS 是

$$dS = \left(\frac{\partial S}{\partial T}\right)_y dT + \sum_l \left(\frac{\partial S}{\partial y_l}\right)_T dy_l. \tag{14}$$

设 $(\Delta S)_T$ 为一微小的可逆等温过程中熵的改变,Δy_l 为 y_l 在这一过程中相应的改变,则根据(14)得

$$(\Delta S)_T = \sum_l \left(\frac{\partial S}{\partial y_l}\right)_T \Delta y_l. \tag{15}$$

设 $(\Delta T)_S$ 为一微小的可逆绝热过程中温度的改变,Δy_l 为 y_l 在这一过程中相应的改变,则由于 $(\partial S/\partial T)_y = C_y/T$,在(14)中令 $dS=0$ 得

$$(\Delta T)_S = -\frac{T}{C_y}\sum_l \left(\frac{\partial S}{\partial y_l}\right)_T \Delta y_l. \tag{16}$$

现在假设这两种过程的 Δy_l 是一样的,在(15)和(16)中消去 Δy_l,得

$$(\Delta T)_S = -\frac{T}{C_y}(\Delta S)_T. \tag{17}$$

下面将根据这些方程,假设 C_y 随 T 趋于零,由绝对零度不能达到而导出能氏定理.

为明确起见,假设当 T 很小时,C_y 可近似地表达为

$$C_y = AT^a \quad (A>0, a>0). \tag{18}$$

代入(8)式,求积分,得

$$S = S_0 + \frac{A}{a}T^a. \tag{19}$$

由此求微商得

$$\left(\frac{\partial S}{\partial y_l}\right)_T = \frac{\partial S_0}{\partial y_l} + \frac{T^a}{a}\frac{\partial A}{\partial y_l}. \tag{20}$$

当 $T \to 0$ 时得

$$\lim_{T \to 0}\left(\frac{\partial S}{\partial y_l}\right)_T = \frac{\partial S_0}{\partial y_l}. \tag{21}$$

假如(21)式的右方不等于零,则(15)式的右方当 $T \to 0$ 时将趋于一个不等于零的数 B:

---

① 在这个情形下由(12)得 $\lim\limits_{T \to 0}(\Delta S)_T < 0$. 这个结果是与观测的相符合的,见 Fowler and Guggenheim, *Statistical Thermodynamics* (1939), pp. 217—223,227—229.

$$(\Delta S)_T \rightarrow \sum_l \frac{\partial S_0}{\partial y_l}\Delta y_l = B. \tag{22}$$

把(18)和(22)代入(17),得

$$(\Delta T)_S = -\frac{B}{A}T^{1-a}. \tag{23}$$

把$(\Delta T)_S$换为dT,求积分,由温度T到绝对零度,得

$$\frac{B}{A} = -\int_T^0 T^{a-1}dT = \frac{T^a}{a},$$

其中对B没有积分,只是把微分dy_l换为Δy_l而已.这个式子给出达到绝对零度所需要的Δy_l的数值.由此可见,假如$B>0$,因为A和a都是正的,只要适当取Δy_l的数值,就可达到绝对零度.假如$B<0$,则由于Δy_l的改变是可逆的,可以换Δy_l的符号使B变为$B>0$,而使绝对零度能达到.因此,为了使绝对零度不能达到,必须令(22)式的右方为零,即$(\Delta S)_T\rightarrow 0$.这就是能氏定理.这是绝对零度不能达到的必需条件.反过来也可证明这个条件是充足的.因为,既然Δy_l是任意的,这就要求(22)式右方的每个系数都等于零:

$$\frac{\partial S_0}{\partial y_l} = 0. \tag{24}$$

代入(20)式,得

$$\left(\frac{\partial S}{\partial y_l}\right)_T = \frac{T^a}{a}\frac{\partial A}{\partial y_l}. \tag{25}$$

再代入(16)式,用(18)式,得

$$(\Delta T)_S = -\frac{T}{Aa}\sum_l \frac{\partial A}{\partial y_l}\Delta y_l. \tag{26}$$

由此求积分,得

$$\frac{1}{Aa}\sum_l \frac{\partial A}{\partial y_l}\Delta y_l = -\int_T^0 \frac{dT}{T} = \infty.$$

这说明,必须Δy_l无限大,才能使$T\rightarrow 0$,因此绝对零度不能达到.所以,$(\Delta S)_T\rightarrow 0$是绝对零度不能达到的必需与充足的条件.于是我们利用可逆绝热过程的方法由绝对零度不能达到原理导出了能氏定理.利用这个方法不可能得到公式(12)的结果.

　　能斯特在讨论绝对零度不能达到问题时利用了可逆卡诺循环及热力学第二定律的开氏说法[①].设可逆卡诺循环在两个温度T_1和T_2之间进行,在T_1所吸收的热量为Q_1,在T_2所放出的热量为Q_2.根据开尔文的绝对温标的定义有

$$Q_2/Q_1 = T_2/T_1.$$

今若$T_2=0$,则必有$Q_2=0$.那么卡诺循环所作的功就是完全由在T_1的单一热源

　　① 见 W. Nernst, *Sitz. Ber. Berlin* (1912), p. 134; 又 W. Nernst, *The New Heat Theorem* (Methuen, 1926), p. 87.

所吸收的热量 Q_1 转化来的. 这违背了热力学第二定律的开氏说法, 因而这个循环是不可能的. 但是这个循环与一般卡诺循环不同的地方就在 $T_2 = 0$, 所以这个循环的不可能就是绝对零度不能达到. 依照这个说法, 绝对零度不能达到应该是热力学第二定律的推论, 而不能是一个独立定律. 这与我们前面所得到的结论不合. 在前面的讨论中, 我们看到比热随 T 趋于零的性质是根本的, 但现在这个性质则完全没有表现出来.

我们认为, 利用卡诺循环所作的结论是不能成立的. 因为热力学第二定律是建筑在 $T > 0$ 时各种事实上的, 关于热力学第二定律的说法和推论也都只在 $T > 0$ 时是正确的. 我们在前面的证明中所用的熵增加原理就是在 $T > 0$ 的条件下施行的. 上面所讲的卡诺循环在 $T_2 > 0$ 时在原则上是可能实现的, 不管 T_2 如何接近于零, 只是到了 $T_2 = 0$ 的极限下才发生问题. 至于开尔文的说法在 $T_2 = 0$ 的极限是否正确, 这是不能从热力学第二定律本身推论出来的. 事实上, 既然绝对零度不能达到, 热力学第二定律就不应该包含 $T = 0$ 的极限情形.

57. 熵 的 数 值

上节中所用的熵的公式是

$$S = S_0 + \int_0^T C_y \frac{dT}{T}, \tag{1}$$

其中 S_0 是 $y_1, y_2, \cdots$ 的函数. 根据能氏定理有

$$S_0'' = S_0', \tag{2}$$

其中一撇和两撇代表 S_0 在两组数值 y_l' 和 y_l'' 时的数值. 在能氏定理中, 对于这两组数值并未加以任何限制, 因此由(2)式可以得到下面的结论: **熵常数 S_0 是一个绝对常数, 与态的变数 y_l 无关.** 根据热力学第二定律, 熵常数是可以任意选择的. 现在 S_0 既然是一个绝对常数, 当我们选定了数值之后, 它的数值将永远维持不变. 很显然最简单的选择是

$$S_0 = 0. \tag{3}$$

代入(1)式, 得

$$S = \int_0^T C_y \frac{dT}{T}. \tag{4}$$

这个公式把熵的数值完全确定, 不含有任意的常数. 这是热力学第三定律的一个重要结果. 反过来, 由(3)式或(4)式很显然可得到能氏定理.

在热力学第二定律引进熵函数后, 要确定它的数值需要两种实验数据, 一是热容量, 一是物态方程(见 22 节). 现在有了热力学第三定律之后, 只需要热容量这一种实验数据, 就可完全确定熵函数了. 注意在(4)式右方的积分下限必须是 0, 而在

取积分时必须维持 y_l 等不变.

在选择熵常数为零之后,熵的数值中就不包含任意常数了,因此就叫做**绝对熵**,绝对熵的概念是普朗克在 1911 年提出的[①].绝对熵的说法可代替能氏定理,而比能氏定理更简单.但是不要忘记了,根据热力学第二定律所给熵的定义,熵常数的选择是任意的.

公式(4)的一个特殊情形是

$$S = \int_0^T C_v \, \frac{\mathrm{d}T}{T}. \tag{5}$$

这个积分是在体积 V 不变的条件下求积的.注意积分号内的微分不是完整微分,所以在积分中 V 不变的条件必须保持.假如要改为 p 不变的条件,那就必须改变积分号内的 C_v 为 C_p.因为用 T 和 p 为独立变数时有

$$T\left(\frac{\partial S}{\partial T}\right)_p = C_p.$$

在 p 不变的条件下求积分得

$$S = \int_0^T C_p \, \frac{\mathrm{d}T}{T}. \tag{6}$$

公式(6)适用于固体,但不适用于液体和气体,因为在一定的压强下,液体和气体只能存在于较高的温度范围内,不能接近绝对零度.设在一定的压强 p 下由固体转变到液体的温度是 T',相变潜热是 $\lambda' = T'(s'-s)$,s' 是一个克分子液体的熵.在 $T > T'$ 时,液体的熵是

$$s' = s'(T') + \int_{T'}^T c'_p \, \frac{\mathrm{d}T}{T}, \tag{7}$$

其中 c'_p 是液体的定压比热.但由

$$\frac{\lambda'}{T'} = s'(T') - s(T') \tag{8}$$

及

$$s(T') = \int_0^{T'} c_p \, \frac{\mathrm{d}T}{T} \tag{9}$$

得

$$s' = \frac{\lambda'}{T'} + \int_0^{T'} c_p \, \frac{\mathrm{d}T}{T} + \int_{T'}^T c'_p \, \frac{\mathrm{d}T}{T}. \tag{10}$$

这是液体的熵的公式.

设在一定的压强 p 下由液体转变到气体的温度是 T'',相变潜热是 $\lambda'' = T''(s''-s')$,s'' 是一个克分子气体的熵.在 $T > T''$ 时,气体的熵是

$$s'' = s''(T'') + \int_{T''}^T c''_p \, \frac{\mathrm{d}T}{T}, \tag{11}$$

---

① 见 Planck, *Thermodynamik*, § 282; 或 *Phys. Zeit.* **12**(1911), 681; **13**(1912), p. 165.

其中 c_p'' 是气体的定压比热. 但是由于气体的熵随压强的变化较大, 这个公式在实用上是很不方便的. 在实际问题中确定气体的熵所采用的方法是假设气体是理想气体而用蒸气压常数来确定气体的熵常数. 理想气体的熵是(见 22 节(40)式)

$$s'' = c_p^0 \ln T + \int_0^T (c_p'' - c_p^0) \frac{\mathrm{d}T}{T} - R\ln p + s_0'', \tag{12}$$

其中 $c_p^0 = \lim\limits_{T\to 0} c_p''$. 式中的熵常数 s_0'' 可由蒸气压常数来确定. 根据 28 节蒸气压常数 i 的公式(9), 应用到晶体, 注意晶体的熵常数为零及比热随 T 趋于零, 得

$$i = (s_0'' - c_p^0)/R. \tag{13}$$

用这个公式由实测的蒸气压常数 i 确定熵常数 s_0''.

现在我们应用熵的公式来讨论在温度趋于绝对零度时物体的一些性质. 应用麦氏关系(见 18 节(7)式)

$$\left(\frac{\partial p}{\partial T}\right)_V = \left(\frac{\partial S}{\partial V}\right)_T,$$

从(5)式得

$$\left(\frac{\partial p}{\partial T}\right)_V = \int_0^T \left(\frac{\partial C_v}{\partial V}\right)_T \frac{\mathrm{d}T}{T}. \tag{14}$$

在 $T \to 0$ 时, 右方积分趋于零, 故

$$\lim_{T\to 0}\left(\frac{\partial p}{\partial T}\right)_V = 0. \tag{15}$$

这就是说, **压强系数随 T 趋于零**.

同样, 应用麦氏关系(见 18 节(8)式)

$$\left(\frac{\partial V}{\partial T}\right)_p = -\left(\frac{\partial S}{\partial p}\right)_T$$

到(6)式, 得

$$\left(\frac{\partial V}{\partial T}\right)_p = -\int_0^T \left(\frac{\partial C_p}{\partial p}\right)_T \frac{\mathrm{d}T}{T}. \tag{16}$$

令 $T \to 0$ 得
$$\lim_{T\to 0}\left(\frac{\partial V}{\partial T}\right)_p = 0. \tag{17}$$

这就是说, **膨胀系数随 T 趋于零**.

根据热力学公式(见 18 节(16)式)

$$c_p = c_v + T\left(\frac{\partial p}{\partial T}\right)_v \left(\frac{\partial v}{\partial T}\right)_p,$$

得知当 $T \to 0$ 时, 如果 c_v 趋于零, c_p 也必趋于零. 这个结果是与(6)式右方积分收敛条件符合的.

58. 化学亲合势

在 26 节我们曾经证明,如果一物体尚未达到平衡时,在等温等压过程中,它的吉布斯函数一定减少.根据这个结果,我们可以用吉布斯函数的减少作为过程趋向的标志.假如这个过程是化学反应,那么吉布斯函数的减少就相当于化学亲合势.我们把化学亲合势的概念推广到一切等温等压过程,而令**等温等压过程的化学亲合势 A 的定义**为

$$A = -\Delta G, \tag{1}$$

其中 ΔG 是等温等压过程中吉布斯函数的改变.

假如我们讨论的不是等温等压过程,而是等温等体积过程,那么化学亲合势应当是自由能的减少.下面为了讨论明确起见,并且也由于等温等压过程较为常用,我们将只讨论等温等压过程.

用符号 Δ 代表在等温等压过程中热力学函数的改变.由热力学公式(见 22 节(15)式)

$$H = G - T\frac{\partial G}{\partial T}, \tag{2}$$

得

$$\Delta H = \Delta G - T\frac{\partial}{\partial T}\Delta G. \tag{3}$$

设令

$$Q = -\Delta H, \tag{4}$$

则(3)式化为

$$Q = A - T\frac{\partial A}{\partial T}. \tag{5}$$

(4)式中所引进的 Q 是等温等压过程中所放出的热,习惯上常常把 Q 叫做反应热,因为 $Q>0$ 是较常见的缘故.(在 34 节中把 ΔH 叫做反应热.)

又由热力学公式(见 22 节(13)式)

$$S = -\frac{\partial G}{\partial T},$$

得

$$\Delta S = -\frac{\partial}{\partial T}\Delta G = \frac{\partial A}{\partial T}. \tag{6}$$

根据能氏定理,当 $T\to 0$ 时,$\Delta S\to\Delta S_0 = 0$,故

$$\lim_{T\to 0}\frac{\partial A}{\partial T} = \left(\frac{\partial A}{\partial T}\right)_0 = 0. \tag{7}$$

设当 $T\to 0$ 时,$Q\to Q_0$,$A\to A_0$,则由(5)式得

$$Q_0 = A_0. \tag{8}$$

此式说明在 $T\to 0$ 时,反应热与亲合势相等.

(5)式可写为

$$\frac{\partial A}{\partial T} = \frac{A-Q}{T}.$$

当 $T \rightarrow 0$ 时,左方趋于 $(\partial A / \partial T)_0$,右方是不定式 $0/0$. 应用微分学求不定式的公式

$$\lim_{x \to 0} \frac{\varphi(x)}{\psi(x)} = \lim_{x \to 0} \frac{\varphi'(x)}{\psi'(x)},$$

令 $x = T$, $\varphi = A - Q$, $\psi = T$,得

$$\left(\frac{\partial A}{\partial T}\right)_0 = \lim_{T \to 0} \frac{A - Q}{T} = \lim_{T \to 0} \left(\frac{\partial A}{\partial T} - \frac{\partial Q}{\partial T}\right) = \left(\frac{\partial A}{\partial T}\right)_0 - \left(\frac{\partial Q}{\partial T}\right)_0.$$

故

$$\left(\frac{\partial Q}{\partial T}\right)_0 = 0. \tag{9}$$

与(7)式比较,得

$$\left(\frac{\partial A}{\partial T}\right)_0 = \left(\frac{\partial Q}{\partial T}\right)_0. \tag{10}$$

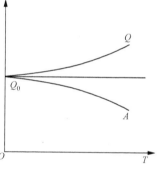

以 T 为横坐标,以 Q 及 A 为纵坐标作图,图中 Q 曲线与 A 曲线在 $T = 0$, $Q = Q_0$ 处相交而且相切:相交的条件是(8)式,相切的条件是(10)式;而且在相切点的切线是与 T 轴平行的,如(7)式及(9)式所示. 由于 A 曲线与 Q 曲线相切的缘故,在通常的温度范围内,Q 的数值与 A 的数值往往相差不大. 这个事实引导汤姆生(Thomsen)和伯特洛(Berthelot)得出错误的结论,以为化学反应是向放热的方向进行的. 实际上,根据热力学第二定律所推导出的平衡判据,化学反应进行的方向是吉布斯函数减少的方向,也就是亲合势大于零的方向,而不是 $Q > 0$ 的方向. 能斯特根据 A 与 Q 相差很小的事实提出相切条件(10)的假设,因而得到能氏定理(7).

图 32　化学亲合势与反应热相切图

(5)式又可写为

$$Q = -T^2 \frac{\partial}{\partial T} \frac{A}{T}.$$

求积分得

$$\frac{A}{T} = -\int \frac{Q}{T^2} dT.$$

用 $Q = Q_0 + Q - Q_0$ 代入,经过演算,得

$$\frac{A}{T} = \frac{Q_0}{T} - \int_0^T \frac{Q - Q_0}{T^2} dT + C,$$

其中 C 是积分常数. 令 $T \rightarrow 0$,得

$$C = \lim_{T \to 0} \frac{A - Q_0}{T} = \lim_{T \to 0} \frac{\partial A}{\partial T} = \left(\frac{\partial A}{\partial T}\right)_0 = 0.$$

故

$$A = Q_0 - T \int_0^T \frac{Q - Q_0}{T^2} dT. \tag{11}$$

注意在(11)式右方的积分中必须保持压强不变.

用同样的方法求(2)式的积分,并令 $S_0=0$,得

$$G = H_0 - T\int_0^T \frac{H-H_0}{T^2}\mathrm{d}T, \tag{12}$$

其中 H_0 为 $T\rightarrow 0$ 时 H 的极限值. 显然,由(12)式,运用符号 Δ,就可得到(11)式.

现在举一例说明(11)式的应用. 固体硫磺由单斜晶型变到正交晶型所放出的热量可以近似地用下列公式表达[①]

$$Q = 1.57 + 1.15\times 10^{-5}T^2 \text{ 卡 / 克}.$$

代入(11)式求积分,得

$$A = 1.57 - 1.15\times 10^{-5}T^2 \text{ 卡 / 克}.$$

由此式得到使 $A=0$ 的温度为 $T=\sqrt{1.57/1.15\times 10^{-5}}=370$. 这说明在一个大气压下,$T<370$ 时只有正交晶型能存在,$T>370$ 时只有单斜晶型能存在,而两种晶型在 $T=370$ 时达到平衡. 这个结果与实测的相合,实验所测得的两种晶型在一个大气压下达到平衡的温度是 95.4℃,即 368.6 K.

上面关于 Q 的经验表达式在低温时是不正确的. 因为由 $Q=-\Delta H$ 得

$$\left(\frac{\partial Q}{\partial T}\right)_p = -\frac{\partial}{\partial T}\Delta H = -\Delta C_p. \tag{13}$$

求积分,得

$$Q = Q_0 - \int_0^T \Delta C_p \mathrm{d}T. \tag{14}$$

在低温时非金属的 ΔC_p 与 T^3 成正比:

$$\Delta C_p = \alpha T^3,$$

代入(14),求积分,得

$$Q = Q_0 - \frac{1}{4}\alpha T^4. \tag{15}$$

再代入(11)式,求积分,得

$$A = Q_0 + \frac{1}{12}\alpha T^4. \tag{16}$$

这两个式子(15)和(16)在很低温度时是正确的,但不能应用于较高温度.

本节中最重要的公式是(11)和(14). 假如 C_p 或 ΔC_p 的数据已经由实验测定,并且在某一温度的反应热也已测定,则(14)式可由积分确定在任何温度的反应热;然后代入(11),求积分,即可确定在任何温度的亲合势. 根据亲合势是正还是负,就可确定过程的方向.

[①]　这是旧的数据,见 Nernst, *The New Heat Theorem*,(London 1926),p. 106. 较新的数据参阅 E. D. Eastman and W. C. McGavock, *J. Am. Chem. Soc.* **59**(1937), p. 2554.

59. 化 学 常 数

在 39 节证明了气体化学反应 $\sum_l \nu_l A_l = 0$ 的平衡条件,即质量作用律,是

$$\prod_l p_l^{\nu_l} = K_p,$$

并求得(39 节(9)式及(28)式)

$$\ln K_p = -\frac{\Delta H_0}{RT} + \frac{\sum \nu_l c_{pl}^0}{R}\ln T + \int_0^T \frac{\mathrm{d}T}{RT^2}\int_0^T \sum \nu_l (c_{pl} - c_{pl}^0)\mathrm{d}T + I,$$

其中

$$I = \sum \nu_l (s_{l0} - c_{pl}^0)/R. \tag{1}$$

在 28 节求得蒸气压方程为(28 节(8)式及(15)式)

$$\ln p = -\frac{\lambda_0}{RT} + \frac{c_p^0 - c_p'^0}{R}\ln T + \int_0^T \frac{\mathrm{d}T}{RT^2}\int_0^T (c_p - c_p' - c_p^0 + c_p'^0)\mathrm{d}T + i,$$

其中

$$i = (s_0 - s_0' - c_p^0 + c_p'^0)/R.$$

今应用蒸气压方程到固体的蒸气压,则 $c_p'^0 = 0$,而组元 l 的蒸气压常数 i_l 化为

$$i_l = (s_{l0} - s_{l0}' - c_{pl}^0)/R, \tag{2}$$

其中 s_{l0} 为纯组元 l 在气相的熵常数,c_{pl}^0 为气相定压比热在 $T \to 0$ 时的极限值,s_{l0}' 为在固相的熵常数. 依照 57 节的讨论,有 $s_{l0}' = 0$.

从(1)和(2)两式中消去 s_{l0},得

$$I = \sum \nu_l i_l + \Delta S_0'/R, \tag{3}$$

其中 $\Delta S_0' = \sum \nu_l s_{l0}'$ 是在固体化学反应中熵的改变在 $T \to 0$ 时的极限值.根据能氏定理,$\Delta S_0' = 0$,故(3)式简化为

$$I = \sum \nu_l i_l. \tag{4}$$

这个结果显然可更简单地由 57 节的绝对熵的理论(即 $s_{l0}' = 0$)得到.公式(4)是热力学第三定律的一个重要结果.应用(4)式,可由测得的蒸气压常数 i_l 计算得平衡恒量的常数 I,因而可完全确定平衡恒量.所以,根据热力学第三定律,不必作任何实验,只要有比热和蒸气压常数,及在某一温度的反应热,就可从理论上把平衡恒量完全确定.这个结果的实际意义是,在理论上可预测化学反应进行的情况.由于公式(4)的重要性,能斯特把蒸汽压常数 i_l 叫做**化学常数**.

60. 得到低温的方法

利用绝热过程得到低温的方法较重要的有四种[①]:

(甲)绝热膨胀,(乙)节流过程(焦耳、汤姆孙效应),(丙)液体在减压下沸腾,(丁)绝热去磁.

在应用甲法时必须使气体压缩至高压状态,然后膨胀作功而冷却.若使冷却的气体再回到压缩器受压,这个过程就可循环进行.克洛德(Claude)在 1909 年利用这个方法使冷却后的气体在回到压缩器的过程中冷却高压的气体而使液化,这样就得到了液体空气.卡皮查(Капица)在 1934 年利用同类的方法得到液体氢和液体氦.

在应用乙法时必须使气体的温度在转换温度以下.这个方法与甲法不同的主要点在乙法是不可逆过程,气体在节流过程中不对外界作有用的功.这个方法,自从林德在 1895 年利用了产生液体空气以后,已经成为制造液体空气的标准方法了.杜瓦(Dewar)在 1898 年使氢气先冷至液体空气温度(约 70 K),然后经过节流过程以降低温度,经过循环冷却,逐次使温度更低,最后得到液体氢.卡末林、昂尼斯在 1908 年利用同类的方法,在使用液体氢的预冷之下,使氦气液化.

在应用丙法时必须液体的沸点是很低的.在没有达到这样低的沸点以前,先使用高压把气体液化.要使等温压缩能使气体液化,必须温度在气体的临界温度以下.卡末林、昂尼斯根据丙法的原理用级联办法,逐级用不同的气体液化使温度降低,最后使氧气及空气液化.他在第一级加压强到几个大气压把氯甲烷(CH_2Cl)在室温液化,然后令氯甲烷在低压下沸腾而达到 $-90℃$.第二级使氯甲烷把乙烯(C_2H_4)冷却,然后加压使乙烯液化,而乙烯在低压沸腾可达到 $-160℃$.第三级使乙烯把氧气冷却,再加压使氧气液化,然后使液体氧在低压下沸腾可达到 $-217℃$.用这个方法所能达到的最低温度就是这样了,所以不能用它把氢气和氦气液化.但是当氢气和氦气由甲乙两法液化以后再在低压沸腾,又可达到更低的温度.

丁法是 1926 年德拜所提出的,是在 1 K 以下降低温度的最有效的方法.这个方法的理论已经在 19 节中讲了.

第八章习题

1. 设内能 U 可用 T 的幂级数表示:
$$U = \alpha + aT + bT^2 + cT^3 + \cdots,$$
其中 α, a, b, c 都是 V 的函数.由此导出下列各式:

---

① 详细内容可参考 M. N. Saha and B. N. Srivastava, *A Treatise on Heat*, 2nd ed. (1935), Ch. Ⅵ, pp. 275—311; Ruhemann, *Low Temperature Physics* (Cambridge, 1937).

$$F = \alpha + (a - \beta)T - aT\ln T - bT^2 - \frac{1}{2}cT^3 - \cdots,$$

$$S = \beta + a\ln T + 2bT + \frac{3}{2}cT^2 + \cdots,$$

$$C_v = a + 2bT + 3cT^2 + \cdots,$$

$$\left(\frac{\partial T}{\partial V}\right)_s = -\frac{T\beta' + a'T\ln T + 2b'T^2 + \frac{3}{2}c'T^3 + \cdots}{a + 2bT + 3cT^2 + \cdots},$$

其中一撇代表对 V 的微商. 由此证明, 当 $a=0$ 时, 若绝对零度不能用绝热膨胀或压缩达到, 必须 $\beta'=0$. 这就是说, β 是一绝对常数, 与 V 无关.

2. 由公式
$$S = \int_0^T C_v \frac{\mathrm{d}T}{T}$$
把积分路线由 V 不变改为 p 不变, 导出
$$S = \int_0^T C_p \frac{\mathrm{d}T}{T}.$$

3. 证明 Q 与 A 两曲线在 $T=0$ 的附近位于公共切线不同的两边. 数学上说来, 要证明在 $T=0$ 的附近有
$$\frac{\partial Q}{\partial T} \sim -b\frac{\partial A}{\partial T},$$
其中 b 为一正数. 求在金属固体及非金属固体情形下 b 的数值.

4. 求在等温等体积过程的亲合势 $A = -\Delta F$ 的各种性质, 包括 58 节的各种方程.

5. 用下列循环中 $\sum \Delta S = 0$ 的条件导出 $I = \sum \nu_l i_l$:

(甲) 使气体反应物冷至 0 K, 在冷却过程中全部凝聚.

(乙) 使化学反应在 0 K 进行完毕, 反应物全变为生成物.

(丙) 使生成物热至原来反应物的温度及总压强, 生成物完全变为气体.

(丁) 使化学反应在温度及压强不变下反向进行完毕, 生成物全还原为反应物.

注意在上述循环过程中, 甲步在原则上是不可能的. 如何才能解决这个问题?

6. 在有凝聚相与气体保持平衡时, 设组元 $1, 2, \cdots, j$ 没有凝聚相在场, 组元 $j+1, j+2, \cdots, k$ 有凝聚相在场, 则平衡条件是(见 39 节(42)式)
$$\prod_{l=1}^{j} p_l^{\nu_l} = K_p'.$$

证明
$$\frac{\mathrm{d}}{\mathrm{d}T}\ln K_p' = \frac{\Delta H'}{RT^2},$$

其中
$$\Delta H' = \Delta H - \sum_{l>j} \nu_l \lambda_l = \sum_{l=1}^{j} \nu_l h_l + \sum_{l>j} \nu_l h_l',$$

h_l' 为一个克分子的纯 l 在凝聚相的焓, $\lambda_l = h_l - h_l'$ 是潜热.

证明
$$\ln K_p' = -\frac{\Delta H_0'}{RT} + \frac{1}{R}\sum_{l\leqslant j} \nu_l c_{pl}^0 \ln T$$
$$+ \int_0^T \frac{\mathrm{d}T}{RT^2}\int_0^T \Big[\sum_{l\leqslant j} \nu_l(c_{pl} - c_{pl}^0) + \sum_{l>j} \nu_l c_{pl}'\Big]\mathrm{d}T + I',$$

及
$$I' = \sum_{l\leqslant j} \nu_l i_l.$$

第九章 重力场及弹性固体

*61. 重力场的热力学

吉布斯[①]曾经全面地讨论过重力场的热力学,这里只作简单的陈述.考虑在重力场中的流体(气体或液体).即使在平衡态时,流体内部各处的性质不是完全相同的.因此我们把流体分为许多小的部分,把每一小部分作为在平衡态的均匀系.设这一小部分的质量为 DM,内能为 DU,熵为 DS,体积为 DV,所含第 i 种组元的克分子数为 DN_i,则根据热力学第二定律有

$$dDU = TdDS - pdDV + \sum_i \mu_i dDN_i, \tag{1}$$

其中 T 为温度,p 为压强,μ_i 为化学势,这些都与所考虑的小部分的地点有关.

设 $\varphi(x,y,z)$ 为单位质量在重力场中的势能,φDM 为所考虑的小块流体的势能,x,y,z 是这一小块的坐标.这一小块的总能量 DE 将是(不计动能)

$$DE = DU + \varphi DM.$$

对流体所占据的全部空间求积分,得流体的总能量 E 为

$$E = \int DU + \int \varphi DM. \tag{2}$$

现在需要解决的问题是,在流体达到平衡时,各处的温度和压强和化学势有什么关系? 换句话说,在重力场中的平衡条件是什么? 为了解决这个问题,我们将采用 26 节的最后一个平衡判据,就是能量判据.这个判据说,在总的熵和几何位形不变的情形下,平衡态的总能量最小.引进拉格朗日乘子 τ 和 λ_i,得

$$\delta E - \tau \delta S - \sum_i \lambda_i \delta N_i = 0, \tag{3}$$

其中

$$S = \int DS, \quad N_i = \int DN_i$$

是流体的总熵和组元 i 的总克分子数.

由(2)式得

$$\delta E = \int \delta DU + \int \delta(\varphi DM)$$

① J. W. Gibbs, *Collected Works*, I, pp. 144—150.

$$= \int \left\{ T\delta DS - p\delta DV + \sum \mu_i \delta DN_i \right\} + \int \delta\varphi DM + \int \varphi \, \delta DM.$$

代入(3)式,得

$$\int (T - \tau)\delta DS + \sum_i \int (\mu_i - \lambda_i)\delta DN_i - \int p\delta DV$$

$$+ \int \delta\varphi DM + \int \varphi \, \delta DM = 0.$$

令 $m_i^\dagger$ 为组元 i 的分子量,则 $DM = \sum_i m_i^\dagger DN_i$,而上式化为

$$\int (T - \tau)\delta DS + \sum_i \int (\mu_i + m_i^\dagger\varphi - \lambda_i)\delta DN_i$$

$$- \int p\delta DV + \int \delta\varphi DM = 0.$$

由此得到平衡条件为

$$T = \tau = \text{常数} \quad (\text{即与 } x, y, z \text{ 无关}), \tag{4}$$

$$\mu_i + m_i^\dagger\varphi = \lambda_i = \text{常数} \quad (\text{即与 } x, y, z \text{ 无关}), \tag{5}$$

及

$$\int \delta\varphi DM - \int p\delta DV = 0. \tag{6}$$

(4)是热平衡条件,指明温度是到处一样的,这与重力场不出现的情形相同.(5)是化学平衡条件,这个条件受到重力场的影响.最后,(6)是力学平衡条件,这还需要进一步讨论.

设 DV 的改变 δDV 是由于在流体中每一点有一位移 δr 所引起的.为了要符合外表几何位形不变的条件,必须 δr 在流体的表面等于零,但在流体的内部 δr 是完全任意的.可以证明

$$\delta\varphi = \nabla\varphi \cdot \delta r, \quad \delta DV = (\nabla \cdot \delta r)DV. \tag{7}$$

第一式的证明是直接的:

$$\delta\varphi = \frac{\partial\varphi}{\partial x}\delta x + \frac{\partial\varphi}{\partial y}\delta y + \frac{\partial\varphi}{\partial z}\delta z = \nabla\varphi \cdot \delta r.$$

第二式可应用格林(Green)定理证明如下:

$$\delta DV = \oint_{D\Sigma} \delta r \cdot n \mathrm{d}\Sigma = \int_{DV} \nabla \cdot \delta r \mathrm{d}V = (\nabla \cdot \delta r)DV.$$

其中 $D\Sigma$ 是 DV 的边界,n 是 $\mathrm{d}\Sigma$ 的外向法线的单位矢量.把(7)式代入(6),得

$$\int \nabla\varphi \cdot \delta r DM - \int p \nabla \cdot (\delta r)DV = 0.$$

由公式 $\nabla \cdot (p\delta r) = p \nabla \cdot (\delta r) + \delta r \cdot \nabla p$,可应用格林定理把第二个积分化为

$$\int p \nabla \cdot (\delta r)DV = \oint p\delta r \cdot n \mathrm{d}\Sigma - \int \nabla p \cdot \delta r DV.$$

令 ρ 为流体的密度,故 $DM = \rho DV$.注意 δr 在边界上为零,得

$$\int (\nabla p + \rho \, \nabla \varphi) \cdot \delta \boldsymbol{r} DV = 0.$$

今 $\delta \boldsymbol{r}$ 是任意的,故

$$\nabla p + \rho \, \nabla \varphi = 0. \tag{8}$$

这就是在重力场中的力学平衡条件. 这是流体静力学的基本方程, 可以不需要应用热力学定律就可根据力学定律而得到完全的证明. 上面的证明只是说明热力学的能量平衡判据是静力学的虚功原理的推广.

必须指出, 平衡条件(4),(5),(8)不是完全互相独立的. 因为可由广延量的性质得到吉布斯关系(见 35 节(27)式)

$$DS \mathrm{d}T - DV \mathrm{d}p + \sum DN_i \mathrm{d}\mu_i = 0, \tag{9}$$

其中 $\mathrm{d}T, \mathrm{d}p, \mathrm{d}\mu_i$ 是任意的改变. 假如这些改变仅仅是由于地位的改变而产生的, 那么根据(4)和(5)两个平衡条件应有 $\mathrm{d}T = 0, \mathrm{d}\mu_i = -m_i^\dagger \mathrm{d}\varphi$. 代入(9), 得

$$DV \mathrm{d}p + \sum_i m_i^\dagger DN_i \mathrm{d}\varphi = 0,$$

由此得

$$\mathrm{d}p + \rho \mathrm{d}\varphi = 0. \tag{10}$$

这就是(8)式的另一表达形式.

最后讨论化学反应 $\sum_i \nu_i A_i = 0$ 的平衡条件. 在化学反应进行时应有

$$\int \delta DN_i = \nu_i \varepsilon, \tag{11}$$

其中 ε 为一无穷小量. 现在应用能量判据来求平衡条件, 并假设热平衡条件(4), 化学平衡条件(5)及力学平衡条件(6)都已得到满足. 在此情形下有

$$\begin{aligned}
\delta E &= T \int \delta DS - \int p \delta DV + \sum \int \mu_i \delta DN_i + \int \delta \varphi DM + \int \varphi \, \delta DM \\
&= \sum_i \nu_i (\mu_i + m_i^\dagger \varphi) \varepsilon,
\end{aligned}$$

其中已经用了(4),(5),(6)各式, 并且用了条件 $\delta S = 0$ 及(11)式. 要 E 是最小, 必须 $\delta E = 0$, 故得

$$\sum_i \nu_i (\mu_i + m_i^\dagger \varphi) = 0. \tag{12}$$

这就是在重力场下化学反应 $\sum_i \nu_i A_i = 0$ 达到平衡的条件. 但在化学反应中有质量守恒定律, 即 $\sum \nu_i m_i^\dagger = 0$, 故(12)式简化为

$$\sum_i \nu_i \mu_i = 0. \tag{12'}$$

这个结果说明重力场对化学反应的平衡条件不起作用.

*62. 胁强及运动方程

本节讨论连续体力学的基本运动方程作为热力学理论的准备. 我们需要应用下面的定理:

任何力学体系的总动量的时间改变率等于外力之和,它的总角动量的时间改变率等于外力矩之和.

我们把所讨论的物体当作**连续体**看待,那就是说,它占据一定的空间,它的表面是一封闭曲面 Σ,在 Σ 所包含的体积 V 中,它的各种性质,如密度 ρ,速度 $\boldsymbol{v}$,加速度 $\boldsymbol{a}$,等,都是地点 x, y, z 和时间 t 的连续函数. 所讨论的物体可以是固体,也可以是液体,也可以是气体.

在任何时刻 t 作用于物体的外力可分为两种:

(甲) **彻体力**,$\boldsymbol{F}\mathrm{d}M$,作用于物体内部体积元 $\mathrm{d}V$ 上,它的质量是 $\mathrm{d}M = \rho\mathrm{d}V$. $\boldsymbol{F}$ 在坐标轴上的投影 F_x, F_y, F_z 都是地点 x, y, z 和时间 t 的连续函数.

(乙) **表面力**,$\boldsymbol{P}\mathrm{d}\Sigma$,作用于面积元 $\mathrm{d}\Sigma$ 上,$\boldsymbol{P}$ 称为**胁强**,是单位面积上作用的力. 向着 $\mathrm{d}\Sigma$ 的外部的胁强叫做张力,向着 $\mathrm{d}\Sigma$ 内部的叫做压力或压强. 要解释胁强的来历,假想所讨论的物体与另一物体沿着表面 Σ 相接触. 胁强是第二物体通过接触面而作用于第一物体的力. 这种力只作用于表面的附近,可以认为是处在 Σ 和 Σ_2 之间的那一部分的第二物体对处在 Σ 和 Σ_1 之间的那一部分的第一物体所起的作用,Σ_1 和 Σ_2 是处在 Σ 的两边而离开很小距离 δ 的两个曲面. 由于 δ 很小,我们可以认为胁强是作用于表面 Σ 的力.

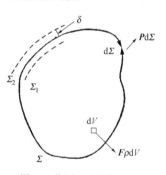

图 33 作用于连续体的力

表面力不仅存在于物体的表面,也存在于物体的内部. 假想在物体的内部有一曲面,在曲面左边(外部)的物质对右边(内部)的物质有一作用力 $\boldsymbol{P}\mathrm{d}\Sigma$,同时右边(内部)的物质对左边(外部)的物质有一相等而相反的反作用力 $-\boldsymbol{P}\mathrm{d}\Sigma$. 不难理解,作用于物体内部的胁强,既然是物体内部的相互作用,将不仅与 $\mathrm{d}\Sigma$ 的地点有关,而且与 $\mathrm{d}\Sigma$ 的方向有关. 对于流体静压力说,它的方向总是与作用曲面 $\mathrm{d}\Sigma$ 垂直的,因此有

$$\boldsymbol{P} = -p\boldsymbol{n}, \tag{1}$$

其中 p 是压强,$\boldsymbol{n}$ 是 $\mathrm{d}\Sigma$ 的外向法线的单位矢量,式中的负号表示 p 作用的方向与 $\boldsymbol{n}$ 相反,是压力不是张力.

假如胁强不是流体静压力时,它的数值与 $\mathrm{d}\Sigma$ 的法线方向 $\boldsymbol{n}$ 有什么关系呢? 换

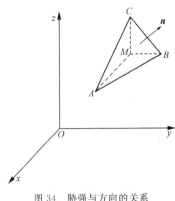

图 34　胁强与方向的关系

句话说,P 的三个投影 P_x,P_y,P_z 是 n 的什么样的函数呢?为了解决这个问题,我们考虑三个标准的方向,即坐标轴的方向.设当 n 是 x 方向时,P 是 P_x,它的三个投影是 P_{xx},P_{xy},P_{xz}.同样,$P_y=(P_{yx},P_{yy},P_{yz})$ 和 $P_z=(P_{zx},P_{zy},P_{zz})$ 是当 n 是 y 和 z 方向时的胁强.考虑由四个微小平面所包的体积 $\mathrm{d}V$,一个平面 ABC 是 $\mathrm{d}\Sigma$,它的法线方向是 n,另外三个平面是 ABC 在三个坐标平面上的投影:MBC,MCA,MAB;它们的面积各为 $\mathrm{d}\Sigma_x$,$\mathrm{d}\Sigma_y$,$\mathrm{d}\Sigma_z$.设 l,m,n 为矢量 n 在三个坐标轴向的投影,这也是 $\mathrm{d}\Sigma$ 的法线的方向余弦.于是有

$$\mathrm{d}\Sigma_x=l\mathrm{d}\Sigma,\quad \mathrm{d}\Sigma_y=m\mathrm{d}\Sigma,\quad \mathrm{d}\Sigma_z=n\mathrm{d}\Sigma.$$

作用于四面体 $MABC$ 的力为:(甲)彻体力 $F\rho\mathrm{d}V$;(乙)表面力 $P\mathrm{d}\Sigma$,$-P_x\mathrm{d}\Sigma_x$,$-P_y\mathrm{d}\Sigma_y$,$-P_z\mathrm{d}\Sigma_z$.设 a 为 $\mathrm{d}V$ 的物质的加速度,则有

$$a\rho\mathrm{d}V=F\rho\mathrm{d}V+P\mathrm{d}\Sigma-P_x\mathrm{d}\Sigma_x-P_y\mathrm{d}\Sigma_y-P_z\mathrm{d}\Sigma_z.$$

用 $\mathrm{d}\Sigma$ 除,移项,得

$$P=lP_x+mP_y+nP_z+(a-F)\rho\frac{\mathrm{d}V}{\mathrm{d}\Sigma}.$$

若 h 是四面体的高,这就是由 M 到平面 ABC 的垂直距离,则

$$\frac{\mathrm{d}V}{\mathrm{d}\Sigma}=\frac{h}{3}.$$

当四面体是无穷小时,h 也是无穷小,故得

$$P=lP_x+mP_y+nP_z. \tag{2}$$

这就是任何一个方向 n 的 $\mathrm{d}\Sigma$ 上的胁强与三个标准方向的胁强的关系.它们的投影的关系是

$$\begin{cases}P_x=lP_{xx}+mP_{yx}+nP_{zx},\\ P_y=lP_{xy}+mP_{yy}+nP_{zy},\\ P_z=lP_{xz}+mP_{yz}+nP_{zz}.\end{cases} \tag{3}$$

由此可见,胁强的基本要素是张量 $\mathscr{P}$:

$$\mathscr{P}=\begin{pmatrix}P_{xx} & P_{xy} & P_{xz}\\ P_{yx} & P_{yy} & P_{yz}\\ P_{zx} & P_{zy} & P_{zz}\end{pmatrix}. \tag{4}$$

现在讨论连续体的运动方程.考虑连续体的任何一部分,由一任意封闭曲面 Σ 包着.应用本节开始所说的定理,得

$$\int (\boldsymbol{F} - \boldsymbol{a})\rho \mathrm{d}V + \oint (l\boldsymbol{P}_x + m\boldsymbol{P}_y + n\boldsymbol{P}_z)\mathrm{d}\Sigma = 0,$$

$$\int \boldsymbol{r} \times (\boldsymbol{F} - \boldsymbol{a})\rho \mathrm{d}V + \oint \boldsymbol{r} \times (l\boldsymbol{P}_x + m\boldsymbol{P}_y + n\boldsymbol{P}_z)\mathrm{d}\Sigma = 0.$$

应用格林定理把面积分化为体积分,得

$$\int \left[\rho\boldsymbol{F} - \rho\boldsymbol{a} + \frac{\partial \boldsymbol{P}_x}{\partial x} + \frac{\partial \boldsymbol{P}_y}{\partial y} + \frac{\partial \boldsymbol{P}_z}{\partial z} \right] \mathrm{d}V = 0,$$

$$\int \left\{ \boldsymbol{r} \times \left[\rho\boldsymbol{F} - \rho\boldsymbol{a} + \frac{\partial \boldsymbol{P}_x}{\partial x} + \frac{\partial \boldsymbol{P}_y}{\partial y} + \frac{\partial \boldsymbol{P}_z}{\partial z} \right] \right.$$

$$\left. + (\boldsymbol{i} \times \boldsymbol{P}_x + \boldsymbol{j} \times \boldsymbol{P}_y + \boldsymbol{k} \times \boldsymbol{P}_z) \right\} \mathrm{d}V = 0,$$

其中 $\boldsymbol{i},\boldsymbol{j},\boldsymbol{k}$ 是三个坐标轴向的单位矢量. 这些积分适用于连续体内任意一部分,故被积函数必为零:

$$\rho\boldsymbol{a} = \rho\boldsymbol{F} + \frac{\partial \boldsymbol{P}_x}{\partial x} + \frac{\partial \boldsymbol{P}_y}{\partial y} + \frac{\partial \boldsymbol{P}_z}{\partial z}, \tag{5}$$

$$\boldsymbol{i} \times \boldsymbol{P}_x + \boldsymbol{j} \times \boldsymbol{P}_y + \boldsymbol{k} \times \boldsymbol{P}_z = 0. \tag{6}$$

第一组方程(5)就是连续体的运动微分方程.第二组方程(6)给出胁强张量应遵守的条件.今有

$$\boldsymbol{P}_x = P_{xx}\boldsymbol{i} + P_{xy}\boldsymbol{j} + P_{xz}\boldsymbol{k},$$

还有类似的关于 $\boldsymbol{P}_y$ 和 $\boldsymbol{P}_z$ 的两个式子,应用矢量公式:

$$\boldsymbol{i} \times \boldsymbol{i} = 0, \quad \boldsymbol{i} \times \boldsymbol{j} = -\boldsymbol{j} \times \boldsymbol{i} = \boldsymbol{k}, \quad \cdots,$$

把(6)化为

$$(P_{yz} - P_{zy})\boldsymbol{i} + (P_{zx} - P_{xz})\boldsymbol{j} + (P_{xy} - P_{yx})\boldsymbol{k} = 0.$$

这就是

$$P_{yz} = P_{zy}, \quad P_{zx} = P_{xz}, \quad P_{xy} = P_{yx}. \tag{7}$$

由此可见,胁强张量是对称的.

胁强的法线方向投影是

$$P_n = \boldsymbol{n} \cdot \boldsymbol{P} = P_{xx}l^2 + P_{yy}m^2 + P_{zz}n^2 + 2P_{yz}mn$$
$$+ 2P_{zx}nl + 2P_{xy}lm.$$

假如令 $X = Rl, Y = Rm, Z = Rn, A = R^2 P_n$,并把 X, Y, Z 写成 $X_i(i=1,2,3)$,P_{xx},等写成 P_{ij},则得

$$\sum_{i,j} P_{ij} X_i X_j = A. \tag{8}$$

这个方程中的 R 是一任意的正数.这个方程代表在 X_i 空间的二次曲面,叫做**胁强二次曲面**.假如进行坐标变换由 X_i 到 X_i',同时胁强张量由 P_{ij} 到 P_{ij}',则当坐标变换是正交变换时,显然 A 是不变的$(A = R^2 P_n)$,故

$$\sum_{i,j} P_{ij} X_i X_j = \sum P_{ij}' X_i' X_j'. \tag{9}$$

由此即可得胁强张量的变换性质. 由胁强张量所构成的不变量有三个:

(甲) 对角元素之和:　　　　　　$P_{xx}+P_{yy}+P_{zz}.$　　　　　　　　　　(10)

(乙) 主子式之和:

$$\begin{vmatrix} P_{yy} & P_{yz} \\ P_{zy} & P_{zz} \end{vmatrix} + \begin{vmatrix} P_{zz} & P_{zx} \\ P_{xz} & P_{xx} \end{vmatrix} + \begin{vmatrix} P_{xx} & P_{xy} \\ P_{yx} & P_{yy} \end{vmatrix}$$

$$= (P_{yy}P_{zz}+P_{zz}P_{xx}+P_{xx}P_{yy}) - (P_{yz}^2+P_{zx}^2+P_{xy}^2). \tag{11}$$

(丙) 行列式:

$$\begin{vmatrix} P_{xx} & P_{xy} & P_{xz} \\ P_{yx} & P_{yy} & P_{yz} \\ P_{zx} & P_{zy} & P_{zz} \end{vmatrix} = P_{xx}P_{yy}P_{zz} + 2P_{yz}P_{zx}P_{xy} - P_{xx}P_{yz}^2$$

$$- P_{yy}P_{zx}^2 - P_{zz}P_{xy}^2. \tag{12}$$

最后应当指出, 在工程上常用的胁强符号是

$$\mathscr{P} = \begin{pmatrix} \sigma_x & \tau_{xy} & \tau_{xz} \\ \tau_{yx} & \sigma_y & \tau_{yz} \\ \tau_{zx} & \tau_{zy} & \sigma_z \end{pmatrix}.$$

*63.　胁　　变

本节讨论连续体的形变问题. 设连续体中某一点 M 的坐标为 x,y,z, 正好在时刻 t, 而它在起始时刻 t_0 的位置为 M_0 点, 坐标为 x_0,y_0,z_0. 显然在连续的运动之下, x,y,z 应是 x_0,y_0,z_0 和 t 的连续函数:

$$x = x(x_0,y_0,z_0,t), \quad y = y(x_0,y_0,z_0,t), \quad z = z(x_0,y_0,z_0,t),$$

而这些函数当 $t=t_0$ 时变为 x_0,y_0,z_0. 反过来, x_0,y_0,z_0 也应当是 x,y,z 和 t 的连续函数.

考虑在时刻 t_0 占据空间 R_0 的那一部分物体, 它在时刻 t 将占据空间 R. 假如不可能用一刚体运动把 R_0 移到与 R 重合, 那么我们就说物体发生了形变. 为了研究形变, 我们把 t_0 和 t 时的弧元 $\mathrm{d}s_0$ 和 $\mathrm{d}s$ 作一比较:

$$\mathrm{d}s_0^2 = \mathrm{d}x_0^2 + \mathrm{d}y_0^2 + \mathrm{d}z_0^2,$$

$$\mathrm{d}s^2 = \mathrm{d}x^2 + \mathrm{d}y^2 + \mathrm{d}z^2.$$

为写起来简便起见, 用 $x_i(i=1,2,3)$ 代替 x,y,z, 用 $x_{0i}(i=1,2,3)$ 代替 x_0,y_0,z_0. 则得

$$\mathrm{d}s^2 = \sum_{i,j,k} \frac{\partial x_k}{\partial x_{0i}} \frac{\partial x_k}{\partial x_{0j}} \mathrm{d}x_{0i}\mathrm{d}x_{0j} = \mathrm{d}s_0^2 + 2\sum_{i,j} \varepsilon_{ij}\, \mathrm{d}x_{0i}\mathrm{d}x_{0j}, \tag{1}$$

其中　　　　　　　　　$\delta_{ij} + 2\varepsilon_{ij} = \sum_k \frac{\partial x_k}{\partial x_{0i}} \frac{\partial x_k}{\partial x_{0j}}.$　　　　　　　(2)

这里所引进的 δ_{ij} 是

$$\delta_{ij} = \begin{cases} 1, & i = j \\ 0, & i \neq j. \end{cases}$$

所引进的 ε_{ij} 是对称的,即 $\varepsilon_{ij} = \varepsilon_{ji}$,构成一对称张量,称为**胁变张量**.由下面两个定理可看出,这个胁变张量把形变的性质完全确定[①].

定理一 刚体运动的必需与充足条件是 $\varepsilon_{ij} = 0$.

证:假若 $\varepsilon_{ij} = 0$,则由(1)得 $ds = ds_0$,这就是说,在 t_0 时任意两个邻近点的距离与在 t 时一样.因此,在 t_0 时连接任意两点的曲线的长与在 t 时相等,那么最短的线在 t_0 和 t 时是相对应的,所以在 t_0 时的直线在 t 时仍然是直线.由此可见,在 t_0 时的三角形在 t 时仍然是三角形,并且大小和形状都应该完全相同,四面体也是如此.所以一定是刚体运动.反过来,刚体运动显然要 $ds = ds_0$,故 $\varepsilon_{ij} = 0$.

定理二 两个形变能用刚体运动连起来的必需而充足的条件是两者的 ε_{ij} 相等.

证:两者的 ε_{ij} 相等必有 $ds_1 = ds_2$,然后用定理一就可证明.

现在讨论具体的形变问题.先讨论密度的改变.设在一点 M 的附近的密度为 ρ,这是在时刻 t 的密度,ρ 是 x, y, z 和 t 的函数.设在 t_0 时相应点 M_0 的附近的密度为 ρ_0.考虑任意一部分物体,它的体积在 t_0 时是 V_0,在 t 时是 V;它的质量在 t_0 时是 $\int \rho_0 \, dV_0$,在 t 时是 $\int \rho \, dV$,这两者应当相等:

$$\int \rho_0 \, dV_0 = \int \rho \, dV.$$

但

$$\int \rho \, dV = \int \rho J \, dV_0,$$

其中

$$J = \frac{\partial(x, y, z)}{\partial(x_0, y_0, z_0)}, \tag{3}$$

故

$$\int (\rho J - \rho_0) \, dV_0 = 0.$$

这个关系对任意体积 V_0 都是对的,故必有

$$\rho J = \rho_0. \tag{4}$$

这是形变后的密度与形变前的密度的关系,又叫做**连续性方程**.

体积胁变 θ 的定义是

$$\theta = \frac{dV - dV_0}{dV_0} = J - 1 = \frac{\rho_0}{\rho} - 1. \tag{5}$$

线胁变 δ 的定义是

---

① 这个讲法取自 P. Appell, *Traité de mécanique rationelle*, t. Ⅲ. (1921), p. 243.

$$\delta = \frac{ds}{ds_0} - 1. \tag{6}$$

令 $\alpha_i = dx_{0i}/ds_0$,代入(1)式,得

$$\left(\frac{ds}{ds_0}\right)^2 = 1 + 2\sum_{i,j}\varepsilon_{ij}\alpha_i\alpha_j. \tag{7}$$

由此得

$$\delta = \sqrt{1 + 2\sum_{i,j}\varepsilon_{ij}\alpha_i\alpha_j} - 1. \tag{8}$$

当原始线元是在 x 轴方向时,有 $\alpha_1 = 1, \alpha_2 = \alpha_3 = 0$,则相应的线胁变 δ_1 是

$$\delta_1 = \sqrt{1 + 2\varepsilon_{11}} - 1. \tag{9}$$

同样,相应于原始线元在 y 轴方向和在 z 轴方向的线胁变 δ_2 和 δ_3 是

$$\delta_2 = \sqrt{1 + 2\varepsilon_{22}} - 1, \quad \delta_3 = \sqrt{1 + 2\varepsilon_{33}} - 1. \tag{10}$$

(9)和(10)给了胁变张量的对角元素 $\varepsilon_{11}, \varepsilon_{22}, \varepsilon_{33}$ 的物理意义.

关于胁变张量的非对角元素 $\varepsilon_{23}, \varepsilon_{31}, \varepsilon_{12}$ 的物理意义,我们将从**切胁变**来了解. 考虑两个线元 ds_0 和 ds_0',两者的夹角是 ψ_0,在形变后,ds 和 ds' 的夹角变为 ψ. 令 $\alpha_i = dx_{0i}/ds_0$,$\alpha_i' = dx_{0i}'/ds_0'$ 为这两个原始线元的方向余弦,则有

$$\cos\psi_0 = \sum_i \alpha_i \alpha_i', \tag{11}$$

$$\cos\psi = \sum_k \frac{dx_k}{ds}\frac{dx_k'}{ds'} = \sum_{i,j,k}\frac{\partial x_k}{\partial x_{0i}}\frac{\partial x_k}{\partial x_{0j}}\frac{dx_{0i}}{ds_0}\frac{dx_{0j}'}{ds_0'}\cdot\frac{ds_0}{ds}\cdot\frac{ds_0'}{ds'}$$

$$= \frac{ds_0}{ds}\cdot\frac{ds_0'}{ds'}\sum_{i,j}(\delta_{ij} + 2\varepsilon_{ij})\alpha_i\alpha_j'. \tag{12}$$

这个式子中的 ds_0/ds 和 ds_0'/ds' 应由(7)式确定,即

$$\left(\frac{ds}{ds_0}\right)^2 = 1 + 2\sum_{i,j}\varepsilon_{ij}\alpha_i\alpha_j, \quad \left(\frac{ds'}{ds_0'}\right)^2 = 1 + 2\sum_{i,j}\varepsilon_{ij}\alpha_i'\alpha_j'. \tag{13}$$

当原始线元一个在 y 轴方向,一个在 z 轴方向时,有

$$\alpha_1 = 0, \quad \alpha_2 = 1, \quad \alpha_3 = 0; \quad \alpha_1' = 0, \quad \alpha_2' = 0, \quad \alpha_3' = 1;$$

于是得 $\psi_0 = \frac{\pi}{2}$,

$$\frac{ds}{ds_0} = \sqrt{1 + 2\varepsilon_{22}}, \quad \frac{ds'}{ds_0'} = \sqrt{1 + 2\varepsilon_{33}},$$

$$2\varepsilon_{23} = \sqrt{1 + 2\varepsilon_{22}}\sqrt{1 + 2\varepsilon_{33}}\cos\psi$$

$$= \sqrt{1 + 2\varepsilon_{22}}\sqrt{1 + 2\varepsilon_{33}}\sin(\psi_0 - \psi). \tag{14}$$

令 $\psi_0 - \psi = \frac{\pi}{2} - \psi = \lambda_1$,则(14)式化为

$$2\varepsilon_{23} = \sqrt{1 + 2\varepsilon_{22}}\sqrt{1 + 2\varepsilon_{33}}\sin\lambda_1. \tag{14'}$$

同样,对于原始线元一个在 z 轴方向,一个在 x 轴方向,夹角的改变为 $\lambda_2 = \psi_0 - \psi$;对于原始线元一个在 x 轴方向,一个在 y 轴方向,夹角的改变为 $\lambda_3 = \psi_0 - \psi$;得

$$\begin{cases} 2\varepsilon_{31} = \sqrt{1+2\varepsilon_{33}}\ \sqrt{1+2\varepsilon_{11}}\sin\lambda_2, \\ 2\varepsilon_{12} = \sqrt{1+2\varepsilon_{11}}\ \sqrt{1+2\varepsilon_{22}}\sin\lambda_3. \end{cases} \tag{15}$$

(14),(14′)和(15)给了胁变张量的非对角元素 $\varepsilon_{23},\varepsilon_{31},\varepsilon_{12}$ 的物理意义.这些非对角元素叫做切胁变.

在(7)式中令 $X_i = \dfrac{\mathrm{d}s_0}{\mathrm{d}s}\alpha_i$,得

$$\sum_{i,j}(\delta_{ij} + 2\varepsilon_{ij})X_iX_j = 1. \tag{16}$$

这个方程代表在 X_i 空间的椭球,叫做**胁变椭球**.当进行正交坐标变换时,有

$$\sum_{i,j}\varepsilon_{ij}X_iX_j = \text{不变量}. \tag{17}$$

由这个条件可以得到胁变张量 ε_{ij} 的变换性质.由 ε_{ij} 所构成的不变量有三:

(甲)对角素之和: $\qquad E_1 = \varepsilon_{11} + \varepsilon_{22} + \varepsilon_{33},$ $\hfill(18)$

(乙)主子式之和:

$$E_2 = \begin{vmatrix} \varepsilon_{22} & \varepsilon_{23} \\ \varepsilon_{32} & \varepsilon_{33} \end{vmatrix} + \begin{vmatrix} \varepsilon_{33} & \varepsilon_{31} \\ \varepsilon_{13} & \varepsilon_{11} \end{vmatrix} + \begin{vmatrix} \varepsilon_{11} & \varepsilon_{12} \\ \varepsilon_{21} & \varepsilon_{22} \end{vmatrix}$$

$$= (\varepsilon_{22}\varepsilon_{33} + \varepsilon_{33}\varepsilon_{11} + \varepsilon_{11}\varepsilon_{22}) - (\varepsilon_{23}^2 + \varepsilon_{31}^2 + \varepsilon_{12}^2). \tag{19}$$

(丙)行列式:

$$E_3 = \begin{vmatrix} \varepsilon_{11} & \varepsilon_{12} & \varepsilon_{13} \\ \varepsilon_{21} & \varepsilon_{22} & \varepsilon_{23} \\ \varepsilon_{31} & \varepsilon_{32} & \varepsilon_{33} \end{vmatrix}$$

$$= \varepsilon_{11}\varepsilon_{22}\varepsilon_{33} + 2\varepsilon_{23}\varepsilon_{31}\varepsilon_{12} - \varepsilon_{11}\varepsilon_{23}^2 - \varepsilon_{22}\varepsilon_{31}^2 - \varepsilon_{33}\varepsilon_{12}^2. \tag{20}$$

体积胁变可以用上面三个不变量 E_1,E_2,E_3 表达.应用行列式相乘的法则得

$$J^2 = \det\left(\frac{\partial x_k}{\partial x_{0i}}\right) \times \det\left(\frac{\partial x_k}{\partial x_{0j}}\right) = \det\left(\sum_k \frac{\partial x_k}{\partial x_{0i}}\frac{\partial x_k}{\partial x_{0j}}\right)$$

$$= \det(\delta_{ij} + 2\varepsilon_{ij}).$$

把行列式展开得

$$J^2 = 1 + 2E_1 + 4E_2 + 8E_3. \tag{21}$$

开方并代入(5),得体积胁变为

$$\theta = \sqrt{1 + 2E_1 + 4E_2 + 8E_3} - 1. \tag{22}$$

在应用到弹性固体时,通常假设形变很小,把胁变 ε_{ij} 当作无穷小量.为了分别无穷小的形变与有限大的形变,我们把无穷小的胁变张量写成 e_{ij}.令 $\xi = x - x_0$, $\eta = y - y_0, \zeta = z - z_0$ 为位移的投影,或简写为 $\xi_i = x_i - x_{0i}$.反过来,有 $x_i = x_{0i} + \xi_i$.

代入(2)式,得

$$2\varepsilon_{ij} = \frac{\partial \xi_j}{\partial x_{0i}} + \frac{\partial \xi_i}{\partial x_{0j}} + \sum_k \frac{\partial \xi_k}{\partial x_{0i}} \frac{\partial \xi_k}{\partial x_{0j}}. \tag{23}$$

当位移 ξ_i 是无穷小时,(23)式右方的最后一项是二级无穷小,可以略去,并可用 x_i 代替 x_{0i},把 ε_{ij} 改为 e_{ij},得

$$2e_{ij} = \frac{\partial \xi_j}{\partial x_i} + \frac{\partial \xi_i}{\partial x_j}. \tag{24}$$

在无穷小的胁变下,(9)式和(10)式简化为

$$\delta_1 = e_{11}, \quad \delta_2 = e_{22}, \quad \delta_3 = e_{33}, \tag{25}$$

而(8)式简化为

$$\delta = \sum_{i,j} e_{ij} \alpha_i \alpha_j. \tag{26}$$

同时(14′)和(15)简化为

$$\lambda_1 = 2e_{23}, \quad \lambda_2 = 2e_{31}, \quad \lambda_3 = 2e_{12}. \tag{27}$$

最后(22)式简化为

$$\theta = J - 1 = E_1 = e_{11} + e_{22} + e_{33} = \sum_i \frac{\partial \xi_i}{\partial x_i}. \tag{28}$$

最后应当指出,在工程上常用的胁变符号是

$$\begin{pmatrix} \varepsilon_x & \gamma_{xy} & \gamma_{xz} \\ \gamma_{yx} & \varepsilon_y & \gamma_{yz} \\ \gamma_{zx} & \gamma_{zy} & \varepsilon_z \end{pmatrix}$$

这些符号与 e_{ij} 的关系是:$\varepsilon_x = e_{11}$,$\varepsilon_y = e_{22}$,$\varepsilon_z = e_{33}$;$\gamma_{xy} = 2e_{12}$,$\gamma_{xz} = 2e_{13}$,$\gamma_{yz} = 2e_{23}$. 注意 e_{ij} 是张量,但 ε_x,γ_{xy} 等不构成张量,因为它们不遵守张量的变换规则. 只有把 γ_{xy} 等用 2 除之后,才能与 ε_x 等合起来构成张量.

*64. 内能、熵及平衡条件

在讨论内能和熵之前,先讨论在微小位移下的微功公式. 设物体受一微小位移,由形变态 $\xi_i = x_i - x_{0i}$ 到 $\xi_i + \delta\xi_i = x_i + \delta\xi_i - x_{0i}$. 考虑在一任意封闭曲面 Σ 内所包围的那一部分物体. 令 W_P 为在微小位移中作用于表面 Σ 的表面力 $\boldsymbol{P}$ 所作的微功. 得

$$W_P = \oint_\Sigma \boldsymbol{P} \cdot \delta\boldsymbol{\xi} \mathrm{d}\Sigma = \oint_\Sigma (l\boldsymbol{P}_x + m\boldsymbol{P}_y + n\boldsymbol{P}_z) \cdot \delta\boldsymbol{\xi} \mathrm{d}\Sigma$$

$$= \oint_\Sigma \sum_{i,j} n_i P_{ij} \delta\xi_j \mathrm{d}\Sigma,$$

其中 $\delta\boldsymbol{\xi}$ 是位移,它在三个坐标方向的投影是 $\delta\xi_i$,n_i 是 $\boldsymbol{n}$ 的三个分量,即 $n_1 = l$,$n_2 = m$,$n_3 = n$. 应用格林定理得

$$W_P = \int \sum_{i,j} \frac{\partial}{\partial x_i}(P_{ij}\,\delta\xi_j)\mathrm{d}V = \int \sum_{i,j} \left\{\frac{\partial P_{ij}}{\partial x_i}\delta\xi_j + P_{ij}\frac{\partial \delta\xi_j}{\partial x_i}\right\}\mathrm{d}V. \tag{1}$$

现在应用 62 节的运动方程(5),这个方程可表为下列形式:

$$\rho a_i = \rho F_i + \sum_j \frac{\partial P_{ji}}{\partial x_j}, \tag{2}$$

其中加速度 a_i 可表为

$$a_i = \frac{\partial^2 \xi_i}{\partial t^2}, \tag{3}$$

在对 t 的微商中维持 x_{0i} 不变,那就是说,把 ξ_i 作为 x_{0i} 和 t 的函数. 把(2)代入(1),得

$$W_P = \int \sum_i a_i\delta\xi_i\rho\,\mathrm{d}V - \int \sum_i F_i\delta\xi_i\rho\,\mathrm{d}V + \int \sum_{i,j} P_{ij}\frac{\partial \delta\xi_j}{\partial x_i}\mathrm{d}V. \tag{4}$$

在这个式子中 $\delta\xi_i$ 是 x_i 和 t 的函数.

先讨论(4)式右方的第一项. 假设 $\delta\xi_i$ 是在时间 δt 中所发生的实际位移,那么将有

$$\delta\xi_i = \frac{\partial \xi_i}{\partial t}\delta t.$$

在这个情形下,(4)式右方的第一项是

$$\int \sum_i a_i\delta\xi_i\rho\,\mathrm{d}V = \int \sum_i \frac{\partial \xi_i}{\partial t}\frac{\partial^2 \xi_i}{\partial t^2}\delta t\rho\,\mathrm{d}V.$$

在 $\rho\mathrm{d}V = \rho_0\mathrm{d}V_0$ 是与时间无关的,故上式化为

$$\delta t\int \sum_i \frac{\partial}{\partial t}\cdot\frac{1}{2}\left(\frac{\partial \xi_i}{\partial t}\right)^2\rho_0\mathrm{d}V_0 = \delta t\frac{\mathrm{d}}{\mathrm{d}t}\int \sum_i \frac{1}{2}\left(\frac{\partial \xi_i}{\partial t}\right)^2\rho_0\mathrm{d}V_0$$

$$= \delta t\frac{\mathrm{d}K}{\mathrm{d}t} = \delta K,$$

其中
$$K = \sum_i \int \frac{1}{2}\left(\frac{\partial \xi_i}{\partial t}\right)^2\rho_0\mathrm{d}V_0 = \sum_i \int \frac{1}{2}\left(\frac{\partial \xi_i}{\partial t}\right)^2\rho\,\mathrm{d}V \tag{5}$$

是所考虑的这一部分物体的总动能.

其次讨论(4)式右方的第二项. 假设力 F_i 是由势函数 φ 所产生的:

$$F_i = -\frac{\partial \varphi}{\partial x_i}. \tag{6}$$

设 Φ 为所考虑的这一部分物体的总势能,则

$$\Phi = \int \varphi\rho\,\mathrm{d}V.$$

由此可求得

$$\delta\Phi = \delta\int \varphi\rho\,\mathrm{d}V = \delta\int \varphi\rho_0\mathrm{d}V_0 = \int \delta\varphi\rho_0\mathrm{d}V_0 = \int \delta\varphi\rho\,\mathrm{d}V$$

$$= \int \sum \frac{\partial \varphi}{\partial x_i} \delta \xi_i \rho \mathrm{d}V = - \int \sum_i F_i \delta \xi_i \rho \mathrm{d}V.$$

因此(4)式可以写为

$$W_P = \delta K + \delta \Phi + W, \tag{7}$$

其中

$$W = \int \sum_{i,j} P_{ij} \frac{\partial \delta \xi_j}{\partial x_i} \mathrm{d}V. \tag{8}$$

这一项 W 可以叫做**胁变功**,它可以认为等于在绝热情形下胁变能的增加,胁变能就是内能.方程(7)说明,表面力所作的功增加了动能 K,势能 Φ 和内能 U.

但(8)式仅仅代表在绝热过程中内能的增加.在一般的过程中内能增加的公式应是

$$\delta U = Q + W, \tag{9}$$

其中 Q 是所考虑的这一部分物体所吸收的热量.热量是两部分之和,一部分是内部产生的,每质量元 $\rho \mathrm{d}V$ 产生热量 $q \rho \mathrm{d}V$;另一部分是通过表面流进去的,每单位面积的热流是 $\boldsymbol{J}$:

$$Q = \int q \rho \mathrm{d}V - \oint \boldsymbol{n} \cdot \boldsymbol{J} \mathrm{d}\Sigma = \int (q \rho - \nabla \cdot \boldsymbol{J}) \mathrm{d}V. \tag{10}$$

在可逆过程中有 $Q = T \delta S$,其中 S 为所考虑的这一部分物体的熵.故在可逆过程中(9)式化为

$$\delta U = T \delta S + W. \tag{11}$$

设 u 为单位质量的内能,s 为单位质量的熵,w 为单位质量的胁变功,则有

$$U = \int u \rho \mathrm{d}V, \quad S = \int s \rho \mathrm{d}V, \quad W = \int w \rho \mathrm{d}V, \tag{12}$$

而由(11)式得

$$\delta u = T \delta s + w. \tag{13}$$

由(8)式得

$$w = \frac{1}{\rho} \sum_{i,j} P_{ij} \frac{\partial \delta \xi_j}{\partial x_i}. \tag{14}$$

这个式子又可化为

$$w = \frac{1}{\rho_0} \sum_{i,j} p_{ij} \delta \varepsilon_{ij}, \tag{15}$$

其中

$$p_{ij} = p_{ji} = J \sum_{k,l} P_{kl} \frac{\partial x_{0i}}{\partial x_k} \frac{\partial x_{0j}}{\partial x_l}, \tag{16}$$

J 是 63 节(3)式所给的行列式.(15)式的证明如下:

由 63 节(2)式求变分得

$$2 \delta \varepsilon_{ij} = \sum_k \frac{\partial \delta \xi_k}{\partial x_{0i}} \frac{\partial x_k}{\partial x_{0j}} + \sum_k \frac{\partial x_k}{\partial x_{0i}} \frac{\partial \delta \xi_k}{\partial x_{0j}}.$$

故

$$2 \sum_{i,j} \frac{\partial x_{0i}}{\partial x_k} \frac{\partial x_{0j}}{\partial x_l} \delta \varepsilon_{ij} = \sum_i \frac{\partial \delta \xi_l}{\partial x_{0i}} \frac{\partial x_{0i}}{\partial x_k} + \sum_j \frac{\partial \delta \xi_k}{\partial x_{0j}} \frac{\partial x_{0j}}{\partial x_l}$$

$$= \frac{\partial \delta \xi_l}{\partial x_k} + \frac{\partial \delta \xi_k}{\partial x_l}.$$

因此得

$$w = \frac{1}{\rho} \sum_{i,j} P_{ij} \frac{\partial \delta \xi_j}{\partial x_i} = \frac{1}{2\rho} \sum_{k,l} P_{kl} \left(\frac{\partial \delta \xi_l}{\partial x_k} + \frac{\partial \delta \xi_k}{\partial x_l} \right)$$

$$= \frac{1}{\rho} \sum_{i,j,k,l} P_{kl} \frac{\partial x_{0i}}{\partial x_k} \frac{\partial x_{0j}}{\partial x_l} \delta \varepsilon_{ij}.$$

然后应用 63 节(4)式即得本节(15)式.

在这里应当指出 $W = -p\delta V$ 是(8)式的一个特殊情形. 当胁强是均匀流体静压强时, $P_{ij} = -p\delta_{ij}$, 代入(8)式, 得

$$W = -\int p \sum_i \frac{\partial \delta \xi_i}{\partial x_i} dV = -p \oint \boldsymbol{n} \cdot \delta \boldsymbol{\xi} d\Sigma = -p\delta V. \tag{17}$$

现在应用能量判据来讨论平衡条件. 设 $E = U + \Phi$ 为总能量. 能量判据需要 $\delta E = 0$. 令

$$\delta E = \delta U + \delta \Phi = \int \delta u \cdot \rho dV + \int \delta \varphi \cdot \rho dV$$

$$= \int (T\delta s + w)\rho dV + \int \delta \varphi \rho dV.$$

应用条件 $\delta S = \int \delta s \rho dV = 0$, 显然得

$$T = 常数(即是与地点 x, y, z 无关). \tag{18}$$

于是有

$$\delta E = \int (w + \delta \varphi)\rho dV = \int \left\{ \sum_{i,j} P_{ij} \frac{\partial \delta \xi_j}{\partial x_i} + \rho \sum_i \frac{\partial \varphi}{\partial x_i} \delta \xi_i \right\} dV$$

$$= \int \left\{ \sum_{i,j} \frac{\partial}{\partial x_j} (P_{ji} \delta \xi_i) - \sum_{i,j} \frac{\partial P_{ji}}{\partial x_j} \delta \xi_i + \rho \sum_i \frac{\partial \varphi}{\partial x_i} \delta \xi_i \right\} dV$$

$$= \oint \sum_{i,j} n_j P_{ji} \delta \xi_i d\Sigma - \int \sum_i \left(\sum_j \frac{\partial P_{ji}}{\partial x_j} - \rho \frac{\partial \varphi}{\partial x_i} \right) \delta \xi_i dV.$$

应用外表几何位形不变的条件, $\delta \xi_i$ 必在边界上为零, 故面积分为零. 由于 $\delta \xi_i$ 在 V 内是任意的, 则要使得 $\delta E = 0$, 必须在体积分中令被积函数为零:

$$\sum_j \frac{\partial P_{ji}}{\partial x_j} - \rho \frac{\partial \varphi}{\partial x_i} = 0. \tag{19}$$

这正是本节(2)式在 $a_i = 0$ 和(6)式成立时的情形. 这是连续体静力学的基本方程. 从这个结果可以看出, 热力学的平衡条件包括静力学的基本方程, 而平衡判据中的能量判据可以认为是静力学中的虚功原理的推广. 在热力学的平衡判据中不但有力学变数, 还出现有热力学变数熵.

*65. 热力学公式

本节讨论由上节的基本热力学方程(13)推导出一些热力学关系,类似于18节的麦氏关系.

我们将采用上节(15)式中 w 的形式,因为在这个形式中的独立变数是确定固体形变的胁变张量 ε_{ij}. 把符号 δ 换为 d,得

$$du = Tds + \frac{1}{\rho_0}\sum_{i,j} p_{ij}\, d\varepsilon_{ij}. \tag{1}$$

为以后讨论的方便,把(1)式写成下列形式

$$du = Tds + \sum_{l=1}^{\sigma} Y_l\, dy_l, \tag{2}$$

其中
$$\begin{cases}
Y_1 = p_{11}, \quad Y_2 = p_{22}, \quad Y_3 = p_{33}, \\
Y_4 = p_{23}, \quad Y_5 = p_{31}, \quad Y_6 = p_{12}; \\
y_1 = \varepsilon_{11}/\rho_0, \quad y_2 = \varepsilon_{22}/\rho_0, \quad y_3 = \varepsilon_{33}/\rho_0, \\
y_4 = 2\varepsilon_{23}/\rho_0, \quad y_5 = 2\varepsilon_{31}/\rho_0, \quad y_6 = 2\varepsilon_{12}/\rho_0.
\end{cases} \tag{3}$$

引进自由能 $f = u - Ts$,得

$$df = -sdT + \sum_l Y_l\, dy_l. \tag{4}$$

要使得(2)式的 du 为完整微分,必须

$$\left(\frac{\partial T}{\partial y_l}\right)_s = \left(\frac{\partial Y_l}{\partial s}\right)_y \tag{5}$$

及
$$\left(\frac{\partial Y_l}{\partial y_m}\right)_s = \left(\frac{\partial Y_m}{\partial y_l}\right)_s. \tag{6}$$

要使得(4)式的 df 为完整微分,必须

$$\left(\frac{\partial S}{\partial y_l}\right)_T = -\left(\frac{\partial Y_l}{\partial T}\right)_y, \tag{7}$$

$$\left(\frac{\partial Y_l}{\partial y_m}\right)_T = \left(\frac{\partial Y_m}{\partial y_l}\right)_T. \tag{8}$$

这些公式(5),(6),(7),(8)是18节的麦氏关系的推广. 如果把独立变数由胁变 y_l 换为胁强 Y_l,又可得到一些关系. 设

$$h = u - \sum_l Y_l y_l, \quad g = h - Ts, \tag{9}$$

则
$$dh = Tds - \sum_l y_l\, dy_l, \tag{10}$$

$$dg = -sdT - \sum_l y_l\, dY_l. \tag{11}$$

由 dh 和 dg 是完整微分的条件得

$$\left(\frac{\partial T}{\partial Y_l}\right)_s = -\left(\frac{\partial y_l}{\partial s}\right)_Y, \tag{12}$$

$$\left(\frac{\partial y_l}{\partial Y_m}\right)_s = \left(\frac{\partial y_m}{\partial Y_l}\right)_s, \tag{13}$$

$$\left(\frac{\partial s}{\partial Y_l}\right)_T = \left(\frac{\partial y_l}{\partial T}\right)_Y, \tag{14}$$

$$\left(\frac{\partial y_l}{\partial Y_m}\right)_T = \left(\frac{\partial y_m}{\partial Y_l}\right)_T. \tag{15}$$

上面(13)和(15)两式显然是(6)和(8)两式的另一写法.

与定体比热 c_v 相当的是胁变固定时的比热 c_y,与定压比热 c_p 相当的是胁强固定时的比热 c_Y. 它们是

$$c_y = T\left(\frac{\partial s}{\partial T}\right)_y = \left(\frac{\partial u}{\partial T}\right)_y, \quad c_Y = T\left(\frac{\partial s}{\partial T}\right)_Y = \left(\frac{\partial h}{\partial T}\right)_Y. \tag{16}$$

由

$$\left(\frac{\partial s}{\partial T}\right)_Y = \left(\frac{\partial s}{\partial T}\right)_y + \sum_l \left(\frac{\partial s}{\partial y_l}\right)_T \left(\frac{\partial y_l}{\partial T}\right)_Y,$$

应用(7)式,得

$$c_Y = c_y - T\sum_l \left(\frac{\partial y_l}{\partial T}\right)_y \left(\frac{\partial Y_l}{\partial T}\right)_y. \tag{17}$$

由(16)式及(7)式和(14)式可证明

$$\left(\frac{\partial c_y}{\partial y_l}\right)_T = -T\left(\frac{\partial^2 Y_l}{\partial T^2}\right)_y, \tag{18}$$

$$\left(\frac{\partial c_Y}{\partial Y_l}\right)_T = T\left(\frac{\partial^2 y_l}{\partial T^2}\right)_Y. \tag{19}$$

由于(5)式的右方可写为

$$\left(\frac{\partial Y_l}{\partial T}\right)_y \Big/ \left(\frac{\partial s}{\partial T}\right)_y,$$

故得

$$\left(\frac{\partial T}{\partial y_l}\right)_s = \frac{T}{c_y}\left(\frac{\partial Y_l}{\partial T}\right)_y. \tag{20}$$

同样,由(12)式得

$$\left(\frac{\partial T}{\partial Y_l}\right)_s = -\frac{T}{c_Y}\left(\frac{\partial y_l}{\partial T}\right)_Y. \tag{21}$$

哈伽(Haga)在 1882 年用实验证明公式(21),他的实验目的是假设(21)式正确,而由此定热功当量. 他做了两组实验. 一组是用重量 21.715 千克把一直径为 1.6 毫米的钢丝绝热拉长,测得的温度降低为 $\Delta T = -0.105℃$. 另一组用重量 13.05 千克及 21.30 千克把一直径为 0.105 毫米的德银线绝热拉长,所测得的温度降低在两种重量情形下各为 $\Delta T = -0.1063℃$ 及 $\Delta T = -0.1725℃$. 由比热及膨胀系数的数值,应用热力学公式,求得热功当量在第一组实验为 1 卡 = 4.29 焦耳,在

第二组实验为 4.20 焦耳. 所用热力学公式为

$$\left(\frac{\partial T}{\partial P}\right)_s = -\frac{T}{C_P}\left(\frac{\partial L}{\partial T}\right)_P, \tag{22}$$

其中 P 为拉力, L 是金属线的长, $C_P = Mc_Y$, M 是金属线的质量. (22) 是 (21) 的特殊例子, 但可更简单地由下列基本方程导出:

$$dU = TdS + PdL. \tag{23}$$

在这个方程 (23) 中忽略了空气压力所作的功.

*66. 弹 性 常 数

令 $u' = \rho_0 u, s' = \rho_0 s, y'_l = \rho_0 y_l, f' = \rho_0 f$. 这些加上一撇的变数都是对于原来没有形变时单位体积说的. 由 (65) 节 (3) 式看出, y'_l 就是胁变. 对于这些带撇的变数, 65 节 (2) 式和 (4) 式化为

$$du' = Tds' + \sum_l Y_l dy'_l, \tag{1}$$

$$df' = -s'dT + \sum_l Y_l dy'_l. \tag{2}$$

65 节的许多公式对于带撇的变数说, 都是适用的.

当胁变很小时, p_{ij} 和 ε_{ij} 变为 P_{ij} 和 e_{ij}, 而由 65 节 (3) 式得

$$\begin{cases} Y_1 = P_{11}, & Y_2 = P_{22}, & Y_3 = P_{33}, \\ Y_4 = P_{23}, & Y_5 = P_{31}, & Y_6 = P_{12}; \\ y'_1 = e_{11}, & y'_2 = e_{22}, & y'_3 = e_{33}, \\ y'_4 = 2e_{23}, & y'_5 = 2e_{31}, & y'_6 = 2e_{12}. \end{cases} \tag{3}$$

在胁变很小时, 胡克定律适用, 胁强是胁变的线性函数:

$$Y_l = \sum_m c_{lm} y'_m. \tag{4}$$

这些系数 c_{lm} 叫做**弹性常数**. 弹性常数有两种, 一种是等温弹性常数, 一种是绝热弹性常数. 当应用公式 (4) 测定弹性常数的实验是在温度不变的情形下进行时, 则所测的 c_{lm} 是等温弹性常数; 当在绝热情形下进行时, 则所测的 c_{lm} 是绝热弹性常数. 根据 65 节公式 (6) 和 (8), 绝热弹性常数和等温弹性常数都满足下列对称关系

$$c_{lm} = c_{ml}. \tag{5}$$

有了这个关系之后, 固体的弹性常数最多有 21 个, 即

$$c_{11}, c_{22}, c_{33}, c_{44}, c_{55}, c_{66}, c_{12}, c_{13}, c_{14}, c_{15}, c_{16},$$

$$c_{23}, c_{24}, c_{25}, c_{26}, c_{34}, c_{35}, c_{36}, c_{45}, c_{46}, c_{56}.$$

假如固体有某种对称性, 则这些弹性常数之间还会有一些关系. 各向同性的固体的对称性最高, 它的弹性常数之间的关系最多, 因此它的独立的弹性常数最少, 只有两个.

现在我们用能量的关系来证明各向同性的固体只有两个弹性常数. 考虑等温弹性常数. 把(4)式代入(2)式, 在 T 固定时求积分, 得

$$f' = \frac{1}{2}\sum_{l,m}c_{lm}y_l'y_m' + f_0', \tag{6}$$

其中 f_0' 是温度的函数. 在(6)中前一项二次齐式名为**形变能**.

各向同性固体的性质不随坐标的转动而改变, 因此它的形变能应是胁变张量所构成的不变量的函数. 由于形变能是胁变的二次齐式, 它只能包含前两个不变量, 即 63 节(18)式和(19)式:

$$E_1 = y_1' + y_2' + y_3',$$
$$E_2 = y_2'y_3' + y_3'y_1' + y_1'y_2' - \frac{1}{4}(y_4'^2 + y_5'^2 + y_6'^2).$$

因此得

$$f' = \frac{1}{2}(\lambda + 2\mu)(y_1' + y_2' + y_3')^2 + \frac{1}{2}\mu\{(y_4'^2 + y_5'^2 + y_6'^2)$$
$$- 4(y_2'y_3' + y_3'y_1' + y_1'y_2')\} + f_0', \tag{7}$$

其中 λ 和 μ 是常数, 是拉梅(Lamé)所引进的弹性常数. 对(7)式求微商, 得

$$\begin{cases} Y_1 = \dfrac{\partial f'}{\partial y_1'} = \lambda(y_1' + y_2' + y_3') + 2\mu y_1', \\[2mm] Y_4 = \dfrac{\partial f'}{\partial y_4'} = \mu y_4', \end{cases} \tag{8}$$

还有关于 Y_2, Y_3, Y_5, Y_6 的类似公式. 回到胁变及胁强张量, 利用(3)式, 把(8)式可表为

$$P_{ij} = \lambda\theta\delta_{ij} + 2\mu e_{ij}, \tag{9}$$

其中

$$\theta = y_1' + y_2' + y_3' = e_{11} + e_{22} + e_{33}.$$

常用的弹性常数有四:

(一)杨氏模量 E: 拉胁强对线胁变的比例.

(二)刚性模量 μ: 切胁强对切胁变的比例.

(三)体积弹性模量 k: 拉胁强对体积胁变的比例, 等于压缩系数　的倒数.

(四)泊松比 σ: 旁胁变对线胁变的比例.

对于各向同性固体说, 这些弹性常数与拉梅的常数 λ 和 μ 的关系是

$$E = \frac{\mu(3\lambda + 2\mu)}{\lambda + \mu}, \quad k = \lambda + \frac{2}{3}\mu, \quad \sigma = \frac{\lambda}{2(\lambda + \mu)}. \tag{10}$$

这些关系可证明如下:

首先考虑一均匀的正拉力 P, 则 $P_{ij} = P\delta_{ij}$. 由(9)式得

$$3P = \sum_i P_{ii} = 3\lambda\theta + 2\mu\theta = (3\lambda + 2\mu)\theta,$$

由此得 $k = P/\theta = \lambda + \dfrac{2}{3}\mu$.

其次考虑在 z 轴向的拉力 P，则 $P_{33} = P$，而其他 P_{ij} 皆为 0. 由(9)式得

$$P = \lambda\theta + 2\mu e_{33}, \quad 0 = \lambda\theta + 2\mu e_{11} = \lambda\theta + 2\mu e_{22}.$$

三方程相加得

$$P = (3\lambda + 2\mu)\theta.$$

于是有

$$E = \frac{P}{e_{33}} = \frac{\mu(3\lambda + 2\mu)}{\lambda + \mu}, \quad \sigma = -\frac{e_{11}}{e_{33}} = \frac{\lambda}{2(\lambda + \mu)}.$$

最后考虑扭转角度 ψ：

$$\xi = \psi z, \quad \eta = \zeta = 0.$$

由此得

$$e_{11} = e_{22} = e_{33} = 0, \quad e_{12} = e_{23} = 0, \quad e_{31} = \frac{1}{2}\psi.$$

代入(9)式得

$$P_{31} = 2\mu e_{31} = \mu\psi.$$

因此刚性模量为

$$P'_{31}\psi = \mu.$$

第九章习题

1. 由 61 节(10)式求大气中气压随高度递减的公式，假设地面的重力场为

$$\varphi = gR - \frac{gR^2}{R + z},$$

其中 g 为地面上的重力加速度，R 为地球的半径($R = 6.366 \times 10^6$ 米)，z 为离地面的高度. 求得的气压公式分两种，(一) 假设大气的温度是均匀的，在应用到实际情形时，假设这个假想的均匀温度等于地面与高处温度的平均值；(二) 假设大气是多方大气，即 $p = c\rho^n$，c 及 n 都是常数，$n > 1$. (参阅 Appell, *Mécanique*，Ⅲ，p. 158.)

2. 考虑利用重力场的作用而进行可逆等温过程把理想气体的化学成分改变，因而求出混合理想气体的熵与化学成分的关系. (见 Lorentz, *Theoretical Physics*，Ⅱ，pp. 87—91.)

3. 证明在应用 63 节(24)式的符号时有

$$d\xi_i = \sum_j e_{ij}\,dx_{0j} - \sum_j \omega_{ij}\,dx_{0j},$$

其中 $e_{ij} = \dfrac{1}{2}\left(\dfrac{\partial \xi_i}{\partial x_j} - \dfrac{\partial \xi_j}{\partial x_i}\right), \omega_{ij} = \dfrac{1}{2}\left(\dfrac{\partial \xi_j}{\partial x_i} - \dfrac{\partial \xi_i}{\partial x_j}\right).$ 这个微分的前一项 $\sum e_{ij}\,dx_{0j}$ 代表纯形变，后一项 $-\sum \omega_{ij}\,dx_{0j}$ 代表刚体转动，转动的角度在三个坐标轴向的投影是 ω_{23}，ω_{31}，ω_{12}.

4. 由 64 节(14)式导出下列吉布斯公式

$$w = \frac{1}{\rho_0}\sum A_{kl}\,\delta\frac{\partial x_l}{\partial x_{0k}},$$

其中

$$A_{kl} = J\sum_j \frac{\partial x_{0k}}{\partial x_j}P_{jl} = \sum_j p_{kj}\frac{\partial x_l}{\partial x_{0j}}.$$

证明 64 节的运动方程(2)可写成下列形式

$$\rho_0 a_i = \rho_0 F_i + \sum_k \frac{\partial A_{ki}}{\partial x_{0k}}.$$

5. 设 $\alpha_1, \alpha_2, \alpha_3$ 为三个坐标轴方向的线胀系数，α_λ 为任一方向 (λ_l) 的线胀系数，其中 λ_i 为这一方向的方向余弦，或单位矢量的投影. 设 L 为在 (λ_i) 方向的长度，L_i 为 L 在坐标轴的投影. 则 $\alpha_i = \dfrac{1}{L_i}\dfrac{\partial L_i}{\partial T}$，$\alpha_\lambda = \dfrac{1}{L}\dfrac{\partial L}{\partial T}$. 证明

$$\alpha_\lambda = \sum_i \lambda_i^2 \alpha_i.$$

6. 由 65 节 (23) 式导出下列公式

$$\left(\frac{\partial U}{\partial L}\right)_T = P - T\left(\frac{\partial P}{\partial T}\right)_L,$$

$$\left(\frac{\partial U}{\partial P}\right)_T = T\left(\frac{\partial L}{\partial T}\right)_P + P\left(\frac{\partial L}{\partial P}\right)_T.$$

7. 由 65 节 (14) 式导出下列公式：

$$\left(\frac{\partial y_l}{\partial T}\right)_Y = \sum_m s_{lm} q_m,$$

其中 s_{lm} 所构成的矩阵是 66 节 (4) 式中 c_{lm} 所构成的矩阵的倒数，即

$$s_{lm} = s_{ml}, \quad \sum_n s_{mn} c_{nk} = \sum_n c_{mn} s_{nk} = \delta_{mk},$$

而

$$q_m = \left(\frac{\partial s}{\partial y_m}\right)_T = \frac{1}{s_0}\left(\frac{\partial s}{\partial y_m}\right)_T.$$

8. 在有电场情形下证明 $\dfrac{\partial y_l'}{\partial E_i} = \dfrac{\partial P}{\partial Y_l}$，并由此导出

$$y_l' = \sum_m s_{lm} Y_m + \sum_i d_{il} E_i, \quad P_i = \sum_m \chi_{ij} E_j + \sum_i d_{il} Y_l,$$

其中 d_{il} 名为压电常数.

第十章　不可逆过程热力学

*67. 总　　论

在本章中将简略地介绍不可逆过程热力学的初步理论,详情请参考专书[①].

当一物体系没有达到平衡时,它的各部分的性质必发生变化,使它趋向平衡态.这种趋向平衡态的变化是热力学第二定律所要求的,是不可逆过程.为了研究不可逆过程,首先要问,在非平衡态中热力学函数是否还有意义?

在热力学第一定律中,我们曾经把内能的概念推广到一个不在平衡态的物体系,对于物体系的任一小部分有(见 9 节,(5)及(6)式)

$$dU + d\left(\frac{1}{2}Mv^2\right) = Q + W, \tag{1}$$

其中 U 为这一小部分物体的内能,M 为它的质量,v 为它的质心速度,Q 为它从周围所吸收的热量,W 为外界对它所作的功.

在热力学第二定律中,我们把一个不处在平衡态的物体系分成很多个小部分,假设每一部分近似地处在平衡态因而有平衡态的熵函数,然后把各部分的熵之和作为处在不平衡态的物体系的熵.在不可逆过程热力学的初步理论中我们将假设物体系的任一小部分的熵和温度满足平衡态的关系(见 35 节,(6)式)

$$TdS = dU + pdV - \sum_i \mu_i dN_i, \tag{2}$$

其中 S 为这一小部分的熵,U 为它的内能,V 为它的体积,N_i 为它所含第 i 种组元的克分子数,T 为温度,p 为压强,μ_i 为化学势.在热力学理论中很难进一步研究公式(2)适用的限度.在气体分子运动论的输运过程的数学理论里可以证明[②],当分子的速度分布与麦克斯韦速度分布律只有一级偏离时,公式(2)是适用的,即熵在任何一小部分的改变只与内能,体积度,和克分子数的改变有关,而与一些改变率如温度的梯度等无关;但若速度分布律有二级偏离时,公式(2)就不适用了,而熵的改变就会与温度的梯度等有关.此外,还应当指出,公式(2)只适用于压缩功的情形,假如有其他形式的功,必须把(2)式中 pdV 一项作相应的改变.

---

① 见 Groot S. R. de: *Thermodynamics of Irreversible Processes* (1951).
② 见 Prigogine I., *Physica* **15**(1949), p. 272.

在热力学第二定律熵增加的证明中我们得到了下列不等式(见 23 节,(11)式)

$$TdS > Q. \tag{3}$$

令

$$TdS - Q = T\vartheta dt, \tag{4}$$

其中 dt 是熵发生改变 dS 所要的时间,ϑ 为新引进的一个量,可以叫做**熵产生率**.根据(3)式得

$$\vartheta > 0. \tag{5}$$

我们把(4)式写为下列形式:

$$dS - \vartheta dt = \frac{Q}{T}, \tag{6}$$

可以认为 ϑdt 是不可逆过程所产生的熵;假如在总的熵改变 dS 中减去 ϑdt,则得到可逆过程的熵改变 Q/T.

以上是关于不可逆过程中的热力学函数.

现在我们讨论不可逆过程进行的速率.在这方面我们要用一些从观测得到的经验规律,这些经验规律都是近似的,它们适用的范围与(2)式适用的范围差不多.在热力学上只能从这些经验规律出发,但在统计物理学上,根据气体分子运动论的输运过程的数学理论,可以研究这些经验规律适用的范围,并且可以把这些经验规律中所含的经验系数用分子运动的性质表达出来.在这里我们只讨论经验规律,不讨论统计物理学关于这些规律的理论.

在这些经验规律中我们首先讨论热传导过程的规律.设 q 为通过物体的单位面积在单位时间内**热流矢量**,经验规律是热流与温度梯度成正比:

$$q = -\lambda \nabla T, \tag{7}$$

其中 λ 名为**热传导系数**,或**导热率**,∇T 为温度梯度,它是一个矢量,在坐标方向的投影为

$$\nabla T \equiv \left(\frac{\partial T}{\partial x}, \frac{\partial T}{\partial y}, \frac{\partial T}{\partial z} \right). \tag{8}$$

公式(7)称为**傅里叶(Fourier)定律**,公式中的负号表示热量传递是向着温度降低的方向的.

其次讨论扩散.设有两种分子,第一种和第二种在一小部分中的质量各为 M_1 和 M_2,它们的密度各为 ρ_1 和 ρ_2,各自的速度各为 $\boldsymbol{v}_1$ 和 $\boldsymbol{v}_2$,质心速度为 $\boldsymbol{v}$,总质量密度为 ρ,则有

$$\rho \boldsymbol{v} = \rho_1 \boldsymbol{v}_1 + \rho_2 \boldsymbol{v}_2, \tag{9}$$

$$\rho = \rho_1 + \rho_2. \tag{10}$$

设 V 为这一小部分的体积,有

$$M_1 = V\rho_1, \quad M_2 = V\rho_2, \quad M = M_1 + M_2 = V\rho. \tag{11}$$

当 $\boldsymbol{v}_1$ 与 $\boldsymbol{v}_2$ 不相等时,就有扩散过程发生.设 $\boldsymbol{J}_1$ 和 $\boldsymbol{J}_2$ 各为第一种和第二种分子相

对于质心的流动,即

$$J_i = \rho_i (\boldsymbol{v}_i - \boldsymbol{v}) \quad (i = 1, 2). \tag{12}$$

假如温度和压强都是均匀时,则有单纯扩散过程,宏观扩散的经验规律为

$$J_1 = -D_{12} \rho \, \nabla(\rho_1/\rho), \quad J_2 = -D_{21} \rho \, \nabla(\rho_2/\rho), \tag{13}$$

其中 $D_{12} = D_{21}$ 为**扩散系数**. 公式(13)称为**斐克(Fick)定律**. 由(9)式及(12)式得

$$J_1 + J_2 = 0. \tag{14}$$

由(10)式得

$$\nabla(\rho_1/\rho) = -\nabla(\rho_2/\rho). \tag{15}$$

由(13),(14),(15)求得 $D_{12} = D_{21}$.

普遍说来,设有 n 个**流量** $J_a (a = 1, 2, \cdots, n)$;前面所讨论的 $\boldsymbol{q}$ 和 $\boldsymbol{J}_i$ 都是 J_a 的例子. 同时设相应的**动力**为 X_a;前面所讨论的 ∇T 和 $\nabla(\rho_1/\rho)$ 都是 X_a 的例子. 设普遍的经验规律为

$$J_a = \sum_{b=1}^{n} L_{ab} X_b, \tag{16}$$

其中 L_{ab} 为经验系数. 在这个公式里出现有不同过程的交叉现象,这表现在 a 与 b 不同的系数 L_{ab} 的存在. 作为交叉现象的例子可以举出**热扩散**现象,这是由于温度差而引起的扩散,这种现象最早在 1893 年为索瑞(Soret)在液体中发现,因此热扩散又名为**索瑞效应**. 与这相反的过程,即由扩散而引起的温度差,称为**杜伏(Dufour)效应**,这是杜伏在 1872 年在气体中所发现的.

在不可逆过程热力学中一个最重要的结果是昂色格(Onsager)的**倒易关系**:

$$L_{ab} = L_{ba}. \tag{17}$$

这个关系不能从热力学理论导出. 昂色格[1]是从微观可逆性推导出这个结果来的. 卡西米尔[2]指出,必须在流量 J_a 与动力 X_a 适当选择,使满足下列关系时:

$$T\vartheta = \sum_a J_a X_a, \tag{18}$$

倒易关系才成立,式中 ϑ 为熵产生率. 倒易关系的理论超出了热力学的范围,我们将不讨论它,而仅仅引用而已.

*68. 热　传　导

为简单起见,在本节中将只讨论单纯热传导现象,并忽略体积膨胀,同时假设物体是静止的. 此时热力学第一定律的公式为(上节公式(1))

---

[1]　Onsager L. , *Phys. Rev.* **37**(1931), p. 405;**38**(1931), p. 2265.
[2]　Casimir H. B. G. , *Rev. Mod. Phys.* **17**(1945), p. 343.

$$\mathrm{d}U = Q. \tag{1}$$

令 ρ 为质量密度,u 为单位质量的内能,c_v 为定体比热,得

$$\mathrm{d}U = V\rho\,\mathrm{d}u = V\rho c_v\,\mathrm{d}T, \tag{2}$$

其中 V 为所考虑的一小部分体积.设 $\boldsymbol{q}$ 为热流矢量,则

$$Q = -\oint \boldsymbol{n}\cdot\boldsymbol{q}\,\mathrm{d}t\,\mathrm{d}\Sigma = -\mathrm{d}t\int \nabla\cdot\boldsymbol{q}\,\mathrm{d}V = -V\,\nabla\cdot\boldsymbol{q}\,\mathrm{d}t, \tag{3}$$

其中 $\mathrm{d}\Sigma$ 为所考虑的一小部分体积的面积元,$\boldsymbol{n}$ 为这个面积元的外向法线上的单位矢量.

把(2)和(3)代入(1),得

$$\rho\frac{\partial u}{\partial t} + \nabla\cdot\boldsymbol{q} = 0, \tag{4}$$

$$\rho c_v\frac{\partial T}{\partial t} + \nabla\cdot\boldsymbol{q} = 0, \tag{5}$$

其中对时间 t 的偏微商表示坐标 x,y,z 不变.应用热传导定律

$$\boldsymbol{q} = -\lambda\,\nabla T, \tag{6}$$

则(5)式化为

$$\rho c_v\frac{\partial T}{\partial t} - \nabla\cdot(\lambda\,\nabla T) = 0. \tag{7}$$

这是热传导方程.在应用时常假设导热率 λ 为常数而得

$$\frac{\partial T}{\partial t} - \kappa\,\nabla^2\,T = 0 \quad \left(\kappa = \frac{\lambda}{\rho c_v}\right). \tag{8}$$

我们将不讨论如何求这个偏微分方程的解而得温度的分布.

现在讨论一有电流通过的导体中热传导问题.设在单位时间内通过单位面积的电流为 $\boldsymbol{J}$,电场强度为 $\boldsymbol{E}$,电势差为 φ,则有

$$\boldsymbol{E} = -\nabla\varphi, \tag{9}$$

$$\boldsymbol{J} = \sigma\boldsymbol{E}, \tag{10}$$

后一式为欧姆(Ohm)定律,系数 σ 为电导率.在有电流通过时,热力学第一定律公式(1)的右方必须加一项 W,代表电功:

$$W = V\boldsymbol{J}\cdot\boldsymbol{E}\mathrm{d}t = V\sigma E^2\,\mathrm{d}t. \tag{11}$$

把(11)式加到(1)式的右方,并用(2),(3),(6)式,得

$$\rho c_v\frac{\partial T}{\partial t} - \nabla\cdot(\lambda\,\nabla T) - \sigma E^2 = 0. \tag{12}$$

现在讨论一个特例,求一个导线上稳定情形的解.在稳定情形下,(12)式的第一项为零.在导线上,一切变量都只与一个变数 x 有关,因此(12)式简化为

$$\frac{\mathrm{d}}{\mathrm{d}x}\left(\lambda\frac{\mathrm{d}T}{\mathrm{d}x}\right) + \frac{J^2}{\sigma} = 0, \tag{13}$$

而(9)及(10)式简化为

$$J = \sigma E = -\sigma \frac{\mathrm{d}\varphi}{\mathrm{d}x} = 常数. \tag{14}$$

在(14)中,J 等于常数是稳定情形的条件. 从(13)和(14)中消去 x,得

$$\frac{\mathrm{d}}{\mathrm{d}\varphi}\left(\frac{\lambda}{\sigma}\frac{\mathrm{d}T}{\mathrm{d}\varphi}\right) + 1 = 0. \tag{15}$$

求积分得

$$\int \frac{\lambda}{\sigma}\mathrm{d}T + \frac{1}{2}\varphi^2 = a\varphi + b, \tag{16}$$

其中 a 和 b 为积分常数,可由导线两端的边界条件来确定. 根据维德曼-弗兰兹(Wiedemann-Franz)定律有

$$\frac{\lambda}{\sigma} = AT, \tag{17}$$

其中 A 为一常数,其数值为

$$A = \frac{\pi^2 k^2}{3\epsilon^2} = 2.718 \times 10^{-13}\,\mathrm{e.\,s.\,u.}$$

$$= 2.443 \times 10^{-8}\ 瓦特 \cdot 欧姆 / 度^2.$$

把(17)代入(16),求积分,得

$$\frac{1}{2}AT^2 + \frac{1}{2}\varphi^2 = a\varphi + b. \tag{18}$$

现在撇开电流不谈,讨论在单纯热传导下的熵产生率. 令 ϑ 为单位体积里的熵产生率,则上节(6)式中的 $\vartheta\mathrm{d}t$ 应该改为 $V\vartheta\mathrm{d}t$;又注意到体积 V 的周围温度不相同,故上节(6)式中的 Q/T 应该用下列积分代替:

$$\frac{Q}{T} \rightarrow -\mathrm{d}t \oint \frac{\boldsymbol{n} \cdot \boldsymbol{q}}{T}\mathrm{d}\Sigma = -\mathrm{d}t \int \nabla \cdot \left(\frac{\boldsymbol{q}}{T}\right)\mathrm{d}V = -V\nabla \cdot \left(\frac{\boldsymbol{q}}{T}\right)\mathrm{d}t.$$

令 s 为单位质量的熵,则 $\mathrm{d}S = V\rho\mathrm{d}s$. 于是上节公式(6)化为(用 $V\mathrm{d}t$ 除后)

$$\vartheta = \rho\frac{\partial s}{\partial t} + \nabla \cdot \left(\frac{\boldsymbol{q}}{T}\right). \tag{19}$$

再应用上节公式(2),在此处简化为(因为 V 和 N_i 等都不变)

$$T\mathrm{d}s = \mathrm{d}u. \tag{20}$$

代入(19),得

$$\vartheta = \frac{\rho}{T}\frac{\partial u}{\partial t} + \nabla \cdot \left(\frac{\boldsymbol{q}}{T}\right). \tag{21}$$

用(4)式消去 u,得

$$\vartheta = -\frac{1}{T}\nabla \cdot \boldsymbol{q} + \nabla \cdot \left(\frac{\boldsymbol{q}}{T}\right) = -\frac{1}{T^2}\boldsymbol{q} \cdot \nabla T. \tag{22}$$

引用经验规律(6)得

$$\vartheta = \frac{\lambda}{T^2}(\nabla T)^2. \tag{23}$$

这是在单位体积内的熵产生率,它是正的.

以上的结果可推广到各向异性晶体中的热传导,此时 q 与 $-\nabla T$ 不同方向.经验规律(6)将推广为

$$
\begin{cases}
q_x = -\lambda_{11}\dfrac{\partial T}{\partial x} - \lambda_{12}\dfrac{\partial T}{\partial y} - \lambda_{13}\dfrac{\partial T}{\partial z}, \\[2mm]
q_y = -\lambda_{21}\dfrac{\partial T}{\partial x} - \lambda_{22}\dfrac{\partial T}{\partial y} - \lambda_{23}\dfrac{\partial T}{\partial z}, \\[2mm]
q_z = -\lambda_{31}\dfrac{\partial T}{\partial x} - \lambda_{32}\dfrac{\partial T}{\partial y} - \lambda_{33}\dfrac{\partial T}{\partial z},
\end{cases}
\tag{24}
$$

这些公式可简写为

$$
q_\mu = -\sum_{\nu=1}^{3}\lambda_{\mu\nu}\frac{\partial T}{\partial x_\nu} \quad (\mu = 1,2,3).
\tag{25}
$$

这里用 x_1, x_2, x_3 来代替 x, y, z. 公式(22)可简写为

$$
\vartheta = -\frac{1}{T^2}\sum_\mu q_\mu \frac{\partial T}{\partial x_\mu}.
\tag{26}
$$

令

$$
X_\mu = -\frac{1}{T}\frac{\partial T}{\partial x_\mu},
\tag{27}
$$

则(26)式化为

$$
T\vartheta = \sum_\mu q_\mu X_\mu.
\tag{28}
$$

这个公式的形式与上节(18)一样.应用昂色格的倒易关系有

$$
\lambda_{\mu\nu} = \lambda_{\nu\mu}.
\tag{29}
$$

这个关系符合实验结果.在理论上这个关系不能从晶体的对称性求出,而必须依赖于昂色格的倒易关系.

*69. 扩散及热扩散

在上节中只讨论了单纯热传导现象,而忽略了密度改变和物质流动.本节中将讨论普遍情形.设有 k 种物质,第 i 种在小体积 V 里的质量为 M_i,克分子数为 N_i,密度为 ρ_i,$\rho_i = M_i/V$. 设第 i 种的分子量为 $m_i^\dagger$,则

$$
M_i = m_i^\dagger N_i.
\tag{1}
$$

令第 i 种的速度为 $\boldsymbol{v}_i$,质心速度为 $\boldsymbol{v}$,则有

$$
\rho\boldsymbol{v} = \sum_i \rho_i \boldsymbol{v}_i,
\tag{2}
$$

其中 ρ 为总质量密度:

$$
\rho = \sum_i \rho_i.
\tag{3}
$$

令第 i 种相对于质心的流量为 $\boldsymbol{J}_i$,即

$$
\boldsymbol{J}_i = \rho_i(\boldsymbol{v}_i - \boldsymbol{v}).
\tag{4}
$$

这些流量满足下列关系：

$$\sum_{i=1}^{k} \boldsymbol{J}_i = 0. \tag{5}$$

标志物质守恒的连续方程是

$$\frac{\partial \rho_i}{\partial t} + \nabla \cdot (\rho_i \boldsymbol{v}_i) = 0. \tag{6}$$

相加得

$$\frac{\partial \rho}{\partial t} + \nabla \cdot (\rho \boldsymbol{v}) = 0. \tag{7}$$

其次讨论流体力学的运动方程. 设 $\boldsymbol{F}_i$ 为作用于单位质量的第 i 种物质的力，$p_{\mu\nu}$ 为胁强张量，则运动方程为

$$\rho \left\{ \frac{\partial v_\mu}{\partial t} + \sum_{\nu=1}^{3} v_\nu \frac{\partial v_\mu}{\partial x_\nu} \right\} = \sum_{i=1}^{k} \rho_i F_{i\mu} + \sum_{\nu=1}^{3} \frac{\partial p_{\nu\mu}}{\partial x_\nu} \quad (\mu = 1,2,3). \tag{8}$$

根据牛顿黏滞定律，胁强张量为

$$p_{\mu\nu} = -p\delta_{\mu\nu} + \eta\left(\frac{\partial v_\mu}{\partial x_\nu} + \frac{\partial v_\nu}{\partial x_\mu}\right) + \left(\zeta - \frac{2}{3}\eta\right)\sum_\kappa \frac{\partial v_\kappa}{\partial x_\kappa}\delta_{\mu\nu}, \tag{9}$$

其中 η 为黏滞系数，ζ 为第二黏滞系数，p 为压强.

在理想流体中，黏滞系数为零，(8)式简化为

$$\rho \left\{ \frac{\partial v_\mu}{\partial t} + \sum_\nu v_\nu \frac{\partial v_\mu}{\partial x_\nu} \right\} = \sum_i \rho_i F_{i\mu} - \frac{\partial p}{\partial x_\mu}, \tag{10}$$

或

$$\rho \left\{ \frac{\partial \boldsymbol{v}}{\partial t} + \boldsymbol{v} \cdot \nabla \boldsymbol{v} \right\} = \sum_i \rho_i \boldsymbol{F}_i - \nabla p. \tag{11}$$

为了求得能量方程，设在 dt 时间内，第 i 种物质的位移为 $v_{i\mu}dt$，质心位移为 $v_\mu dt$. 外力所作功为

$$W = V dt \sum_\mu \sum_i \rho_i F_{i\mu} v_{i\mu} + dt \sum_{\mu,\nu} \oint n_\nu p_{\nu\mu} v_\mu d\Sigma$$

$$= V dt \sum_\mu \sum_i \rho_i F_{i\mu} v_{i\mu} + dt \sum_{\mu,\nu} \int \frac{\partial}{\partial x_\nu}(p_{\nu\mu} v_\mu) dV$$

$$= V dt \left\{ \sum_\mu \sum_i \rho_i F_{i\mu} v_{i\mu} + \sum_{\mu,\nu} \frac{\partial}{\partial x_\nu}(p_{\nu\mu} v_\mu) \right\}.$$

设 $\boldsymbol{q}$ 为热流矢量，则(见上节公式(3))

$$Q = -V \nabla \cdot \boldsymbol{q} dt = -V dt \sum_\mu \frac{\partial q_\mu}{\partial x_\mu}.$$

代入 67 节(1)式，注意 $M = V\rho$ 不变，$U = V\rho u$，得

$$\rho \frac{du}{dt} + \frac{1}{2}\rho\frac{d}{dt}v^2 = -\sum_\mu \frac{\partial q_\mu}{\partial x_\mu} + \sum_\mu \sum_i \rho_i F_{i\mu} v_{i\mu}$$

$$+ \sum_{\mu,\nu} \frac{\partial}{\partial x_\nu}(p_{\nu\mu} v_\mu), \tag{12}$$

其中 d/dt 为

$$\frac{\mathrm{d}}{\mathrm{d}t} = \frac{\partial}{\partial t} + \sum_{\nu} v_{\nu} \frac{\partial}{\partial x_{\nu}}. \tag{13}$$

用 v_{μ} 乘(8)式,对 μ 求和,并从(12)式减去,得

$$\rho \frac{\mathrm{d}u}{\mathrm{d}t} = -\nabla \cdot \boldsymbol{q} + \sum_{i} \boldsymbol{F}_{i} \cdot \boldsymbol{J}_{i} + \sum_{\mu,\nu} p_{\nu\mu} \frac{\partial v_{\mu}}{\partial x_{\nu}}. \tag{14}$$

在理想流体中,这个方程简化为

$$\rho \frac{\mathrm{d}u}{\mathrm{d}t} = -\nabla \cdot \boldsymbol{q} + \sum_{i} \boldsymbol{F}_{i} \cdot \boldsymbol{J}_{i} - p\nabla \cdot \boldsymbol{v}. \tag{15}$$

关于熵与内能之间的关系,由 67 节(2)式得

$$T\frac{\mathrm{d}S}{\mathrm{d}t} = \frac{\mathrm{d}U}{\mathrm{d}t} + p\frac{\mathrm{d}V}{\mathrm{d}t} - \sum_{i}\mu_{i}\frac{\mathrm{d}N_{i}}{\mathrm{d}t}. \tag{16}$$

但因为 $M=V\rho$ 不变,而有

$$\frac{\mathrm{d}U}{\mathrm{d}t} = V\rho\frac{\mathrm{d}u}{\mathrm{d}t}, \qquad \frac{\mathrm{d}S}{\mathrm{d}t} = V\rho\frac{\mathrm{d}s}{\mathrm{d}t},$$

$$m_{i}^{\dagger}\frac{\mathrm{d}N_{i}}{\mathrm{d}t} = \frac{\mathrm{d}M_{i}}{\mathrm{d}t} = M\frac{\mathrm{d}}{\mathrm{d}t}\frac{M_{i}}{M} = V\rho\frac{\mathrm{d}c_{i}}{\mathrm{d}t},$$

其中 $m_{i}^{\dagger}$ 为第 i 种分子的分子量,

$$c_{i} = \frac{M_{i}}{M} = \frac{\rho_{i}}{\rho}. \tag{17}$$

又有

$$\frac{\mathrm{d}V}{\mathrm{d}t} = M\frac{\mathrm{d}}{\mathrm{d}t}\frac{1}{\rho} = -\frac{M}{\rho^{2}}\frac{\mathrm{d}\rho}{\mathrm{d}t} = -\frac{V}{\rho}\frac{\mathrm{d}\rho}{\mathrm{d}t}.$$

于是(16)化为

$$T\frac{\mathrm{d}s}{\mathrm{d}t} = \frac{\mathrm{d}u}{\mathrm{d}t} - \frac{p}{\rho^{2}}\frac{\mathrm{d}\rho}{\mathrm{d}t} - \sum_{i}\frac{\mu_{i}}{m_{i}^{\dagger}}\frac{\mathrm{d}c_{i}}{\mathrm{d}t}. \tag{18}$$

由(6)及(7)得

$$\frac{\mathrm{d}\rho_{i}}{\mathrm{d}t} = \frac{\partial\rho_{i}}{\partial t} + \boldsymbol{v}\cdot\nabla\rho_{i} = -\nabla\cdot(\rho_{i}\boldsymbol{v}_{i}) + \boldsymbol{v}\cdot\nabla\rho_{i}$$

$$= -\nabla\cdot\boldsymbol{J}_{i} - \rho_{i}\nabla\cdot\boldsymbol{v}, \tag{19}$$

$$\frac{\mathrm{d}\rho}{\mathrm{d}t} = \frac{\partial\rho}{\partial t} + \boldsymbol{v}\cdot\nabla\rho = -\nabla\cdot(\rho\boldsymbol{v}) + \boldsymbol{v}\cdot\nabla\rho = -\rho\nabla\cdot\boldsymbol{v}. \tag{20}$$

故

$$\rho\frac{\mathrm{d}c_{i}}{\mathrm{d}t} = \frac{\mathrm{d}\rho_{i}}{\mathrm{d}t} - \frac{\rho_{i}}{\rho}\frac{\mathrm{d}\rho}{\mathrm{d}t} = -\nabla\cdot\boldsymbol{J}_{i}. \tag{21}$$

代入(18),得

$$T\frac{\mathrm{d}s}{\mathrm{d}t} = \frac{\mathrm{d}u}{\mathrm{d}t} + \frac{p}{\rho}\nabla\cdot\boldsymbol{v} + \sum_{i}\frac{\mu_{i}}{m_{i}^{\dagger}\rho}\nabla\cdot\boldsymbol{J}_{i}. \tag{22}$$

令 $\mu_{i}^{\dagger} = \mu_{i}/m_{i}^{\dagger}$,则得

$$T\frac{\mathrm{d}s}{\mathrm{d}t} = \frac{\mathrm{d}u}{\mathrm{d}t} + \frac{p}{\rho}\nabla\cdot\boldsymbol{v} + \sum\frac{\mu_{i}^{\dagger}}{\rho}\nabla\cdot\boldsymbol{J}_{i}. \tag{23}$$

把(14)式的 $\mathrm{d}u/\mathrm{d}t$ 代入(23)式,得

$$T\rho\,\frac{\mathrm{d}s}{\mathrm{d}t} = -\nabla\cdot\boldsymbol{q} + \sum\mu_i^\dagger\,\nabla\cdot\boldsymbol{J}_i + \sum_i\boldsymbol{F}_i\cdot\boldsymbol{J}_i$$

$$+\sum_{\mu,\nu}(p_{\nu\mu} + p\delta_{\nu\mu})\frac{\partial v_\mu}{\partial x_\nu}. \tag{24}$$

这个式子又可写为

$$\rho\,\frac{\mathrm{d}s}{\mathrm{d}t} = -\nabla\cdot\left(\frac{\boldsymbol{q} - \sum\mu_i^\dagger\boldsymbol{J}_i}{T}\right) + \vartheta, \tag{25}$$

其中
$$T\vartheta = \boldsymbol{q}\cdot\boldsymbol{X}_\mu + \sum_i\boldsymbol{J}_i\cdot\boldsymbol{X}_i + \sum_{\mu,\nu}(p_{\mu\nu} + p\delta_{\mu\nu})\frac{\partial v_\mu}{\partial x_\nu}, \tag{26}$$

$$\boldsymbol{X}_u = -\frac{\nabla T}{T}, \quad \boldsymbol{X}_i = \boldsymbol{F}_i - T\,\nabla\left(\frac{\mu_i^\dagger}{T}\right). \tag{27}$$

公式(26)与 67 节(18)式相同. 相应于 67 节(16)式的经验规律为

$$\boldsymbol{J}_i = \sum_{j=1}^{k}L_{ij}\boldsymbol{X}_j + L_{iu}\boldsymbol{X}_u, \tag{28}$$

$$\boldsymbol{q} = \sum_{i=1}^{k}L_{ui}\boldsymbol{X}_i + L_{uu}\boldsymbol{X}_u, \tag{29}$$

$$p_{\mu\nu} = -p\delta_{\mu\nu} + \eta\left(\frac{\partial v_\mu}{\partial x_\nu} + \frac{\partial v_\nu}{\partial x_\mu}\right) + \left(\zeta - \frac{2}{3}\eta\right)\sum_\kappa\frac{\partial v_\kappa}{\partial x_\kappa}\delta_{\mu\nu}. \tag{9}$$

最后一式是张量,与(28)和(29)中的矢量是独立的;它并不是最普遍的形式,而是在引用了流体各向同性的性质以后得到的. 公式(9)与 66 节(8)式所表达的各向同性固体的胡克定律类似,黏滞系数相当于弹性常数 μ,而 $\left(\zeta - \dfrac{2}{3}\eta\right)$ 相当于弹性常数 λ,ζ 相当于 66 节(10)式中的体积弹性模量 k,因此 ζ 又叫做体积黏滞系数.

在(28)和(29)中引用昂色格的倒易关系得

$$L_{ij} = L_{ji}, \quad L_{iu} = L_{ui}. \tag{30}$$

为了使(26)式的 ϑ 大于零,L_{ij} 和 L_{iu} 必须是一恒正二次齐式的系数,因而要满足 45 节(1)式.

现在讨论一些特殊情形. 先讨论等温扩散. 此时(27)为

$$\boldsymbol{X}_u = 0, \quad \boldsymbol{X}_i = \boldsymbol{F}_i - \nabla\mu_i^\dagger, \tag{31}$$

而(28)式简化为
$$\boldsymbol{J}_i = \sum_{j=1}^{k}L_{ij}\boldsymbol{X}_j. \tag{32}$$

动力 $\boldsymbol{X}_i$ 是互相独立的,但是流量 $\boldsymbol{J}_i$ 要满足一个关系(5),使得系数 L_{ij} 之间除了倒易关系以外还要有其他关系. 把(32)代入(5),注意 $\boldsymbol{X}_i$ 是互相独立的,得

$$\sum_{i=1}^{k}L_{ij} = 0 \quad (j = 1,2,\cdots,k). \tag{33}$$

引用倒易关系(30)后，这又可写为

$$\sum_{j=1}^{k} L_{ij} = 0 \quad (i = 1, 2, \cdots, k). \tag{33'}$$

但是(33')也可由 $\vartheta > 0$ 的条件得到，不依赖于倒易关系. 证明如下：

$$\sum_{i=1}^{k} \boldsymbol{J}_i \cdot \boldsymbol{X}_i = \sum_{i=1}^{k} \boldsymbol{J}_i \cdot (\boldsymbol{X}_i - \boldsymbol{X}_k) = \sum_{i=1}^{k-1} \sum_{j=1}^{k} L_{ij} X_j \cdot (\boldsymbol{X}_i - \boldsymbol{X}_k).$$

由于 $\boldsymbol{X}_i$ 是任意的，我们假设当 $i \neq l$ 时 $\boldsymbol{X}_i = \boldsymbol{X}_k$，$l$ 为某一固定标号. 于是上式的右方化为

$$\sum_{j=1}^{k} L_{lj} \boldsymbol{X}_j \cdot (\boldsymbol{X}_l - \boldsymbol{X}_k) = \Big(\sum_{j=1}^{k} L_{lj} \Big) \boldsymbol{X}_k \cdot (\boldsymbol{X}_l - \boldsymbol{X}_k)$$
$$+ L_{ll} (\boldsymbol{X}_l - \boldsymbol{X}_k)^2.$$

要使右方为恒正的，必须

$$\Big(\sum_{j=1}^{k} L_{lj} \Big)^2 \leqslant 0.$$

由此即得(33').

在只有两个组元的情形下，倒易关系 $L_{12} = L_{21}$ 可由(33)和(33')得到，因此可见两个组元的相互扩散只是一个单一的现象，而没有交叉效应. 这时候，(32)简化为

$$\boldsymbol{J}_1 = -\boldsymbol{J}_2 = L_{11} \boldsymbol{X}_1 + L_{12} \boldsymbol{X}_2 = L_{11} (\boldsymbol{X}_1 - \boldsymbol{X}_2), \tag{34}$$

其中我们用了(33')式，即 $L_{11} + L_{12} = 0$，实际上，当 $k = 2$ 时，由(33)和(33')可解得

$$L_{11} = L_{22} = -L_{12} = -L_{21}. \tag{35}$$

由(31)得

$$\boldsymbol{X}_1 - \boldsymbol{X}_2 = \boldsymbol{F}_1 - \boldsymbol{F}_2 - \nabla(\mu_1^\dagger - \mu_2^\dagger)$$
$$= \boldsymbol{F}_1 - \boldsymbol{F}_2 - \nabla\Big(\frac{\mu_1}{m_1^\dagger} - \frac{\mu_2}{m_2^\dagger} \Big). \tag{36}$$

要进一步计算(36)式右方的最后一项，我们将从(16)式出发. 既然(16)式与平衡态的关系一样，我们就可以应用平衡态的结果. 在二元系的情形下，化学势 μ_i 的微分已经在 42 节求出来了. 现在我们将不用 N_i 而用 M_i 为独立变数，令

$$s_i = \Big(\frac{\partial S}{\partial M_i} \Big)_{T, p}, \quad v_i = \Big(\frac{\partial V}{\partial M_i} \Big)_{T, p}. \tag{37}$$

与 42 节(8)式相同，引进函数 $\varphi^\dagger$：

$$\frac{\partial \mu_1^\dagger}{\partial M_2} = \frac{\partial \mu_2^\dagger}{\partial M_1} = -\frac{c_1 c_2}{M} \varphi^\dagger. \tag{38}$$

于是相应于 42 节(9),(10),(11)式的是

$$\frac{\partial \mu_1^\dagger}{\partial M_1} = \frac{c_2^2}{M} \varphi^\dagger, \quad \frac{\partial \mu_2^\dagger}{\partial M_2} = \frac{c_1^2}{M} \varphi^\dagger, \tag{39}$$

$$d\mu_1^\dagger = -s_1\,dT + v_1\,dp + c_2\varphi^\dagger\,dc_1,\tag{40}$$

$$d\mu_2^\dagger = -s_2\,dT + v_2\,dp + c_1\varphi^\dagger\,dc_2.\tag{41}$$

把(40)和(41)代入(36),注意 $\nabla T = 0$,得

$$\boldsymbol{X}_1 - \boldsymbol{X}_2 = \boldsymbol{F}_1 - \boldsymbol{F}_2 - (v_1 - v_2)\nabla p - \varphi^\dagger\nabla c_1.\tag{42}$$

由(34)和(42)可以看出,扩散包含有三部分:一部分是强迫扩散,由外力 $\boldsymbol{F}_1 - \boldsymbol{F}_2$ 项表示;一部分是压力扩散,由 $-(v_1 - v_2)\nabla p$ 项表示;一部分为单纯扩散,由 $-\varphi^\dagger\nabla c_1$ 项表示. 与 67 节(13)式比较,得扩散系数为

$$D_{12} = \frac{L_{11}}{\rho}\varphi^\dagger.\tag{43}$$

由(38)式及 42 节(8)式可证明 $\varphi^\dagger$ 与 42 节的 φ 有下列关系:

$$\varphi^\dagger = \left(\frac{M}{N}\right)^3\frac{\varphi}{(m_1^\dagger m_2^\dagger)^2}.\tag{44}$$

在理想气体情形下,引用 48 节(18)式和(37)式,得

$$\varphi^\dagger = \left(\frac{M}{N}\right)^3\frac{RT}{(m_1^\dagger m_2^\dagger)^2}\frac{1}{x_1 x_2} = \left(\frac{M}{N}\right)\cdot\frac{RT}{m_1^\dagger m_2^\dagger}\cdot\frac{1}{c_1 c_2}.\tag{45}$$

根据(1)式得(参阅 38 节(8)式)

$$\frac{N}{M} = \frac{c_1}{m_1^\dagger} + \frac{c_2}{m_2^\dagger}.\tag{46}$$

代入(43),得
$$D_{12} = \frac{L_{11}RT}{\rho m_1^\dagger m_2^\dagger c_1 c_2}\left(\frac{c_1}{m_1^\dagger} + \frac{c_2}{m_2^\dagger}\right)^{-1}.\tag{47}$$

其次讨论热扩散. 这时候需要用普遍公式(27),(28),(29). 由条件(5),考虑到 $\boldsymbol{X}_u$ 和 $\boldsymbol{X}_j$ 是互相独立的,得

$$\sum_{i=1}^{k}L_{ji} = \sum_{i=1}^{k}L_{ij} = 0,\quad \sum_{i=1}^{k}L_{ui} = \sum_{i=1}^{k}L_{iu} = 0.\tag{48}$$

第一式与(33)完全一样. 利用(48)可把(28)和(29)化为

$$\boldsymbol{J}_i = \sum_{j=1}^{k-1}L_{ij}(\boldsymbol{X}_j - \boldsymbol{X}_k) + L_{iu}\boldsymbol{X}_u,\tag{49}$$

$$\boldsymbol{q} = \sum_{i=1}^{k-1}L_{ui}(\boldsymbol{X}_i - \boldsymbol{X}_k) + L_{uu}\boldsymbol{X}_u.\tag{50}$$

由(27)式得

$$\boldsymbol{X}_j - \boldsymbol{X}_k = \boldsymbol{F}_j - \boldsymbol{F}_k - T\nabla\left(\frac{\mu_j^\dagger - \mu_k^\dagger}{T}\right)$$

$$= \boldsymbol{F}_j - \boldsymbol{F}_k - (\mu_j^\dagger - \mu_k^\dagger)\boldsymbol{X}_u - \nabla(\mu_j^\dagger - \mu_k^\dagger).\tag{51}$$

与 44 节(9)式相似,引进 ψ_{ij}:

$$\psi_{ij} = M\left(\frac{\partial\mu_i^\dagger}{\partial M_j}\right)_{T,p}.\tag{52}$$

它们满足下列关系

$$\psi_{ij} = \psi_{ji}, \qquad \sum_{j=1}^{k} c_j \psi_{ji} = 0. \tag{53}$$

相当于 44 节(11)式有

$$\mathrm{d}\mu_i^\dagger = -s_i\,\mathrm{d}T + v_i\,\mathrm{d}p + \sum_{j=1}^{k}\psi_{ij}\,\mathrm{d}c_j$$

$$= -s_i\,\mathrm{d}T + v_i\,\mathrm{d}p + \sum_{j=1}^{k-1}(\psi_{ij} - \psi_{ik})\,\mathrm{d}c_j. \tag{54}$$

代入(51),得

$$\boldsymbol{X}_j - \boldsymbol{X}_k = \boldsymbol{F}_j - \boldsymbol{F}_k - (\mu_j^\dagger - \mu_k^\dagger)\boldsymbol{X}_u + (s_j - s_k)\,\nabla T$$

$$- (v_j - v_k)\,\nabla p - \sum_{l=1}^{k-1}(\psi_{jl} - \psi_{jk} - \psi_{kl} + \psi_{kk})\,\nabla c_l$$

$$= \boldsymbol{F}_j - \boldsymbol{F}_k - (h_j - h_k)\boldsymbol{X}_u - (v_j - v_k)\,\nabla p$$

$$- \sum_{l=1}^{k-1}(\psi_{jl} - \psi_{jk} - \psi_{lk} + \psi_{kk})\,\nabla c_l, \tag{55}$$

其中

$$h_j = \left(\frac{\partial(U + pV)}{\partial M_j}\right)_{T,p} = \mu_j^\dagger + Ts_j. \tag{56}$$

把(55)代入(49),我们看到由于温度不匀而引起的扩散,由 $\boldsymbol{X}_u$ 一项代表,称为热扩散,系数为

$$L_{iu} - \sum_{j=1}^{k-1}L_{ij}(h_j - h_k). \tag{57}$$

代入(50),我们看到与热扩散相反的现象,即由于物质分布不均匀而引起的热流,称为杜伏效应,由 ∇c_l 项代表,它的系数为

$$- \sum_{i=1}^{k-1}L_{ui}(\psi_{il} - \psi_{ik} - \psi_{lk} + \psi_{kk}). \tag{58}$$

同时,我们看到热传导现象,由 $\boldsymbol{X}_u$ 一项代表,$\boldsymbol{X}_u$ 在(50)中的系数为

$$L_{uu} - \sum_{i=1}^{k-1}L_{ui}(h_i - h_k) = T\lambda. \tag{59}$$

对于二元系说,(57)简化为

$$L_{1u} - L_{11}(h_1 - h_2) = T\rho D'_{12}c_1(1 - c_1), \tag{60}$$

右方所引进的符号 D'_{12} 名为热扩散系数.另外还有三个系数 s_T, α, k_T:

$$s_T = \frac{D'_{12}}{D_{12}}, \quad \alpha = \frac{TD'_{12}}{D_{12}}, \quad k_T = \frac{TD'_{12}c_1c_2}{D_{12}}. \tag{61}$$

s_T 名为索瑞系数,α 名为热扩散因子,k_T 名为热扩散比例.省去 $\boldsymbol{F}_1 - \boldsymbol{F}_2$ 及 ∇p 项,利用公式(43),得

$$\boldsymbol{J}_1 = -\boldsymbol{J}_2 = -\rho D_{12}\,\nabla c_1 - \rho D'_{12}\,c_1 c_2\,\nabla T$$

$$= -\rho D_{12}\left\{\nabla c_1 + \frac{k_T}{T}\,\nabla T\right\}. \tag{62}$$

此时(58)式简化为

$$-L_{u1}\varphi^{\dagger} = -\frac{\rho D_{12} L_{u1}}{L_{11}}. \tag{63}$$

省去 $\boldsymbol{F}_1 - \boldsymbol{F}_2$ 及 ∇p 项,得

$$\boldsymbol{q} = -\frac{\rho D_{12} L_{u1}}{L_{11}}\,\nabla c_1 - \lambda\,\nabla T. \tag{64}$$

倒易关系 $L_{1u} = L_{u1}$ 把(60)和(63)两个系数联系起来.

最后讨论黏滞性.把公式(9)代入(26)式右方最后一项,得

$$\eta\sum_{\mu<\nu}\left(\frac{\partial v_\mu}{\partial x_\nu} + \frac{\partial v_\nu}{\partial x_\mu}\right)^2 + \frac{2}{3}\eta\left[\left(\frac{\partial v_1}{\partial x_1} - \frac{\partial v_2}{\partial x_2}\right)^2\right.$$

$$\left. + \left(\frac{\partial v_2}{\partial x_2} - \frac{\partial v_3}{\partial x_3}\right)^2 + \left(\frac{\partial v_3}{\partial x_3} - \frac{\partial v_1}{\partial x_1}\right)^2\right] + \zeta(\nabla\cdot\boldsymbol{v})^2. \tag{65}$$

这式子代表由于黏滞性所引起的熵产生率除以 T,因此必是正的.含 η 的两项合起来名为瑞利耗散函数.

*70. 温差电效应

在 16 节中我们导出了温差电效应的热力学方程,但是这个导出法把可逆过程与不可逆过程人为地分开,在理论上有缺点.现在应用不可逆过程的理论来讨论这个现象.

我们将引用上节公式,假设每一个金属只有两种物质,第一种为电子,第二种为离子;离子为金属的主体,它的速度 $\boldsymbol{v}_2 = 0$.由于离子比电子重得多,我们可以令质心速度 $\boldsymbol{v}$ 为零.上节的公式可以用到两个金属的每一个.先考虑一个金属.根据上面的考虑,得 $\boldsymbol{J}_1 = \rho_1\boldsymbol{v}_1 = -\dfrac{m}{\varepsilon}\boldsymbol{J}$,$\boldsymbol{J}_2 = \rho_2\boldsymbol{v}_2 = 0$,其中 $\boldsymbol{J}$ 为电流密度,m 为电子的质量,$-\varepsilon$ 为电子的电荷($\varepsilon > 0$).作用于电子的力 $\boldsymbol{F}_1$ 为

$$\boldsymbol{F}_1 = -\frac{\varepsilon}{m}\boldsymbol{E}, \tag{1}$$

$\boldsymbol{E}$ 为电场强度.于是上节公式(14),(25),(26)化为$\left(\text{此时}\dfrac{\mathrm{d}}{\mathrm{d}t}\text{简化为}\dfrac{\partial}{\partial t}\right)$

$$\rho\frac{\partial u}{\partial t} = -\nabla\cdot\boldsymbol{q} + \boldsymbol{J}\cdot\boldsymbol{E}, \tag{2}$$

$$\rho\frac{\partial s}{\partial t} = -\nabla\cdot\left(\frac{\boldsymbol{q} + \zeta\boldsymbol{J}}{T}\right) + \vartheta, \tag{3}$$

$$T\vartheta = \boldsymbol{q}\cdot\boldsymbol{X}_u + \boldsymbol{J}\cdot\boldsymbol{X}, \tag{4}$$

其中
$$\boldsymbol{X}_u = -\frac{\nabla T}{T}, \tag{5}$$

$$\boldsymbol{X} = \boldsymbol{E} + T\,\nabla\left(\frac{\zeta}{T}\right), \tag{6}$$

而 ζ 与电子的化学势 μ_1 的关系为

$$\zeta = \frac{m}{\varepsilon}\mu_1^\dagger = \frac{m}{\varepsilon}\frac{\mu_1}{m_1^\dagger}. \tag{7}$$

此时，相应于上节(28)和(29)的经验规律为

$$\boldsymbol{J} = L_{11}\boldsymbol{X} + \boldsymbol{L}_{1u}\boldsymbol{X}_u, \tag{8}$$

$$\boldsymbol{q} = L_{u1}\boldsymbol{X} + L_{uu}\boldsymbol{X}_u. \tag{9}$$

由(8)式解出 $\boldsymbol{X}$，应用(6)式，得

$$\boldsymbol{E} = \frac{\boldsymbol{J}}{L_{11}} - \frac{L_{1u}}{L_{11}}\boldsymbol{X}_u - T\,\nabla\left(\frac{\zeta}{T}\right) = \frac{\boldsymbol{J}}{L_{11}} + \left(\frac{L_{1u}}{L_{11}} + \zeta\right)\frac{\nabla T}{T} - \nabla\zeta, \tag{10}$$

代入(9)式，得

$$\boldsymbol{q} = \left(L_{uu} - \frac{L_{u1}L_{1u}}{L_{11}}\right)\boldsymbol{X}_u + \frac{L_{u1}}{L_{11}}\boldsymbol{J}. \tag{11}$$

在(10)式中考虑温度均匀和电子分布均匀的情形，有 $\nabla T = 0$，$\nabla\zeta = 0$，得欧姆定律

$$\boldsymbol{J} = \kappa\boldsymbol{E}, \quad \kappa = L_{11}. \tag{12}$$

κ 为电导率. 在(11)式中考虑热传导而没有电流的情形，有 $\boldsymbol{J} = 0$，得傅里叶定律

$$\boldsymbol{q} = -\lambda\,\nabla T, \quad \lambda = \frac{1}{T}\left(L_{uu} - \frac{L_{u1}L_{1u}}{L_{11}}\right). \tag{13}$$

由(10)式可求出两种金属的接触电势差. 在没有电流、没有温度差的情形下，由(10)式求积分，得两种金属 a 和 b 的接触电势差为

$$\varphi_b - \varphi_a = -\int_{(a)}^{(b)}\boldsymbol{E}\cdot\mathrm{d}\boldsymbol{r} = \int_{(a)}^{(b)}\nabla\zeta\cdot\mathrm{d}\boldsymbol{r} = \zeta_b - \zeta_a. \tag{14}$$

把(10)和(11)代入(2)式，假设电流是稳定的，即 $\nabla\cdot\boldsymbol{J} = 0$，得

$$\rho\frac{\partial u}{\partial t} = \frac{J^2}{\kappa} + \nabla\cdot(\lambda\,\nabla T) - \boldsymbol{J}\cdot\left\{\nabla\left(\frac{L_{u1}}{L_{11}} + \zeta\right) - \left(\frac{L_{1u}}{L_{11}} + \zeta\right)\frac{\nabla T}{T}\right\}. \tag{15}$$

右方第一项代表焦耳热，第二项代表由于热传导在单位体积内聚集的热，第三项代表汤姆孙效应. 设 σ 为汤姆孙系数，并引进简化符号：

$$L = \frac{L_{u1}}{L_{11}} + \zeta, \quad TS^* = \frac{L_{1u}}{L_{11}} + \zeta, \tag{16}$$

则由(15)式右方第三项得

$$\sigma\boldsymbol{J}\cdot\nabla T = \boldsymbol{J}\cdot\{\nabla L - S^*\,\nabla T\} = \boldsymbol{J}\cdot\left\{\frac{\partial L}{\partial T} - S^*\right\}\nabla T,$$

即

$$\sigma = \frac{\partial L}{\partial T} - S^*. \tag{17}$$

由(15)式右方第三项对 dr 求积分,由金属 a 到 b,注意在 a 和 b 接头处温度不变,得佩尔捷系数:

$$\Pi_{ab} = \int_{(a)}^{(b)} \nabla L \cdot d\boldsymbol{r} = L_b - L_a. \tag{18}$$

对(10)式求回路积分,令 $\boldsymbol{J}=0$,得温差电动势 E 为

$$E = -\oint \boldsymbol{E} \cdot d\boldsymbol{r} = -\oint S^* \nabla T \cdot d\boldsymbol{r} = -\oint S^* dT$$

$$= \int_{T_0}^{T} (S_b^* - S_a^*) dT. \tag{19}$$

这里积分路线的方向是在接头 T 由 a 到 b,而在接头 T_0 由 b 到 a.对(19)式求微分,得

$$\frac{\partial E}{\partial T} = S_b^* - S_a^*. \tag{20}$$

把(17)式用到金属 a 和 b,得

$$\sigma_a = \frac{\partial L_a}{\partial T} - S_a^*, \quad \sigma_b = \frac{\partial L_b}{\partial T} - S_b^*. \tag{21}$$

由(21),(18),(20)消去 L 和 S^*,得

$$\sigma_a - \sigma_b = \frac{\partial E}{\partial T} - \frac{\partial \Pi_{ab}}{\partial T}. \tag{22}$$

这个公式与 16 节(8)式相同,称为汤姆孙的第一关系.

应用昂色格的倒易关系:

$$L_{1u} = L_{u1}, \tag{23}$$

则由(16)式得

$$L = TS^*. \tag{24}$$

代入(18)和(20),得

$$\Pi_{ab} = T\frac{\partial E}{\partial T}. \tag{25}$$

这与(16)节(10)式相同,称为汤姆孙的第二关系.在这里这个关系是由倒易关系推导出来的.

*71. 非 均 匀 系

在本节中将讨论同样一个物质处在两种不同的状态而互相联系着.用一撇表示第一种状态,用两撇表示第二种状态,假设每种状态都是均匀的.对于每一种状态,67 节公式(2)都适用,有

$$\begin{cases} T' dS' = dU' + p' dV' - \mu' dM', \\ T'' dS'' = dU'' + p'' dV'' - \mu'' dM'', \end{cases} \tag{1}$$

其中 M', M'' 为两部分的质量.设 J_1 为在单位时间内由第一种状态转移至第二种状

态的质量,则

$$J_1 = -\frac{dM'}{dt} = \frac{dM''}{dt}. \tag{2}$$

设 J_u 为

$$J_u = -\frac{d_i U'}{dt} = \frac{d_i U''}{dt}, \tag{3}$$

其中脚注 i 表示为内部相互交换的内能. 各部分的总内能改变为

$$dU' = d_i U' + d_e U', \quad dU'' = d_i U'' + d_e U'', \tag{4}$$

脚注 e 表示为外界所引起的. 由(1)—(4)求得总熵改变为

$$dS = dS' + dS'' = \frac{d_e U' + p' dV'}{T'} + \frac{d_e U'' + p'' dV''}{T''}$$

$$+ \left(\frac{1}{T''} - \frac{1}{T'}\right) J_u dt - \left(\frac{\mu''}{T''} - \frac{\mu'}{T'}\right) J_1 dt. \tag{5}$$

把 dS 也分为两部分 $d_e S$ 和 $d_i S$,令

$$d_e S = \frac{d_e U' + p' dV'}{T'} + \frac{d_e U'' + p'' dV''}{T''}, \tag{6}$$

$$\vartheta = \frac{d_i S}{dt} = J_u \Delta\left(\frac{1}{T}\right) - J_1 \Delta\left(\frac{\mu}{T}\right), \tag{7}$$

其中

$$\Delta\left(\frac{1}{T}\right) = \frac{1}{T''} - \frac{1}{T'}, \quad \Delta\left(\frac{\mu}{T}\right) = \frac{\mu''}{T''} - \frac{\mu'}{T'}. \tag{8}$$

公式(7)已经是 67 节(18)式的形式,代表熵产生率.

相应于 67 节(16)式的经验规律为

$$J_1 = -L_{11} \Delta\left(\frac{\mu}{T}\right) + L_{1u} \Delta\frac{1}{T}, \tag{9}$$

$$J_u = -L_{u1} \Delta\left(\frac{\mu}{T}\right) + L_{uu} \Delta\frac{1}{T}. \tag{10}$$

假设 T' 与 T'' 相差很小,把 ΔT 当作微分看待,引用热力学公式,得

$$\Delta\mu = -s\Delta T + v\Delta p, \tag{11}$$

其中 s 和 v 分别为单位质量的熵和体积. 把(11)式代入(9)和(10),并引用热力学公式

$$\mu = h - Ts, \tag{12}$$

其中 h 为单位质量的焓,得

$$J_1 = -\frac{L_{11} v}{T} \Delta p + \frac{L_{11} h - L_{1u}}{T^2} \Delta T, \tag{13}$$

$$J_u = -\frac{L_{u1} v}{T} \Delta p + \frac{L_{u1} h - L_{uu}}{T^2} \Delta T. \tag{14}$$

由公式(13)看出,在无压强差($\Delta p = 0$)而有温度差时,也有物质流动,这名为热流逸,在液体氦 II 情形下名为喷泉效应. 当物质流动停止后,$J_1 = 0$,由(13)式得

$$\frac{\Delta p}{\Delta T} = \frac{L_{11}h - L_{1u}}{L_{11}vT}. \tag{15}$$

这称为热分子压差效应.

在无温度差($\Delta T = 0$)而有压强差时,由(13)和(14)消去 Δp 得

$$J_u = U^* J_1, \quad U^* = \frac{L_{u1}}{L_{11}}. \tag{16}$$

这是热机械效应,即由于压强差而引起的热流. 但 J_u 只是内能的传递,不等于热流. 为了求热流,把在第一种状态所吸收的热量 Q' 分为两部分 Q'_e 和 Q'_i,前者是从外界吸收的热量,后者是与第二种状态交换的热量. 同样有 $Q'' = Q''_e + Q''_i$. 设 q 为热流,则有

$$q\mathrm{d}t = -Q'_i = Q''_i. \tag{17}$$

但 Q' 与质量 M' 成正比,故

$$Q' = M'(\mathrm{d}u' + p'\mathrm{d}v') = \mathrm{d}U' + p'\mathrm{d}V' - h'\mathrm{d}M'. \tag{18}$$

又有

$$Q'_e = \mathrm{d}_e U' + p'\mathrm{d}V', \tag{19}$$

故

$$q = -\frac{Q'_i}{\mathrm{d}t} = -\frac{Q' - Q'_e}{\mathrm{d}t} = -\frac{\mathrm{d}_i U' - h'\mathrm{d}M'}{\mathrm{d}t} = J_u - h'J_1.$$

省去 h 上的一撇,得

$$q = J_u - hJ_1. \tag{20}$$

把(16)式代入,得

$$q = Q^* J_1, \quad Q^* = U^* - h. \tag{21}$$

这里 Q^* 就是热机械效应里单位质量流动所引起的热流.

引用昂色格的倒易关系

$$L_{1u} = L_{u1}, \tag{22}$$

然后应用(16)和(21)到(15),得

$$\frac{\Delta p}{\Delta T} = \frac{h - U^*}{vT} = -\frac{Q^*}{vT}, \tag{23}$$

这个公式把热机械效应与热分子压差效应联系起来了.

第十一章 热力学方法论

72. 热力学方法的特征

在热学理论上有两种不同的理论,一是热力学,一是统计物理学.这两个理论的总的目标是相同的,就是要解释热的现象和与这有关的事物,但是这两个理论所采用的方法不同.热力学的方法是根据由经验总结得到的自然界的基本规律而作演绎的推论.统计物理学则从物质的分子结构出发,在假设了分子的运动性质之后,求出物质的宏观性质.

热力学所根据的基本规律就是热力学第一定律、第二定律和第三定律.由这些定律出发,应用数学方法,就得到描写物质的平衡性质的两个基本热力学函数——内能和熵.把内能和熵与由温度概念所引进的物态方程合起来构成一个均匀物质的全部平衡性质的基础,然后由这三个基本热力学函数出发作数学推演,就可得到物质的各种平衡性质的相互联系.这就是热力学方法的基本内容.

热力学理论推论所根据的只是自然界中的三个定律,这些定律不是由某些个实验直接证明的,而是无数经验的总结,因此这些定律是非常可靠的.我们从来没有发现热力学的推论与事实不合的情形,只要在推论中不加上其他的假设.所以热力学的推论有高度的可靠性.

热力学的理论是普遍的理论,对一切物质都适用,这是它的优点.但正是由于它有普遍性的优点,它就不能对特殊的某一种物质的特殊的具体性质作出推论.这些特殊的个别的性质必须从实验观测中得到.例如气体的性质在热力学理论中必须根据特殊的关于气体的实验定律来讨论,这些定律是玻意尔定律、焦耳定律、阿氏定律等.由此可见,我们不能希望从热力学理论得到某种物质的某种特性的知识.

总的说来,热力学是由现象总结而得的普遍的系统的理论,它有高度的可靠性与普遍性,但对特殊物质的特性不能给出具体的知识.这一类理论叫做宏观理论,因为它所根据的是宏观现象,而且也只根据这些现象,——因此又叫做现象理论.

在根据现象而建立系统的理论的过程中,研究哪些现象是基本的,必不可少的,哪些是次要的,可有可无的,或甚至是不必需的;在理论中保留那些基本的因素,抛弃那些不必要的因素,因而建立一个逻辑性极强的系统的理论——这是公理式热力学的课题. 关于公理式热力学问题将在 74 节作一简单介绍.

　　热力学的理论已经能完满地解决物质的平衡性质, 但是关于不平衡的现象目前还只有初步的理论, 需要进一步的研究.

　　关于物质的平衡性质, 虽然在原理上已经解决了, 但在实际应用中各种各样的具体问题还需要进一步的研究, 特别是物理化学方面. 在这些实用方面热力学有广阔的发展前途.

73. 热力学的局限性

　　上节说到热力学的优点是它的高度可靠性与普遍性. 但是热力学也有它的缺点和局限性. 上节中已经提到, 热力学不能给出关于物质特性的具体知识, 这是它的缺点. 但是它的缺点还不止此. 热力学的最大缺点是它忽视了物质的原子结构, 热力学在处理物质的性质时, 把物质作为连续体看待, 把物质的性质用确定的连续函数表达. 实际上, 由于物质是由有限多个原子所构成的, 宏观性质是微观性质的统计平均值, 所以宏观性质会表现有涨落现象. 这种涨落现象在布朗运动中表现得很明显, 这是热力学理论所不能解释的.

　　统计物理学正好弥补了热力学的这个缺点, 解释了涨落现象. 不但如此, 统计物理学还可在对某种特殊物质作一些简单的物质的分子结构模型假设之后, 推论出这种物质的特性. 最重要的特殊物质的例子是理想气体. 但是统计物理学也有它的局限性. 由于在统计物理学中对物质的分子结构模型所作的简化假设只是实际的近似代表, 所以理论的结果与实际不能完全符合.

　　在 19 世纪后半叶统计物理学的发展曾遭受到唯能论者的反对. 唯能论者满足于热力学的理论, 认为只要用能量的概念就可说明自然界的一切现象, 而没有认识到热力学的局限性. 唯能论者的首领奥斯特瓦尔德在《自然哲学讲义》一书中说道: "一切外间现象可以表现为能量的过程, 这可以用下列事实最简单地说明: 我们的意识过程本身是能的, 并且把自己的这种特性刻印在一切外间现象上面." 由这些话看出唯能论者是唯心主义者. 列宁针对这一段话作了严厉的批判, 说[①]: "这是纯粹的唯心论: 不是我们的思想反映外间世界中的能量底转化, 而是外间世界反映我们意识底'特性'!" 到 1908 年皮兰发表了关于布朗运动的实验结果之后, 在铁的事实面前, 唯能论者也不得不承认他们反对物质的分子运动论这一行为是错误的了.

---

　　① 列宁, 唯物论与经验批判论(曹葆华译), 第 302 页.

74. 公理式热力学

公理式热力学[①]是一种形式的热力学理论,这种理论企图把热力学作成几何学的形式,把热力学的基本定律表达成为几何学中公理的形式,因而使热力学成为具有高度逻辑性的系统的理论.喀拉氏首先在 1909 年建立公理式的热力学,他的理论已经在 9 节和 25 节陈述了.此外他还发现温度的概念与平衡态的关系,并且证明了物态方程的存在,这个理论也已经在 4 节陈述了.

喀拉氏对热力学第一定律的贡献是在引进内能时抛弃了热量这一并非必需的因素,因而使概念简化,并且使内能的引进与焦耳的基本实验直接联系.

喀拉氏对热力学第二定律的贡献是在引进熵函数时抛弃了卡诺循环这种比较复杂而且也是人为的太理想化的过程,而只要提出在任一态的附近有用绝热过程不能达到的态,就能导出熵函数的存在和熵的单向改变.普朗克是最初在引进熵函数时抛弃卡诺循环的,但是普朗克在他的最初的理论中应用了一种理想的物质——理想气体.后来普朗克在喀拉氏的影响之下改变了他的证明,抛弃了理想气体,不过仍然限制在用两个独立变数描写的物体上(见 24 节).普朗克曾对喀拉氏的热力学第二定律的说法提出了批评[②],说喀拉氏未提出具体的不可逆过程,因而在理论中不能断定熵是增加还是减少,而需要借助于额外的实际现象,这就说明喀拉氏的说法不是一个完全的自然界法则.

准静态过程的概念是首先由喀拉氏提出的,他证明了准静态过程是可逆过程.喀拉氏的热力学第二定律的说法里只说有邻近态不能用绝热过程达到,而没有提到过程的可逆性与不可逆性.应用喀拉氏的说法到准静态过程就可导出熵函数的存在.但是对于可逆过程说,喀拉氏的说法与开氏说法和克氏说法不是等效的.埃伦费斯特-阿法纳谢娃[③]证明,在可逆过程的情形下,开氏说法与克氏说法也不是等效的.她指出,对准静态循环过程说,下面四个结论都是正确的:

1. 要把热量转化为功,除非同时有热量从高温物体传往低温物体.

2. 要把热量从低温物体传往高温物体,除非同时有功转化为热量.

3. 要把功转化为热量,除非同时有热量从低温物体传往高温物体.

4. 要把热量从高温物体传往低温物体,除非同时有热量转化为功.

这四个结论的前两个是与开氏说法和克氏说法符合的,同时在非静态过程也是正确的.但是后两个结论在非静态过程就不正确了,因为摩擦生热和热传导过程

---

① 见 A. Landé, *Handbuch der Physik*, IX(1926), pp. 281—300.
② M. Planck, *Sitz. Berlin* **30**(1926), p. 453.
③ T. Ehrenfest-Afanassjewa, *Zeit. f. Phys.* **33**(1925), p. 933.

都可不随伴有其他过程.

对于准静态过程说,只需要喀拉氏的说法就够了,而这个说法是最简单的.要得到开氏的说法还须另加两个条件,要得到克氏说法又要额外再加一个条件(见埃伦费斯特-阿法纳谢娃的论文).

至于对非静态过程说,我们在 14 节已经说明,开氏说法和克氏说法是等效的.但是喀拉氏说法没有提到不可逆过程的具体例子,他所说的不能达到与不可逆是不同的,而且也不能由他的说法就能完全确定熵的增加,必须额外利用一个具体的实验事实.

索　引

外国人名索引